云南出版集团

云南美术出版社

云南省古茶树资源概况

U0391075

黄炳生

主编

图书在版编目 (CIP) 数据

云南省古茶树资源概况 / 黄炳生主编. —昆明：
云南美术出版社，2016.12（2021.9重印）
ISBN 978-7-5489-2455-5

Ⅰ.①云… Ⅱ.①黄… Ⅲ.①茶树—植物资源—概况
—云南 Ⅳ.①S571.1

中国版本图书馆 CIP 数据核字（2016）第 255616 号

责任编辑　于重榕
责任校对　虞　宏　陈　帆
封面设计　庞　宇
版式设计　蹇孝林
封面题字　黄炳生

云南省古茶树资源概况

黄炳生　主编

出版发行　云 南 出 版 集 团
　　　　　云南美术出版社
　　　　　（昆明市环城西路 609 号）
印　　刷　云南金伦云印实业股份有限公司
开　　本　889mm×1194mm　1/16
印　　张　32
字　　数　740 千字
印　　数　1-2000 册
版　　次　2021 年 9 月第 1 版第 2 次印刷
书　　号　ISBN 978-7-5489-2455-5
定　　价　298.00 元

编写单位：云南省茶业协会
参与编写单位：云南省农业科学院茶叶研究所

主　　编：黄炳生
顾　　问：黄　毅
副 主 编：李宗正　梁名志　何青元　蔡　新　王平盛　蒋会兵

参编人员：（排名不分先后）
　　　　　李其邦　段学良　李富林　杨柳霞　刘　伦　王兴华　赵远艳
　　　　　李文雄　江红键　李国荣　傅　荣　卜保国　马国庆　马信林
　　　　　何月波　谭家灿　王本忠　曾云荣　李少峰　周启昌　杨　涛
　　　　　王　东

序

"茶为国饮"，中国是茶的故乡，云南是茶的原产地。《云南省古茶树资源概况》一书的面世，再一次证明了"茶"这一古老的饮料，千百年来为国人所喜爱，并逐步为世界所接受，是自然而然的。

《云南省古茶树资源概况》把云南省的野生种茶树和栽培种古茶树的分布，按州市、县、乡、村的行政体制来表述。这样的表述不仅便于茶业界人士、专家学者去实地查找，而且有利于各级行政领导和部门掌握自己本地区的茶树资源，并予以保护和开发利用。

《云南省古茶树资源概况》把全省野生种茶树和栽培种古茶树的资源情况，按茶树群落的面积分布和典型的代表性植株描述相结合，较好地反映了云南省野生茶和栽培茶古树分布面的广泛性和群体性。全省野生种古茶树居群面积265.75万亩，栽培种古茶树分布面积63.93万亩，而且明确了古茶树的标准为百年以上。这标明云南省的古茶树、古茶园是一个特有的茶树群体，无论是其生态环境，还是茶质资源都是无可比拟的。由此而生产出的"古树茶""大树茶"具有的独特韵味也是"天造地就"的。近年来"古树茶"名声鹊起，其饮用价值和文化价值受到社会高度赞誉也是不足为奇的。

《云南省古茶树资源概况》从主要分布在云南省9个州市、50个县的众多古茶树中，精选出了600多棵具有代表性的植株，图文并茂地奉献给读者，这不能不说是一个"创举"。一幅幅在实地拍摄的照片，以无可辩驳的事实，表明了云南古茶树的生动存在。这一棵棵历尽沧桑的古茶树，遍布在50个县市区189个乡镇的434个自然村、自然保护区的村村寨寨、山山洼洼。选出的这600多棵古茶树，它们都有了科学的名称；其高度、树幅、基围都有了准确的测量；其叶其花其芽都有了科学的描述；其生长的村寨、地理环境、经纬度都有了明确的记载。一句话，它们从此有了自己的生存档案。在近10年的茶叶考察中，笔者有幸亲自考察拜谒了其中的上百棵古茶树。每当我站在它们面前的时候都会肃然起敬，在穿越历史时空的感悟中，欣赏其雄姿。

《云南省古茶树资源概况》一书告诉我们：云南茶区的各族人民是中国茶业的开创者、开拓者。他们世世代代以茶为主，依茶为生，是种茶、饮茶的先驱，是创造茶文化的先哲。特别值得一提的是，现存的大量栽培种古茶树，大多集中于布朗族、拉祜族、哈尼族、彝族、傣族、德昂族、基诺族、壮族等少数民族聚居的村寨。栽培种的几百年、上千年的古茶树单株大多分布在少数民族村寨的房前屋后，地边田角。这既表明了这些民族的先辈种茶饮茶的悠久历史，也表明了他们崇尚茶树、爱护茶树的传统美德，他们无愧为"茶的民族"。

《云南省古茶树资源概况》一书告诉我们：云南茶产业发展具有得天独厚的资源优势和文化优势。保护和开发这些优势资源是云南茶产业发展的立足点和出发点。云南茶业现在已经拥有了"普洱茶""滇红茶"这样全国著名、世界有名的公共品牌。近几年又涌现出一批以古茶树为标志的"山头茶"，如"老班章""冰岛茶""易武茶""昔归茶""景迈茶""高黎贡山茶"等等。依托如此优质资源，依托如此丰富的茶文化，"云茶"走向全国、飘香世界是指日可待的。

《云南省古茶树资源概况》一书告诉我们：保护好云南的野生茶和古茶树资源，是我们当代茶人和茶业工作的历史责任；是我们各级政府和有关部门应尽的政府职能。如果为了追求一时的经济利益竭泽而渔，我们将愧对祖先，愧对后人，愧对大自然对我们的馈赠。为此，呼吁有关方面要制定法律法规，各级政府要担当起保护的重任，各族人民要自觉行动起来，保护好云南的古茶树，造福后人。

《云南省古茶树资源概况》在省委、省政府有关领导的关心支持下，通过广大科技工作者、各有关方面的共同努力，历时近6年，现在与广大读者见面了。这是云南茶叶界的一件盛事喜事，值得庆贺。在此，向为本书的出版而辛勤工作的专家、科技工作者表示致敬！向一切支持本书出版而作出努力的同志们、朋友们致谢！本书难免有误，不当之处，请指正。

黄炳生

2016 年 10 月

目 录

云南省古茶树资源概况

第一章 云南古茶树资源概述

一、云南省古茶树资源的总体分布

云南是中国西部的边疆省份，位于北纬 20° 8′ 32″~ 29° 15′ 8″，东经 97° 31′ 39″~ 106° 11′ 47″ 之间；东部与广西壮族自治区及贵州省为邻，北部与四川省相连，西北隅紧倚西藏自治区，西部、西南同缅甸相连；南部与老挝、越南两国毗邻。全境东西最大横距 864.9km，南北最大纵距 900km，平均海拔 2000m 左右，最高海拔 6740m，最低海拔 76.4m；总面积 39.4 万 km²，占全国陆地总面积的 4.1%，居全国第八位。

云南省属青藏高原的南延部分。西部为横断山脉高山峡谷区，山河相间，高黎贡山、怒山、云岭等南北纵列，金沙江、元江、李仙江、澜沧江、怒江等成帚状排列；东部属云贵高原，地形波状起伏；南部为中、低山宽谷盆地区。省内多山间盆地和断层湖泊，以元江谷地和云岭山脉南段的宽谷为界，分东西两部。东部为起伏和缓的低山和浑圆丘陵，发育着各种类型的岩溶地形；西部高山深谷相间，相对高差较大，地势险峻；西南部地势渐趋和缓，河谷开阔。全省山地约占 84%，高原、丘陵约占 10%，盆地、河谷约占 6%。

云南为低纬度高原地区。由于北依广袤的亚洲大陆，南连位于太平洋和印度洋的东南亚半岛，使其常处于东南季风和西南季风控制之下；又因受西藏高原区的影响，加之全省地形地貌复杂，境内高山深谷纵横交错，从而形成了独特的立体气候类型。云南的季风气候极明显，主要为受南孟加拉高压气流影响形成的高原季风气候，冬季盛行干燥的大陆季风，夏季盛行湿润的海洋季风。全省共有北热带、南亚热带、中亚热带、北亚热带、南温带、中温带和高原气候区 7 个气候类型，大部分地区都有冬暖夏凉、四季如春的气候特征。

全省年平均温度由北向南逐渐增高，气温随地势高低呈垂直变化。南北温差 19℃ 左右，年温差小、日温差大的特点明显。全省大部分地区年降水量在 1000mm 以上，干湿季节分明，但在季节上和地区上分布极为不均。

由于地貌、气候的复杂，造成了云南土壤类型的多样性，全省土壤类型可划分为十六个土类，占全国土类的四分之一。主要有黄壤、红壤、紫色土和黑色石灰土，红、黄壤占全省面积的 25%，是省内分布最广、最重要的土地资源，是适宜茶树生长的主要土壤；与华南同纬度省份的红壤相比，云南省的红壤土层深厚，酸性不高，盐基饱和度高，发展茶叶生产的潜力很大。云南得天独厚的自然条件和人民的辛勤劳作，使云南成为世界上茶叶的主要原产地。

云南茶树栽培历史悠久，茶文化源远流长，茶树资源十分丰富。云南省内目前尚存的野生种、过渡型、栽培种古茶树资源在中国和世界均具有唯一性。它们不仅是云南作为茶树起源中心地带的有力佐证，也是中国为茶树驯化和栽培发祥地的有力佐证，是至今尚存的记录茶树演变的"活化石"。云南古茶树中至今仍保留着的优良、完好的茶树基因，不仅是中国和世界茶产业发展中不可多得、不可或缺的重要种质资源，也是世界茶业、茶文化研究和发展中极其珍贵的物质遗产与文化遗产。这些古茶树资源不仅是重要的经济产业资源，而且也是人类的共同财富，有着极为重要的科学价值、研发价值、景观价值、文化价值和产业提升价值。

但是，由于这些古茶树分布的面积大、范围广，许多古茶树又生长于深山密林之中，交通不便，现场资料的采集比较困难，致使许多古茶树资源的情况在很长时间里都不是很清楚。尽管二十世纪八十年代以来，省、市有关部门多次组织人员进行调查，但由于种种原因而未能形成相对完整、规范、系统的资料，给加强古茶树资源的保护、研究、开发和利用等工作带来了困难。

为了尽快查清云南省古茶树资源的情况，云南省茶业协会决定组织专家组，开展一次全面、认真、细致的调查工作。在云南省政府办公厅、云南省财政厅、云南省农业厅、云南省农科院等单位的支持下，自 2010 年 10 月起至 2014 年 5 月，专家组分赴云南省古茶树的主要分布区——西双版纳州、临沧市、普洱市、保山市、德宏州、大理州、文山州、红河州、楚雄州等地开展了古茶树资源的调查和建档工作，在收集大量相关资料和开展大量实地调查的基础上，形成了一套比较全面、完整、系统、规范的古茶树档案资料。

从行政区域来看，云南的古茶树资源分布于全省 16 个州市中的 12 个州市，主要分布于滇西茶区的临沧市、德宏州、保山市、大理州和楚雄州，滇南茶区的普洱市、西双版纳州，滇东南茶区的红河州、文山州；在昆明市、昭通市、曲靖市仅留存有极少量零星、分散的单株。

从分布面积来看，云南现存古茶树资源总分布面积约为 329.68 万亩，野生种古茶树居群的分布面积约为 265.75 万亩，栽培种古茶树（园）的分布面积约为 63.93 万亩。其中，普洱市古茶树资源的分布面积约为 136.10 万亩，占全省古茶树总分布面积的 41.28%；临沧市古茶树资源的分布面积约为 65.22 万亩，占全省古茶树资源分布总面积的 19.78%；红河州古茶树资源的分布面积约为 51.60 万亩，占全省古茶树资源分布总面积的 15.65%；文山州古茶树资源的分布面积约为 31.51 万亩，占全省古茶树资源分布总面积的 9.56%；西双版纳州古茶树资源的分布面积约为 25.35 万亩，占全省古茶树资源总分布面积的 7.69%；保山市古茶树资源的分布面积约为 9.80 万亩，占全省古茶树资源分布总面积的 2.97%；德宏州古茶树资源的分布面积约为 8.58 万亩，占全省古茶树资源分布总面积的 2.60%；大理州古茶树资源的分布面积约为 0.82 万亩，占全省古茶树资源分布总面积的 0.25%；楚雄州古茶树资源的分布面积约为 0.69 万亩，占全省古茶树资源分布总面积的 0.21%；

表 1　云南古茶树资源分布区域和面积简表

茶区	州、（市）	县（市、区）	野生种古茶树居群面积（亩）	栽培种古茶树（园）面积（亩）	古茶树（园）分布总面积（亩）
滇西茶区	保山市	隆阳区、施甸县、腾冲县、昌宁县、龙陵县	72564	25464	98028
	临沧市	临翔区、凤庆县、云县、永德县、镇康县、双江县、耿马县、沧源县	540943	111300	652243
	楚雄彝族自治州	楚雄市、双柏县、南华县	4500	2400	6900
	大理白族自治州	大理市、弥渡县、永平县、南涧县	5000	3200	8200
	德宏傣族景颇族自治州	芒市、瑞丽县、梁河县、盈江县、陇川县	47520	38320	85840
滇南茶区	普洱市	思茅区、宁洱县、墨江县、景东县、景谷县、镇沅县、江城县、孟连县、澜沧县、西盟县	1179000	182000	1361000
	西双版纳傣族自治州	景洪市、勐海县、勐腊县	123500	130000	253500
滇东南茶区	红河哈尼族彝族自治州	建水县、泸西县、元阳县、红河县、绿春县、屏边县、金平县	405000	111000	516000
	文山壮族苗族自治州	文山市、西畴县、麻栗坡县、马关县、广南县	279500	35575	315075
合计	9	50	2657527	639259	3296786

　　从分布区域的地理环境来看，云南古茶树资源的分布面积在海拔 880m～2400m 之间；野生种古茶树大多分布于海拔 1600m～2400m 的森林中，有相当多的数量处于自然保护区内，多呈居群状分布。其中最具代表性的有双江县勐库大雪山野生茶树居群、镇沅县千家寨野生茶树居群等；栽培种古茶树主要分布于海拔 1400m～1600m 的山区或丘陵地带，大多生长于次森林或山地中，多数以单株散生或小居群的形态存在，呈块状分布。其中最具代表性的有西双版纳州勐腊县境内的"六大古茶山"，勐海县的"南糯古茶山""贺开古茶山"，普洱市澜沧县的"景迈古茶山"、宁洱县的"困鹿山古茶园"以及临沧市云县的"白莺山古茶园"等。另外，调查中还发现，古茶树分布区域内的当地居民（包括汉族、布朗族、基诺族、哈尼族、德昂族等），都有在村寨附近保留和种植古茶树的习惯。因此形成了不少生长健壮的古茶树，至今都是以单株的形式分布于村寨周围、风水林、路边，或居民的庭院内，形成古茶树与人居和谐共生景况。总的来说，云南省的古茶树资源在区域分布上存在着很大的差异，现在尚存的古茶树资源主要分布在经济较为落后，交通尚不发达的山区、半山区和原始森林内。

二、古茶树资源分布的区域特点

以云南中部南华县的大百草岭—云南中部的景东县—云南南部的金平县以东的哀牢山脉和沿江一线作为一条自然地理分界线，可将云南省分为滇西横断山谷区和滇东南高原区。云南省的古茶树资源主要就集中分布在这两个区域。

目前，云南省有滇中、滇西、滇南、滇东南、滇东5个茶叶主产区。从茶区来看，云南的古茶树资源主要是分布在滇西茶区、滇南茶区和滇东南茶区。

（一）滇西古茶树资源区

滇西古茶树资源区包括楚雄州、大理州、保山市、德宏州、临沧市5个州市。这一区域土地面积的大部分属于澜沧江中部流域，少部分属于怒江流域；其地势西北高、东南低，自北向南呈阶梯状逐级下降。滇西地区因处于青藏高原东南侧，主要受东亚季风和南亚季风影响，形成"冬干夏雨"的季风气候特点；同时，因受高原山地和海拔高度影响，形成冷热殊异的气候区，从河谷至山顶呈热带、亚热带、温带、寒带等气候带分布，表现出明显的半干旱、半湿润、湿润交错的立体气候特征。植被分布具有明显的水平地带分布和垂直地带分布的规律性特征，从河谷到山顶分别形成河谷稀树灌丛草丛、暖性针叶林、季风常绿阔叶林、半湿润常绿阔叶林、中山湿性常绿阔叶林、温凉性针叶林、山顶苔藓矮林、寒温性针叶林、寒温性竹林、寒温性灌丛、草甸等11种明显的山地垂直植被类型，古茶树均夹杂在其中生长。

滇西古茶树资源分布区的平均海拔为1850m左右，年均降雨量在1170mm左右，年均气温17℃左右，分布区全为山区。野生古茶树有一部分是混生于自然保护区的原始森林中，但栽培种古茶树大部分是生长在山地中，或散生于地头地埂，或单株独生，或小片丛生；现存古茶树周边的耕地中大多种植着玉米、豆类、麦类、杂粮、蔬菜等多种农作物，其生态系统主要由古茶树和其周边的农作物构成，形成复合型农林间作类的生态环境。

（二）滇南古茶树资源区

滇南古茶树资源区包括普洱市、西双版纳州2个州市。其地理位置，东部临近北部湾、西部临近孟加拉湾，常有来自海洋的湿润性气流；而其北面有无量山脉、哀牢山脉作为屏障，挡住了冬季来自北方的冷空气，故极少受寒潮侵袭；夏季气温虽然较高，但来自赤道海洋的西南季风和来自热带海洋的东南季风，带着充沛的水气沿河谷由南往北推移，遇北高南低地势而凝结致雨，抑制了高温带来的不利，从而形成了兼具大陆性和海洋性气候的独特气候类型。这一区域大都位于北回归线以南，地势比较平缓，平均海拔为1284m，年均降雨量为1480mm，与滇西、滇东南茶区相比，其海拔较低，降雨量较大。其间多有比较宽阔、平坦的河谷和盆地，属热带和亚热带气候，并兼有亚热带、北热带季风气候等多种气候类型。这一区域土壤肥沃，雨量充沛，森林覆盖率高，动物、植物资源种类繁多，盛产茶叶、各种热带水果和各种珍稀树木。因其自然条件和生态环境较为优越，大量的野生茶树、栽培种古茶树均分布于这一区域内的森林和村寨周围。古茶树资源丰富并且保存较好，大多数古茶树植株至今生长繁茂。其特点是，野生茶树居群密度较大，构成优势种群；栽培种古茶树连片分布于次生林中，在人为管理下，形成具有上、中、下三层的复合结构模式的古茶树优势种群，形成了独有的、具有长期持久效益的茶叶经济和特色产业。

（三）滇东南古茶树资源区

滇东南古茶树资源区主要包括红河州、文山州 2 个州。这一区域的平均海拔高度在2000m 左右，为滇东南高原区，是云贵高原的组成部分。其地貌表现为起伏和缓的低山和浑圆丘陵，发育着各种类型的岩溶（喀斯特），具有古老而稳定的地质历史、复杂的气候类型和生态环境，气候总体属亚热带高原季风气候。滇东南古茶树资源区的古茶树植株主要分布于森林中，以野生茶树居多、长势较强，但大多为单株散生，分布零星，连片的十分稀少。

三、云南古茶树资源的种类

云南省现存古茶树资源比较丰富，既有形态特征较原始的野生种茶树，又有处于进化过程中的过渡型和栽培种茶树；既有大叶类、中小叶类茶树，又有乔木型、小乔木、灌木型茶树，呈现出多种类型。

张宏达先生 1998 年调整后的茶组植物分类系统共有 34 个种（包括 4 个变种），除南川茶（*C. nanchuanica*）等 8 个种以外，其他 26 个种在云南省均有分布，云南的茶种占了茶种总数的 76.5%；34 个种中，以云南野生茶树作为模式标本来定名的有 18 个，占52.9%。至于变型不下一二百个。在一个省的范围内集中了这么多的茶种和变种，这在世界上是绝无仅有的。

根据张宏达先生关于山茶属的分类系统（1998 年），云南省现存的古茶树主要分属：大厂茶（*C. tachangensis*）、广西茶（*C. kwangsiensis*）、大苞茶（*C. grandibracteata*）、大理茶（*C. taliensis*）、厚轴茶（*C. crassicolumna*）、老黑茶（*C. atrothea*）、广南茶（*C. kwangnanica*）、马关茶（*C. makuanica*）、圆基茶（*C. rotundata*）、皱叶茶（*C. orispula*）、秃房茶（*C. gymnogyna*）、普洱茶（*C. assamica*）、紫果茶（*C. purpurea*）、茶（*C. sinensis*）、多萼茶（*C. multisepala*）、细萼茶（*C. parvisepala*）、德宏茶（*C. sinensis* var. *dehungensis*）等茶种，以及白毛茶（*C. sinensis* var. *pubilimba*）、多脉普洱茶（*C. assamica* var. *polyneura*）、苦茶（*C. sinensis* var. *kucha*）等变种。

从古茶树植株数量的初步统计来看，云南省古茶树的种类中以普洱茶、大理茶、厚轴茶和老黑茶等4个茶种居多。其中，普洱茶种的古茶树分布最广，并与其他茶种的古茶树多层次交错；大理茶种的古茶树分布也比较广泛，在滇西、滇南茶区中均有分布；厚轴茶种的古茶树则主要分布于滇东南的红河州、文山州；属老黑茶的古茶树则主要分布于楚雄州；其他茶种的古茶树如广南茶、马关茶、德宏茶等仅在各个区域中呈少量块状形态分布或为零星分布。

古茶树对生态环境非常敏感，其生长过程对生态环境稳定性的要求是比较高的。因为古茶树均为生长期已达百年，甚至数百年的大茶树，在漫长的生长过程中已与周围各项环境因子形成了非常紧密的依存关系，其适应性已非常脆弱，其生存环境中的光照强度、温度、温度差、湿度、植被等的细小变化都会使茶树产生不适反应，特别是光质的改变对其影响最大。古茶树在原始森林中大多为二线、三线植物，封闭的林相会将部分蓝紫光滤去，对茶树衰老进程的减缓是比较有利的。

云南现存的这些古茶树，在系统发育上具有从原始的形态结构阶段到次生的形态结构阶段的各种类型，形成了和记录了许多难得的连续性变异，如树型、高度、叶片形态、花器官构造的连续和变异等等。所以，它们具有丰富的遗传多样性，是茶树研究中的珍贵材料。

第二章　保山市篇

一、保山市古茶树资源概述

保山市，古称永昌，是云南省下辖地级市，位于云南省西南部，地处东经 98° 05′~ 100° 02′，北纬 24° 07′~ 25° 52′之间；距省会昆明 498km；东与省内的临沧市接壤，北与怒江傈僳族自治州为邻，东北与大理白族自治州交界，西南与德宏傣族景颇族自治州毗邻，正南和西北与缅甸山水相连，国境线长 167.78km；土地总面积 19637km²。辖隆阳区、施甸县、腾冲市、龙陵县、昌宁县 1 区 1 市 3 县，有 2 个街道、30 个镇、40 个乡（其中 10 个民族乡），下设 41 个社区、817 个村委会；市人民政府驻隆阳区。

保山市地跨横断山腹地，澜沧江、怒江、龙川江穿境而过，是古代著名的"南方丝绸之路"的要冲，也是我国面向西南开放的重要"桥头堡"。境内高山深堑，地势复杂，雨量充沛，物产丰富；属低纬山地亚热带季风气候，由于地处低纬高原，地形地貌复杂。区内最高海拔 3780m，最低海拔 535m，形成"一山分四季，十里不同天"的立体气候。气候类型有北热带、南亚热带、中亚热带、北亚热带、南温带、中温带和高原气候共 7 个气候类型。其特点是年温差小，日温差大，年均气温为 14℃ ~17℃，大于或等于 10℃的年活动积温为 4596℃ ~5893℃；降水充沛、干湿分明，分布不均，年降雨量 700mm~2100mm。土壤多为黄壤、红壤、黄红壤，pH 值在 4.5~6.0 之间，山地大多土层深厚，有机质含量高，植被较好，森林覆盖率达 46%。其得天独厚的自然条件，适宜于多种农作物生长，是云南省最适宜茶树种植的区域之一。由于保山境内自然环境优良，加之历史上未遭受过第四纪冰川的侵袭，迄今许多地方尚存有不少古植物资源，其中尤以山茶科植物最多，分布最广。古茶树属山茶科山茶属中的茶组植物，故至今在全市亦有大量分布，使保山市成为云南省内古茶树资源较为丰富的区域之一。

保山市一直是云南"滇红"茶、普洱茶、名特优绿茶的重要产区；茶树种植的历史十分悠久，古茶树资源也非常丰富。早在 1000 多年前，保山的先民就已认识和利用了茶叶。据保山市、腾冲市、昌宁县《地名志》记载，历史上不少古老的村寨、河流的命名都直接冠有"茶"字。

保山市古茶树资源主要分布于澜沧江湄公河流域的隆阳区瓦窑镇、瓦渡乡，昌宁县的大田坝乡、漭水镇、耇街彝族苗族乡、田园镇、温泉乡；怒江（萨尔温江）流域的隆阳区芒宽彝族傣族乡、杨柳白族彝族乡、瓦窑镇、潞江镇，龙陵县的镇安镇、碧寨乡、象达乡、平达乡，施甸县的姚关镇、太平镇，昌宁县的勐统镇；伊洛瓦底江（其支流在保山市境内为龙川江和槟榔江）流域的腾冲市固东镇、曲石镇、芒棒乡、蒲川乡、团田乡、新华乡、猴桥镇，龙陵县的龙山镇、龙江乡等。总体分布的区域在东经 98° 15′（现腾冲市的猴桥镇）~ 99° 52′（现昌宁县的耈街彝族苗族乡），北纬 24° 13′（现龙陵县平达乡的平安村）~ 25° 32′（现隆阳区瓦窑镇的道人山）之间。古茶树分布的垂直高度为海拔1200m ~ 2400m，其中以海拔 1640m ~ 2200m 处居多。

1981 年以来，有关部门在保山市境内组织过多次规模不同的古茶树情况的调查，从目前已经获得的资料来看，已在全市 5 个县（区）中的 28 个乡（镇）、40 个村民委员会，发现了 55 个古茶居群。总分布面积约 9.8028 万亩，其中，野生种古茶树面积约 72564 亩，栽培种古茶树面积约 25464 亩。

从植物个体形态结构演变进化程度来看，保山市目前尚存的古茶树资源有野生种、过渡型和栽培种三类。根据张宏达先生关于山茶属的分类系统（1998 年订正），保山市古茶树资源有大理茶（*C. taliensis*）、皱叶茶（*C. orispula*）、普洱茶（*C. assamica*）和茶（*C. sinensis*）等 4 个种。

二、保山市古茶树代表性植株

（一）隆阳区

隆阳区位于保山市中北部，地处怒江山脉尾部、高黎贡山山脉之中，镶嵌于澜沧江、怒江之间，介于东经 98° 43′~ 99° 26′，北纬 24° 46′~ 25° 38′之间；全境东西宽 78km，南北长96km，北与怒江州泸水县、大理州云龙县交界，东与大理州永平县接壤，南与保山市施甸县毗邻，西接保山市腾冲市，地域面积 5011.00km²，下辖 2 个街道、6 个镇、10 个乡（其中 4 个民族乡），分别为永昌街道、兰城街道、板桥镇、河图镇、汉庄镇、蒲缥镇、瓦窑镇、潞江镇、金鸡乡、辛街乡、西邑乡、丙麻乡、瓦渡乡、水寨乡、瓦马彝族白族乡、瓦房彝族苗族乡、杨柳白族彝族乡、芒宽彝族傣族乡，另有 2 个农场（潞江农场、新城农场），下设 20 个社区，289 个村委会；区人民政府驻兰城街道的上巷街。

隆阳区是茶树的重要原产地之一，成片开辟茶园的历史至少可推至公元十八世纪中叶，迄今尚有大量古茶树群分布；分布地点主要在该区的潞江镇、芒宽彝族傣族乡和瓦房彝族苗族乡，总分布面积约 2000 亩。

1. 隆阳区潞江镇

潞江镇位于隆阳区西南部，高黎贡山山脉南端东麓，怒江大峡谷末端，镇域东西宽32km，南北长 78km，地域面积 75.006km²；下设 27 个村委会，有 136 个自然村，284 个村民小组。

潞江镇目前尚存一批树龄较长、生长年代久远的古茶树资源。野生古茶树居群主要分布于芒颜村委会平河第四村民小组 124 林班 14 小班、芒颜村委会崩龙 123 林班 13 小班以及德昂寨旧址。野生古茶树生长于南亚热带山地雨林中，生长地多为原生态自然植被，生物多样性极为丰富，现保存得比较完好。代表性植株有德昂寨 1 号古茶树、德昂寨 2 号古茶树、德昂寨 3 号古茶树、赧亢古茶树等。

图 1：德昂寨 1 号古茶树

德昂寨 1 号古茶树

野生种古茶树，当地称德昂大树茶，大理茶种（*C.taliensis*），见图 1。位于隆阳区潞江镇芒颜村委会的德昂寨旧址，东经 98° 48′，北纬 24° 54′，海拔 1982m。树型乔木，树姿半开张，树高 9.3m，树幅 5.6m×6.0m，基部干围[①] 2.15m；分枝中，嫩枝无茸毛，最低分枝高为 0.6m；大叶类，成熟叶片长 11.5cm，宽 4.5cm，叶形为长椭圆形，叶色深绿，叶基楔形，叶面平，叶身平，叶尖渐尖，叶脉 8～10 对，芽叶色泽黄绿，叶缘平，叶质柔软，叶柄、主脉、叶背无茸毛，叶齿形态为锯齿形。长势较好。

德昂寨 2 号古茶树

野生种古茶树，当地称德昂大树茶。大理茶种（*C.taliensis*），见图 2。位于隆阳区潞江镇芒颜村委会的德昂寨旧址，东经 98° 48′，北纬 24° 54′，海拔 1992m。树型乔木，树姿直立，树高 6.9m，树幅 3.0m×3.0m，基部干围 1.40m，分枝稀，嫩枝无茸毛；大叶类，成熟叶片长 12.6cm，宽 4.6cm，叶形为长椭圆形，叶尖渐尖，叶脉 11 对，芽叶色泽黄绿，叶缘平，叶质硬，叶柄、主脉、叶背无茸毛，叶齿形态为少锯齿形。长势较好。

图 2：德昂寨 2 号古茶树

---

① 基部干围：指茶树基部分枝以下距地面 10cm 处的径围。本书中此概念下同。

图3：德昂寨3号古茶树

德昂寨3号古茶树

野生种古茶树，当地称德昂大树茶。大理茶种（*C.taliensis*），见图3。位于隆阳区潞江镇芒颜村委会的德昂寨旧址，东经98°48′，北纬24°54′，海拔1989m。树型乔木，树姿直立，树高5.8m，树幅2.2m×2.4m，基部干围1.46m，分枝稀，嫩枝无茸毛，最低分枝高为1.6m；大叶类，成熟叶片长11.2cm，宽5.7cm，叶形为椭圆形，叶色深绿，叶基近圆形，叶面微隆起，叶身内折，叶尖渐尖，叶脉10对，芽叶色泽黄绿，叶缘平，叶质硬，叶柄、主脉、叶背无茸毛，叶齿形态为少锯齿形。长势较好。

赧亢古茶树

野生种古茶树，当地称为野茶，大理茶种（*C.taliensis*），见图4。位于隆阳区潞江镇赧亢村委会高黎贡山长臂猿自然保护区内，东经98°46′01″，北纬24°50′12″，海拔2236m。树型乔木，树姿开展，树高5.8m，树幅3.2m×4.0m，基部干围2.35m，分枝稀，嫩枝无茸毛，最低分枝高为0.8m；大叶类，成熟叶片长11.5cm，宽4.7cm，叶形为长椭圆形，叶色黄绿，叶基楔形，叶面平，叶身内折，叶尖渐尖，叶脉10对，芽叶色泽黄绿，叶缘微波，叶质硬，叶柄、主脉、叶背无茸毛，叶齿形态为少锯齿形。长势弱。

图4：赧亢古茶树

2. 隆阳区瓦房彝族苗族乡

瓦房彝族苗族乡位于隆阳区西北部西山梁子怒江峡谷的崇山峻岭中，地域面积 300.00km²；下设 19 个村委会。

瓦房彝族苗族乡是个山区茶乡，但现存的古茶树已经很少。全乡 2008 年~2010 年发展新式茶园 2700 亩，原有的栽培种古茶树已基本消失；仅在该乡水源村委会水源 23 林班 14 小班内发现尚存的野生种古茶树，但因植株稀少分散，已无人管理。其代表性植株为水源古茶树等。

水源古茶树

野生种古茶树，大理茶种（*C.taliensis*），见图 5。位于瓦房彝族苗族乡水源村。树型小乔木，树姿开张，树高 3m，树幅 3.0m×1.3m，基部干围 0.60m，分枝稀，嫩枝无茸毛；大叶类，成熟叶片长 6.4cm，叶宽 3.3cm，叶形为长椭圆形，叶色深绿，叶基楔形，叶脉 8 或 9 对，叶身平，叶尖急尖，叶面微隆起，叶缘微波，叶质硬，叶柄、主脉、叶背无茸毛，叶齿形态为锯齿形，芽叶紫绿色、无茸毛。长势弱。

图 5：水源古茶树

3. 隆阳区芒宽彝族傣族乡

芒宽彝族傣族乡位于隆阳区西北部，地处高黎贡山山脉东麓与怒山山脉之间的峡谷中，西倚高黎贡山，北与怒江州毗邻，东西宽约 22.5km，南北长约 37.5km，地域面积 544.00km²；下设 16 个村委会，有 141 个自然村，192 个村民小组。

芒宽彝族傣族乡属典型的亚热带低热河谷气候，年平均气温 21.6℃，年降雨量 663mm，素有"一山分四季，十里不同天"及"野花四时红"之说。曾被誉为动物的王国、鸟类的乐园、花卉的海洋、植物的基因库，天然的生物博物馆。目前现存的仅有少量野生种古茶树，主要分布在芒合村委会小班厂村民小组，共有 18 株。代表性植株为小班古茶树等。

小班古茶树

野生种古茶树，大理茶种（*C.taliensis*），见图6。位于隆阳区芒宽乡芒合村委会小班林区。树型乔木，树姿直立，树高6.8m，树幅4.5m×4.3m，基部干围0.77m，分枝稀，嫩枝无茸毛；大叶类，成熟叶片长13.4cm，宽5.6cm，叶形为长椭圆形，叶色深绿，叶基楔形，叶脉10对，芽叶紫绿色、无茸毛，叶身平，叶尖急尖，叶面微隆起，叶缘微波，叶质硬，叶柄、主脉、叶背无茸毛，叶齿形态为锯齿形。长势较弱。

（二）施甸县

施甸县位于保山市东南部，怒江东岸，地处东经98°54′~99°21′、北纬24°16′~25°00′之间，东与保山市昌宁县接壤，南与临沧市永德县为邻，西隔怒江与保山市龙陵县相望，北连保山市隆阳区，地域面积2009.00km²；下辖5个镇、8个乡（其中2个民族乡），分别为甸阳镇、由旺镇、姚关镇、太平镇、仁和镇、万兴乡、摆榔彝族布朗族乡、酒房乡、旧城乡、木老元布朗族彝族乡、老麦乡、何元乡、水长乡，下设2个社区、135个村委会；县人民政府驻甸阳街道。

图6：小班古茶树

施甸县种茶历史悠久。当地姚关镇里畿山出产的"里畿茶"，曾在清朝时作为贡品送京城皇室，颇有名气。"十一五"末时，全县的茶园面积已达4.7万亩，其13个乡镇的100多个村均有种植。施甸县的茶叶资源虽然比较丰富，但保存下来的古茶树比较少，目前仅在姚关镇、太平镇等还有少量分布。

1. 施甸县姚关镇

姚关镇位于施甸县南部，地处东经99°14′，北纬24°36′之间，地域面积195.00km²；下设12个村委会，有159个村民小组。

姚关镇为北亚热带山地季风气候，全年极端最高气温29.5℃，极端最低气温-4℃，年平均气温13.8℃，年降雨量1099mm，境内多山地，是茶树种植的优良适宜区。多年来，该镇的大量荒山、树林被开垦成山地，用于种植新的农作物。在这样的多次开垦中，古茶树均被砍去。目前，仅在姚关镇的摆马村委会的猴子寨村民小组和里畿山茶山尚存少量古茶树，代表性植株为姚关镇大尖山里畿茶厂的古茶树等。

大尖山古茶树

栽培种古茶树，普洱茶种（*C. assamica*），见图7。位于施甸县姚关镇大尖山里畿茶厂茶地，东经99°38′19″，北纬25°17′42″，海拔1677.20m；树型小乔木，树姿半开张，树高6.0m，树幅6.0m×8.0m，基部干围1.18m，分枝密，嫩枝无茸毛，最低分枝高为1.5m；大叶类，成熟叶片长11.5cm，叶宽5.9cm，叶形为长椭圆形，叶色绿，叶基楔形，叶脉13对，叶身内折，叶尖渐尖，叶面隆起，叶缘微波，叶质中，叶柄、主脉、叶背茸毛少，叶齿形态为锯齿形，背茸毛少，叶齿形态为锯齿形，芽叶黄绿色，芽叶茸毛多；萼片6片，绿色、无茸毛，花柄、花瓣无茸毛，花冠4.5cm×2.3cm，花瓣5枚，白色，花柱3裂，花柱裂位低，子房有茸毛。原来生长健壮，已采摘鲜叶加工"里畿茶"多年；现树干被寄生草缠绕，长势一般。

2. 施甸县太平镇

太平镇位于施甸县北部，怒江东岸，地域面积236.84km²；下设18个村委会。该镇山区面积约占96.35%，坝区面积约占3.65%，森林覆盖率40.7%。多年来由于农业用地的扩展，该镇的大量荒山、树林被开垦成山地，用于种植烤烟等经济作物，目前在施甸县太平镇，古茶树已很难找到，仅在该镇李山村委会的下西山村民小组发现少量栽培种的古茶树。代表性植株为李山村古茶树等。

图7：大尖山古茶树

李山村1号古茶树（园）

栽培种古茶树，普洱茶种（*C. assamica*），见图 8。位于施甸县太平镇李山村委会下西山村民小组，村民杨朝光家的承包地内，东经 99°08′04″，北纬 24°88′04″，海拔 1916m。现存的古茶树共 12 株，在地埂边呈行种植。树型乔木，树姿直立。最高的一株，树高为 6.4m，树幅为 4.0m×5.0m，基部干围

图 8：李山村 1 号古茶树园

91cm；分枝稀，嫩枝无茸毛；大叶类，成熟叶片长 14.1cm，叶宽 6.5cm，叶形为长椭圆形，叶色绿，叶基楔形，叶脉 15 对，叶身内折，叶尖渐尖，叶面隆起，叶缘微波，叶质中，叶柄、主脉、叶背茸毛多，叶齿形态为锯齿形，芽叶黄绿色，芽叶茸毛多；萼片 6 片，绿色、无茸毛，花柄、花瓣无茸毛，花冠 3.5cm×2.3cm，花瓣 5 枚，白色，花柱 3 裂，花柱裂位低，子房有茸毛。生长健壮。

李山村2号古茶树

图 9：李山村 2 号古茶树

普洱茶种（*C. assamica*），见图 9。位于施甸县太平镇李山村委会下西山村民小组村民杨绍富家的宅院内，东经 99°07′83″，北纬 24°88′19″，海拔 1882.50m。树型乔木，树姿半开张，树高 3.6m，树幅 3.5m×3.4m，基部干围 0.76m；大叶类，成熟叶片长 12.0cm、宽 5.5cm，叶形为长椭圆形，叶色绿，叶基楔形，叶脉 10 对，叶身内折，叶尖渐尖，叶面隆起，叶缘微波，叶质中，叶柄、主脉、叶背茸毛多，叶齿形态为锯齿形，芽叶黄绿色，芽叶茸毛多；萼片 6 片，绿色、无茸毛，花柄、花瓣无茸毛，花冠 3.8cm×3.3cm，花瓣 5 枚，白色，花柱 3 裂，花柱裂位低，子房有茸毛。生长健壮。

（三）腾冲市

腾冲市位于保山市西部，地处东经 98° 05' ～ 98° 45'、北纬 24° 38' ～ 25° 52' 之间，地域面积 5845.00km²；西邻缅甸，国境线长 148.075km，是中国通向南亚、东南亚的重要门户和节点。下辖 11 个镇、7 个乡（分别为腾越镇、固东镇、滇滩镇、猴桥镇、和顺镇、界头镇、曲石镇、明光镇、中和镇、芒棒镇、荷花镇、马站乡、北海乡、清水乡、五合乡、新华乡、蒲川乡、团田乡），设有 8 个社区，有 213 个村委会；县人民政府驻腾越镇。

腾冲市属印度洋季风气候，有干湿季之分，年平均气温 15.1℃，降雨量 1531mm，森林覆盖率 70.7%。生态环境优越。横贯其全境的高黎贡山，动植物种类繁多，有"物种基因库"之称，被联合国教科文组织列为"生物多样性保护圈"，被世界野生动物基金会列为 A 级保护区。

腾冲市的茶树栽培历史悠久，茶业是当地的一个重要支柱产业，古茶树资源历来十分丰富。现存的古茶树大多分布在猴桥镇、芒棒镇、蒲川乡、团田乡等位于高黎贡山山脉一带的乡镇。经多次调查，腾冲县境内尚存 4 个野生古茶树居群，分布面积约 4.7 万亩，主要分布于高黎贡山自然保护区内，其中大蒿坪管理站 84 道班、三叉洼（老罗坑）、太平铺范围内约 7000 亩；大花莴、香树丫口、打油河范围内约 2000 亩；整顶管理站辖区约 35000 亩；另外在腾冲县猴桥镇猴桥村灯草坝长岭河的野生古茶树居群约 3000 亩。腾冲市现存的野生古茶树大多呈带状零星分布，但分布在高黎贡山自然保护区整顶管理站官田、金塘的野生古茶树则较为集中，古茶树植株的密度也较大，其中，基部干围 30cm ～ 42cm 的植株就有 12000 株左右。

分布在一些农业用地内的古茶树大多为栽培种古茶树，目前已发现的栽培种古茶园分布面积约 5500 亩。其中：蒲川乡坝外村，约 800 亩；芒棒乡文家塘村、劳家山村、窜龙村、坪田村、坪地村、城河村、红豆树村等，约 2100 亩；团田乡燕寿村、后库村，约 600 亩；五合乡整顶村、小地方村、新房子村等，约 1000 亩；腾越镇、清水乡、中和镇、马站乡、界头镇、曲石镇、固东镇等，约 1000 亩；其基部干围在 100cm 以上的栽培种古茶树已有 39 株。

1. 腾冲市猴桥镇

猴桥镇位于腾冲市中部偏西，地域面积 1106.00km²；镇的西部与缅甸接壤，境内有保山市唯一的国家级一类对外开放口岸——腾冲猴桥口岸，并有 7 条通往缅甸的边境通道，国境线长 72.8km；下设 9 个村委会，有 151 个自然村，110 个村民小组。

猴桥镇山川秀美，自然资源丰富，现有林地面积 145 万亩（含国有林面积 66.9 万亩），森林覆盖率达 78%；尚存的古茶树数量较多，大多为野生种古茶树，大理茶种；主要分布在猴桥镇茶林河村委会的森林中，树体直立高大，生长健壮。代表性植株有猴桥村 1 号古茶树、猴桥村 2 号古茶树等。

猴桥村 1 号古茶树

野生种古茶树，大理茶种（*C.taliensis*），见图10。位于腾冲市猴桥镇茶林河村民委员会，东经 98° 07′ 10″，北纬 25° 17′ 43″，海拔 1998m。树型乔木，树姿直立，树高 15m，树幅 3m×3m，基部干围 1.46m，基部分枝，分枝稀，嫩枝无茸毛；大叶类，成熟叶片长 15.1cm、宽 5.6cm，叶形为长椭圆形，叶色深绿，叶基楔形，叶脉 11 或 12 对，叶身平，叶尖急尖，叶面微隆起，叶缘微波，叶质硬，叶柄、主脉、叶背无茸毛，叶齿形态为锯齿形，芽叶紫绿色、无茸毛。长势健壮。

图 10：猴桥村 1 号古茶树

猴桥村 2 号古茶树

野生古茶树，大理茶种（*C.taliensis*），见图11。位于腾冲市猴桥乡茶林河村民委员会，东经 98° 07′ 12″，北纬 25° 17′ 42″，海拔 2034m。树型乔木，树姿直立，树高 10.8m，树幅 4.5m×5.3m，基部干围 1.47m，分枝稀，嫩枝无茸毛，最低分枝高为 1.5m；大叶类，成熟叶片长 12.4cm、宽 5.6cm，叶形为长椭圆形，叶色深绿，叶基楔形，叶脉 10 对，叶身平，叶尖急尖，叶面微隆起，叶缘微波，叶质硬，叶柄、主脉、叶背无茸毛，叶齿形态为锯齿形，芽叶紫绿色、无茸毛。生长健壮。

图 11：猴桥村 2 号古茶树

2. 腾冲市芒棒镇

芒棒镇位于腾冲市东南部，高黎贡山北麓，龙川江两岸的河谷地带，地域面积181.00km²（另有高黎贡山自然保护区内的面积54km²）；下设17个村委会，有221个村民小组。

芒棒镇现存的古茶树主要分布在芒棒镇赵营村委会的淀元村、赵营村和上营村委会的文家塘等地，古茶树有栽培种普洱茶和野生种大理茶等，大部分古茶树已实行挂牌保护，植株生长较好。古茶树的代表性植株有淀元1号古茶树、淀元2号古茶树、劳家山古茶树、文家塘1号古茶树、文家塘2号古茶树、文家塘3号古茶树等。

淀元1号古茶树

栽培种古茶树，普洱茶种（*C. assamica*），见图12。位于腾冲市芒棒镇赵营村委会淀元村，东经98°38′44.8″，北纬24°59′29″，海拔1768m。树型乔木，树姿半开张，树高8.4m，树幅4.5m×5.6m，基部干围1.75m，分枝密，嫩枝无茸毛，最低分枝高为30cm；大叶类，成熟叶片长10.1cm、叶宽4.3cm，叶形为长椭圆形，叶色深绿，叶基楔形，叶脉10对，叶身内折，叶尖渐尖，叶面平，叶缘微波，叶质中，叶柄、主脉、叶背茸毛较多，叶齿形态为锯齿形，芽叶黄绿色，芽叶茸毛多；萼片7片，绿色、无茸毛，花柄、花瓣无茸毛，花冠2.3cm×2.4cm，花瓣5枚，白色，花柱3裂，花柱裂位低，子房有茸毛。长势强。

图12：淀元1号古茶树

淀元 2 号古茶树

栽培种古茶树，普洱茶种（*C. assamica*），见图 13。位于腾冲市芒棒镇赵营村委会淀元村，东经 98° 38′ 43″，北纬 24° 59′ 47″，海拔 1737m。树型乔木，树姿直立，树高 7.75m，树幅 3.7m×4.2m，基部干围 1.08m，分枝稀，嫩枝无茸毛，最低分枝高为 100cm；大叶类，成熟叶片长 14.8cm、叶宽 6.6cm，叶形为长椭圆形，叶色深绿，叶基楔形，叶脉 11 对，叶身稍背卷，叶尖渐尖，叶面平，叶缘微波，叶质中，叶柄、主脉、叶背茸毛多，叶齿形态为锯齿形，芽叶黄绿色，芽叶茸毛多；萼片 5 片，绿色、无茸毛，花柄、花瓣无茸毛，花冠 3.5cm×2.3cm，花瓣 5 枚，白色，花柱 3 裂，花柱裂位低，子房有茸毛。生长健壮。

图 13：淀元 2 号古茶树

劳家山古茶树

栽培种古茶树，普洱茶种（*C. assamica*），见图 14。位于腾冲市芒棒镇赵营村委会赵营村劳家山，东经 98° 38′ 47″，北纬 24° 59′ 55″，海拔 1774m。树型乔木，树姿直立，树高 11.4m，树幅 4.3m×4.2m，基部干围 1.19m，分枝稀，嫩枝无茸毛，最低分枝高为 153cm；大叶类，成熟叶片长 12.3cm、叶宽 5.5cm，叶形为长椭圆形，叶色绿，叶基楔形，叶脉 11 对，叶身内折，叶尖渐尖，叶面隆起，叶缘微波，叶质中，叶柄、主脉、叶背茸毛多，叶齿形态为锯齿形，芽叶黄绿色，芽叶茸毛多；萼片 6 片，绿色、无茸毛，花柄、花瓣无茸毛，花冠 3.5cm×2.3cm，花瓣 5 枚，白色，花柱 3 裂，花柱裂位低，子房有茸毛。生长健壮。

图 14：劳家山古茶树

文家塘 1 号古茶树

栽培种古茶树，普洱茶种（*C. assamica*），见图 15。位于腾冲市芒棒镇上营村委会文家塘村，东经 98°38′34″，北纬 25°00′41″，海拔 1841m。树型乔木，树姿半开张，树高 7.1m，树幅 6.3m×6.4m，基部干围 1.23m，分枝稀，嫩枝无茸毛，最低分枝高为 52cm；大叶类，成熟叶片长 14.5cm、叶宽 6.5cm，叶形为长椭圆形，叶色绿，叶基楔形，叶脉 9~13 对，叶身内折，叶尖渐尖，叶面微隆起，叶缘平，叶质中，叶柄、主脉、叶背茸毛较多，叶齿形态为锯齿形。生长健壮。

图 15：文家塘 1 号古茶树

文家塘 2 号古茶树

栽培种古茶树，普洱茶种（*C. assamica*），见图 16。位于腾冲市芒棒镇上营村委会文家塘村，东经 98°38′33″，北纬 25°00′40″，海拔 1841m。树型乔木，树姿半开张，树高 7m，树幅 4.6m×4.3m，基部干围 1.50m，分枝稀，嫩枝无茸毛，最低分枝高为 20cm；大叶类，成熟叶片长 12.5cm、叶宽 6.5cm，叶形为长椭圆形，叶色绿，叶基楔形，叶脉 8 或 9 对；叶身内折，叶尖渐尖，叶面微隆起，叶缘平，叶质中，叶柄、主脉、叶背茸毛较多；叶齿形态为锯齿形。长势较弱。

图 16：文家塘 2 号古茶树

文家塘 3 号古茶树

栽培种古茶树，普洱茶种（*C. assamica*），见图 17。位于腾冲县芒棒镇上营村委会文家塘村，东经 98° 38′ 14″，北纬 25° 00′ 23″，海拔 1860m。树型乔木，树姿半开张，树高 7.9m，树幅 5.6m×5.7m，基部干围 1.42m，分枝稀，嫩枝无茸毛，最低分枝高为 15cm；大叶类，成熟叶片长 17cm、叶宽 7.3cm，叶形为长椭圆形，叶色绿，叶基楔形，叶脉 10 对，叶身稍背卷，叶尖渐尖，叶面微隆起，叶缘平，叶质中，叶柄、主脉、叶背茸毛较多；叶齿形态为锯齿形；萼片 5 片，绿色、有茸毛，花冠 2.5cm×2.6cm，花瓣 5 枚，白色，花柱 3 裂，花柱深裂。生长健壮。

图 17：文家塘 3 号古茶树

文家塘 4 号古茶树

栽培种古茶树，普洱茶种（*C. assamica*），见图 18。位于腾冲市芒棒镇上营村委会文家塘村，东经 98° 38′ 36″，北纬 25° 00′ 42″，海拔 1840m。树型乔木，树姿半开张，树高 6.8m，树幅 5.6m×5.2m，基部干围 1.02m，分枝稀，嫩枝无茸毛，最低分枝高为 60cm；大叶类，成熟叶片长 18.2cm、宽 7.2cm，叶形为长椭圆形，叶色绿，叶基楔形，叶脉 11 对，叶身稍背卷，叶尖渐尖，叶面微隆起，叶缘平，叶质中，叶柄、主脉、叶背茸毛较多，叶齿形态为锯齿形；萼片 5 片，花冠 3cm×3cm，花瓣薄，花瓣 5 枚，白色，花柱 4 裂，花柱裂位深。生长健壮。

图 18：文家塘 4 号古茶树

3. 腾冲市蒲川乡

蒲川乡位于腾冲市南部，地域面积 121.00km²；下设 12 个村委会，有 168 个自然村，132 个村民小组。

蒲川乡的茶树种植历史悠久，茶业是当地的传统骨干产业，当地的"清凉山"茶叶久负盛名。该乡现存的古茶树主要分布在该乡坝外村委会的小寨子村、茅草地村委会的站岗房村，分布面积约 800 亩；主要为栽培种普洱茶和野生种大理茶，大部分古茶树已实行了挂牌保护，故植株保存得比较完好。代表性植株有大折浪古茶树、小坪谷古茶树等。

大折浪古茶树

野生种古茶树，大理茶种（*C.taliensis*），见图 19。位于腾冲市蒲川乡坝外村大折浪。树型小乔木、树姿半开张，树高 2.24m，树幅 5.2m×5.0m，分枝密；大叶类，成熟叶片长 11.5cm、宽 4.6cm；叶形为长椭圆形，叶色绿，叶缘微波，叶质厚软，叶面隆，叶尖渐尖，叶柄长 0.5cm~0.7cm，叶基楔形，嫩枝有茸毛，叶背、主脉、叶柄、芽叶均有茸毛，叶齿形态为重锯齿形，叶脉 10 ~ 12 对；花冠 3.1cm×2.2cm，花瓣 5 枚，花瓣长宽 1.8cm×2.0cm，花瓣白色，柱头 5 裂，裂位浅，子房茸毛少无，雌雄蕊高比等高，萼片 4 或 5 片，花柱长 1.2cm，花梗长 0.5cm。生长健壮。

图 19：大折浪古茶树

小坪谷古茶树

野生种古茶树，大理茶种（*C.taliensis*），见图20。位于腾冲市蒲川乡坝外村小寨子的小坪谷。树型为小乔木、树姿半开张，树高8.8m，树幅8.9m×10m，基部干围2.8m，分枝密，嫩枝无茸毛，最大分枝主干粗1.08m；大叶类，成熟叶片长10.0cm、宽4.4cm，叶形为长椭圆形，叶色绿，叶缘微波，叶质软，叶面隆，叶尖渐尖，尾尖，叶柄长0.5cm~0.8cm，叶基楔形，叶脉8~10对，叶背、主脉、叶柄、芽叶均有茸毛，萼片无茸毛，叶齿形态为重锯齿形；花冠3.8cm×3.8cm，花瓣7枚，花瓣长宽为1.7cm×1.5cm，花瓣白色，花柱5裂，裂位浅1/3，子房茸毛多，雌雄蕊高比等高，萼片5片，花柱长1.2cm，花梗长0.9cm。生长健壮。

图20：小坪谷古茶树

茅草地1号古茶树

栽培种古茶树，普洱茶种（*C. assamica*），见图21。位于腾冲市蒲川乡茅草地村委会站岗房村，东经98°32′42″，北纬24°45′56″，海拔1931m。树型小乔木，树姿半开张，树高7.5m，树幅6.3m×6.6m，基部干围1.1m，分枝较稀，嫩枝无茸毛，最低分枝高为18cm；大叶类，成熟叶片长13.4cm、宽4.7cm，叶形为长椭圆形，叶色深绿，叶基楔形，叶脉14对，叶身平，叶尖渐尖，叶面微隆起，叶缘平，叶质中，叶柄、主脉、叶背茸毛较多，叶齿形态为锯齿形；萼片5片，花冠3.5cm×2.6cm，花瓣薄，花瓣5枚，白色，花柱3裂，花柱裂位深。生长健壮。

图21：茅草地1号古茶树

茅草地 2 号古茶树

栽培种古茶树，普洱茶种（*C. assamica*），见图 22。位于腾冲市蒲川乡茅草地村委会第二村民小组，东经 98°32′46″，北纬 24°45′48″，海拔 1904m。树型乔木，树姿半开张，树高 8.1m，树幅 6.3m×5.2m，基部干围 1.7m，分枝密，嫩枝无茸毛，最低分枝高为 18cm；大叶类，成熟叶片长 11.4cm、宽 4.4cm，叶形为长椭圆形，叶色深绿，叶基楔形，叶脉 9~11 对，叶身平，叶尖渐尖，叶面微隆起，叶缘平，叶质中，叶柄、主脉、叶背茸毛较多，叶齿形态为锯齿形；萼片 5 片，花冠 2.3cm×2.6cm，花瓣薄，花瓣 5 枚，白色，花柱 3 裂，花柱裂位深。长势一般。

图 22：茅草地 2 号古茶树

坝外古茶树

栽培种古茶树，普洱茶种（*C. assamica*），见图 23。位于腾冲县蒲川乡坝外村委会小寨子村，东经 98°34′32″，北纬 24°39′57″，海拔 1692m。树型乔木，树姿半开张，树高 10.3m，树幅 11.1m×9.7m，基部干围 2.1m，分枝密，嫩枝无茸毛，有 5 个一级枝，分枝的径围分别是 104cm、91cm、94cm、38cm、73cm；大叶类，成熟叶片长 10.6cm、宽 4.5cm，叶形为长椭圆形，叶色深绿，叶基楔形，叶脉 13 对，叶身稍背卷，叶尖渐尖，叶面微隆起，叶缘微波，叶质中，叶柄、主脉、叶背茸毛较多，叶齿形态为锯齿形；萼片 5 片，花冠 2.5cm×2.5cm，花瓣薄，花瓣 5 枚，白色，花柱 3 裂，花柱中裂。生长健壮。

图 23：坝外古茶树

4. 腾冲市团田乡

团田乡位于腾冲市南部，东西宽 5.8km，南北长 16.4km，地域面积 175.00km²；下设 8 个村委会，有 73 个村民小组。

团田乡现存的古茶树资源主要分布于该乡后库村民委员会的龙塘村民小组、后库上寨村民小组，丙弄村委会的丙弄村民小组；其中，后库村委会的龙塘村民小组有古茶树 100 余棵。大部分古茶树已实行了挂牌保护。代表性植株有龙塘古茶树、丙弄古茶树、团田古茶树等。

图 24：龙塘古茶树

龙塘古茶树

栽培种古茶树，普洱茶种（*C. assamica*），见图 24。位于腾冲市团田乡后库村委会的龙塘村民小组，东经 98°35′28″，北纬 24°38′36″，海拔 1710m。树型乔木，树姿半开张，树高 16.8m，树幅 6.4m×12.9m，基部干围 2.3m，分枝密，嫩枝有茸毛，最低分枝高为 30cm；大叶类，成熟叶片长 10.6cm、宽 5.5cm，叶形为长椭圆形，叶色深绿，叶基楔形，叶脉 11 对，叶身平，叶尖渐尖，叶面微隆起，叶缘平，叶质中，叶柄、主脉、叶背茸毛较多，叶齿形态为锯齿形；萼片 5 片，花冠 3.5cm×2.7cm，花瓣薄，花瓣 5 枚，白色，花柱 3 裂，花柱裂位深。生长健壮。

丙弄古茶树

栽培种古茶树，普洱茶种（*C. assamica*），见图25。位于腾冲县团田乡丙弄村委会丙弄村民小组，东经98°36′21″，北纬24°42′44″，海拔1591m。树型乔木，树姿半开张，树高7.4m，树幅4m×4m，基部干围1.01m，分枝密度中，嫩枝无茸毛，最低分枝高为114cm；大叶类，叶长9.8cm、宽4.5cm；叶形为长椭圆形，叶色深绿，叶基楔形，叶脉9对，叶身稍背卷，叶尖渐尖，叶面微隆起，叶缘平，叶质中，叶柄、主脉、叶背茸毛较多，叶齿形态为锯齿形。生长健壮。现仍采摘鲜叶加工利用。

图25：丙弄古茶树

图26：后库1号古茶树

后库1号古茶树

栽培种古茶树，普洱茶种（*C. assamica*），见图26。当地俗称腾冲苦茶。位于腾冲市团田乡后库村委会的山地边，海拔1580m。树型乔木，树姿半开张，树高7.36m，基部干围1.28m，分枝密度中，嫩枝有茸毛，最低分枝高为38cm，最大分枝干围62.9cm；大叶类，成熟叶片长9.01cm、宽4cm，叶形为椭圆形，叶色绿，叶基楔形，叶柄0.35cm，叶面微隆，叶身微背卷，叶尖渐尖，叶脉5~8对，叶质中，叶齿形态为重锯齿形；始花期10月中旬，花冠3.18cm×2.84cm，果形为肾形，果径1.99cm，种子为半圆形，直径1.32cm，结实多。生长健壮。

后库 2 号古茶树

栽培种古茶树，普洱茶种（*C. assamica*），见图 27。当地称上寨大茶。位于腾冲市团田乡后库村委会上寨第二村民小组，海拔 1660m。树型乔木，树姿半开张，树高 8.45m，基部干围 60cm，分枝密度中，嫩枝无茸毛，最低分枝高为 54cm，最大的分枝干围 90cm；大叶类，成熟叶片长 10.36cm、宽 4.7cm；叶色深绿，叶基楔形，叶柄 0.64cm，叶面微隆，叶身微背卷，叶尖渐尖，叶脉 6～8 对，叶质中，叶齿形态重锯齿形；始花期 10 月，花冠 3.48cm×3.04cm，花瓣 7 枚，瓣色白；果形为肾形，果径 2.5cm，结实性强；种子为半圆形，直径 1.51cm。该树生长健壮。

图 27：后库 2 号古茶树

（四）龙陵县

龙陵县位于保山市西南部，介于东经 98°25′～99°11′，北纬 24°07′～24°50′之间，东西最大距离 64km，南北最大跨度 78km，地域面积 2884.00km²；东与施甸，南与临沧市的永德县和镇康县相连，西与德宏州的芒市和梁河县接壤，北与保山市腾冲市、隆阳区相毗邻，西南与缅甸相接，国境线长 19.71km；下辖 3 个镇 7 个乡，其中 1 个民族乡，分别为：龙山镇、镇安镇、勐糯镇、龙江乡、腊勐乡、碧寨乡、龙新乡、象达乡、平达乡、木城彝族傈僳族乡；有 5 个社区、116 个村委会；县人民政府驻龙山镇。

龙陵县是一个山区县，地处怒江、龙川江两江之间，高黎贡山山脉由北向南伸入县境，生态环境优良，是云南省茶叶的重要产区；其茶叶生产历史久远，古茶树资源丰富。现存的古茶树大多为野生种古茶树，在村落和农地附近散存有少量栽培种古茶树。古茶树资源主要分布于龙山镇、镇安镇、龙江乡、碧寨乡、龙新乡、象达乡、平达乡等乡镇，位于东经 98°44′40″～98°53′45″，北纬 24°11′25″～24°28′93″之间的高黎贡山余脉地带。古茶树资源总面积约 6600 亩，其中野生种古茶资源面积约 6518.1 亩，栽培种古茶树资源面积约 82 亩。

1. 龙陵县龙山镇

龙山镇地处龙陵县西北部，地域面积 317.54km²；下设 4 个社区、13 个行政村。

龙山镇的古茶树分布面积约 400 亩。代表性古茶树居群为位于东经 98° 53′ 41″、北纬 24° 29′ 57″，海拔 1980m ~ 2000m 的龙塘村水井洼古茶树居群，分布面积约 10.5 亩，有古茶树 2000 余株。居群内最大的古茶树树高 5.1m，树幅 2.86m×3.2m，基部干围 1.56m。代表性植株有龙塘古茶树等。

图 28：龙塘古茶树

龙塘古茶树

野生种古茶树，大理茶种（*C. taliensis*），见图 28。位于龙陵县龙山镇龙塘村民小组水井洼，海拔 2008m。树型乔木，树姿半开张，树高 5.1m，树幅 2.8m×3.2m，基部干围 1.56m，分枝密，嫩枝无茸毛；大叶类，成熟叶片长 11.3cm、宽 3.7cm；叶形为椭圆形，叶色绿，叶基楔形，叶脉 7 对，叶身平，叶尖渐尖，叶面平，叶缘平，叶质硬，叶柄、主脉、叶背无茸毛，叶齿形态为锯齿形；萼片 5 片，花冠 3.6cm×3.5cm，花瓣薄，花瓣 10 枚，白色，花柱 5 裂，花柱裂位中。生长健壮。

2. 龙陵县镇安镇

镇安镇位于龙陵县城北部，怒江西岸。地域面积 256.20km²，下设 19 个村委会，有 286 个村民小组。

镇安镇现存的古茶树均为小居群式分布，总分布面积约 688 亩；其中代表性古茶树居群有 22 个，分布面积 330.1 亩。主要分布于镇东村委会麻蓬村、大园村、小烂坝村、芹以村、花木坡村、芹外村、毛草地山村、段家庙村；淘金河村委会赵家寨村、铜庙村、寿福村、园子村；镇北村委会第三村民小组、赵家寨村；镇南村委会第三村民小组；大坝村委会老木村、双坡村；回欢村委会麦嘎村；邦迈村委会中寨村、窝子寨村、云盘山；小田坝村委会第二村民小组和第三村民小组。

图 29：镇安古茶园

图 30：赵家寨古茶园

镇北张家寨古茶树

野生种古茶树，大理茶种（*C. taliensis*），见图31。位于龙陵县镇安镇镇北村委会张家寨村民小组，东经98°48′21″，北纬24°42′58″，海拔1809m。树型乔木，树姿半开张，树高7.8m，树幅5.5m×6.1m，基部干围2.2m，分枝较密，嫩枝无茸毛，最低分枝高为40cm；大叶类，成熟叶片长13.6cm、宽4.5cm，叶形为长椭圆形，叶色绿，叶基楔形，叶脉13对，叶身平，叶尖渐尖，叶面平，叶缘平，叶质硬，叶柄、主脉、叶背无茸毛，叶齿形态为锯齿形；萼片5片，花冠3.5cm×3cm，花瓣薄，花瓣10枚，白色，花柱5裂，花柱裂位浅。生长健壮。

图31：镇北张家寨古茶树

图32：赵家寨古茶树

赵家寨古茶树

野生种古茶树，大理茶种（*C. taliensis*），见图32。位于龙陵县镇安镇淘金河村委会赵家寨村民小组，东经98°53′23″，北纬24°39′16″，海拔2198m。树型乔木，树姿直立，树高9.3m，树幅7.4m×6.6m，基部干围2.3m，分枝密，嫩枝无茸毛；大叶类，成熟叶片长12.3cm、宽7.7cm，叶形为椭圆形，叶色绿，叶基楔形，叶脉9对，叶身平，叶尖渐尖，叶面平，叶缘平，叶质硬，叶柄、主脉、叶背无茸毛，叶齿形态为锯齿形；萼片5片，花冠3.5cm×3cm，花瓣薄，花瓣10枚，白色，花柱5裂，花柱裂位中。生长健壮。

东门古茶树

野生种古茶树，大理茶种（*C. taliensis*），见图33。位于龙陵县镇安镇东门村民小组。树型乔木，树姿直立，树高10m，树幅4.5m×4m，基部干围1.5m；分枝较密，嫩枝无茸毛；大叶类，成熟叶片长10.3cm、宽4.7cm，叶形为椭圆形，叶色绿，叶基楔形，叶脉8对，叶身平，叶尖渐尖，叶面平，叶缘平，叶质硬，叶柄、主脉、叶背无茸毛，叶齿形态为锯齿形；萼片5片，花冠3.5cm×3cm，花瓣薄，花瓣11枚，白色，花柱5裂，花柱裂位中。生长健壮。

图33：东门古茶树

邦迈古茶树

野生种古茶树，大理茶种（*C. taliensis*），见图34。位于龙陵县镇安镇邦迈村委会中寨村民小组。树型乔木，树姿半开张，树高8m，树幅8m×6.4m，基部干围1.4m，分枝密，嫩枝无茸毛；大叶类，成熟叶片长10.3cm、宽4.7cm，叶形为椭圆形，叶色绿，叶基楔形，叶脉12对，叶身平，叶尖渐尖，叶面平，叶缘平，叶质硬，叶柄、主脉、叶背无茸毛，叶齿形态为锯齿形；萼片5片，花冠3.5cm×3cm，花瓣薄，花瓣11枚，白色，花柱5裂，花柱裂位中。长势好，生长健壮。

图34：邦迈古茶树

小田坝1号古茶树

野生种古茶树，大理茶种（*C. taliensis*），见图35。位于龙陵县镇安镇小田坝村委会大坪子村第三村民小组，海拔1920m。树型乔木，树姿半开张，树高9m，树幅5.8m，基部干围1.15m，分枝5个，嫩枝无茸毛，最大分枝径围41.4cm；大叶类，成熟叶片长15.6cm、宽6.9cm，叶面平、厚，叶齿浅，芽叶茸毛少；花径5.3cm，花瓣11或12枚，柱头5裂，萼片无茸毛，子房多茸毛，果径3.2cm。长势好，生长健壮。

图35：小田坝1号古茶树

小田坝2号古茶树

野生种古茶树，大理茶种（*C. taliensis*），见图36。位于龙陵县镇安镇小田坝村委会大坪子村第二村民小组，海拔1870m。树型乔木，树姿直立，树高10.3m，树幅5.3m，基部干围95cm，分枝稀，嫩枝无茸毛；大叶类，叶形为长椭圆形，叶色绿，叶基楔形，叶身平，叶尖渐尖，叶面平，叶缘平，叶质硬，叶柄、主脉、叶背无茸毛，叶齿形态为锯齿形；花瓣薄。长势好，生长健壮。

图36：小田坝2号古茶树

黑水河古茶树

栽培种古茶树，杂交茶种，见图 37。当地称细叶大茶，位于龙陵县镇安镇八〇八村委会黑水河村民小组，海拔 1970m。树型乔木，树姿半开张，树高 8m，树幅 6.6m，基部干围 82cm，一级分枝 5 个，嫩枝无茸毛，最低分枝高为 2.1m，最大分枝径围 30cm；大叶类，成熟叶片长 11.7cm、宽 6.8cm，叶面平、叶色绿，叶齿形态为锯齿形，芽叶茸毛少；花色白，花径 5.0cm，花瓣 8 或 9 枚，柱头 4 裂。

图 37：黑水河古茶树

3. 龙陵县龙江乡

龙江乡位于龙陵县县城北部，地域面积 194.80km²，下设 15 个村委会，有 184 个村民小组。

龙江乡现存的古茶树均为小居群式分布，分布面积约 90 亩；代表性的古茶树居群有 3 个，分布面积约 30 亩。主要分布区域为该乡的三台山村委会和硝塘村委会。其中，三台山村委会古茶树居群面积约 2 亩，居群中最大的植株树高 7m，树幅 5m×6m，基部干围 4m；高楼子村民小组古茶树居群面积约 25 亩，共 230 株，居群内最大植株树高 8m，树幅 4m×4m，基部干围 2.44m；酸粑洼村民小组古茶树居群面积约 3 亩，居群内最大的植株树高 8m，树幅 6m×4m，基部干围 1.32m。

硝塘古茶树

野生种古茶树，大理茶种（*C. taliensis*），见图 38。位于龙陵县龙江乡硝塘村委会高楼子村民小组，东经 98°44′58″，北纬 24°44′48″，海拔 2140m。树型乔木，树姿半开张，树高 5.5m，树幅 3.3m×3m，基部干围 2.2m，分枝密，嫩枝无茸毛，最低分枝高为 40cm；大叶类，成熟叶片长 10.6cm、宽 4.7cm，叶形为长椭圆形，叶色绿，叶基楔形，叶脉 11 对，叶身稍背卷，叶尖渐尖，叶面平，叶缘平，叶质硬，叶柄、主脉、叶背无茸毛，叶齿形态为锯齿形；萼片 5 片，花冠 3.2cm×2.7cm，花瓣薄，花瓣 6 枚，白色，花柱 5 裂，花柱裂位浅。长势弱。

图 38：硝塘古茶树

龙江古茶树

野生种古茶树，大理茶种（*C. taliensis*），见图 39。位于龙江乡硝塘村委会黄家寨，海拔 1890m。树型乔木，树姿直立，树高 7.5m，树幅 4.7m×4.7m，基部干围 64cm，分枝密，嫩枝无茸毛，最低分枝高为 60cm；大叶类，成熟叶片长 15.4cm、宽 6.8cm，叶面平、色深绿、质厚，叶齿形态为锯齿形，芽叶无茸毛，子房多茸毛，果径 3.3cm，种径 1.6cm。生长健壮。

图 39：龙江古茶树

4. 龙陵县碧寨乡

碧寨乡位于龙陵县东部、怒江的西岸，地域面积283.14km²；下设辖12个村委会，有163个村民小组。

碧寨乡古茶树的总分布面积约1200亩；代表性古茶树居群有2个，分布面积约900亩。其中烟地洼古茶树居群面积约100亩，有古茶树50余株，居群内最大的古茶树树高7m，树幅5m×4m，基部干围1m；大河头村民小组石竹洼子等地的古茶树居群面积约800亩，有古茶树600余株。

坡头村1号古茶树

野生种古茶树，大理茶种（*C. taliensis*），见图40。位于龙陵县碧寨乡坡头村。树型小乔木，树姿半开张，树高7.2m，树幅4.5m×5m，基部干围1.45m，分枝稀，嫩枝无茸毛；大叶类，成熟叶片长11.6cm、宽4.4cm，叶形为长椭圆形，叶色绿，叶基楔形，叶脉8对，叶身平，叶尖渐尖，叶面平，叶缘平，叶质硬，叶柄、主脉、叶背无茸毛，叶齿形态为锯齿形；萼片5片，花冠3.6cm×3.3cm，花瓣薄，花瓣9枚，白色，花柱5裂。长势弱。

图40：坡头村1号古茶树

坡头村2号古茶树

野生种古茶树，大理茶种（*C. taliensis*），见图41。位于龙陵县碧寨乡坡头村。树型小乔木，树姿半开张，树高5.2m，树幅4m×5m，基部干围1.4m，分枝密，嫩枝无茸毛；大叶类，成熟叶片长9.6cm、宽4.4cm，叶形为长椭圆形，叶色绿，叶基楔形，叶脉9对，叶身平，叶尖渐尖，叶面平，叶缘平，叶质硬，叶柄、主脉、叶背无茸毛，叶齿形态为锯齿形；萼片5片，花冠3.8cm×3.6cm，花瓣薄，花瓣11枚，白色，花柱5裂。长势弱。

图41：坡头村2号古茶树

半坡古茶树

野生种古茶树，大理茶种（*C. taliensis*），见图42。位于龙陵县碧寨乡半坡村。树型乔木，树姿半开张，树高7m，树幅5m×5.3m，基部干围1.0m，分枝密度中，嫩枝无茸毛；大叶类，成熟叶片长10.6cm、宽4.4cm，叶形为长椭圆形，叶色绿，叶基楔形，叶脉8对，叶身平，叶尖渐尖，叶面平，叶缘平，叶质硬，叶柄、主脉、叶背无茸毛，叶齿形态为锯齿形；萼片5片，花冠3.4cm×3.2cm，花瓣薄，花瓣11枚，白色，花柱5裂。长势弱。

图42：半坡古茶树

5. 龙陵县龙新乡

龙新乡位于龙陵县中部，地域面积318.0km²，下设有11个村委会，有214个村民小组。

龙新乡现存的古茶树均为小居群式分布，总分布面积约1000亩；代表性古茶树群有2个，分布面积约750亩。其中，中股梁子古茶树居群面积约350亩，有古茶树1000余株，居群内最大的古茶树树高4m，树幅3m×3m，基部干围1.96m；孔家大坡古茶树居群面积约400亩，有古茶树3000余株，居群内最大的古茶树树高3m，树幅3m×3m，基部干围1.5m。

图 43：龙陵县龙新乡古茶树园

菜籽地古茶树

野生种古茶树，大理茶种（*C. taliensis*），见图 44。位于龙陵县龙新乡菜籽地村。树型乔木，树姿半开张，树高 4m，树幅 3m×3m，基部干围 1.96m，分枝密，嫩枝无茸毛；大叶类，成熟叶片长 11.6cm、宽 3.8cm，叶形为长椭圆形，叶色绿，叶基楔形，叶脉 9 对，叶身平，叶尖渐尖，叶面平，叶缘平，叶质硬，叶柄、主脉、叶背无茸毛，叶齿形态为锯齿形；萼片 5 片，花冠 3.45cm×3.8cm，花瓣薄，花瓣 11 枚，白色，花柱 5 裂。长势尚强。

图 44：菜籽地古茶树

6. 龙陵县象达乡

象达乡位于龙陵县西南部，地域面积 425.87km²；下设 15 个村委会，有 106 个自然村，227 个村民小组。

象达乡现存的古茶树均为小居群式分布，总分布面积约 3016.1 亩；代表性的古茶树居群有 7 个，分布面积约 2061.1 亩。主要分布在该乡的大厂村、象达村、邦工村、坝头村。代表性古茶树居群有野猪吃地古茶树居群、宝石山古茶树居群和孙家地古茶树居群。其中，孙家地古茶树居群面积约 300 余亩，有古茶树 5200 多株，居群内最大的古茶树树高5.2m，树幅 4m×3.6m，基部干围 1.7m；塔皮洼古茶树居群面积约 600 亩，有古茶树 4500多株，居群内最大的古茶树树高 5m，树幅 3m×3m，基部干围 0.8m；篱笆坡、风吹垭口、洋芋地、尖山二台、栏杆洼等地的古茶树居群面积约 300 亩，共有古茶树 400 多株，居群内最大的古茶树树高 6.5m，树幅 3m×5m，基部干围 1.3m；六箐古茶树居群面积约 360 亩，有古茶树 2000 多株；树梁子古茶树居群，分布面积约 500 亩，有古茶树 4000 多株。

图 45：象达古茶树

象达古茶树

野生种古茶树，大理茶种（*C. taliensis*），见图 45。位于龙陵县象达乡团坡寨，东经 98° 50′ 13″，北纬 24° 28′ 8″，海拔 2167m。树型乔木，树姿半开张，树高 8m，树幅7.5m×6.1m，基部干围 3.4m，分枝密，嫩枝无茸毛；大叶类，成熟叶片长 13.6cm、宽 4.5cm，叶形为长椭圆形，叶色绿，叶基楔形，叶脉9 对，叶身平，叶尖渐尖，叶面平，叶缘平，叶质硬，叶柄、主脉、叶背无茸毛，叶齿形态为锯齿形；萼片 5 片，花冠 3.5cm×3cm，花瓣薄，花瓣 10 枚，白色，花柱 5 裂，花柱裂位浅。上部已被砍，现长势一般。

图 46：坝头古茶树

坝头古茶树

野生种古茶树，大理茶种（*C. taliensis*），见图46。位于龙陵县象达乡坝头村。树型乔木，树姿半开张，树高4.5m，树幅4m×5m，基部干围1.5m；大叶类，成熟叶片长14.6cm、宽4.5cm，叶形为长椭圆形，叶色绿，叶基楔形，叶脉9对，叶身平，叶尖渐尖，叶面平，叶缘平，叶质硬，叶柄、主脉、叶背无茸毛，叶齿形态为锯齿形；萼片5片，花冠3.5cm×3cm，花瓣薄，花瓣10枚，白色，花柱5裂，花柱裂位浅。长势弱。

7. 龙陵县平达乡

平达乡位于龙陵县东南部，地处东经98°35′~98°45′，北纬24°11′~24°25′之间，地域面积356.20km²；下设10个村委会，有121个村民小组。

平达乡现存的古茶树均为小居群式分布，总分布面积约124亩；代表性古茶树居群有6个，分布面积约27.5亩。其中，安乐村委会上寨古茶树居群面积约1亩，有古茶树10株，居居群内最大的古茶树高7m，树幅2.5m×5m，基部干围1.7m；芦蒿洼竹林头古茶树居群面积约0.5亩，有古茶树15株，居群内最大的古茶树树高8.2m，树幅1m×1m，基部干围1.17m；大洼子山古茶树居群面积约5亩，有古茶树85株；淘金洼古茶树居群面积约15亩，有古茶树60株；平安村委会匡家寨村（也叫猴子圈洼）古茶树居群面积5亩，有古茶树110株；黄连河村委会背阴窝子村古茶树居群面积约1亩，有古茶树5株。

安乐古茶树

野生种古茶树，大理茶种（*C. tali-ensis*），见图47。位于平达乡安乐村民委员会上寨村。东经 98° 53′ 45″，北纬 24° 16′ 37″，海拔 2008m。树型乔木，树姿直立，树高 7m，树幅 2.5m×5m，基部干围 1.7m；大叶类，树干有地衣、苔藓生长。常遭砍伐采摘，长势弱，面临濒危。

图 47：安乐古茶树

（五）昌宁县

昌宁县位于保山市西南部，地处东经 99° 16′~100° 12′、北纬 20° 14′~25° 12′ 之间，东连临沧市的凤庆县，西接保山市隆阳区、施甸县，南与临沧市的永德县隔河相望，北邻大理白族自治州的永平县、漾濞县、巍山县，地域面积 3888km²，辖 5 个镇，8 个乡，其中 3 个民族乡（分别为田园镇、漭水镇、柯街镇、卡斯镇、勐统镇、温泉乡、大田坝乡、鸡飞乡、翁堵乡、湾甸傣族乡、更戛乡、珠街彝族乡、耈街彝族苗族乡），2 个农场（湾甸农场、柯街华侨农场），下设 6 个社区、118 个村委会；县人民政府驻田园镇。

昌宁县属亚热带季风气候，有低热、温热、温凉、高寒 4 个气候带；境内年平均气温 14.9℃，极端最高气温 40.4℃，极端最低气温 –6℃；年平均降雨 1259mm，无霜期 253 天；有右甸河、枯柯河、勐统河、更戛河、大田坝河、漭水河等，十分适宜茶树的种植和生长，是茶树的一个重要原产地。其复杂多样的生态环境、悠久的茶树栽培历史，孕育了丰富的茶树种质资源。

昌宁县的田园镇、漭水镇、勐统镇、温泉乡、大田坝乡、湾甸乡、更戛乡、翁堵乡、耈街乡等 9 个乡镇均有古茶树分布，共有古茶树居群 42 个，总分布面积约 36928 亩；古茶树植株的数量约 154129 株，其中野生种古茶树面积约 18464 亩，有野生种古茶树 71707 株，栽培种古茶树面积 18464 亩，有栽培种古茶树 82422 株。

1. 昌宁县田园镇

田园镇位于昌宁县中部，于 2005 年 5 月由原右甸、达丙两镇合并而成，地域面积 256.00km²；下设 5 个社区、8 个村委会，有 225 个村民小组。

田园镇的古茶树以石佛山古茶树居群为代表。石佛山古茶树居群在 1981 年首次普查时就被列入了国家级野生古茶树资源的档案，该居群位于右甸坝的新华石佛山，距昌宁县城 5km，古茶树分布面积约 50 亩，分布地海拔在 2080m～2152m 之间。代表性植株有新华村 1 号古茶树、新华村 2 号古茶树等。

新华村 1 号古茶树

野生种古茶树，当地称柳叶青茶，大理茶种（*C.taliensis*），见图 48。位于昌宁县田园镇新华村委会石佛山村民小组，东经 99°34′，北纬 24°51′，海拔 2140m。树型乔木，树姿半开张，树高 14.84m，树幅 11.80m×10.66m，基部干围 3.82m，分枝稀，嫩枝无茸毛，最低分枝高为 1.15m；大叶类，成熟叶片长 12.2cm、宽 4.5cm，叶形为长椭圆形，叶色绿，叶基楔形，叶面平，叶身平，叶尖渐尖，叶缘平，叶质中，叶柄、主脉、叶背无茸毛，叶齿形态为少锯齿形。生长健壮。

图 48：新华村 1 号古茶树

图 49：新华村 2 号古茶树

新华村 2 号古茶树

野生种古茶树，当地俗称小茶，大理茶种（*C.taliensis*），见图 49。位于昌宁县田园镇新华村委会石佛山村民小组，东经 99°34′，北纬 24°51′，海拔 2152m。树型乔木，树姿半开张，树高 12.8m，树幅 6.0m×5.9m，基部干围 2.2m，分枝密，嫩枝无茸毛，最低分枝高为 0.65m；大叶类，成熟叶片长 12.3cm、宽 4.7cm，叶为长椭圆形，叶色绿，叶基楔形，叶面平，叶身内折，叶尖渐尖，叶缘平，叶质中，叶柄、主脉、叶背无茸毛，叶齿形态为少锯齿形。生长健壮。

2. 昌宁县漭水镇

漭水镇位于昌宁县中部，地域面积 311.00km²；下设 9 个村委会，有 205 个村民小组。

漭水镇海拔在 1050m～2850m 之间，气候温凉、温热、高寒，属立体气候，年均气温 14℃，年均降雨 1350mm，古茶树资源丰富。现存的野生种古茶树资源分布面积约 3000

亩，栽培种古茶树资源分布面积约 5000 亩。其野生种古茶树资源主要分布在该镇沿江村委会的茶山河村民小组、保家洼子村民小组、羊圈坡村民小组。其中，羊圈坡村民小组的野生古茶树呈集中连片分布，共有野生种古茶树 3346 株，最大一株高 15.8m，基部干围达 3.4m。栽培种古茶树在全镇的 9 个村委会均有分布，但主要分布地为漭水村委会的黄家寨村民小组，沿江村委会的羊圈坡村民小组，老厂村委会的长领岗、朱家地、太平山村民小组，明德村委会的红木树村民小组、大鱼塘村民小组等沿澜沧江西岸一带的山区，分布在海拔 1900m～2300m 之间。现存的栽培种古茶树植株大都生长在农地边，植株长得比较健壮，其中以漭水村委会黄家寨村分布的数量最多、树龄也最长。

图 50：漭水镇沿江村古茶树居群

沿江村 1 号古茶树

野生种古茶树，大理茶种（*C.taliensis*），见图 51。位于昌宁县漭水镇沿江村委会茶山河村翁家承包地的地埂边，东经 99° 36′ 59″，北纬 24° 58′ 29″，海拔 2359m。树型乔木，树姿半开张，树高 8.8m，树幅 8m×7.8m，基部干围 2.4m，分枝密，嫩枝无茸毛，最低分枝高为 1.0m；大叶类，成熟叶片长 10.6cm、宽 4.7cm，叶形为长椭圆形，叶面平，叶色黄绿，叶基楔形，叶身内折，叶尖渐尖，叶缘平，叶质硬，叶柄、主脉、叶背无茸毛，叶齿形态为少锯齿形。生长健壮。

图 51：沿江村 1 号古茶树

沿江村 2 号古茶树

野生种古茶树，大理茶种（C.taliensis），见图 52。位于昌宁县漭水镇沿江村委会茶山河村翁家的房屋前，东经 99°36′56″，北纬 24°58′27″，海拔 2381m。树型乔木，树姿半开张，树高 7.5m，树幅 4.2m×5.3m，基部干围 2.6m，分枝密度中，嫩枝无茸毛，最低分枝高为 0.6m；大叶类，成熟叶片长 10.1cm、宽 4.2cm；叶形为长椭圆形，叶面平，叶色黄绿，叶基楔形，叶身内折，叶尖渐尖，叶缘平，叶质柔软，叶柄、主脉、叶背无茸毛，叶齿形态为少锯齿形。生长健壮。

图 52：沿江村 2 号古茶树

沿江村 3 号古茶树

野生种古茶树，大理茶种（C.taliensis），见图 53。位于昌宁县漭水镇沿江村委会茶山河村的保家凹子，东经 99°36′56″，北纬 24°58′41″，海拔 2385m。树型乔木，树姿半开张，树高 15.8m，树幅 6.7m×8m，基部干围 2.86m，分枝密，嫩枝无茸毛，最低分枝高为 1.6m；大叶类，成熟叶片长 14.2cm、宽 6.2cm，叶形为长椭圆形，叶色黄绿，叶基楔形，叶面平，叶身平，叶尖渐尖，叶缘平，叶质硬，叶柄、主脉、叶背无茸毛，叶芽无茸毛，叶齿形态为少锯齿形。生长健壮。

图 53：沿江村 3 号古茶树

沿江村 4 号古茶树

野生种古茶树，当地称红裤茶，大理茶种（*C.taliensis*），见图 54。位于昌宁县漭水镇沿江村委会茶山河村的保家凹子，东经 99° 36′ 52″，北纬 24° 58′ 42″，海拔 2314m。树型乔木，树姿半开张，树高 9.5m，树幅 6m×4.8m，基部干围 2.25m，分枝密，嫩枝无茸毛，最低分枝高为 1.4m；大叶类，成熟叶片长 9.6cm、宽 3.6cm，叶形为长椭圆形，叶色黄绿，叶基楔形，叶面平，叶身内折，叶尖渐尖，叶缘平，叶质硬，叶柄、主脉、叶背无茸毛，叶芽无茸毛，叶齿形态为锯齿形。生长健壮。

图 54：沿江村 4 号古茶树

图 55：沿江村 5 号古茶树

沿江村 5 号古茶树

野生种古茶树，当地称红裤茶，大理茶种（*C.taliensis*），见图 55。位于昌宁县漭水镇沿江村委会茶山河村唐家河边，东经 99° 40′，北纬 24° 57′，海拔 2170m。树型乔木，树姿半开张，树高 8.2m，树幅 5m×5m，基部干围 2.15m，分枝密度中，嫩枝无茸毛，最低分枝高为 1.45m；大叶类，成熟叶片长 12.6cm、宽 4.6cm，叶形为长椭圆形，叶色深绿，叶基楔形，叶面平，叶身稍背卷，叶尖渐尖，叶缘平，叶质硬，叶柄、主脉、叶背无茸毛，叶芽无茸毛，叶齿形态为少锯齿形。生长健壮。

沿江村 6 号古茶树

野生种古茶树，当地称报洪茶，大理茶种（*C.taliensis*），见图 56。位于昌宁县漭水镇沿江村委会羊圈坡，东经 99° 39′，北纬 24° 59′，海拔 2340m。树型乔木，树姿半开张，树高 11.2m，树幅 8.9m×8m，基部干围 3.16m，分枝中，嫩枝无茸毛；大叶类，成熟叶片长 14cm、宽 5cm，叶形为长椭圆形，叶色深绿，叶基楔形，叶面平，叶身平，叶尖急尖，叶缘平，叶质硬，叶柄、主脉、叶背无茸毛，叶芽无茸毛，叶齿形态为锯齿形。生长健壮。

图 56：沿江村 6 号古茶树

碓房箐古茶树

栽培种古茶树，普洱茶种（*C. assamica*），见图 57。位于昌宁县漭水镇漭水村委会碓房箐。树型乔木，树姿半开张，树高 8.5m，树幅 4.9m×5.5m，基部干围 0.55m；大叶类，叶形为长椭圆形，芽头壮，茸毛多，成茶品质好。该树是国家级地方群体良种——昌宁大叶茶的种源树，有较高的保护利用价值。

图 57：碓房箐古茶树

漭水村 1 号古茶树

栽培种古茶树，当地称黄家寨大茶，普洱茶种（*C. assamica*），见图 58。位于昌宁县漭水镇漭水村委会黄家寨农户杨文红家的菜地边，东经 99° 41′ 3″，北纬 24° 54′ 45″，海拔 1873m。树型乔木，树姿半开张，树高 12m，树幅 7.8×8m，基部干围 1.2m，分枝密度中，嫩枝有茸毛，最低分枝高为 1.5m；大叶类，叶片特大，成熟叶片长 18.8cm、宽 8.2cm，叶形为长椭圆形，叶色黄绿，叶基楔形，叶面隆起，叶身内折，叶尖渐尖，叶缘平，叶质柔软，叶柄、主脉、叶背茸毛多，叶芽茸毛多，叶齿形态为锯齿形。生长健壮。

图 58：漭水村 1 号古茶树

漭水村 2 号古茶树

栽培种古茶树，当地称黄家寨大茶，普洱茶种（*C. assamica*），见图 59。位于昌宁县漭水镇漭水村委会黄家寨农户杨文红家的菜地边，东经 99° 41′ 4″，北纬 24° 54′ 13″，海拔 1860m。树型小乔木，树姿半开张，树高 8.2m，树幅 4.5m×5.4m，基部干围 2.45m，分枝密，嫩枝无茸毛；大叶类，成熟叶片长 11.2cm、宽 4.7cm，叶形为长椭圆形，叶色深绿，叶基楔形，叶面微隆起，叶身稍背卷，叶尖渐尖，叶缘微波，叶质柔软，叶柄、主脉、叶背茸毛少，叶芽茸毛少，叶齿形态为少锯齿形。生长健壮。

图 59：漭水村 2 号古茶树

漖水村 3 号古茶树

栽培种古茶树，当地称黄家寨大茶，普洱茶种（*C. assamica*），见图 60。位于昌宁县漖水镇漖水村委会黄家寨杨文红家菜地边，东经 99°41′10″，北纬 24°54′46″，海拔 1861m。树型小乔木，树姿半开张，树高 8m，树幅 4.5m×4.5m，基部干围 2.45m，分枝密，嫩枝无茸毛，最低分枝高为 0.8m；大叶类，成熟叶片长 9.6cm、宽 3.3cm，叶形为披针形，叶色深绿，叶基楔形，叶面平，叶身内折，叶尖渐尖，叶缘平，叶质硬，叶柄、主脉、叶背无茸毛，叶芽茸毛少，叶齿形态为少锯齿形。生长健壮。

图 60：漖水村 3 号古茶树

漖水村 4 号古茶树

栽培种古茶树，当地称黄家寨大茶，普洱茶种（*C. assamica*），见图 61。位于昌宁县漖水镇漖水村委会黄家寨农户杨文红家的菜地边，东经 99°41′12″，北纬 24°54′46″，海拔 1850m。树型小乔木，树姿半开张，树高 11m，树幅 4.5m×5.2m，基部干围 1.05m，分枝稀，嫩枝有茸毛，最低分枝高为 1.2m；大叶类，叶片特大，成熟叶片长 14.9cm、宽 6.4cm，叶形为长椭圆形，叶色黄绿，叶基楔形，叶面隆起，叶身内折，叶尖渐尖，叶缘微波，叶质柔软，叶柄、主脉、叶背有茸毛，叶芽茸毛多，叶齿形态为锯齿形。生长健壮。

图 61：漖水村 4 号古茶树

3. 昌宁县温泉乡

温泉乡位于昌宁县东南部，地域面积 225.00km²；下设 10 个村委会，有 168 个村民小组。古茶树主要分布于联席村锡匠寨。

温泉乡现存的古茶树的分布面积约 300 亩，植株主要生长在村庄周围的农地边，生长地的海拔在 1900m～1950m 之间，树高在 5m～10m 之间。代表性植株有联席古茶树等。

联席村 1 号古茶树

野生种古茶树，当地称报洪茶，大理茶种（*C.taliensis*），见图 62。位于昌宁县温泉乡联席村委会芭蕉林村民小组农户李伦家的地埂边，东经 99° 46′ 53″，北纬 24° 45′ 3″，海拔 1953m。树型小乔木，树姿半开张，树高 10.5m，树幅 5.2m×5.1m，基部干围 1.6m，分枝密度中，嫩枝无茸毛，最低分枝高为 0.8m；大叶类，成熟叶片长 11.2cm、宽 4.5cm，叶形为长椭圆形，叶色深绿，叶基楔形，叶面平，叶身内折，叶尖渐尖，叶缘平，叶质硬，叶柄、主脉、叶背无茸毛，叶齿形态为少锯齿形。生长健壮。

图 62：联席村 1 号古茶树

图 63：联席村 2 号古茶树

联席村 2 号古茶树

野生种古茶树，当地称报洪茶，大理茶种（*C.taliensis*），见图 63。位于昌宁县温泉乡联席村委会芭蕉林村民小组农户李伦家的地埂边，东经 99° 46′ 56″，北纬 24° 45′ 2″，海拔 2134m。树型乔木，树姿直立，树高 7.8m，树幅 3.7m×4.5m，基部干围 2.37m，分枝密，嫩枝无茸毛，最低分枝高为 0.7m；大叶类，成熟叶片长 12.7cm、宽 4.8cm，叶形为长披针形，叶色黄绿，叶基楔形，叶面平，叶身内折，叶尖渐尖，叶缘微波，叶质柔软，叶柄、主脉、叶背无茸毛，叶齿形态为少锯齿形。生长健壮。

联席村 3 号古茶树

野生种古茶树，当地称报洪茶，大理茶种（*C.taliensis*），见图 64。位于昌宁县温泉乡联席村委会芭蕉林村民小组农户李坤家的地埂边，东经 99°46′，北纬 24°45′，海拔 2078m。树型乔木，树姿半开张，树高 11.5m，树幅 5.0m×5.1m，基部干围 2.9m，分枝密度中，嫩枝无茸毛，最低分枝高为 0.59m；大叶类，成熟叶片长 12.8cm、宽 5.2cm，叶形为椭圆形，叶色深绿，叶基近圆形，叶微隆起，叶身内折，叶尖渐尖，叶缘微波，叶质硬，叶柄、主脉、叶背无茸毛，叶齿形态为少锯齿形。生长健壮。

图 64：联席村 3 号古茶树

联席村 4 号古茶树

野生种古茶树，当地称报洪茶，大理茶种（*C.taliensis*），见图 65。位于昌宁县温泉乡联席村委会芭蕉林村民小组农户李坤家的地埂边，东经 99°46′，北纬 24°45′，海拔 2078m。树型乔木，树姿半开张，树高 10m，树幅 5.1m×5.1m，基部干围 2.41m，分枝密度中，嫩枝无茸毛，最低分枝高为 1.37m；大叶类，茶树叶平长 11.3cm、宽 5.6cm，叶形为椭圆形，叶色深绿，叶基近圆形，叶微平，叶身内折，叶尖急尖，叶缘平，叶质硬，叶柄、主脉、叶背无茸毛，叶齿形态为少锯齿形。生长健壮。

图 65：联席村 4 号古茶树

图66：联席村5号古茶树

联席村5号古茶树

野生种古茶树，当地称报洪茶，大理茶种（*C.taliensis*），见图66。位于昌宁县温泉乡联席村委会芭蕉林村民小组农户李坤家承包地的地埂边，东经99°46′59″，北纬24°45′1″，海拔2105m。树型乔木，树姿直立，树高13.4m，树幅5.4m×4.9m，基部干围2.95m，分枝密，嫩枝无茸毛，最低分枝高为1.1m；大叶类，成熟叶片长12.8cm、宽5.6cm，叶形椭圆形，叶色黄绿，叶基楔形，叶微平，叶身内折，叶尖渐尖，叶缘微波，叶质硬，叶柄、主脉、叶背无茸毛，叶齿形态为少锯齿形。生长健壮。

联席村6号古茶树

栽培种古茶树，普洱茶种（*C. assamica*），见图67。位于昌宁县温泉乡联席村委会芭蕉林村民小组农户杨凤江家承包地的地埂边，东经99°47′4″，北纬24°45′，海拔2082m。树型乔木，树姿开张，树高8.5m，树幅9.9m×8.3m，基部干围2.2m，分枝密，嫩枝有茸毛，最低分枝高为0.7m；大叶类，成熟叶片长15.3cm、宽6.2cm，叶形为长椭圆形，叶色深绿，叶基近圆形，叶面微隆起，叶身内折，叶尖渐尖，叶缘微波，叶质柔软，叶柄、主脉、叶背茸毛多，叶齿形态为锯齿形。生长健壮。

图67：联席村6号古茶树

图 68：联席村 7 号古茶树

联席村 7 号古茶树

野生种古茶树，大理茶种（*C.ta-liensis*），见图 68。位于昌宁县温泉乡联席村委会芭蕉林村民小组农户李德存家承包地的地埂边，东经 99°46′57″，北纬 24°45′，海拔 2133m。树型乔木，树姿直立，树高 9.4m，树幅 5.6m×6.2m，基部干围 1.9m，分枝中，嫩枝无茸毛；大叶类，成熟叶片长 13.1cm、宽 4.3cm，叶形为长椭圆形，叶色深绿，叶基楔形，叶面平，叶身内折，叶尖渐尖，叶缘平，叶质硬，叶柄、主脉、叶背无茸毛，叶齿形态为少锯齿形。生长健壮。

联席村 8 号古茶树

栽培种古茶树，普洱茶种（*C. assamica*），见图 69。位于昌宁县温泉乡联席村委会芭蕉林村民小组农户李德存家承包地边，东经 99°47′1″，北纬 24°44′44″，海拔 2086m。树型乔木，树姿半开张，树高 4.2m，树幅 4.1m×3.9m，基部干围 1.95m，分枝密，嫩枝有茸毛；大叶类，成熟叶片长 11.3cm、宽 4.9cm，叶形为椭圆形，叶色深绿，叶基楔形，叶面隆起，叶身稍背卷，叶尖渐尖，叶缘微波，叶质柔软，叶柄、主脉、叶背茸毛多，叶齿形态为锯齿形。生长健壮。

图 69：联席村 8 号古茶树

云南省古茶树资源概况

图 70：联席村 9 号古茶树

联席村 9 号古茶树

栽培种古茶树，当地称原头茶，普洱茶种（*C. assamica*），见图70。位于昌宁县温泉乡联席村委会破石头村民小组，东经 99° 41′，北纬 24° 42′，海拔 2026m。树型小乔木，树姿半开张，树高 5.8m，树幅 5.1m×5.4m，基部干围 2.6m，分枝密度中，嫩枝有茸毛；大叶类，成熟叶片长 15.7cm、宽 6.2cm；叶形为长椭圆形，叶色绿，叶基楔形，叶面微隆起，叶身内折，叶尖渐尖，叶缘平，叶质硬，叶柄、主脉、叶背茸毛多，叶齿形态为锯齿形。生长健壮。

联席村 10 号古茶树

栽培种古茶树，普洱茶种（*C. assamica*），见图 71。位于昌宁县温泉乡联席村委会团山村民小组农户赵忠孝家的承包地边，东经 99° 47′ 19″，北纬 24° 44′ 1″，海拔 2044m。树型乔木，树姿半开张，树高 11.4m，树幅 7.4×9m，基部干围 2.85m，分枝密，嫩枝有茸毛，最低分枝高为 0.7m；大叶类，成熟叶片长 14.1cm、宽 6.1cm，叶形为长椭圆形，叶色深绿，叶基近圆形，叶面隆起，叶身内折，叶尖渐尖，叶缘平，叶质中，叶柄、主脉、叶背茸毛多，叶齿形态为锯齿形。生长健壮。

图 71：联席村 10 号古茶树

4. 昌宁县翁堵乡

翁堵乡位于昌宁县南部，地域面积191.00km²；下设7个行政村，有101个村民小组。

翁堵乡的古茶树主要分布于翁堵乡立木山村委会滑石板箐村民小组，总分布面积约300亩，分布地海拔在2700m～2800m之间，植被原始，保存相对完好；分布区域内的古茶树呈小片群生或散生状，株高在5m～10m之间，树幅在1m～5m之间，均为大叶类，当地群众俗称野茶。因曾有一些人上山挖移茶树，当前存活较好的仅500株～600株。此外，据称在昌宁县天堂林场靠近大田坝乡湾岗村委会的翁堵乡狮子塘村民小组山梁子一带的万亩原始森林中，也尚存活着一些古茶树，由于山高林密，无路可行，至今还没有进行过系统的专业性考察。

翁堵立木山古茶树

野生种古茶树，大理茶种（*C.taliensis*），见图72。位于昌宁县翁堵乡立木山村委会；树型乔木，树姿半开张，树高12.8m，树幅6.0m×5.9m，基部干围1.8m，分枝密，嫩枝无茸毛，最低分枝高为0.90m；大叶类，成熟叶片长12.3cm、宽4.7cm，叶形为长椭圆形，叶色绿，叶基楔形，叶面平，叶身内折，叶尖渐尖，叶缘平，叶质中，叶柄、主脉、叶背无茸毛，叶齿形态为少锯齿形。生长健壮。

图72: 翁堵立木山古茶树

第三章 普洱市篇

一、普洱市古茶树资源概述

普洱市地处云南省西南部，位于东经 99° 09′~102° 19′，北纬 22° 02′~24° 50′之间，北回归线横穿中部，东邻红河哈尼族彝族自治州的绿春县、红河县和玉溪市的元江县、新平县，东北接楚雄彝族自治州的双柏县、楚雄市、南华县，北连大理白族自治州的弥渡县、南涧县，西北以澜沧江为界与临沧市的云县、双江县、沧源县相望，南连西双版纳傣族自治州的勐海县、景洪市、勐腊县，东南与越南、老挝接壤，西南与缅甸毗邻，国境线长达 486km，地域面积 45385km²，是云南省 16 个州（市）中面积最大的一个市；下设 1 个区、9 个自治县（思茅区、宁洱哈尼族彝族自治县、墨江哈尼族自治县、景东彝族自治县、景谷傣族彝族自治县、镇沅彝族哈尼族拉祜族自治县、江城哈尼族彝族自治县、孟连傣族拉祜族佤族自治县、澜沧拉祜族自治县、西盟佤族自治县），有 66 个镇、37 个乡（其中 10 个民族乡），下设 42 个社区、995 个村委会；市人民政府驻思茅区思茅镇。

普洱市属低纬高原山地，位于横断山系延伸南段，无量山、哀牢山两大山脉和澜沧江、把边江两大水系相间排列，地形自北向南倾。最高处为北部无量山主峰的猫头山，海拔 3371m；最低处为南部的土卡河，海拔 317m；两地直线相距约 264km，垂直高差达 3054m。普洱市具有低纬、季风和垂直气候特征。由于北回归线横穿中部，太阳高度角大，终年变化小，形成最冷月与最热月温差不很明显，冬无严寒，夏无酷暑；由于处于南亚季风北缘，受季风的进退制约，形成明显的干湿季：即每年的 11 月至次年 4 月，受大陆平直西风气流控制，形成天晴干燥，降雨稀少的旱季，而每年的 5 月至 10 月，受来自海洋的西南或东南气流控制，高温多雨，相对湿度大，降水量占到全年的 85% 以上，形成明显的雨季。在垂直气候分布上，海拔由低到高呈现北热带、南亚热带、中亚热带、北亚热带、南温带、温带等多种气候类型。

普洱市古茶树资源十分丰富，在全市的 10 个县（区）都有分布。主要分布地域在其境内的无量山、哀牢山和澜沧江两岸海拔 1836m~2600m 的原始森林中。多年来，省、市有关部门作过多次调查，据不完全统计，全市古茶树的总分布面积约 136.10 万亩，其中，野生种古茶树的分布面积约 117.90 万亩，栽培种古茶树分布面积约 18.20 万亩。分布较为集中的地点为宁洱县宁洱镇宽宏村委会的困鹿山脉、磨黑镇的新寨山脉、黎明乡的岔河村委会；墨江县联珠镇马路村委会老茅寨村民小组牛角尖山的菖莆塘；景东县林街乡丁帕村委会的石大门村民小组、驴打泥溏村民小组，安定镇河底村委会李家村民小组，太忠镇花石村委会的花石岩梁子；景谷县正兴镇黄草坝村委会的大水缸村民小组、困庄大地村民小组、大黑龙塘村民小组；镇沅县九甲镇千家寨村委会的龙潭村民小组，九甲镇果吉村委会的猴子箐，者东镇者东村委会的桃子箐；孟连县的勐马镇腊福村委会的大黑山；澜沧县糯扎渡镇响水河村委会的老挝黑山、澜沧县东回镇东岗村委会帕令村民小组的大黑山。代表性的野生古茶树居群有镇沅县九甲镇千家寨村委会的野生古茶树居群；代表性的栽培种古茶树（园）有澜沧拉祜族自治县惠民镇景迈村委会的万亩古茶树（园）。

根据中山大学张宏达教授对山茶属的分类系统（1998 年），普洱市境内已发现的古茶树种类有大理茶（*C.taliensis*）、老黑茶（*C.atrothea*）、厚轴茶（*C. crassocolumna*）、德宏茶（*Camellia dehungensis*）、白毛茶（*C. sinensis var. pubilimba*）、普洱茶（*C. assamica*）及茶（*C. sinensis*），共 7 个种。

二、普洱市古茶树代表性植株

（一）思茅区

思茅区位于普洱市中部，澜沧江的中下游，地处东经 100° 19′ ~ 101° 27′，北纬22° 27′ ~ 23° 06′ 之间，东西长 118km，南北宽 72km，地域面积 4093km²；东面隔曼老江与普洱市的江城县毗邻，南部与西双版纳州的景洪市接壤，西沿澜沧江与普洱市的澜沧县、西双版纳州的勐海县隔江相望，北部与普洱市的宁洱县连接，西部以小黑江和普洱市的景谷县分界；辖 5 镇 2 个民族乡，设有 10 个社区、60 个村委会。区人民政府驻思茅镇。

思茅区地处北回归线以南，气候终年温暖，降水充沛，并且全年光照充足，光质好，年辐射总量大，植被种类丰富，森林覆盖率为 61.2%，良好的生态环境为古茶树的生存、繁衍创造了良好的条件。

思茅区茶树种植历史悠久，是云南普洱茶的历史集散地，境内古茶树资源十分丰富。近几年开展的茶树资源普查中，在其思茅镇、倚象镇、思茅港镇境内都发现了不少栽培种古茶树。

1. 思茅区思茅镇

思茅镇位于思茅区北部，地域面积 195.45km²；下设 7 个社区、5 个村委会，有 54 个村民小组。

思茅镇现存的古茶树多为栽培种古茶树，主要分布在思茅镇平原社区、箐门口村委会，多为单株散生，零星分布于农户的房前屋后或承包地中，保护状况较好。代表性植株有老荒田古茶树等。

老荒田古茶树

栽培种古茶树，普洱茶种（*C. assamica*），见图73。位于思茅区思茅镇平原社区1组19号住户的庭院内，东经100°58′24″，北纬22°35′30″，海拔1320m。树型为小乔木，树姿半开张。树高6.7m，树幅4.0m×3.5m，基部干围1.46m；叶长椭圆形，叶色绿，叶身内折，叶缘波，叶面微隆起，叶质硬，叶尖渐尖，叶基楔形，叶齿重锯齿，叶背主脉少茸毛；花冠2.8cm×2.7cm，花瓣6枚，花瓣微绿色、质地薄，子房有茸毛，柱头3裂，裂位浅；果实球形和椭圆状球形。目前长势较强。

图73：老荒田古茶树

2. 思茅区倚象镇

倚象镇位于思茅区东部，地处东经101°23′~101°26′，北纬22°33′~22°52′之间，地域面积1050.53km²；下设16个村委会，有206个村民小组。

倚象镇现存的古茶树已经不多，主要为栽培种古茶树，分布在鱼塘村委会、下寨村委会、石膏箐村委会野门寨村民小组、大寨村委会歹里村民小组等地，在其余村委会里也有个别零星的植株。代表性植株有把边寨古茶树、柳树箐古茶树等。

把边寨古茶树

栽培种古茶树，普洱茶种（*C. assamica*），见图74。位于思茅区倚象镇鱼塘村委会把边寨村民小组的菜阳河自然保护区内，东经101°10′30″，北纬22°35′24″，海拔1445m。树型为乔木，树姿半开张，树高12.0m，树幅4.0m×3.0m，基部干围0.60m；芽叶绿色，茸毛多，叶椭圆形，叶色绿，叶身背卷，叶缘微波，叶面微隆起，叶质柔软，叶尖渐尖，叶基楔形，叶齿为重锯齿，叶背主脉无茸毛；花冠1.9cm×1.7cm，花瓣5枚，花瓣微绿色、质地较厚，子房有茸毛，柱头3裂，裂位中；果实为球形和三角状球形。目前长势较弱。

图74：把边寨古茶树

柳树箐古茶树

栽培种古茶树，普洱茶种（*C. assamica*），见图75。位于思茅区倚象镇下寨村委会柳树箐村民小组的苦竹山，东经100°02′6″，北纬22°46′06″，海拔1541m。树型为小乔木，树姿半开张，树高5.6m，树幅4.1m×3.8m，基部干围1.76m；嫩枝有毛，芽叶紫红色，茸毛多；叶椭圆形，叶色深绿，叶身稍内折，叶缘波，叶面隆起，叶质中，叶尖急尖，叶基楔形，叶缘细锯齿，叶背主脉多茸毛。目前长势较强。

图75：柳树箐古茶树

3. 思茅区思茅港镇

思茅港镇位于思茅区南部,澜沧江中下游与西双版纳州景洪市的交界处,地处澜沧江东岸,因国家级一类对外开放口岸思茅港在其境内而得名;地域面积683.93km²,多为亚热带低热河谷地区;下设7个村委会,有101个村民小组。

思茅港镇的古茶树资源主要分布在其境内的澜沧江两岸的原始森林中;在茨竹林村委会、芒坝村委会兰安寨村民小组等地也发现有栽培种古茶树,其中以兰安寨大山一带的分布较为集中,总分布面积约333亩,目前已由农户分片承包管理。代表性植株有上茨竹林古茶树等。

上茨竹林古茶树

栽培种古茶树,普洱茶种(*C. assamica*),见图76。位于思茅区思茅港镇茨竹林村委会上茨竹林村民小组,东经100° 29′ 12″,北纬22° 41′ 36″,海拔1594m。树型为小乔木,树姿半开张,树高7.5m,树幅5.2m×5.0m,基部干围1.02m,芽叶绿色,茸毛多;叶为长椭圆形,叶色绿,叶身稍内折,叶缘微波,叶面微隆起,叶质硬,叶尖渐尖,叶基楔形,叶缘少锯齿,叶背主脉多茸毛;花冠3.1cm×2.8cm,花瓣6枚,花瓣白、微绿色,子房有茸毛,柱头3裂,裂位浅;果实为椭圆状球形或三角状球形。目前长势较弱。

图76:上茨竹林古茶树

（二）宁洱哈尼族彝族自治县

宁洱哈尼族彝族自治县（以下简称宁洱县）位于普洱市中部，地处横断山脉南段，地处于东经100°42′~101°37′，北纬22°40′~23°36′之间，地域面积3670.00km²；东和东北沿把边江与普洱市的墨江县分界，南与普洱市思茅区、江城县相连，西沿小黑江与普洱市景谷县毗邻，北与普洱市的镇沅县相接。下辖6镇3乡，设有4个社区、85个村委会。县人民政府驻宁洱镇。

宁洱县属南亚热带山地季风气候，并因海拔高度的不同而呈现热带、亚热带、南温带等气候类型；全年无霜期334天，年降雨量1414.9mm，年平均气温19.4℃~21.3℃，日照时数1921.2小时。这一特定的地理位置、地势地貌和季风气候，良好的土壤和植被条件，保留下了不少珍贵的古茶树。

宁洱县的古茶树资源比较丰富。野生种古茶树主要分布在宁洱镇、磨黑镇、勐先镇、梅子镇、黎明乡、德安乡等6个乡镇的12个村委会；栽培种古茶树主要分布在宁洱镇宽宏村委会的困鹿山、裕和村委会的清真寺、西萨村委会、谦岗村委会、温泉村委会，勐先镇的谦乐村委会，梅子镇的永胜村委会，黎明乡的团山村委会、岔河村委会，德安乡的永顺村委会等地。

1. 宁洱县宁洱镇

宁洱镇位于宁洱县中部，地域面积538.36km²；下设3个社区、20个村委会，有310个村（居）民小组。

宁洱镇现存的古茶树多为栽培种古茶树，主要分布在宽宏村委会、西萨村委会、谦岗村委会。代表性古茶树（园）有宽宏村的古茶树（园）；代表性植株有困鹿山野生古茶树、困鹿山栽培古茶树、困鹿山细叶古茶树、裕和清真寺古茶树等。

图 77：宽宏村的古茶树（园）

困鹿山野生古茶树

野生种古茶树，大理茶种（*C. taliensis*），见图 78。位于宁洱县宁洱镇宽宏村委会的困鹿山，东经 101° 05′ 12″，北纬 23° 14′ 12″，海拔 2050m。树型乔木，树姿半开张，树高 4.8m，树幅 3.5m×3.2m，基部干围 1.75m；叶为长椭圆形，叶色绿，叶身稍内折，叶缘平，叶面平，叶质中，叶尖渐尖，叶基楔形，叶脉 7 对，叶缘少锯齿，叶背主脉无茸毛；花冠 3.8cm×3.6cm，花瓣 10 枚，花瓣质地薄，柱头 5 裂，裂位浅；果实五角状球形。目前长势较强。

图 78：困鹿山野生古茶树

困鹿山栽培古茶树

栽培种古茶树，普洱茶种（*C. assamica*），见图79。位于宁洱县宁洱镇宽宏村委会的困鹿山，东经101°04′24″，北纬23°15′00″，海拔1640m。树型小乔木，树姿开张，树高8.0m，树幅8.3m×7.2m，基部干围1.92m；叶长椭圆形，叶色深绿，叶身背卷，叶缘微波，叶面微隆起，叶质硬，叶尖钝尖，叶基楔形，叶脉9对，叶齿细锯齿，叶背主脉多茸毛；花冠4.1cm×3.4cm，花瓣6枚，花瓣白色、质地中，子房有茸毛，柱头3裂，裂位中；果实为三角状球形或四方形。目前长势较强。

图79：困鹿山栽培古茶树

困鹿山细叶古茶树

栽培种古茶树，白毛茶种（*C.sinensis* var. *pubilimba*），见图80。位于宁洱县宁洱镇宽宏村委会的困鹿山，东经101°04′24″，北纬23°15′00″，海拔1630m。树型小乔木，树姿半开张，树高8.5m，树幅4.8m×4.4m，基部干围1.50m；叶椭圆形，叶色深绿，叶身背卷，叶缘微波，叶面微隆起，叶质硬，叶尖渐尖，叶基楔形，叶脉8对，叶齿细锯齿，叶背主脉多茸毛；花冠4.2cm×2.5cm，花瓣5枚，花瓣白色、质地中，子房有茸毛，柱头3裂，裂位浅；果实三角状球形。目前长势较强。

图80：困鹿山细叶古茶树

清真寺古茶树

栽培种古茶树，普洱茶种（*C. assamica*），见图81。位于宁洱县宁洱镇裕和村委会回民村民小组的清真寺旁，东经101°02′00″，北纬23°04′00″，海拔1320m。树型小乔木，树姿半开张，树高10.0m，树幅7.8m×8.4m，基部干围1.35m；叶椭圆形，叶色绿，叶身稍内折，叶缘微波，叶面微隆起，叶质中，叶尖钝尖，叶基楔形，叶脉8对，叶齿细锯齿，叶背主脉茸毛少。目前长势较强。

图81：清真寺古茶树

2. 宁洱县磨黑镇

磨黑镇位于宁洱县东北部，地处东经101°8′~101°51′，北纬23°6′~23°20′之间，地域面积489.86km²；下设1个社区、10个村委会，有139个村民小组。

磨黑镇现存的古茶树已经不多。野生种古茶树主要分布在磨黑镇庆明村委会的白菜地村民小组，分布面积约6750亩；栽培种古茶树主要分布在庆明村委会新寨村民小组和团结村委会扎罗山村民小组，分布地海拔在1490m左右，分布面积约350亩。代表性植株有新寨古茶树、扎罗山古茶树等。

新寨古茶树

栽培种古茶树，普洱茶种（*C. assamica*），见图82。位于宁洱县磨黑镇庆明村委会新寨村民小组，东经101°07′30″，北纬23°10′18″，海拔1490m。树型小乔木，树姿半开张，树高3.0m，树幅3.5m×2.5m，基部干围0.85m；叶椭圆形，叶色绿，叶身平，叶缘平，叶面微隆起，叶质硬，叶尖渐尖，叶基楔形，叶脉10对，叶齿细锯齿，叶背主脉少茸毛；花冠3.9cm×3.4cm，花瓣6枚，花瓣白色，花瓣质地中，子房有茸毛，柱头3裂，裂位中；果实三角状球形。目前长势较弱。

图82：新寨古茶树

扎罗山古茶树

栽培种古茶树，普洱茶种（*C. assamica*），见图83。位于宁洱县磨黑镇团结村委会扎罗山村民小组，东经101°06′06″，北纬23°14′18″，海拔1670m。树型乔木，树姿半开张，树高8.0m，树幅4.6m×4.2m，基部干围1.20m；叶为长椭圆形，叶色绿，叶身稍内折，叶缘微波，叶面微隆起，叶质中，叶尖钝尖，叶基楔形，叶脉12对~15对，叶齿细锯齿，叶背主脉多茸毛；花冠4.0cm×3.5cm，花瓣6枚，花瓣白色，房有毛，柱头3裂，裂位中；果实为三角状或四方状球形。目前长势较强。

图83：扎罗山古茶树

3. 宁洱县梅子镇

梅子镇位于宁洱县西北部，地域面积 309.00km²；下设 6 个村委会，有 95 个村民小组。

梅子镇的古茶树资源比较丰富。野生种古茶树主要分布在永胜村委会的干坝子大山、罗东山等村民小组；栽培种古茶树主要分布在永胜村委会的地楼寨、纸厂坡、旧禄箐等村民小组，多生长于村寨边，呈零星分布，分布面积约 80 亩。代表性植株有干坝子大山古茶树、罗东山野生古茶树等。

图 84：干坝子大山古茶树

干坝子大山古茶树

野生种古茶树，大理茶种（*C.taliensis*），见图 84。位于宁洱县梅子镇永胜村干坝子大山村民小组，东经 101° 01′ 24″，北纬 23° 34′ 24″，海拔 2460m。树型小乔木，树姿半开张，树高 15.0m，树幅 10.6m×10.6m，基部干围 2.65m；叶椭圆形，叶色绿，叶身稍内折，叶缘微波，叶面平，叶质中，叶尖渐尖，叶基楔形，叶脉 7 对，叶齿细锯齿，叶背主脉无茸毛。目前长势强。

罗东山野生古茶树

野生种古茶树，大理茶种（*C.taliensis*），见图85。位于宁洱县梅子镇永胜村委会罗东山村民小组，东经101°2′24″，北纬23°31′24″，海拔2370m。树型乔木，树姿直立，树高14.8m，树幅14.0m×12.8m，基部干围3.40m；叶椭圆形，叶色绿，叶身稍内折，叶缘微波，叶面微隆起，叶质中，叶尖渐尖，叶基楔形，叶脉10对，叶齿细锯齿，叶背主脉无茸毛；花冠5.9cm×5.0cm，花瓣11枚，花瓣微绿色、质地中，子房有茸毛，柱头5裂，裂位中。目前长势较强。

4. 宁洱县黎明乡

黎明乡位于宁洱县东南部，地域面积468.64km²；下设6个行政村，有93个村民小组。

黎明乡的森林覆盖率达80%，现存的古茶树资源较为丰富。野生古茶树主要分布在该乡岔河村委会后山村民小组与普洱市江城县康平镇的交界地带，分布面积约11820亩；栽培种古茶树主要分布在岔河村委会，皆为零星分布，代表性植株有下岔河古茶树等。

图85：罗东山野生古茶树

图86：下岔河古茶树

下岔河古茶树

栽培种古茶树，普洱茶种（*C. assamica*），见图86。位于宁洱县黎明乡岔河村委会下岔河村民小组，东经101°27′00″，北纬22°43′24″，海拔1370m。树型乔木，树姿半开张。树高13.8m，树幅7.22m×5.62m，基部干围0.75m；叶椭圆形，叶色绿，叶身稍内折，叶缘微波，叶面微隆起，叶质中，叶尖渐尖，叶基楔形，叶脉8对，叶齿细锯齿，叶背主脉少茸毛；花冠3.5cm×3.0cm，花瓣5枚，花瓣白色、质地中，子房有茸毛，柱头3裂，裂位中；果实三角状球形。目前长势较弱。

5. 宁洱县德安乡

德安乡位于宁洱县北部，地域面积 336.59km²；下设 6 个村委会，有 64 个自然村，73 个村民小组。

德安乡的古茶树资源多为野生种古茶树，主要分布在兰庆村委会茶树地、新厂河、黄草坝、柄拢山等村民小组，呈零星分布，海拔在 2150m 左右，总分布面积约 66750 亩。代表性植株有丙龙山古茶等。

丙龙山古茶树

野生种古茶树，大理茶种（*C. taliensis*），见图 87。位于宁洱县德安乡兰庆村委会丙龙山村民小组，东经 101°04′12″，北纬 23°24′24″，海拔 2150m。树型乔木，树姿半开张直立，树高 19.5m，树幅 12.1m×9.8m，基部干围 2.00m；叶椭圆形，叶色绿，叶身稍内折，叶缘平，叶面微隆起，叶质柔软，叶尖渐尖，叶基楔形，叶脉 8 对，叶齿细锯齿，叶背主脉无茸毛。目前长势较强。

图 87：丙龙山古茶树

（三）墨江哈尼族自治县

墨江哈尼族自治县（以下简称墨江县）位于普洱市东部，地处东经 101°08′~102°04′，北纬 22°51′~23°59′之间，地域面积 5459km²；东与玉溪市的元江县、红河州的红河县和绿春县接壤，南连普洱市的江城县，西与普洱市的宁洱县隔把边江相望，北与普洱市的镇沅县、玉溪市的新平县相连；下辖 12 个镇 3 个乡（其中 1 个民族乡），设有 5 个社区、163 个村委会，有 2311 个村民小组。县人民政府驻联珠镇紫金社区。

墨江县处于低纬度高海拔地区，全县三分之二的地域在北回归线以南，属南亚热带半湿润山地季风气候，雨量充沛、干湿季节分明，年平均湿度 80%，年平均降雨量 1696.7mm，无霜期 306 天，是云南省茶树种植的最佳适宜区之一。

墨江县现存的古茶树资源比较丰富，总分布面积约 98456 亩。其中，野生古茶树主要分布于联珠镇的牛角尖山、鱼塘镇的羊神庙大山、雅邑镇的大鱼塘山、景星镇的大平掌村委会和新华村委会、龙潭乡的文武胡老师大山等地；栽培种古茶树主要分布于联珠镇、通关镇、雅邑镇、坝溜镇、景星镇、新抚镇、团田镇等地。

1. 墨江县联珠镇

联珠镇位于墨江县中部偏东，地域面积 681.00km²；下设 4 个社区、32 个村委会，有 99 个社区居民小组、5405 个村民小组。

联珠镇的野生种、栽培种古茶树资源都比较丰富。野生种古茶树主要分布在联珠镇回归社区、班中村委会、碧溪村委会、勇溪村委会，分布地的海拔在 1400m～1460m 之间，周围植被为山地常绿阔叶林，土壤为赤红壤；栽培种古茶树主要分布在团结乡、新抚乡等，分布面积约 9645 亩。代表性植株有牛角尖山古茶树、箭场山古茶树等。

图 88：牛角尖山古茶树

牛角尖山古茶树

野生种古茶树，大理茶种（*C.taliensis*），见图 88。位于墨江县联珠镇马路村委会的牛角尖山，东经 101° 41′ 12 ″，北纬 23° 39′ 24 ″，海拔 2180m。树型小乔木，树姿半开张，树高 10.0m，树幅 4.4m×4.0m，基部干围 1.35m；叶椭圆形，叶色深绿，叶身稍内折，叶缘微波，叶面平，叶质柔软，叶尖渐尖，叶基楔形，叶脉 8 对，叶缘少锯齿，叶背主脉无茸毛；花冠 4.7cm×4.3cm，花瓣 8 枚，花瓣白色、质地中，子房有茸毛，柱头 5 裂，裂位浅；果实为扁球形或三角状球形。目前长势较强。

箭场山古茶树

栽培种古茶树，普洱茶种（*C. assamica*），见图89。位于墨江县联珠镇碧溪村委会箭场山村民小组，东经101°41′12″，北纬23°30′12″，海拔1460m。树型乔木，树姿半开张，树高1.4m，树幅1.9m×1.5m，基部干围0.43m；叶椭圆形，叶色绿，叶身内折，叶缘微波，叶面微隆起，叶质柔软，叶尖渐尖，叶基楔形，叶脉11对，叶缘细锯齿，叶背主脉多茸毛；花冠4.1cm×3.3cm，花瓣6枚，花瓣微绿色、质地较薄，子房有茸毛，柱头3裂，裂位浅；果实为球形或三角状球形。目前长势较强。

图89：箭场山古茶树

2. 墨江县鱼塘镇

鱼塘镇位于墨江县西南部，地处东经101°23′~101°38′、北纬23°03′~23°15′之间，地域面积290.00km²；下设9个村委会，有175个村民小组。

鱼塘镇的古茶树资源多为野生种古茶树，呈零星分布，主要分布在鱼塘镇与通关镇交界的羊神庙大山，分布地的海拔在1500m~2223m之间，分布面积约1.2万亩。代表性植株有羊神庙古茶树等。

羊神庙古茶树

野生种古茶树，大理茶种（*C. taliensis*），见图90。位于墨江县鱼塘镇景平村委会的羊神庙山，东经101°25′06″，北纬23°10′00″，海拔2090m。树型小乔木，树姿半开张，树高6.6m，树幅4.9m×4.5m，基部干围1.24m；叶椭圆形，叶色深绿，叶身稍内折，叶缘微波，叶面微隆起，叶质中，叶尖渐尖，叶基楔形，叶脉9对，叶齿细锯齿，叶背主脉无茸毛；花冠5.1cm×4.0cm，花瓣7枚，花瓣白色，花瓣质地中，子房有茸毛，柱头5裂，裂位中；果实扁球形。目前长势较强。

图90：羊神庙古茶树

3. 墨江县雅邑镇

雅邑乡位于墨江县中南部，地域面积326.00km²；下设14个村委会，有179个村民小组。

雅邑镇的古茶树资源比较丰富。野生种古茶树主要分布在雅邑镇芦山村委会的阿八丫口、大鱼塘箐、山星街边等村民小组，呈零星分布，分布地的海拔在1700m～2010m之间，土壤为红壤、黄棕壤，周围植被为常绿阔叶林，分布面积约7095亩；栽培种古茶树主要分布在芦山村委会打稗子场村民小组。代表性植株有芦山野生古茶树、山星街古茶树、打稗子场古茶树等。

芦山野生古茶树

野生种古茶树，大理茶种（*C.taliensis*），见图91。位于墨江县雅邑镇芦山村委会阿八丫口村民小组，东经101°42′00″，北纬23°10′30″，海拔1910m。树型小乔木，树姿直立，树高6.0m，树幅2.8m×2.4m，基部干围1.36m；叶为长椭圆形，叶色深绿，叶身平，叶缘平，叶面平，叶质柔软，叶尖渐尖，叶基楔形，叶脉9对，叶缘少锯齿，叶背主脉无茸毛；花冠5.4cm×4.1cm，花瓣8枚，花瓣白色、质地中，子房有茸毛，柱头4裂，裂位中；果实三角状球形。目前长势较弱。

图91：芦山野生古茶树

图92：山星街古茶树

山星街古茶树

野生种古茶树，大理茶种（*C.taliensis*），见图92。位于墨江县雅邑镇芦山村委会山星街村民小组，东经101°41′12″，北纬23°10′24″，海拔1960m。树型小乔木，树姿直立，树高5.1m，树幅1.9m×1.9m，基部干围0.86m；叶为长椭圆形，叶色深绿，叶身稍内折，叶缘微波，叶面平，叶尖渐尖，叶基楔形，叶脉8对，叶缘少锯齿，叶背主脉无茸毛；花冠5.7cm×4.0cm，花瓣7枚，花瓣白色、质地中，子房有茸毛，柱头4裂，裂位中；果实为扁球形或椭圆状球形。目前长势较弱。

打稗子场古茶树

栽培种古茶树，普洱茶种（ *C. assamica* ），见图93。位于墨江县雅邑镇芦山村委会打稗子场村民小组，东经101°41′18″，北纬23°11′18″，海拔1840m。树型乔木，树姿开张，树高3.1m，树幅1.9m×1.5m，基部干围0.42m；叶椭圆形，叶色绿，叶身稍内折，叶缘微波，叶面微隆起，叶质柔软，叶尖渐尖，叶基楔形，叶脉9对，叶缘细锯齿，叶背主脉多茸毛；花冠3.8cm×2.5cm，花瓣6枚，花瓣微绿色、质地较薄，子房有茸毛，柱头3裂，裂位浅；果实椭圆状球形。目前长势较弱。

图93：打稗子场古茶树

4. 墨江县坝溜镇

坝溜镇位于墨江县东南部，地处东经101°48′~102°03′、北纬22°59′~23°08′之间，地域面积269.00km²；下设9个村委会，有112个村民小组。

坝溜镇的古茶树多为栽培种古茶树，主要分布在联珠村委会、老朱村委会、老彭村委会、骂尼村委会，呈零星和块状分布，总分布面积约3705亩，分布地的海拔在1630m~1885m之间，土壤多为红壤。代表性植株有老朱寨古茶树、羊八寨古茶树等。

老朱寨古茶树

栽培种古茶树，普洱茶种（*C. assamica*），当地俗称玛玉茶，见图94。位于墨江县坝溜镇老朱村委会老朱寨村民小组，东经101°50′18″，北纬23°3′36″，海拔1750m。树型小乔木，树姿半开张，树高7.0m，树幅4.6m×4.2m，基部干围1.51m；叶椭圆形，叶色绿，叶身平，叶缘微波，叶面微隆起，叶质柔软，叶尖渐尖，叶基楔形，叶脉7对，叶齿细锯齿，叶背主脉多茸毛。花冠3.2cm×2.8cm，花瓣7枚，花瓣微绿色、质地较薄，子房有茸毛，柱头3裂，裂位中；果实为三角状球形或四方形。目前长势较强。

图94：老朱寨古茶树

图95：羊八寨古茶树

羊八寨古茶树

栽培种古茶树，普洱茶种（*C. assamica*），当地俗称玛玉茶，见图95。位于墨江县坝溜镇联珠村委会羊八寨村民小组，东经101°53′，北纬23°02′，海拔1630m。树型小乔木，树姿半开张，树高9.0m，树幅5.3m×4.8m，基部干围1.08m；叶椭圆形，叶色绿，叶身平，叶缘微波，叶面微隆起，叶质柔软，叶尖钝尖，叶基楔形，叶脉8对，叶齿细锯齿，叶背主脉多茸毛；花冠4.4cm×4.0cm，花瓣8枚，花瓣微绿色、质地较薄，子房有茸毛，柱头3裂，裂位中。果实为椭圆状球形或三角状球形。目前长势较弱。

5. 墨江县景星镇

景星镇位于墨江县西部，地处东经 101° 16′~101° 29′、北纬 23° 22′~23° 37′之间，地域面积 411.00km²；下设 11 个村委会，有 192 个村民小组。

景星镇现存的古茶树多为栽培种古茶树。主要分布在新华村委会、景星村委会、正龙村委会，总分布面积约 4245 亩，呈块状和零星分布，分布地的海拔在 1530m~1990m 之间，土壤为红壤、棕壤和紫色土。代表性种植有大平掌古茶树、李冲小操场古茶树、大山古茶树、三康地古茶树等。

图 96：大平掌古茶树

大平掌古茶树

栽培种古茶树，普洱茶种（*C. assamica*），见图 96。位于墨江县景星镇新华村委会大平掌村民小组，东经 101° 21′ 00″，北纬 23° 32′ 18″，海拔 1900m。树型小乔木，树姿开张，树高 3.1m，树幅 5.8m×3.5m，基部干围 1.04m；叶椭圆形，叶色深绿，叶身稍内折，叶缘微波，叶面微隆起，叶质柔软，叶尖圆尖，叶基楔形，叶脉 11 对，叶齿细锯齿，叶背主脉多茸毛；花冠 4.0cm×3.1cm，花瓣 8 枚，花瓣微绿色、质地较薄，子房有茸毛，柱头 3 裂，裂位深；果实为椭圆状球形或三角状球形。目前长势较强。

李冲小操场古茶树

栽培种古茶树，普洱茶种（*C. assamica*），见图97。位于墨江县景星镇景星村委会李冲村民小组的小操场，东经101°21′18″，北纬23°28′30″，海拔1870m。树型小乔木，树姿半开张，树高4.5m，树幅4.1m×3.5m，基部干围0.74m；叶椭圆形，叶色深绿，叶身稍内折，叶缘微波，叶面微隆起，叶质中，叶尖渐尖，叶基楔形，叶脉9对，叶缘细锯齿，叶背主脉多茸毛；花冠3.9cm×3.3cm，花瓣6枚，花瓣微绿色、质地较薄，子房有茸毛，柱头3或4裂，裂位浅；果实为椭圆状球形或三角状球形。目前长势较强。

图97：李冲小操场古茶树

图98：大山古茶树

大山古茶树

栽培种古茶树，白毛茶种（*C. sinensis* var. *pubilimba*），见图98。位于墨江县景星镇景星村委会李冲村民小组的大山上，东经101°21′24″，北纬23°29′12″，海拔1916m。树型小乔木，树姿开张，树高2.8m，树幅5.5m×5.3m，基部干围1.12m；叶卵圆形，叶色绿，叶身稍内折，叶缘微波，叶面微隆起，叶质柔软，叶尖渐尖，叶基楔形，叶脉9对，叶缘细锯齿，叶背主脉多茸毛；花冠3.5cm×2.8cm，花瓣6枚，花瓣微绿色、质地较薄，子房有茸毛，柱头3裂，裂位浅；果实为椭圆状球形或三角状球形。目前长势较弱。

三康地古茶树

栽培种古茶树，普洱茶种（*C. assamica*），见图 99。位于墨江景星镇景星村委会李冲村民小组的三康地，东经 101°21′24″，北纬 23°28′06″，海拔 1820m。树型小乔木，树姿半开张，树高 2.4m，树幅 2.3m×2.3m，基部干围 0.78m；叶椭圆形，叶色紫绿，叶身内折，叶缘微波，叶面微隆起，叶质柔软，叶尖渐尖，叶基楔形，叶脉 10 对，叶缘细锯齿，叶背主脉多茸毛；花冠 3.5cm×2.9cm，花瓣 6 枚，花瓣微绿色，质地较薄，子房有茸毛，柱头 3 裂，裂位浅；果实椭圆状球形和三角状球形。

图 99：三康地古茶树

6. 墨江县新抚镇

新抚镇位于墨江县西北部，地域面积 489.00km²；下设 10 个村委会，有 158 个村民小组。

新抚镇现存的古茶树多为栽培种古茶树，主要分布在界牌村委会、新塘村委会、班包村委会、那宪村委会，为零星和块状分布，总分布面积约 2925 亩，分布地的海拔在 1300m～1940m 之间，周围植被为山地常绿阔叶林，土壤为红壤和棕壤。代表性植株有迷帝古茶树等。

迷帝古茶树

栽培种古茶树，普洱茶种（*C. assamica*），见图100。位于墨江县新抚镇界牌村委会的迷帝茶场，东经 101° 23′ 18″，北纬 23° 38′ 18″，海拔 1360m。树型小乔木，树姿开张，树高 4.0m，树幅 4.0m×4.0m，基部干围 1.07m；叶椭圆形，叶色绿，叶身稍内折，叶缘波，叶面微隆起，叶质中，叶尖渐尖，叶基楔形，叶脉 8 对，叶缘细锯齿，叶背主脉多茸毛；花冠 4.1cm×3.6cm，花瓣 6 枚，花瓣微绿色、质地较薄，子房有茸毛，柱头 3 裂，裂位浅；果实为椭圆状球形或三角状球形。目前长势较弱。

图 100：迷帝古茶树

7. 墨江县团田镇

团田镇位于墨江县西北部，地处东经 101° 08′~ 101° 25′、北纬 23° 44′~ 23° 59′之间，地域面积 479.00km²；下设 8 个村委会，有 93 个村民小组。

团田镇现存的古茶树多为栽培种古茶树，主要分布在那海村委会、团田村委会、复兴村委会、老围村委会，呈零星状分布，总分布面积约 160 亩，分布地的海拔在 1600m ~ 1900m 之间，大多交由附近的农户管理，长势都比较好，用其古茶树鲜叶制成的晒青茶，品质十分优良。代表性植株有老围村古茶树等。

老围村古茶树

栽培种古茶树，白毛茶种（*C.sinensis* var. *pubilimba*），见图 101。位于墨江县团田镇老围村委会蜜蜂沟村民小组，东经 101° 13′ 06″，北纬 23° 52′ 30″，海拔 1910m。树型小乔木，树姿半开张，树高 5.9m，树幅 4.3m×3.5m，基部干围 0.94m；叶披针形，叶色绿，叶身稍内折，叶缘微波，叶面微隆起，叶质柔软，叶尖渐尖，叶基楔形，叶脉 9 对，叶缘细锯齿，叶背主脉多茸毛；花冠 3.9m×3.0cm，花瓣 7 枚，花瓣微绿色、质地较薄，子房有茸毛，柱头 3 裂，裂位浅；果实为椭圆状球形或三角状球形。目前长势较弱。

图 101：老围村古茶树

（四）景东彝族自治县

景东彝族自治县（以下简称景东县）位于普洱市北部，地域面积 4532km²；东以哀牢山分水岭为界与楚雄州的南华县、楚雄市、双柏县相邻，西至澜沧江东岸，与临沧市的云县隔江相望，南与普洱市的镇沅县毗邻；北与大理州的南涧县、巍山县、弥渡县山水相连。下辖 4 个社区、10 个镇、3 个乡，设有 166 个村委会。县人民政府驻锦屏镇。

景东县属南亚热带季风气候。雨量集中，干湿分明，年平均气温为 18.3℃，降雨量平均 1086.7mm。森林覆盖率达 80%，植物资源十分丰富，生态环境优越，为当地茶树的生长和产业发展提供了良好条件。

景东县现存的古茶树资源较为丰富。境内的无量山、哀牢山中均有成片的古茶树。现存古茶树的总分布面积约有 31.77 万亩。其中，野生种古茶树的分布面积约 28.60 万亩，主要分布在无量山的东坡、西坡和哀牢山西坡的锦屏镇、漫湾镇、花山镇；栽培种古茶树的分布面积约 3.71 万亩。较有代表性的古茶树（园）有：景东县文龙镇、安定镇一带老仓福德古茶山区的 30 多个村寨的古茶树（园），景东县的景福镇、林街乡、曼等乡、大朝山东镇一带的金鼎古茶山区的古茶树（园）、漫湾镇古茶山的古茶树（园）、锦屏镇御笔社区古茶山的古茶树（园）、哀牢山西坡古茶山的古茶树（园）等。

1. 景东县锦屏镇

锦屏镇位于景东县中部，地域面积 530.39km²；下设 4 个社区、15 个村委会，有 206 个村民小组。

锦屏镇西面的无量山群峰纵横，保持有完整的原始森林生态体系，分布着大量的野生种古茶树居群。其代表性的有磨腊村委会秧草塘村民小组的古茶树居群、温卜村委会大茶林凹村民小组的黄草坝古茶树居群、新民村委会泡竹箐村民小组的燕子窝古茶树居群等。代表性植株有秧草塘古茶树、凹路箐古茶树、温卜古茶树、泡竹箐古茶树、迤菜户古茶树等。

秧草塘 1 号古茶树

野生种古茶树，大理茶种（*C.tali-ensis*），见图 102。位于景东县锦屏镇磨腊村委会秧草塘村民小组，东经 100°42′54″，北纬 24°26′24″，海拔 2406m。树型为乔木，树姿半开张，树高 22.5m，树幅 12.9m×12.8m，基部干围 3.16m；芽叶黄绿色，茸毛少；叶椭圆形，叶色深绿，叶身背卷，叶缘微波，叶面平，叶质中，叶尖渐尖，叶基楔形，叶脉 10 对，叶缘少锯齿，叶背主脉无茸毛；花冠 4.1cm×4.5cm，花瓣 7 枚，花瓣白色；果实三角状球形。目前长势较强。

图 102：秧草塘 1 号古茶树

图 103：秧草塘 2 号古茶树

秧草塘 2 号古茶树

野生种古茶树，大理茶种（*C.ta-liensis*），见图 103。位于景东县锦屏镇磨腊村委会秧草塘村民小组，东经 100°42′54″，北纬 24°26′24″，海拔 2420m。树型乔木，树姿开张，树高 24.5m，树幅 15.5m×13.9m，基部干围 3.50m；嫩枝无茸毛，芽叶黄绿色，无茸毛；叶椭圆形，叶色深绿，叶身平，叶缘微波，叶面平，叶质中，叶尖钝尖，叶基楔形，叶脉 9 对，叶背主脉无茸毛；果实为三角状球形或四方形。目前长势较强。

凹路箐古茶树

野生种古茶树，大理茶种（*C.tali-ensis*），见图104。位于景东县锦屏镇龙树村委会曼状村民小组的凹路箐，东经100°39′06″，北纬24°31′42″，海拔2400m。树型为乔木，树姿半开张，树高19.0m，树幅6.2m×6.1m，基部干围2.35m；芽叶黄绿色，茸毛少；叶椭圆形，叶色深绿，叶身稍内折，叶缘微波，叶面平，叶质中，叶尖急尖，叶基楔形，叶脉9对，叶背主脉无茸毛；果实为三角状球形或四方形，目前长势较强。

图104：凹路箐古茶树

图105：温卜古茶树

温卜古茶树

野生种古茶树，大理茶种（*C. ta-liensis*），见图105。位于景东县锦屏镇温卜村委会大泥塘村民小组，东经100°43′30″，北纬24°26′18″，海拔2580m。树型为乔木，树姿半开张，树高24.0m，树幅7.3m×4.0m，基部干围3.0m；嫩枝无茸毛，芽叶绿色；叶卵圆形，叶色深绿，叶身平，叶缘平，叶面平，叶质中，叶尖渐尖，叶基楔形，叶脉9对，叶背主脉无茸毛。目前长势较强。

泡竹箐古茶树

野生种古茶树，大理茶种（*C.ta-liensis*），见图106。位于景东县锦屏镇新民村委会泡竹箐村民小组，东经100°42′30″，北纬24°24′6″，海拔2500m。树型乔木，树姿半开张，树高8.1m，树幅9.2m×9.0m，基部干围2.89m；嫩枝无茸毛，芽叶绿色，无茸毛；叶长椭圆形，叶色深绿，叶身平，叶缘平，叶面平，叶质中，叶尖渐尖，叶基楔形，叶脉7对，叶齿细锯齿，叶背主脉无茸毛。目前长势较强。

图106：泡竹箐古茶树

凹路箐奇形古茶树

野生种古茶树，大理茶种（*C.ta-liensis*），见图107。位于景东县锦屏镇龙树村委会曼状村民小组的凹路箐，东经100°39′06″，北纬24°31′48″，海拔2470m。树型为乔木，树姿半开张，3个分枝呈"山"字形，树高14m，树幅7.2m×4.0m，最大径围（指3个分枝交合处的径围）7.83m；芽叶黄绿色，茸毛少；叶椭圆形，叶色深绿，叶身背卷，叶缘微波，叶面平，叶质硬，叶尖急尖，叶基楔形，叶脉11对，叶背主脉无茸毛；果实为球形或四方形。目前长势较强。

图107：凹路箐奇形古茶树

迤菜户古茶树

栽培种古茶树，普洱茶种（*C. assamica*），见图108。位于景东县锦屏镇菜户村委会迤菜户村民小组，东经100°41′30″，北纬24°31′24″，海拔1780m。树型为小乔木，树姿半开张，树高6.1m，树幅5.9m×5.6m，基部干围2.01m，嫩枝有毛，芽叶黄绿色，茸毛多；叶椭圆形，叶色绿，叶身内折，叶缘波，叶面隆起，叶质柔软，叶尖渐尖，叶基楔形，叶脉9对，叶齿细锯齿，叶背主脉茸毛多；花冠4.0cm×3.6cm，花瓣7枚，花瓣微绿色，子房有茸毛，柱头3裂，裂位浅和中；果实为球形或三角状球形。目前长势较弱。

图108：迤菜户古茶树

2. 景东县文井镇

文井镇位于景东县东南部，地处哀牢山与无量山之间，地域面积842.67km²；下设25个村委会，有304个村民小组。

文井镇现存的古茶树多为栽培种古茶树，主要分布在丙必村委会长地山，总分布面积约750亩，分布地的海拔为1950m左右，土壤为赤红壤；古茶树大多生长于村寨边，生长条件较好，树势大多较强。代表性植株有长地山古茶树等。

长地山古茶树

栽培种古茶树，白毛茶（*C. sinensis var. pubilimba*），见图 109。位于景东县文井镇丙必村委会长地山村民小组，东经 100°50′06″，北纬 24°21′18″，海拔 1920m。树型为小乔木，树姿半开张，树高 5.20m，树幅 4.80m×4.80m，基部干围 1.11m；叶长椭圆形，嫩枝有毛，芽叶黄绿色，茸毛特多，叶缘微波，叶面微隆起，叶质硬，叶尖钝尖，叶基楔形，叶脉 10 对，叶齿细锯齿，叶背主脉多茸毛；花冠 3.3cm×3.0cm，花瓣 6 枚，花瓣白色、质地中，子房有茸毛，柱头 3 裂，裂位浅；果实三角状球形。目前长势较强。

图 109：长地山古茶树

3. 景东县漫湾镇

漫湾镇位于景东县的西北部，无量山脉西坡，澜沧江的东岸，地处东经 100°24′~100°37′，北纬 24°30′44″~24°44′之间，地域面积 306.23km²；下设 8 个村委会，有 136 个村民小组。

漫湾镇古茶树资源丰富。野生种古茶树主要分布在文冒、漫湾、安召、温竹等村委会，分布面积约 20080 亩，分布地的海拔在 1700m~2300m 之间，周围植被均为山地常绿阔叶林和针阔混交林，土壤为红壤和黄棕壤，夹有未风化的石砾；栽培种古茶树呈零星块状分布，分布密度稀，管理也较粗放，代表性植株有安召村委会的滴水箐古茶树，漫湾村委会的温竹古茶树、岔河古茶树等。

滴水箐古茶树

野生种古茶树，大理茶种（*C. taliensis*），见图110。位于景东县漫湾镇安召村委会滴水箐村民小组的吃水干沟，东经 100° 30′ 30″，北纬 24° 44′ 6″，海拔 2282m。树型为小乔木，树姿半开张，树高 7.50m，树幅 2.0m×1.5m，基部干围 0.73m，嫩枝无茸毛，芽叶紫绿色，无茸毛；叶近圆形，叶色深绿，叶身稍内折，叶缘平，叶面隆起，叶质硬，叶尖渐尖，叶基楔形，叶脉 6 对，叶缘少锯齿，叶背主脉无茸毛。目前长势较强。

图 110：滴水箐古茶树

岔河古茶树

栽培种古茶树，普洱茶种（*C. assamica*），见图111。位于景东县漫湾镇漫湾村委会岔河村民小组农户阿娘左的承包地内，东经 100° 31′ 42″，北纬 24° 39′，海拔 1717m。树型为小乔木，树姿半开张，树高 8.60m，树幅 6.80m×5.70m，基部干围 1.75m，嫩枝有毛，芽叶绿色，茸毛特多；叶卵圆形，叶色深绿，叶身平，叶缘平，叶面隆起，叶质中，叶尖圆尖，叶基楔形，叶脉 7 对，叶缘少锯齿，叶背主脉多茸毛；花冠 3.9cm×3.7cm，花瓣 8 枚、质地中，子房有茸毛，柱头 3 或 4 裂，裂位浅；果实扁球形。目前长势较强。

图 111：岔河古茶树

4. 景东县大朝山东镇

大朝山东镇位于景东县西南部,地处无量山脉西坡、澜沧江东岸,地域面积 543.82km²;下设 15 个村委会,有 255 个村民小组。

大朝山东镇的古茶树资源比较丰富。野生种古茶树主要分布在菖蒲地村委会,为零星分布,约有 300 多株,总分布面积约 1370 亩;栽培种古茶树主要分布在苍文村委会、长发村委会,代表性植株有一碗水古茶树、长发古茶树等。

图 112:一碗水古茶树

一碗水古茶树

栽培种古茶树,普洱茶种(*C. assamica*),见图 112。位于景东县大朝山东镇苍文村委会一碗水村民小组,东经 100° 40′ 18″,北纬 24° 5′ 18″,海拔 2090m。树型为小乔木,树姿半开张,树高 5.0m,树幅 5.8m×4.5m,基部干围 1.10m,嫩枝有毛,芽叶黄绿色,茸毛多;叶椭圆形,叶色绿,叶身稍内折,叶缘微波,叶面微隆起,叶质中,叶尖渐尖,叶基近圆形,叶脉 7 对,叶齿细锯齿,叶背主脉无茸毛;花冠 2.7cm×2.4cm,花瓣 8 枚,花瓣微绿色、质地薄,子房有茸毛,柱头 3 或 4 裂,裂位浅;果实三角状球形。目前长势较强。

长发古茶树

栽培种古茶树，普洱茶种（*C. assamica*），见图113。位于景东县大朝山东镇长发村委会，东经100°25′30″，北纬24°2′18″，海拔1847m。树型为小乔木，树姿半开张，树高7.0m，树幅6.5m×5.8m，基部干围0.87m，嫩枝有毛，芽叶黄绿色，茸毛多；叶椭圆形，叶色绿，叶身稍内折，叶缘平，叶面微隆起，叶质中，叶尖渐尖，叶基楔形，叶脉10对，叶齿细锯齿，叶背主脉多茸毛；花冠2.8cm×2.4cm，花瓣7枚，花瓣微绿色、质地较薄，子房有茸毛，柱头3裂，裂位中。

图113：长发古茶树

5. 景东县花山镇

花山镇位于景东县东南部，地处哀牢山西麓，地域面积294.66km²；下设12个村委会，有160个自然村，190个村民小组。

花山镇的古茶树资源丰富。野生种古茶树主要分布在芦山、秀龙、文明、卜勺、淇海、撒罗、文岗等7个村委会，为块状和零星分布，分布地海拔在2400m左右，分布面积约40765亩；栽培种古茶树主要分布在文岔、淇海、秀龙、营盘、卜勺、撒罗等6个村委会，为块状和零星分布，分布面积约150亩，代表性植株有石婆婆山古茶树、大石房古茶树、背爹箐古茶树、花山古茶树、芦山古茶树、营盘古茶树等。

石婆婆山古茶树

野生种古茶树，大理茶种（*C. tali-ensis*），见图114。位于景东县花山镇芦山村委会的石婆婆山，东经101°14′06″，北纬24°17′42″，海拔2400m。树型为乔木，树姿半开张，树高26.5m，树幅7.2m×7.7m，基部干围3.10m；嫩枝无茸毛，芽叶紫红色，茸毛多；叶椭圆形，叶色深绿，叶身平，叶缘微波，叶面强隆起，叶质中，叶尖渐尖，叶基近圆形，叶脉11对，叶齿细锯齿，叶背主脉无茸毛。目前长势较强。

图114：石婆婆山古茶树

图115：大石房古茶树

大石房古茶树

野生种古茶树，大理茶种（*C. ta-liensis*），见图115。位于景东县花山乡芦山村委会大石房村民小组的大湾箐口，东经101°14′，北纬24°18′42″，海拔2450m。树型为乔木，树姿半开张，树高25.0m，树幅5.0m×8.0m，基部干围2.40m；嫩枝无茸毛，芽叶紫红色，茸毛多。目前长势较弱。

背爹箐古茶树

栽培种古茶树，普洱茶种（*C. assa-mica*），见图116。位于景东县花山芦山村委会的背爹箐，东经101°12′18″，北纬24°16′24″，海拔1980m。树型为小乔木，树姿半开张，树高6.0m，树幅5.90m×5.79m，基部干围1.35m；嫩枝有毛，芽叶紫绿或绿色，茸毛多；叶椭圆形，叶色深绿，叶身稍内折，叶缘微波，叶面微隆起，叶质硬，叶尖渐尖，叶基楔形，叶脉10对，叶齿细锯齿，叶背主脉少茸毛；花冠3.6cm×2.9cm，花瓣6枚，花瓣微绿色、质地较薄，子房有茸毛，柱头3裂，裂位浅；果实四方状球形。目前长势较强。

图116：背爹箐古茶树

花山古茶树

过渡型古茶树，见图117。位于景东县花山镇文岔村委会上村村民小组，东经101°11′18″，北纬24°14′48″，海拔1860m。树型为小乔木，树姿半开张，树高11.5m，树幅6.0m×8.0m，基部干围3.30m；嫩枝有毛，芽叶淡绿，茸毛特多；叶长椭圆形，叶色深绿，叶身稍内折，叶缘平，叶面微隆起，叶质中，叶尖渐尖，叶基楔形，叶脉7对，叶齿细锯齿，叶背主脉无茸毛；花冠5.0cm×4.5cm，花瓣7枚，花瓣白色、质地较薄，子房有茸毛，柱头3裂，裂位浅；果实四方状球形。目前长势较强。

图117：花山古茶树

芦山古茶树

过渡型古茶树，见图118。位于景东县花山镇芦山村委会外芦山村民小组，东经101°12′06″，北纬24°17′12″，海拔2090m。树型为小乔木，树姿半开张，树高8.0m，树幅4.7m×3.6m，基部干围1.00m，嫩枝有毛，芽叶淡绿，茸毛特多；叶椭圆形，叶色绿，叶身内折，叶缘微波，叶面微隆起，叶质硬，叶尖渐尖，叶基楔形，叶脉10对，叶齿细锯齿，叶背主脉多茸毛；花冠4.0cm×3.8cm，花瓣8枚，花瓣白色、质地较厚，子房有茸毛，柱头4裂，裂位中；果实四方状球形。目前长势较强。

图118：芦山古茶树

营盘古茶树

过渡型古茶树，见图119。位于景东县花山镇营盘村委会看牛场，东经101°04′36″，北纬24°18′06″，海拔1310m。树型为小乔木，树姿开张，树高4.5m，树幅5.4m×3.6m，基部干围1.07m，嫩枝有毛，芽叶绿色，茸毛少；叶椭圆形，叶色深绿，叶身背卷，叶缘微波，叶面隆起，叶质硬，叶尖渐尖，叶基楔形，叶脉8对，叶齿细锯齿，叶背主脉少茸毛；花冠3.0cm×3.0cm，花瓣5枚，花瓣白色，花瓣质地中，子房有茸毛，柱头3或4裂，裂位浅；果实三角状球形。目前长势较强。

图119：营盘古茶树

6. 景东县大街镇

大街镇位于景东县东南部，介于东经 100° 57′~101° 09′，北纬 24° 17′~24° 28′之间，地域面积 187.83km²；下设 8 个村委会，有 118 个自然村，134 个村民小组。

大街镇的古茶树资源比较丰富。栽培种古茶树主要分布在昆岗村委会，野生种古茶树主要分布在气力村委会。代表性植株有箐门口古茶树、灵官庙古茶树等。

图 120：箐门口古茶树

箐门口古茶树

野生种古茶树，大理茶种（*C.taliensis*），见图 120。位于景东县大街镇气力村委会箐门口村民小组，东经 101° 06′ 18 ″，北纬 24° 23′ 54 ″，海拔 2090m。树型为小乔木，树姿半开张，树高 8.0m，树幅 6.0m×6.0m，基部干围 2.54m，嫩枝有毛，芽叶绿色，茸毛特多；叶披针形，叶色绿，叶身背卷，叶缘微波，叶面平，叶质硬，叶尖渐尖，叶基楔形，叶脉 12 对，最多 14 对，叶齿重锯齿，叶背主脉无茸毛；花冠 6.7cm×5.0cm，花瓣 9 枚，花瓣白色、质地中，子房有茸毛，柱头 5 裂，裂位浅；果实四方状球形。目前长势较强。

灵官庙古茶树

过渡型古茶树，见图121。位于景东县大街乡气力村委会灵官庙村民小组，东经101°06′42″，北纬24°23′30″，海拔1940m。树型为乔木，树姿半开张；树高14.8m，树幅7.6m×6.6m，基部干围2.12m，嫩枝有毛，芽叶黄绿色，茸毛多；叶椭圆形，叶色绿，叶身背卷，叶缘平，叶面微隆起，叶质中，叶尖渐尖，叶基楔形，叶脉10对，叶齿细锯齿，叶背主脉茸毛少；花冠4.4cm×4.3cm，花瓣10枚，花瓣白色，花瓣质地中，子房有茸毛，柱头3~5裂，裂位浅；果实为球形或三角状球形。目前长势较强。

图121：灵官庙古茶树

7. 景东县安定镇

安定镇位于景东县北部，介于东经100°19′12″~100°28′12″，北纬24°22′12″~24°29′24″之间，东西长25km，南北宽9.3km，地域面积30.75km²；下设16个村委会，有190个村民小组。

安定镇的古茶树资源比较丰富。野生种古茶树居群主要分布在芹河村委会、青云村委会，分布面积约15311亩；栽培种古茶树主要分布在河底村委会、民福村委会、中仓村委会、迤仓村委会，分布面积约4024亩，分布地的海拔在1860m~2200m之间。代表性植株有芹河古茶树、石头窝古茶树、民福古茶树、花椒村古茶树等。

芹河古茶树

野生种古茶树，大理茶种（*C. taliensis*），见图122。位于景东县安定镇芹河村委会山背后村民小组，东经100°41′06″，北纬24°46′24″，海拔2180m。树型为小乔木，树姿半开张，树高4.50m，树幅4.20m×3.80m，基部干围1.90m，嫩枝无茸毛，芽叶黄绿色，茸毛中；叶椭圆形，叶色深绿，叶身稍内折，叶缘平，叶面平，叶质硬，叶尖急尖，叶基楔形，叶脉10对，叶缘少锯齿，叶背主脉无茸毛；花冠6.0cm×5.5cm，花瓣11枚，花瓣白色、质地中；果实为球形或四方形。目前长势较弱。

图122：芹河古茶树

图123：石头窝古茶树

石头窝古茶树

野生种古茶树，大理茶种（*C. taliensis*），见图123。位于景东县安定镇青云箐村委会平掌村民小组石头窝，东经100°40′18″，北纬24°47′36″，海拔2490m。树型为乔木，树姿半开张，树高9.50m，树幅3.30m×3.20m，基部干围1.77m，嫩枝无茸毛，芽叶黄绿色，无茸毛；叶长椭圆形，叶色黄绿，叶身内折，叶缘平，叶面平，叶质硬，叶尖渐尖，叶基楔形，叶脉7对，叶缘少锯齿，叶背主脉无茸毛。目前长势较弱。

民福古茶树

栽培种古茶树，白毛茶（*C.sinensis var. pubilimba*），见图124。位于景东县安定镇民福村委会上村村民小组，东经100° 37′ 36″，北纬24° 40′ 30″，海拔2000m。树型乔木，树姿半开张。树高8.50m，树幅5.50m×4.80m，基部干围1.42m，嫩枝有毛，芽叶黄绿色，茸毛多；叶长椭圆形，叶色绿，叶身内折，叶缘微波，叶面隆起，叶质硬，叶尖急尖，叶基楔形，叶脉10对，叶齿重锯齿，叶背主脉多茸毛；花冠3.3cm×2.8cm，花瓣7枚，花瓣白色，子房有茸毛，柱头3或4裂，裂位浅；果实三角状球形。目前长势强。

图124：民福古茶树

花椒村古茶树

栽培种古茶树，普洱茶种（*C. assamica*），见图125。位于景东县安定镇河底村委会花椒村村民小组，东经100° 35′ 30″，北纬24° 39′ 18″，海拔1970m。树型为小乔木，树姿半开张，树高8.5m，树幅7.0m×6.8m，基部干围1.75m，芽叶黄绿色，茸毛少；叶椭圆形，叶色绿，叶身背卷，叶缘波，叶面隆起，叶质柔软，叶尖渐尖，叶基楔形，叶脉10对，叶齿细锯齿，叶背主脉无茸毛；花冠3.9cm×3.7cm，花瓣7枚，花瓣白色、质地中，子房有茸毛，柱头3裂，裂位浅；果实为球形或三角状球形。目前长势较弱。

图125：花椒村古茶树

8. 景东县太忠镇

太忠镇位于景东县东部哀牢山的西坡，地域面积 292.88km²；下设 16 个村委会，有 173 个村民小组。

太忠镇的古茶树资源较丰富，其栽培种古茶树主要分布在大柏村委会、麦地村委会；野生种古茶树主要分布在大柏村委会。代表性植株有丫口古茶树、外松山古茶树、黄风箐古茶树等。

图 126：丫口古茶树

丫口古茶树

野生种古茶树，大理茶种（*C. taliensis*），见图 126。位于景东县太忠镇大柏村委会丫口寨村民小组农户王家新的承包地内，东经 101° 00′ 06 "，北纬 24° 23′ 30 "，海拔 1940m。树型小乔木，树姿半开张，树高 8.9m，树幅 7.0m × 6.6m，基部干围 2.85m，嫩枝无茸毛，芽叶绿色，茸毛少；叶长椭圆形，叶色绿，叶身稍内折，叶缘平，叶面微隆起，叶质中，叶尖渐尖，叶基楔形，叶脉 9 对，叶齿重锯齿，叶背主脉无茸毛；花冠 4.0cm × 3.8cm，花瓣 11 枚花瓣白色，花瓣质地中，子房有茸毛，柱头 4 裂，裂位浅；果实四方状球形。目前长势较强。

外松山古茶树

野生种古茶树，大理茶种（*C. taliensis*），见图127。位于景东县太忠镇大柏村委会外松山村民小组农户李学羊家的承包地内，东经101°00′42″，北纬24°28′54″，海拔2090m。树型乔木，树姿半开张，树高12.2m，树幅7.0m×6.0m，基部干围2.51m，嫩枝有毛；芽叶淡绿，叶椭圆形，叶色绿，叶身背卷，叶缘微波，叶面微隆起，叶质中，叶尖渐尖，叶基楔形，叶脉9对，叶齿重锯齿，叶背主脉无茸毛；果实为三角状或四方状球形。目前长势较强。

图127：外松山古茶树

黄风箐古茶树

过渡型古茶树，见图128。位于景东县太忠乡麦地村委会黄风箐村民小组农户白为昌的承包地内，东经101°00′18″，北纬24°27′48″，海拔2000m。树型为小乔木，树姿半开张，树高8.0m，树幅5.0m×4.5m，基部干围1.90m，嫩枝有毛，芽叶紫绿色，茸毛多；叶椭圆形，叶色深绿，叶身平，叶缘微波，叶面微隆起，叶质硬，叶尖钝尖，叶基近圆形，叶脉10对，叶齿重锯齿，叶背主脉少茸毛；花冠3.3cm×2.8cm，花瓣10枚，花瓣白色，花瓣质地中，子房有茸毛，柱头4裂，裂位浅；果实为三角状或四方状球形。目前长势较强。

图128：黄风箐古茶树

9. 景东县景福镇

景福镇位于景东县西部的无量山麓峡谷，介于东经 100° 35′~ 100° 42′，北纬 24° 16′~ 24° 23′之间，地域面积 283.20km²；下设 13 个村委会。

景福镇的古茶树资源较为丰富。野生种古茶树主要分布在岔河村委会；栽培种古茶树主要分布在公平村委会、岔河村委会、勐令村委会、金鸡林村委会等地，多为零星分布。代表性植株有公平村古茶树、槽子头古茶树、勐令古茶树、凤冠山古茶树等。

图 129：公平村古茶树

公平村古茶树

野生种古茶树，大理茶种（*C.taliensis*），见图 129。位于景东县景福镇公平村委会平掌村民小组，东经 100°38′54″，北纬 24°24′18″，海拔 1945m。树型为小乔木，树姿半开张，树高 7.5m，树幅 4.1m×4.0m，基部干围 1.73m，嫩枝无茸毛，芽叶绿色，无茸毛；叶椭圆形，叶色深绿，叶身稍内折，叶缘微波，叶面微隆起，叶质硬，叶尖渐尖，叶基楔形，叶脉 8 对，叶齿细锯齿，叶背主脉无茸毛；果实四方状球形。目前长势较强。

槽子头古茶树

野生种古茶树,大理茶种(*C.taliensis*),见图130。位于景东县景福镇岔河村委会对门村民小组的槽子头,东经100° 43′ 18″,北纬24° 19′ 18″,海拔2495m。树型为乔木,树姿半开张,树高15.0m,树幅14.0m×11.0m,基部干围1.73m,嫩枝无茸毛,芽叶绿色,无茸毛;叶椭圆形,叶色深绿,叶身平,叶缘微波,叶面平,叶质中,叶尖渐尖,叶基楔形,叶脉9对,叶缘少锯齿,叶背主脉无茸毛;果实四方状球形。目前长势较强。

图130:槽子头古茶树

图131:勐令古茶树

勐令古茶树

野生种古茶树,大理茶种(*C.taliensis*),见图131。位于景东县景福镇勐令村委会大村子村民小组,东经100° 44′,北纬24° 16′,海拔1922m。树型小乔木,树姿半开张,树高7.5m,树幅5.0m×4.8m,基部干围1.75m,嫩枝无茸毛,芽叶紫绿色,无茸毛;叶椭圆形,叶色黄绿,叶身稍内折,叶缘微波,叶面平,叶质中,叶尖渐尖,叶基楔形,叶脉7对,叶缘少锯齿,叶背主脉无茸毛;花冠6.2cm×5.5cm,花瓣11枚,花瓣白色、质地较薄,子房有茸毛,柱头5裂,裂位中;果实四方状球形。目前长势较弱。

金鸡林古茶树

栽培种古茶树，普洱茶种（*C. as-samica*），见图132。位于景东县景福镇金鸡林村委会三家村民小组，东经100°35′12″，北纬24°22′24″，海拔1869m。树型为小乔木，树姿半开张，树高7.0m，树幅6.3m×4.5m，基部干围0.90m，嫩枝有毛，芽叶绿色，茸毛多；叶长椭圆形，叶色绿，叶身稍内折，叶缘波，叶面微隆起，叶质中，叶尖渐尖，叶基楔形，叶脉10对，最多15对，叶齿细锯齿，叶背主脉多茸毛；花冠3.3cm×3.0cm，花瓣6枚，花瓣微绿色、质地中，子房有茸毛，柱头3裂，裂位中；果实扁球形。目前长势较弱。

图132：金鸡林古茶树

凤冠山1号古茶树

过渡型古茶树，见图133。位于景东县景福镇岔河村委会凤冠山村民小组，东经100°40′24″，北纬24°20′36″，海拔1860m。树型为小乔木，树姿半开张，树高6.5m，树幅5.2m×4.7m，基部干围1.68m，嫩枝有毛，芽叶黄绿色，茸毛多；叶椭圆形，叶色深绿，叶身稍内折，叶缘微波，叶面微隆起，叶质中，叶尖钝尖，叶基楔形，叶脉7对，叶齿细锯齿，叶背主脉多茸毛；花冠3.3cm×2.8cm，花瓣9枚，花瓣白色、质地中，子房有茸毛，柱头3裂，裂位中；果实球形。目前长势较强。

图133：凤冠山1号古茶树

10. 景东县龙街乡

龙街乡位于景东县东北部，地域面积272.77km²；下设12个村委会，有159个村民小组。

龙街乡境内有茶马古道、栓马石桩、风雨桥等多处茶文化的古遗迹，现存的古茶树多为栽培种古茶树，主要分布在位于哀牢山西坡中上部的东山村委会、哨村村委会，呈零星分布，分布地域的海拔在1300m～2100m之间，分布地的土壤为赤红壤、红壤和黄棕壤。由于管理较好，古茶树大多生长旺盛，长势较强。代表性植株有瓦泥古茶树、苎麻林古茶树、小看马古茶树、谢家古茶树等。

图134：瓦泥古茶树

瓦泥古茶树

栽培种古茶树，普洱茶种（*C. assamica*），见图134。位于景东县龙街乡和哨村委会瓦泥村民小组农户谢太富家的承包地内，东经100° 52′，北纬24° 43′ 6″，海拔2150m。树型为小乔木，树姿半开张，树高8.4m，树幅7.0m×7.0m，基部干围2.20m，嫩枝有毛，芽叶淡绿色，茸毛多；叶椭圆形，叶色深绿，叶身内折，叶缘微波，叶面微隆起，叶质中，叶尖渐尖，叶基近圆形，叶脉10对，叶齿重锯齿，叶背主脉少茸毛；花冠3.7cm×3.7cm，花瓣8枚，花瓣白色，子房有茸毛，柱头3裂，裂位浅；果实球形。目前长势较弱。

荃麻林古茶树

栽培种古茶树，普洱茶种（*C. assamica*），见图135。位于景东县龙街乡多依树村委会荃麻林村民小组，东经100°57′，北纬24°38′36″，海拔2260m。树型为小乔木，树姿半开张，树高8.0m，树幅4.0m×4.0m，基部干围0.95m，嫩枝有毛，芽叶紫绿色，茸毛多。叶椭圆形，叶色绿，叶身背卷，叶缘微波，叶面平，叶质中，叶尖渐尖，叶基楔形，叶脉11对，叶齿细锯齿，叶背主脉多茸毛；花冠3.0cm×2.8cm，花瓣6枚，花瓣白色、质地较薄，子房有茸毛；果实椭圆状球形。目前长势较强。

图135：荃麻林古茶树

小看马古茶树

过渡型古茶树，见图136。位于景东县龙街乡垭口村委会小看马村民小组，东经100°57′30″，北纬24°35′06″，海拔2110m。树型为小乔木，树姿半开张，树高9.50m，树幅7.30m×6.30m，基部干围1.50m，嫩枝有毛，芽叶淡绿，茸毛多；叶长椭圆形，叶色绿，叶身内折，叶缘微波，叶面微隆起，叶质中，叶尖渐尖，叶基楔形，叶脉8对，叶齿细锯齿，叶背主脉少茸毛；花冠2.5cm×2.1cm，花瓣7枚，花瓣白色、质地中，子房有茸毛，花柱长1.1cm，柱头4裂，裂位中；果实三角状球形。目前长势较强。

图136：小看马古茶树

谢家古茶树

过渡型古茶树，见图137。位于景东县龙街乡和哨村委会谢家村民小组农户李丕申的承包地内，东经100°52′，北纬24°43′06″，海拔2100m。树型为小乔木，树姿半开张，树高11.9m，树幅7.40m×6.10m，基部干围1.90m，嫩枝有毛，芽叶淡绿，茸毛多；叶椭圆形，叶色黄绿，叶身背卷，叶缘微波，叶面微隆起，叶质中，叶尖钝尖，叶基楔形，叶脉9对，叶齿重锯齿，叶背主脉少茸毛；花冠4.8cm×4.6cm，花瓣9枚，花瓣质地中，子房有茸毛，柱头3~5裂，裂位浅；果实为球形或四方状球形。目前长势较弱。

图137：谢家古茶树

11. 景东县林街乡

林街乡地处景东县西部，地域面积218.56km²；下设7个村委会，有108个村民小组。

林街乡的古茶树资源较丰富，主要分布在岩头村委会、丁怕村委会、清河村委会、龙洞村委会等地。其中，以岩头村委会半坡村民小组的野生古茶树资源最为丰富、最为集中，分布面积约9880亩。代表性植株有丁怕古茶树、清河古茶树、大卢山古茶树、箐门口古茶树等。

图138：丁怕古茶树

丁怕古茶树

野生种古茶树，大理茶种（*C.taliensis*），见图138。位于景东县林街乡丁怕村委会二道河村民小组，东经100°37′36″，北纬24°25′42″，海拔1993m。树型为乔木，树姿半开张，树高6.50m，树幅4.50m×3.90m，基部干围1.81m，嫩枝无茸毛，芽叶紫绿色，无茸毛；叶椭圆形，叶色黄绿，叶身稍内折，叶缘微波，叶面微隆起，叶质硬，叶尖渐尖，叶基楔形，叶脉7对，叶缘少锯齿，叶背主脉有茸毛；花冠6.1cm×5.7cm，花瓣11枚，花瓣白色、质地中，子房有茸毛，柱头5裂，裂位中。目前长势较弱。

清河古茶树

过渡型古茶树，见图 139。位于景东县林街乡清河村委会南骂村民小组，东经 100° 36′ 42″，北纬 24° 31′ 12″，海拔 1870m。树型为小乔木，树姿半开张，树高 7.80m，树幅 4.80m×4.00m，基部干围 1.70m，嫩枝有毛，芽叶绿色，茸毛少；叶椭圆形，叶色绿，叶身稍内折，叶缘微波，叶面微隆起，叶质中，叶尖渐尖，叶基楔形，叶脉 9 对，叶齿细锯齿，叶背主脉少茸毛；花冠 5.1cm×4.4cm，花瓣 7 枚，花瓣微绿色、质地较薄，子房无茸毛，柱头 4 裂，裂位浅；果实为椭圆型或三角球形。目前长势较强。

图 139：清河古茶树

图 140：大卢山古茶树

大卢山古茶树

野生种古茶树，大理茶种（C. taliensis），见图 140。位于景东县林街乡岩头村委会箐门口村民小组的大卢山，东经 100° 39′，北纬 24° 29′ 54″，海拔 2474m。树型乔木，树姿半开张，树高 18.5m，树幅 16.8m×15.0m，基部干围 2.60m，嫩枝无茸毛，芽叶紫绿色，无茸毛；叶椭圆形，叶色绿，叶身平，叶缘微波，叶面平，叶质中，叶尖渐尖，叶基楔形，叶脉 10 对，叶缘少锯齿，叶背主脉无茸毛。目前长势较强。

箐门口古茶树

过渡型古茶树，见图 141。位于景东县林街乡岩头村委会箐门口村民小组，东经 100° 37′ 30″，北纬 24° 29′ 18″，海拔 1874m。树型为小乔木，树姿半开张，树高 11.0m，树幅 7.20m×4.50m，基部干围 1.59m，嫩枝有毛，芽叶绿色，茸毛多；叶椭圆形，叶色绿，叶身稍内折，叶缘波，叶面微隆起，叶尖渐尖，叶基楔形，叶脉 11 对，叶齿细锯齿，叶背主脉多茸毛；花冠 3.1cm×3.0cm，花瓣 8 枚，花瓣微绿色，子房有茸毛，柱头 3 或 4 裂，裂位深；果实扁球形。目前长势较强。

图 141：箐门口古茶树

（五）景谷傣族彝族自治县

景谷傣族彝族自治县（以下简称景谷县）位于普洱市中部，地处东经100°02′~101°07′，北纬22°49′~23°51′之间，东西相距107km，南北相距115km，地域面积7777.00km²；东与普洱市的宁洱县接壤，南与普洱市的思茅区相连，西与普洱市的澜沧县及临沧市的双江县、临翔区"两县一区"隔江相望，北与普洱市的镇沅县毗邻；辖6镇4乡，设有5个社区、132个村委会，有1938个村民小组。县人民政府驻威远镇。

景谷县属以南亚热带为主的气候，由于地势高低参差，垂直变化突出，形成了山地气候、河谷气候、丘陵气候、盆地气候相间的特点。具有南亚热带气候主要特征的为海拔在800m~1400m的河谷平坝和半山区；其境内澜沧江、威远江、小黑江沿岸的小谷地，海拔只有800m左右，属北亚热带气候，年均降雨量一般在1300mm以上。全县气候的总特点是四季不明显，冬无严寒，夏无酷暑，干湿季分明，热量富足，雨量充沛，年温差小，霜期较短，适宜多种植物生长。

景谷县的古茶树资源比较丰富。现存古茶树的总分布面积约89262亩。其中野生古茶树主要分布于景谷镇、正兴镇、凤山镇、益智乡，分布面积约59220亩；栽培种古茶树分布在县内8个乡镇中的65个村委会396个村民小组，分布面积约30042亩。

1. 景谷县永平镇

永平镇位于景谷县西南部，地处横断山脉南端，地域面积1457.02km²；下设1个社区、28个村委会。

永平镇的茶树栽种的历史已有120多年，现存的古茶树资源较丰富。野生古茶树主要分布中山村委会、昔娥村委会、芒东村委会、迁营村委会等地，分布面积约2970亩；栽培种古茶树主要分布在团结村委会等地，代表性植株有谢家地古茶树、刚榨地古茶树、大平掌古茶树、徐家村古茶树等。

谢家地古茶树

栽培种古茶树，白毛茶种（*C.sin-ensis* var. *pubilimba*），见图142。位于景谷县永平镇团结村委会谢家地村民小组，东经100° 22′ 12″，北纬23° 31′ 30″，海拔1730m。树型小乔木，树姿半开张，树高8.1m，树幅5.3m×4.9m，基部干围1.28m，嫩枝有毛，芽叶紫绿色，茸毛多；叶椭圆形，叶色深绿，叶身内折，叶缘波，叶面微隆起，叶质中，叶尖渐尖，叶基楔形，叶脉8对，叶齿细锯齿，叶背主脉多茸毛；花冠2.4cm×2.3cm，花瓣6枚，花瓣白色、质地中，子房有茸毛，柱头3裂，裂位中；果实三角状球形。目前长势较强。

图142：谢家地古茶树

刚榨地古茶树

栽培种古茶树，白毛茶种（*C.sin-ensis* var. *pubilimba*），见图143。位于景谷县永平镇团结村委会刚榨地村民小组，东经100° 22′ 12″，北纬23° 29′ 24″，海拔1090m。树型小乔木，树姿半开张，树高6.2m，树幅3.6m×3.5m，基部干围1.37m，嫩枝有毛，芽叶黄绿色，茸毛多；叶椭圆形，叶色绿，叶身内折，叶缘波，叶面微隆起，叶质中，叶尖渐尖，叶基楔形，叶脉10~14对，叶齿细锯齿，叶背主脉多茸毛；花冠2.9cm×2.8cm，花瓣5枚，花瓣白色、质地中，子房有茸毛，柱头3裂，裂位深；果实椭圆状球形。目前长势较强。

图143：刚榨地古茶树

大平掌古茶树

栽培种古茶树,普洱茶种(*C. assamica*),见图144。位于景谷县永平镇团结村委会大平掌村民小组,东经100°22′18″,北纬23°29′24″,海拔1090m。树型小乔木,树姿半开张,树高4.9m,树幅3.3m×2.0m,基部干围2.00m,嫩枝有毛,芽叶黄绿色,茸毛多;叶椭圆形,叶色黄绿,叶身内折,叶缘波,叶面隆起,叶质中,叶尖渐尖,叶基楔形,叶脉10~13对,叶齿细锯齿,叶背主脉多茸毛;花冠2.9cm×2.4cm,花瓣5枚。目前长势较弱。

图144:大平掌古茶树

图145:徐家村古茶树

徐家村古茶树

野生种古茶树,大理茶种(*C. taliensis*),见图145。位于景谷县永平镇中山村委会徐家村民小组,东经100°50′36″,北纬23°32′30″,海拔1470m。树型小乔木,树姿半开张,树高8.4m,树幅4.6m×4.4m,基部干围1.16m,嫩枝有毛,芽叶紫红色;叶长椭圆形,叶色绿,叶身内折,叶缘微波,叶面平,叶质硬,叶尖渐尖,叶基楔形,叶脉8对,叶齿细锯齿;花冠3.0cm×2.9cm,花瓣5枚。目前长势较强。

2. 景谷县正兴镇

正兴镇位于景谷县城东南部，地域面积 869.78km² ；下设 11 个村委会，有 164 个村民小组。

正兴镇古茶树资源丰富。野生种古茶树主要分布在黄草坝村委会的 9 个村民小组；栽培种古茶树主要分布在通达村委会、水平村委会，呈块状和零星分布，已由附近农户管理，茶树生长健壮。代表性植株有大水缸古茶、黄草坝外寨古茶树、黄草坝大寨古茶树、黄草坝洼子古茶树等。

图 146：黄草坝野生古茶居群

大水缸 1 号古茶树

野生种古茶树，大理茶种（*C.taliensis*），见图 147。位于景谷正兴镇黄草坝村委会大水缸村民小组，东经101°00′12″，北纬23°31′24″，海拔2220m。树型乔木，树姿直立，树高21.0m，树幅 11.0m×10.1m，基部干围3.20m，嫩枝无茸毛，芽叶绿色；叶椭圆形，叶色绿，叶身平，叶缘微波，叶面平，叶质中，叶尖渐尖，叶基楔形，叶脉9对，叶齿细锯齿，叶背主脉无茸毛。目前长势较弱。

图 147：大水缸 1 号古茶树

图 148：大水缸 2 号古茶树

大水缸 2 号古茶树

野生种古茶树，大理茶种（*C.taliensis*），见图 148。位于景谷县正兴镇黄草坝村委会大水缸村民小组，东经 101°00′13″，北纬23°31′24″，海拔 2220m。树型乔木，树姿直立，树高 17.5m，树幅 8.2m×7.8m，基部干围1.66m，嫩枝无茸毛，芽叶绿色，茸毛少；叶为椭圆形，叶色绿，叶身平，叶缘微波，叶面平，叶质中，叶尖渐尖，叶基楔形，叶脉9对，叶齿细锯齿，叶背主脉无茸毛。目前长势较强。

黄草坝外寨古茶树

栽培种古茶树，普洱茶种（*C. as-samica*），见图149。位于景谷县正兴镇黄草坝村委会外寨村民小组，东经100°59′12″，北纬23°30′06″，海拔1800m。树型小乔木，树姿开张，树高4.1m，树幅3.3m×3.5m，基部干围1.32m，嫩枝有毛，芽叶淡绿，茸毛多；叶椭圆形，叶色绿，叶身内折，叶缘微波，叶面微隆起，叶质硬，叶尖渐尖，叶基楔形，叶脉7对，叶齿细锯齿；花冠2.9cm×2.9cm，花瓣5枚。目前长势较弱。

图149：黄草坝外寨古茶树

黄草坝大寨古茶树

栽培种古茶树，普洱茶种（*C. as-samica*），见图150。位于景谷县正兴镇黄草坝村委会大寨村民小组，东经100°59′13″，北纬23°30′06″，海拔1730m。树型小乔木，树姿开张，树高4.9m，树幅4.6m×3.7m，基部干围1.32m，嫩枝有毛；叶为长椭圆形，叶色黄绿，叶身内折，叶缘微波，叶面平，叶质硬，叶尖渐尖，叶基楔形，叶脉7对，叶齿细锯齿，叶背主脉多茸毛；花冠3.0cm×3.3cm，花瓣5枚。目前长势较弱。

图150：黄草坝大寨古茶树

黄草坝洼子古茶树

栽培种古茶树，白毛茶种（*C. sinensis* var. *pubilimba*），见图151。位于景谷县正兴镇黄草坝村委会洼子村民小组，东经100°48′18″，北纬23°32′12″，海拔1550m。树型小乔木，树姿半开张，树高6.5m，树幅6.4m×6.2m，基部干围1.53m，嫩枝有毛，芽叶淡绿，茸毛多；叶长椭圆形，叶色绿，叶身内折，叶缘微波，叶面隆起，叶质中，叶尖渐尖，叶基楔形，叶脉8对，叶齿细锯齿，叶背主脉多茸毛；花冠3.0cm×2.9cm，花瓣5枚，花瓣白色、质地较薄，子房有茸毛，柱头3裂，裂位浅；果实为椭圆形或三角形。长势较强。

图151：黄草坝洼子古茶树

3. 景谷县民乐镇

民乐镇位于景谷县西北部，地域面积718.36km²；下设8个村委会，有148个自然村，150个村民小组。

民乐镇现存的古茶树多为栽培种古茶树，主要分布在民乐镇大村委会、白象村委会、桃子树委会、民乐村委会等地，呈块状和零星分布，总分布面积约1710亩，分布地的海拔在1110m～1780m之间。代表性古茶园为民乐镇大村村委会秧塔古茶园；代表性植株有秧塔大白茶树等。

图 152：秧塔村古茶树园

秧塔大白茶树

栽培种古茶树，白毛茶种（*C.sinensis* var. *pubilimba*），当地俗称大白茶，见图153。位于景谷县民乐镇大村村委会秧塔村民小组的茶房地，东经100° 34′ 18″，北纬23° 09′ 36″，海拔1740m。树型小乔木，树姿半开张，树高6.1m，树幅4.6m×4.8m，基部干围1.44m；叶为长椭圆形，叶色绿，叶身稍内折，叶缘波，叶面微隆起，叶质中，叶尖渐尖，叶基楔形，叶脉8对，叶齿细锯齿，叶背主脉多茸毛。长势较强。

图153：秧塔大白茶树

4. 景谷县景谷镇

景谷镇位于景谷县北部，地域面积267.30km²；下设9个村委会，有95个村民小组。

景谷镇的古茶树资源比较丰富。现存古茶树的总分布面积约6000亩。野生种古茶树主要分布在文山村委会的大黑石岩山脉、文东村委会大中山村民小组，呈块状和零星分布，其中文山村委会的分布面积约3000亩；文东村委会大中山村民小组中的分布面积约1500亩。栽培种古茶树主要分布在文山村委会，多为单株散生于山箐边的杂树林中，分布面积约1500亩；另外在文东、文杏、文联、文召等村委会也有零星分布。代表性植株有洞洞箐口古茶树、苦竹山古茶树等。

洞洞箐口古茶树

野生种古茶树,大理茶种(*C.ta-liensis*),见图154。位于景谷县景谷镇文山村委会洞洞箐口,东经100°43′30″,北纬23°42′06″,海拔2010m。树型乔木,树姿半开张,树高2.5m,树幅1.2m×1.1m,基部干围1.04m,嫩枝有毛,芽叶黄绿色;叶椭圆形,叶色深绿,叶身稍内折,叶缘微波,叶面微隆起,叶质中,叶尖渐尖,叶基楔形,叶脉11~15对,叶缘少锯齿,叶背主脉无茸毛。目前长势较弱。

图154:洞洞箐口古茶树

苦竹山古茶树

栽培种古茶树,普洱茶种(*C. as-samica*),见图155。位于景谷县景谷镇文山村委会苦竹山村民小组农户李兴昌家的承包地内,东经100°40′18″,北纬23°23′12″,海拔1940m。树型小乔木,树姿半开张,树高9.6m,树幅7.5m×7.3m,基部干围1.47m,嫩枝有毛,芽叶黄绿色,茸毛多;叶椭圆形,叶色深绿,叶身内折,叶缘波,叶面微隆起,,叶尖渐尖,叶基楔形,叶脉8对,叶齿细锯齿,叶背主脉多茸毛;花冠3.7cm×3.5cm,花瓣6枚,花瓣白色,子房有茸毛,柱头3裂,裂位中。目前长势较强。

图155:苦竹山古茶树

5. 景谷县半坡乡

半坡乡位于景谷县西南部，地域面积 349.93km²；下设 9 个村委会，有 118 个村民小组。

半坡乡的茶树栽培历史已有 200 多年，境内现存的古茶树多为栽培种古茶树，在全乡的 9 个村委会中均有分布，总分布面积约 343 亩。代表性植株有石戴帽古茶树、黄家寨 1 号古茶树、黄家寨红芽古茶树等。

图 156：石戴帽古茶树

石戴帽古茶树

栽培种古茶树，白毛茶种（*C.sinensis* var. *pubilimba*），见图 156。位于景谷县半坡乡安海村委会石戴帽村民小组，东经 100° 07′ 24″，北纬 23° 13′ 06″，海拔 1910m。树型小乔木，树姿半开张，树高 3.7m，树幅 3.1m×2.4m，基部干围 0.88m，嫩枝有毛，芽叶紫绿色，茸毛多；叶椭圆形，叶色深绿，叶身稍内折，叶缘波，叶面微隆起，叶质中，叶尖渐尖，叶基楔形，叶脉 12～14 对，叶齿细锯齿，叶背主脉多茸毛；花冠 2.2cm×2.1cm，花瓣 6 枚，花瓣白色、质地中，子房有茸毛，柱头 3 裂，裂位中；果实椭圆状球形。目前长势较强。

黄家寨1号古茶树

栽培种古茶树，白毛茶种（C.sinensis var. pubilimba），见图157。位于景谷县半坡乡半坡村委会黄家寨村民小组农户杨开和家的住宅旁，东经100°9′12″，北纬23°10′24″，海拔1740m。树型小乔木，树姿半开张，树高5.7m，树幅5.1m×4.7m，基部干围1.59m，嫩枝有毛，芽叶淡绿，茸毛多；叶椭圆形，叶色深绿，叶身内折，叶缘波，叶面隆起，叶质中，叶尖渐尖，叶基楔形，叶脉8对，叶齿细锯齿，叶背主脉多茸毛。花冠2.1cm×2.0cm，花瓣6枚，花瓣白色、质地中，子房有茸毛，柱头3裂，裂位浅；果实三角状球形。目前长势较弱。

图157：黄家寨1号古茶树

黄家寨红芽古茶树

栽培种古茶树，白毛茶种（C.sinensis var. pubilimba），见图158。位于景谷县半坡乡半坡村委会黄家寨村民小组杨开和家的承包地内，东经100°09′12″，北纬23°10′24″，海拔1730m。树型小乔木，树姿开张，树高5.7m，树幅6.3m×6.1m，基部干围1.44m；嫩枝有毛，芽叶紫红色，茸毛多；叶为披针形，叶色紫绿，叶身内折，叶缘波，叶面隆起，叶质中，叶尖渐尖，叶基楔形，叶脉9对，叶齿细锯齿，叶背主脉多茸毛。花冠2.2cm×2.2cm，花瓣7枚，花瓣白色、质地中，子房有茸毛，柱头3裂，裂位浅；果实三角状球形。目前长势较强。

图158：黄家寨红芽古茶树

6. 景谷县益智乡

益智乡位于景谷县西南部，地域面积808.74km²；下设9个村委会，有118个村民小组。

益智乡的古茶树资源大多为野生种古茶树。主要分布在益智村委会曼竜山村民小组、苏家山村民小组，呈块状小集中型分布，其间分布着大密度的近缘植物，周围植被均为常绿阔叶林，土壤为红壤、黄棕壤、棕壤，总分布面积约14500亩，分布地海拔为1970m~2000m左右。代表性植株有曼竜山野茶树等。

曼竜山野茶树

野生种古茶树，大理茶种（*C. taliensis*），见图159。位于景谷县益智乡益智村委会曼竜山村民小组，东经100°43′66″，北纬23°43′06″，海拔1970m。树型小乔木，树姿半开张，树高4.8m，树幅3.5m×2.8m，基部干围1.68m，嫩枝无茸毛，芽叶绿色；叶长椭圆形，叶色深绿，叶身内折，叶缘微波，叶面平，叶质中，叶尖渐尖，叶基楔形，叶脉9对，叶齿细锯齿，叶背主脉无茸毛。该茶树主干已被砍伐，目前长势较弱。

图159：曼竜山野茶树

第三章 普洱市篇

115

（六）镇沅彝族哈尼族拉祜族自治县

镇沅彝族哈尼族拉祜族自治县（以下简称镇沅县）位于普洱市北部，哀牢山与无量山的中段，地处东经 $100°21'\sim101°31'$，北纬 $23°34'\sim24°21'$ 之间，东西跨径 105.5km，南北纵距 87.5km，地域面积 4223.00km^2；东与玉溪市的新平县、普洱市的墨江县相邻，南与普洱市的景谷县、宁洱县接壤，北与普洱市的景东县、楚雄州的双柏县相连，西以澜沧江为界与临沧市的临翔区隔江相望；下辖 8 镇 1 乡，设有 2 个社区、109 个行政村，1666 个村民小组；县人民政府驻恩乐镇。

镇沅县属亚热带、温带气候边缘，干湿季节气候特点突出，境内立体气候明显，全年平均气温 18.6℃，无霜期 320 天以上，年均降雨量 1235mm，季节间气温差异较小，雨季集中在 7 月~8 月，年相对湿度在 78%~88% 之间，冬无严寒，夏无酷暑，气候温和，土壤肥沃、土层深厚、富含有机质、pH 值多在 4.5~6.5 之间，有利于茶树生长。

镇沅县古茶树资源丰富，现存的野生种古茶树居群和栽培种古茶树的总分布面积约 26.8544 万亩。野生古茶树主要分布于哀牢山中部和无量山支脉的老乌山、大亮山一带，生长于海拔 1850m 以上的原始森林和次生林中，既有较大面积的集中分布，也有不少零星分布。栽培种古茶树（园）主要分布于海拔 1700m~2100m 的村寨，大多保存得比较完整，其特点是分布较为集中连片、密度大，并呈现出有规则的行株距，树干的粗细也比较均匀。目前大部分古茶树（园）中都间作有玉米及其他农作物，农户对古茶树的管理比较粗放。

1. 镇沅县恩乐镇

恩乐镇位于镇沅县中部哀牢山与无量山的分界线之间，地域面积 502.94km^2；下设 9 个村委会、1 个城镇社区，有 98 个村民小组。

恩乐镇现存的古茶树多为野生种古茶树，主要分布在平掌村委会、五一村委会，代表性居群有老茶塘野生古茶树居群、芹菜塘野生古茶树居群等。代表性植株有老茶塘古茶树、打水箐头古茶树等。

图 160：老茶塘古茶树

老茶塘古茶树

野生种古茶树，大理茶种（*C.tali-ensis*），见图160。位于镇沅县恩乐镇平掌村委会羊圈山村民小组的老茶塘，东经100° 57′ 30″，北纬23° 44′，海拔1840m。树型为乔木，树姿半开张，树高16.5m，树幅9.5m×7.3m，有26个分枝，枝干平均直径0.10m，基部干围（即26个分枝结合处）为4.20m，嫩枝有毛，芽叶绿色；叶椭圆形，叶色深绿，叶身稍内折，叶缘微波，叶面微隆起，叶质中，叶尖渐尖，叶基楔形，叶脉9对，叶缘少锯齿，叶背主脉无茸毛；花冠5.7cm×5.5cm，花瓣11枚，花瓣白色、质地中，子房有茸毛，花柱长1.3cm，柱头4裂，裂位深；果实为球形或四方形。

打水箐头古茶树

野生种古茶树，大理茶种（*C.tali-ensis*），见图161。位于镇沅县恩乐镇五一村委会打水箐头村民小组，东经100° 56′ 36″，北纬23° 59′，海拔2146m。树型为乔木，树姿半开张，树高5.0m，树幅2.7m×2.5m，有7个分枝，枝干平均直径8.0cm，基部干围1.90m，嫩枝无茸毛，芽叶紫红色；叶披针形，叶色深绿，叶身平，叶缘平，叶面平，叶质硬，叶尖渐尖，叶基楔形，叶脉11对，叶缘少锯齿，叶背主脉无茸毛；花冠5.7cm×5.4cm，花瓣11枚，花瓣白色、质地中，子房有茸毛，柱头4裂，裂位中；果实为扁球形或四方状球形。目前长势较强。

图 161：打水箐头古茶树

2. 镇沅县按板镇

按板镇位于镇沅县西南部，地处东经 100° 42′~ 101° 02′，北纬 23° 45′~ 23° 56′之间，地域面积 422.50km²；下设 1 个社区、12 个村委会，166 个村民小组。

按板镇现存的古茶树多为栽培种古茶树，主要分布在文立村委会、罗家村委会、那布村委会，分布的海拔在 2057m ~ 2240m 之间。分布区域常年平均气温 14.1℃~ 15.2℃，年降水量 1390mm ~ 1502mm，土壤多为黄棕壤，有利于茶树的生长，加上这些古茶树（园）多生长在村寨边和农地边，故大多数保护得较为完好。代表性植株有文立古茶树等。

文立古茶树

栽培种古茶树，普洱茶种（*C. assamica*），见图 162。位于镇沅县按板镇文立村委会黄桑树村民小组，东经 100 ° 42 ′ 12 "，北纬 23° 47′ 48 "，海拔 2057m。树型小乔木，树姿开张，树高 5.5m，树幅 8.6m×8.0m，基部干围 1.12m，嫩枝有毛，芽叶紫绿色，茸毛多；叶长椭圆形，叶色绿，叶身背卷，叶缘微波，叶面微隆起，叶质中，叶尖渐尖，叶基楔形，

图 162：文立古茶树

叶脉 9 对，叶齿细锯齿，叶背主脉多茸毛；鳞片 2 片。萼片 5 片，色泽绿，有茸毛；花冠 3.2cm×3.1cm，花瓣 8 枚，花瓣白色，质地较薄，子房有茸毛，柱头 3 或 4 裂，裂位浅；果实为球形或三角状球形。目前长势较强。

3. 镇沅县者东镇

者东镇位于镇沅县东部，哀牢山西南麓，阿墨江上游的者干河两岸，东经 101° 14′ 46" ~ 101° 27′ 34"，北纬 23° 51′ 42" ~ 24° 08′ 21"，地域面积 564.27km²；下设 15 个村委会，有 192 个村民小组。

者东镇的古茶树资源比较丰富。栽培种古茶树主要分布在麦地村委会、马邓村委会，为小集中形的块状分布，分布面积约 1755 亩。代表性植株有文麦地古茶树、老马邓古茶树等。

文麦地古茶树

栽培种古茶树，普洱茶种（*C. assamica*），见图163。位于镇沅县者东镇文麦地村委会下拉波村民小组的庙房，东经101°23′18″，北纬24°01′06″，海拔1810m。树型小乔木，树姿半开张，树高7.0m，树幅5.2m×4.6m，基部干围0.89m，芽叶黄绿色，茸毛多；叶椭圆形，叶色深绿，叶身背卷，叶缘微波，叶面隆起，叶质中，叶尖渐尖，叶基楔形，叶脉11对，叶齿细锯齿，叶背主脉多茸毛；花冠3.6cm×3.0cm，花瓣7枚，花瓣淡红色，质地较薄，子房有茸毛，柱头3裂，裂位浅；果实为椭圆形或三角形。目前长势较强。

图163：文麦地古茶树

老马邓古茶树

栽培种古茶树，普洱茶种（*C. assamica*），见图164，位于镇沅县者东镇马邓村委会大村村民小组，东经101°24′12″，北纬23°59′24″，海拔1760m。树型小乔木，树姿半开张，树高7.5m，树幅6.1m×6.0m，有2个分枝，基部干围1.49m，芽叶紫绿色，茸毛多；叶椭圆形，叶色绿，叶身背卷，叶缘微波，叶面隆起，叶质硬，叶尖渐尖，叶基楔形，叶脉10对，叶齿细锯齿，叶背主脉多茸毛；花冠4.2cm×3.8cm，花瓣7枚、质地较薄，子房有茸毛，柱头3裂，裂位浅；果实为椭圆形或三角形。目前长势较弱。

图164：老马邓古茶树

4. 镇沅县九甲镇

九甲镇位于镇沅县东北部，哀牢山西南麓，地域面积 206.27km²；下设 8 个村委会，有 113 个村民小组。

九甲镇是云南省古茶树资源比较富集的乡镇之一。境内的古茶树主要分布在哀牢山国家级自然保护区的原始森林中。所辖的行政村中，以和平村委会千家寨村民小组一带的古茶树资源最为丰富，其野生种古茶树居群的分布面积约 28748 亩；在该镇果吉村委会的猴子箐大茶房山，海拔 2510m 左右的原始森林中，有两片分布面积近万亩的野生种古茶树居群，其中许多古茶树的基部干围都在 0.6m 以上，树高均在 20m 左右，至今都保护得比较完好。代表性植株有著名的千家寨古茶树、大茶房古茶树、三台古茶树等。

图 165：大茶房古茶树

大茶房古茶树

野生种古茶树，大理茶种（*C.taliensis*），见图 165。位于镇沅县九甲镇果吉村委会大茶房山小组，东经 101°17′30″，北纬 24°13′30″，海拔 2510m。树型为乔木，树姿半开张，树高 15.0m，树幅 11.0m×8.4m，有 2 个分枝，平均枝干围 0.53m，基部干围 2.70m；嫩枝无茸毛，芽叶紫绿色，无茸毛；叶卵圆形，叶色深绿，叶身稍内折，叶缘微波，叶面微隆起，叶质中，叶尖渐尖，叶基楔形，叶脉 9 对，叶齿细锯齿，叶背主脉无茸毛；花冠 5.8cm×5.6cm，花瓣 11 枚，花瓣白色、质地中，子房有茸毛，柱头 5 裂，裂位中；果实为扁球形或四方状球形。目前长势较强。

千家寨古茶树

野生种古茶树，大理茶种（*C.taliensis*），见图166。位于镇沅县九甲镇和平村委会千家寨上坝村民小组，东经101°14′00″，北纬24°24′42″，海拔2450m。树型乔木，树姿直立，树高25.6m，树幅22.0m×20.0m，基部干围2.82m，分枝稀，嫩枝无茸毛，芽叶绿色，茸毛少；叶椭圆形，叶色深绿，成熟叶片长14.0cm、宽5.8cm，叶片有光泽，叶身稍内折，叶缘微波，叶面微隆起，叶质硬，叶尖渐尖，叶基楔形，叶脉10对，叶缘少锯齿，叶背主脉无茸毛；花冠5.9cm×5.7cm，花瓣12～15瓣，花瓣白色、质地中，子房有茸毛，柱头4裂，裂位中；果实为扁球形或四方状球形。目前长势较强。

图166：千家寨古茶树

三台古茶树

栽培种古茶树，普洱茶种（*C. assamica*），见图167。位于镇沅县九甲镇三台村委会领干村民小组，东经101°12′24″，北纬24°13′24″，海拔1770m。树型乔木，树姿半开张，树高6.0m，树幅3.1m×2.7m，基部干围0.47m，嫩枝有毛，芽叶紫红色，茸毛多；叶椭圆形，叶色绿，叶身内折，叶缘微波，叶面微隆起，叶质硬，叶尖渐尖，叶基楔形，叶脉8对，叶齿细锯齿，叶背主脉多茸毛；花冠2.5cm×2.0cm，花瓣5枚，花瓣微绿色、质地较薄，子房有茸毛，柱头3裂，裂位浅；果实球形。目前长势较强。

图167：三台古茶树

5. 镇沅县振太镇

振太镇位于镇沅县西部，地域面积 650.42km^2；下设 19 个村委会，有 308 个村民小组。

振太镇现存的古茶树资源比较丰富。栽培种古茶树资源主要分布在山街、台头、文兴、文缅河、介牌、文索等村委会，其中有不少集中连片的栽培种古茶树（园），古茶树保存得相当完整。代表性古茶树（园）有山街村委会 21 个村民小组的栽培种古茶树（园），总分布面积约 1600 亩；其中，该村委会打笋山村民小组、小庐山村民小组、外村村民小组的古茶树（园）尤为集中连片、颇具规模。其他代表性古茶树还有河头古茶树、台头村古茶树、山街古茶树、文和古茶树等。

图 168：振太打笋山古茶园

河头古茶树

过渡型古茶树，见图169。位于镇沅县振太镇文怕村委会河头村民小组的小凹子，东经100°43′30″，北纬23°52′30″，海拔2082m。树型小乔木，树姿半开张，树高9.5m，树幅7.8m×7.5m，基部干围2.80m，嫩枝有毛，芽叶紫红色，茸毛中；叶椭圆形，叶色黄绿，叶身内折，叶缘微波，叶面微隆起，叶质中，叶尖渐尖，叶基近圆形，叶脉10对，叶齿细锯齿，叶背主脉少茸毛；花冠4.9cm×4.7cm，花瓣8枚，花瓣白色、质地较薄，子房有茸毛，柱头3或4裂，裂位浅；果实三角状球形。目前长势较弱。

图 169：河头古茶树

台头村古茶树

栽培种古茶树，普洱茶种（*C. assamica*），见图170。位于镇沅县振太镇台头村委会后山村民小组，东经100°34′18″，北纬23°54′24″，海拔1937m。树型为小乔木，树姿半开张，树高6.2m，树幅6.0m×4.4m，基部干围1.06m，芽叶黄绿色，茸毛多；叶椭圆形，叶色绿，叶身内折，叶缘微波，叶面隆起，叶质硬，叶尖渐尖，叶基楔形，叶脉10对，叶齿细锯齿，叶背主脉多茸毛；花冠3.1cm×2.7cm，花瓣6枚，花瓣微绿色、质地较薄，子房有茸毛，柱头3裂，裂位浅；果实为球形或三角状球形。目前长势较弱。

图 170：台头村古茶树

山街古茶树

栽培种古茶树，普洱茶种（*C. assamica*），见图171。位于镇沅县振太镇山街村委会外村村民小组农户罗维正家的住宅旁，东经100°36′24″，北纬24°01′06″，海拔1857m。树型小乔木，树姿半开张，树高7.8m，树幅5.5m×3.8m，基部干围1.53m，嫩枝有毛，芽叶黄绿色，茸毛多；叶椭圆形，叶色深绿，叶身内折，叶缘波，叶面隆起，叶质中，叶尖渐尖，叶基楔形，叶脉8对，叶齿细锯齿，叶背主脉少茸毛；花冠2.6cm×2.2cm，花瓣6枚，花瓣白色、质地中，子房有茸毛，柱头3裂，裂位深；果实为球形或三角状球形。目前长势较弱。

图171：山街古茶树

文和古茶树

栽培种古茶树，普洱茶种（*C.assamica*），见图172。位于镇沅县振太镇文索村委会文和村民小组，东经100°34′18″，北纬23°59′18″，海拔2050m。树型为小乔木，树姿半开张，树高5.7m，树幅5.7m×5.0m，基部干围1.50m，嫩枝有毛，芽叶黄绿色，茸毛特多；叶为椭圆形，叶色深绿，叶身背卷，叶缘微波，叶面微隆起，叶质中，叶尖钝尖，叶基楔形，叶脉9对，叶齿细锯齿，叶背主脉多茸毛；花冠2.9cm×2.2cm，花瓣6枚，花瓣白色、质地较薄，子房有茸毛，柱头3裂，裂位浅；果实为球形或三角状球形。目前长势较弱。

图172：文和古茶树

6. 镇沅县和平镇

和平镇位于镇沅县东北部，哀牢山南麓的者干河两岸，地域面积 231.00km²；下设 5 个村委会，有 77 个村民小组。

和平镇的古茶树资源比较丰富，多为野生种古茶树，主要分布在麻洋村委会的原始森林中，现存古茶树的基部干围大多在 1.00m ~ 3.13m 之间，分布地的海拔在 2460m ~ 2510m 之间，周围的植被为常绿阔叶林，土壤为棕壤，由于生长条件好，保护有力，现存古茶树大都生长茂盛，不少古茶树的基部干围都在 1.00m ~ 3.13m 之间。代表性植株有蓬藤箐头古茶树等。

蓬藤箐头古茶树

野生种古茶树，大理茶种（*C.taliensis*），见图 173。位于镇沅县和平镇麻洋村委会马鹿塘村民小组的蓬藤箐头，东经 101° 30′ 24″，北纬 23° 56′ 06″，海拔 2510m。树型小乔木，树姿半开张，树高 12.0m，树幅 8.7m × 5.1m，基部干围 3.13m，嫩枝无茸毛，芽叶紫绿色；叶椭圆形，叶色深绿，叶身背卷，叶缘微波，叶面微隆起，叶质中，叶尖渐尖，叶基楔形，叶脉 8 对，叶缘少锯齿，叶背主脉无茸毛。目前长势较弱。

图 173：蓬藤箐头古茶树

7. 镇沅县田坝乡

田坝乡位于镇沅县西南部，无量山脉东南麓，地处东经100°55′~101°07′，北纬22°45′~23°18′之间，地域面积257.14km²；下设8个村委会，有178个村民小组。

田坝乡现存的古茶树多为栽培种古茶树，主要分布在民强村委会、瓦桥村委会，大多生长在村寨周围或农户承包地的埂头地边，总分布面积约3000亩，分布地的海拔在1770m~1850m之间，土壤为红壤和紫色土。由于古茶树已由附近的农户管理，大多数古茶树生长良好。代表性植株有田坝古茶树等。

田坝古茶树

栽培种古茶树，普洱茶种（*C. assamica*），见图174。位于镇沅县田坝乡田坝村委会坡头山，东经101°00′30″，北纬23°40′30″，海拔1925m。树型小乔木，树姿半开张，树高4.5m，树幅4.7m×4.0m，基部干围1.72m，嫩枝有毛，芽叶黄绿色，茸毛特多；叶椭圆形，叶色黄绿，叶身稍内折，叶缘微波，叶面微隆起，叶质硬，叶尖渐尖，叶基近圆形，叶脉9对，叶齿细锯齿，叶背主脉多茸毛；花冠3.3cm×2.9cm，花瓣7枚，花瓣白色、质地较薄，子房有茸毛，柱头3裂，裂位深；果实球形。目前长势较强。

图174：田坝古茶树

（七）江城哈尼族彝族自治县

江城哈尼族彝族自治县（以下简称江城县）位于普洱市南部，介于东经101°13′~102°19′、北纬22°19′~22°56′之间，东西横距112km，南北纵距64km。地域面积3476.00km²；东与红河州绿春县为邻，西与西双版纳州的勐腊县、景洪市毗邻，西北与普洱市的思茅区、宁洱县相连，北与普洱市的墨江县隔江相望，东南与越南接壤，南与老挝交界，国境线长183km；下辖5乡2镇，设有2个社区、48个村委会，有499个村民小组。县人民政府驻勐烈镇。

江城县冬无严寒，夏无酷暑，气候温和，年平均气温19.2℃，年降雨量在2260mm~2680mm之间，年日照数为1871~2137.2小时，相对湿度83%，全年无霜期在360天以上。土壤主要以砖红壤和赤红壤为主，pH值在3.8~5.8之间，呈微酸性。土壤有机质含量丰富，土质肥沃，是最适宜茶树生长的地区。

江城县的古茶树在全县的5乡2镇中都有分布，主要集中在20个村委会的57个村民小组，总分布面积约1.8万亩。其中，野生种古茶树主要分布在曲水镇、国庆乡、嘉禾乡，分布面积约11850亩；栽培种古茶树多为小块状或零星分布，分布面积约6050亩。

1. 江城县勐烈镇

勐烈镇位于江城县中南部，东经101°14′~102°19′，北纬22°21′~22°56′之间，地域面积387.67km²；下设2个社区、6个村委会，有48个自然村。

勐烈镇现存的古茶树多为栽培种古茶树，主要分布在大新村委会，多长于农地的埂边或地头，分布地的海拔在1200m左右，大多管理粗放，茶树长势一般。代表性植株有大蛇箐古茶树等。

大蛇箐古茶树

栽培种古茶树，普洱茶种（*C. assamica*），见图175。位于江城县勐烈镇大新村委会的大蛇箐，东经101°51′30″，北纬22°34′12″，海拔1200m。树型小乔木，树姿半开张，树高11.1m，树幅4.8m×4.6m，基部干围1.40m；叶椭圆形，叶色绿，叶身稍内折，叶缘微波，叶面隆起，叶质中，叶尖渐尖，叶基楔形，叶脉14对，最多16对，叶齿细锯齿，叶背主脉茸毛少；花冠4.1cm×4.0cm，花瓣7枚，花瓣微绿色、质地中，子房有茸毛，柱头3裂，裂位中；果实椭圆状球形。目前长势较强。

图175：大蛇箐古茶树

2. 江城县曲水镇

曲水镇位于江城县东部，介于东经101°59′~102°20′，北纬22°24′~22°41′之间，位于中、老、越三国交界处，地域面积588.31km²；下设6个村委会，有61个村民小组。

曲水镇的古茶树资源较为丰富。野生种古茶树主要分布在曲水镇拉珠村委会的大尖山，总分布面积约9375亩，分布地的海拔在1000m~1200m之间，土壤为赤红壤，周围植被为常绿阔叶林分布地，雨量充沛，土壤肥沃，气候温暖，古茶树生长得较好；栽培种古茶树主要分布在曲水镇拉珠村委会的芭蕉林箐和拉马冲村民小组的大尖山等地，呈零星分布，其鲜叶当地茶农主要用于制作晒青茶，茶叶品质优良。代表性植株有芭蕉林箐古茶树、拉马冲大尖山古茶树等。

芭蕉林箐古茶

野生种古茶树，德宏茶（*C. sinensis var. dehungensis*），见图 176。位于江城县曲水镇拉珠村委会的芭蕉林箐，东经 101°53′18″，北纬 22°36′30″，海拔 1430m。树型乔木，树姿直立，树高 19.0m，树幅 8.0m×7.6m，基部干围 1.36m；叶椭圆形，叶色黄绿，叶身背卷，叶缘平，叶面微隆起，叶质中，叶尖渐尖，叶基楔形，叶脉 12 对，叶齿细锯齿，叶背主脉无茸毛；花冠 3.1cm×3.3cm，花瓣 7 枚，花瓣微绿色、质地中，子房无茸毛，柱头 3 裂，裂位浅。目前长势较强。

图 176：芭蕉林箐古茶树

图 177：拉马冲大尖山古茶树

拉马冲大尖山古茶树

栽培种古茶树，普洱茶种（*C. assamica*），见图 177。位于江城县曲水镇拉珠村委会拉马冲村民小组的大尖山，东经 101°53′18″，北纬 22°36′30″，海拔 1143m。树型乔木，树姿半开张，树高 16.0m，树幅 7.0m×6.0m，基部干围 1.27m；叶长椭圆形，叶色绿，叶身平，叶缘平，叶面微隆起，叶质中，叶尖渐尖，叶基楔形，叶脉 15～17 对，叶齿细锯齿，叶背主脉少茸毛。目前长势较强。

3. 江城县国庆乡

国庆乡位于江城县中部，地处东 101° 13′~ 102° 19′，北纬 22° 19′~ 22° 35′之间，地域面积 355.19km²；下设 6 个村委会，有 105 个村民小组。

国庆乡现存的古茶树多为栽培种古茶树，主要分布在络捷村委会、么等村委会、田房村委会、嘎勒村委会，多为小集中形的块状式分布，总分布面积约 5805 亩；分布地的海拔在 1100m ~ 1350m 之间，土壤为赤红壤，湿热多雨，常年平均气温 19.2℃，年降水量 2360.0mm，茶树生长繁茂。代表性植株有络捷村委会的普家村古茶树、田房村委会的田房古茶树、山神庙古茶树等。

图 178：国庆乡栽培种古茶园

普家村古茶树

栽培种古茶树，普洱茶种（*C. assamica*），见图179。位于江城县国庆乡络捷村委会普家村民小组，东经101°50′24″，北纬22°36′18″，海拔1207m。树型小乔木，树姿开张，树高6.2m，树幅7.3m×5.3m，基部干围1.65m；叶长椭圆形，叶色绿，叶身背卷，叶缘波，叶面隆起，叶质中，叶尖渐尖，叶基楔形，叶脉11~14对，叶齿细锯齿，叶背主脉少茸毛；花冠3.8cm×3.5cm，花瓣6枚，花瓣微绿色、质地较薄，子房有茸毛，柱头3裂，深裂位；果实椭圆状球形。目前长势弱。

图179：普家村古茶树

田房古茶树

栽培种古茶树，普洱茶种（*C.assamica*），见图180。位于江城县国庆乡田房村委会田房村民小组，东经101°53′18″，北纬22°36′30″，海拔1143m。树型小乔木，树姿半开张，树高3.8m，树幅3.7m×3.6m，基部干围1.14m；叶椭圆形，叶色深绿，叶身背卷，叶缘平，叶面微隆起，叶质柔软，叶尖渐尖，叶基楔形，叶脉11对，最多13对，叶齿细锯齿，叶背主脉少茸毛；花冠3.4cm×3.3cm，花瓣7枚，花瓣微绿色，质地较薄，子房有茸毛，柱头3裂，裂位浅；果实椭圆状球形。目前长势较弱。

图180：田房古茶树

山神庙古茶树

栽培种古茶树，普洱茶种（*C. assamica*），见图181。位于江城县国庆乡田房村委会的山神庙，东经101°53′30″，北纬22°37′06″，海拔1100m。树型小乔木，树姿半开张，树高3.1m，树幅2.1m×1.9m，基部干围1.50m；叶披针形，叶色黄绿，叶身平，叶缘平，叶面微隆起，叶质柔软，叶尖渐尖，叶基楔形，叶脉12对，叶缘少锯齿，叶背主脉多茸毛；花冠3.4cm×3.2cm，花瓣7枚，花瓣微绿色、质地较厚，子房有茸毛，柱头3裂，裂位浅；果实球形。目前长势较弱。

图181：山神庙古茶树

4. 江城县嘉禾乡

嘉禾乡位于江城县北部，地处东经101°24′~102°02′24″，北纬22°23′24″~22°34′48″之间，地域面积545.52km²；下设10个村委会，有94个村民小组。

嘉禾乡现存的古茶树多为野生种古茶树，主要分布在联合村委会梁子寨村民小组的瑶人尖山北坡一带，古茶树分布得较为集中连片，分布面积约2475亩，分布地海拔为1800m左右，土壤为赤红壤。古茶树基本无人管理，长势普遍较弱。代表性植株有梁子寨古茶树等。

梁子寨古茶树

野生种古茶树，大理茶种（*C. taliensis*），见图182。位于江城县嘉禾乡联合村委会梁子寨村民小组，东经102°34′30″，北纬22°37′30″，海拔1827m。树型乔木，树姿直立，树高14.0m，树幅6.5m×6.0m，基部干围1.37m；叶椭圆形，叶色深绿，叶身背卷，叶缘平，叶面微隆起，叶质中，叶尖渐尖，叶基楔形，叶脉9对，叶缘少锯齿，叶背主脉无茸毛。目前长势较强。

图182：梁子寨古茶树

（八）孟连傣族拉祜族佤族自治县

孟连傣族拉祜族佤族自治县（以下简称孟连县）位于普洱市西部，地处东经 99°09′~ 99°46′，北纬 22°05′~ 22°32′之间，地域面积 1957.00km²；东与普洱市澜沧县接壤，北与普洱市西盟县相连，西南部与缅甸国交界，国境线全长 133.4km；下设 4 镇 2 乡，设有 3 个社区、39 个村委会；县人民政府驻娜允镇。

孟连县属南亚热带西南季风湿润型气候，高温多湿，雨量充沛，全年无严寒；年平均气温 19.6℃，年平均降雨量 1362.7mm，年平均日照 2086.9 小时，年相对湿度 81%，适宜多种植物生长。

孟连县的古茶树资源比较丰富，主要分布在娜允镇、勐马镇、芒信镇、富岩镇、公信乡等地，总分布面积约 88516.75 亩。其中，野生种古茶树主要分布在位于孟连县南部和西南部的腊福大黑山原始森林中，少部分生长在次生林、小竹林中，分布面积约 87571.75 亩；栽培种古茶树主要分布在娜允镇、勐马镇、芒信镇、公信乡，大多生长在村边寨边，分布面积约 945 亩。

1. 孟连县娜允镇

娜允镇为孟连县县城所在地，地处东经 99°27′~ 99°39′，北纬 22°16′~ 22°23′之间，地域面积 359.28km²；下设 3 个社区、9 个村委会，有 108 个村民小组。

娜允镇的茶树栽培已有 300 多年历史，现尚存少量古茶树资源。总分布面积约 770 亩。野生古茶树当地少数民族俗称"腊头"，主要分布在南雅村委会、洪安村委会，分布面积约 260 亩，分布地周围的植被主要为常绿阔叶林，土壤为红壤；栽培种古茶树主要分布在景坑村委会，为小集中型块状或零星分布，分布面积约 110 亩，分布地海拔在 1090m ~ 1124m 之间。代表性植株有南雅古茶树、景吭古茶树等。

南雅古茶树

野生种古茶树，大理茶种（*C.ta-liensis*），见图183。位于孟连县娜允镇南雅村委会南雅村民小组，东经99°31′12″，北纬22°25′48″，海拔1702m。树型小乔木，树姿半开张，树高7.8m，树幅4.0m×3.0m，基部干围1.00m，嫩枝无茸毛；叶椭圆形，叶色深绿，叶身平，叶缘微波，叶面微隆起，叶质硬，叶尖渐尖，叶基楔形，叶脉10对，叶缘少锯齿，叶背主脉无茸毛；花冠5.5cm×4.4cm，花瓣9枚，花瓣白色、质地较厚，子房有茸毛，柱头4裂，裂位中；果实为三角状或椭圆状球形。目前长势较弱。

图183：南雅古茶树

景吭古茶树

栽培种古茶树，普洱茶种（*C. assamica*），见图184。位于孟连县娜允镇景吭村委会景吭村民小组，东经99°39′00″，北纬22°20′42″，海拔1072m。树型小乔木，树姿开张，树高2.2m，树幅2.5m×2.0m，基部干围0.60m，嫩枝无茸毛，芽叶紫绿色，茸毛多；叶椭圆形，叶色绿，叶身内折，叶缘平，叶面微隆起，叶质硬，叶尖渐尖，叶基楔形，叶脉9对，叶齿细锯齿，叶背主脉多茸毛；花冠2.2cm×2.0cm，花瓣5枚，花瓣白色、质地较薄，子房有茸毛，柱头3裂，裂位浅；果实三角状球形。目前长势较强。

图184：景吭古茶树

2. 孟连县勐马镇

勐马镇位于孟连县西南部，地域面积515.05km²；下设8个村委会，有118个村民小组。

勐马镇的古茶树主要为野生种古茶树，主要分布在腊福村委会大黑山的原始森林中，分布地的海拔在1600m～2550m之间，总分布面积约81660亩；栽培种古茶树主要分布在勐马村委会、芒海村委会、腊福村委会。代表性植株有腊福村古茶树、东乃古茶树等。

图185：腊福1号古茶树

腊福1号古茶树

野生种古茶树，大理茶种（*C.taliensis*），见图185。位于孟连县勐马镇腊福村委会腊福村民小组，东经99°22′18″，北纬22°6′24″，海拔2514m。树型乔木，树姿直立，树高27.0m，树幅10.0m×7.0m，基部干围2.01m，嫩枝无茸毛；叶为椭圆形，叶色深绿，叶身平，叶缘平，叶面微隆起，叶质柔软，叶尖渐尖，叶基楔形，叶脉10对，叶缘少锯齿，叶背主脉无茸毛。目前长势较强。

腊福2号古茶树

野生种古茶树,大理茶种(*C. ta-liensis*),见图186。位于孟连县勐马镇腊福村委会腊福村民小组,东经99°22′06″,北纬22°06′30″,海拔2509m。树型乔木,树姿直立,树高22.0m,树幅9.4m×9.3m,基部干围2.41m,嫩枝无茸毛;叶为椭圆形,叶色深绿,叶身平,叶缘平,叶面平,叶质柔软,叶尖渐尖,叶基楔形,叶脉11对,叶缘少锯齿,叶背主脉无茸毛;花冠6.4cm×5.7cm,花瓣8枚,花瓣白色、质地厚,子房有茸毛,柱头5裂,裂位深;果实三角状球形。目前长势较强。

图186:腊福2号古茶树

东乃古茶树

栽培种古茶树,普洱茶种(*C. assamica*),见图187。位于孟连县勐马镇东乃村委会东乃村民小组,东经99°21′42″,北纬22°07′00″,海拔2449m。树型乔木,树姿直立,树高21.0m,树幅9.7m×9.4m,基部干围2.40m,嫩枝无茸毛;叶长椭圆形,叶色绿,叶身平,叶缘平,叶面平,叶质柔软,叶尖渐尖,叶基楔形,叶脉12对,叶缘少锯齿,叶背主脉无茸毛;芽叶红色;花冠5.9cm×5.5cm,花瓣9枚,花瓣白色、质地薄,子房有茸毛,柱头3裂,裂位深;果实为三角状或椭圆状球形。目前长势较强。

图187:东乃古茶树

3. 孟连县芒信镇

芒信镇位于孟连县东南部，地域面积 340.76km²；下设 6 个村委会，有 100 个村民小组。

芒信镇的茶树栽培已有 250 多年历史，现存的古茶树多为栽培种古茶树，主要分布在芒信村委会，总分布面积约 10 亩。代表性植株有芒信古茶树等。

图 188：芒信古茶树

芒信古茶树

栽培种古茶树，普洱茶种（*C. assamica*），见图 188。位于孟连县芒信镇芒信村委会芒信村民小组，东经 99° 32′ 24 "，北纬 22° 11′ 24 "，海拔 1370m。树型小乔木，树姿开张，树高 5.1m，树幅 5.6m×4.1m，基部干围 1.38m，嫩枝有毛，芽叶紫绿色，茸毛多；叶椭圆形，叶色绿，叶身平，叶缘平，叶面微隆起，叶质硬，叶尖渐尖，叶基楔形，叶脉 11 对，叶齿细锯齿，叶背主脉多茸毛；花冠 2.0cm×2.1cm，花瓣 6 枚，花瓣白色、质地中，子房有茸毛，柱头 3 裂，裂位中；果实为球形或三角状球形。目前长势较弱。

4. 孟连县公信乡

公信乡位于孟连县西部，地域面积 269.19km²；下设 6 个村委会，有 91 个村民小组。

公信乡现存的古茶树多为栽培种古茶树，分布于糯东村委会糯东村民小组第一组的寨子边，总分布面积约 10 亩。当地群众栽培茶树的历史已有 300 多年，古茶树的鲜叶采摘后主要用于制作晒青毛茶，茶叶品质优良。代表性植株为糯东古茶树等。

糯东古茶树

栽培种古茶树，普洱茶种（*C. assamica*），见图189。位于孟连县公信乡糯东村委会，东经99°22′12″，北纬22°19′06″，海拔1591m。树型小乔木，树姿开张，树高9.6m，树幅7.0m×6.8m，基部干围1.80m，芽叶绿色，茸毛多；叶为椭圆形，叶色深绿，叶身平，叶缘平，叶面微隆起，叶质硬，叶尖渐尖，叶基楔形，叶脉11～13对，叶齿细锯齿，叶背主脉多茸毛；花冠2.2cm×2.4cm，花瓣5枚，花瓣白色、质地中，子房有茸毛，柱头3裂，裂位浅；果实为球形或三角状球形。目前长势较弱。

图189：糯东古茶树

（九）澜沧拉祜族自治县

澜沧拉祜族自治县（以下简称澜沧县）位于普洱市西南部，介于东经99°29′～100°45′，北纬22°27′～23°15′之间，东西最大横距110km，南北最大纵距130km，地域面积8807km²；东隔澜沧江与普洱市的景谷县、思茅区相望，南与西双版纳州勐海县相邻，西与普洱市的西盟县、孟连县相接，北靠临沧市沧源县和双江县，西部的雪林乡、南部的糯福乡与缅甸邻接，国境线长80.563km；下辖5个镇15个乡（其中6个民族乡），有4个社区、157个村委会。县人民政府驻勐朗镇。

澜沧县属亚热带雨林气候，年均温18.9℃，年均降水量1643.4mm；其地处横断山区南段，山区半山区占99%；气候垂直变化明显。为云南省县级地域面积第二的大县，资源丰富，是云南省的茶叶主产县之一。茶树植株历史悠久，古茶树资源较为丰富。现存古茶树的总分布面积约12.2万亩。其中栽培种古茶树面积较多，主要分布于勐朗镇、惠民镇、东河乡、大山乡、富邦乡、富东乡、木戛乡等7个乡镇，分布面积约22570亩；野生种古茶树主要分布在勐朗镇、糯扎渡镇、东回镇、谦六彝族乡、东河乡、南岭乡、酒井哈尼族乡、拉巴乡、竹塘乡、富邦乡、安康佤族乡、富东乡、雪林佤族乡、发展河哈尼族乡、糯福乡等15个乡镇，分布面积约98723.3亩。

1. 澜沧县勐朗镇

勐朗镇位于澜沧县中部，地处东经99°51′50″~99°59′06″，北纬22°31′~22°41′08″之间，地域面积710.00km²；下设4个社区、13个村民委员会，有227个村民小组。

勐朗镇的古茶树资源比较丰富。野生种古茶树主要分布在看马山村委会一带，总分布面积约17332亩，分布地雨量充沛，热量资源富足。古茶树生长良好。该镇的栽培种古茶树不多，主要分布在大平掌村委会、富本村委会等地，为小面积块状形零星分布，分布面积约121亩。代表性植株有看马山古茶树等。

看马山古茶树

野生种古茶树，大理茶种（*C.taliensis*），见图190。位于澜沧县勐朗镇看马山村委会大寨村民小组的龙塘底，东经100°07′12″，北纬22°26′18″，海拔2130m。树型乔木，树姿半开张，树高11.7m，树幅11.8m×5.6m，基部干围2.60m；叶椭圆形，叶色绿，叶身平，叶缘平，叶面平，叶质柔软，叶尖渐尖，叶基楔形，叶脉12或13对，叶缘少锯齿，叶背主脉无茸毛；果实四方状球形。目前长势较强。

图190：看马山古茶树

2. 澜沧县上允镇

上允镇地处澜沧县西北部，介于东经100°03′20″~100°03′25″，北纬23°16′~23°20′之间，地域面积433.00km²；下设11个村委会，有146个自然村，214个村民小组。

上允镇现存的古茶树多为栽培种古茶树，主要分布在南洼村委会中寨村民小组、下河边寨村民小组、小芒费村民小组，为单株零星分布，总分布面积约22.43亩。当地茶农采摘其鲜叶后主要用于制作晒青茶和烘青茶，茶叶品质优良。代表性植株有南洼古茶树等。

南洼古茶树

栽培种古茶树，普洱茶种（*C. assamica*），见图191。位于澜沧县上允镇南洼村委会下河边村民小组，东经99°50′24″，北纬20°59′6″，海拔1520m。树型小乔木，树姿半开张，树高8.8m，树幅8.5m×7.6m，基部干围1.92m，嫩枝有毛，芽叶紫红色，茸毛多；叶长椭圆形，叶色深绿，叶身稍内折，叶缘平，叶面微隆起，叶质中，叶尖钝尖，叶基楔形，叶脉12~15对，叶齿细锯齿，叶背主脉多茸毛；花冠3.2cm×2.7cm，花瓣7枚，花瓣白色、质地薄，子房有茸毛，柱头3裂，裂位浅；果实三角状球形。目前长势较弱。

图191：南洼古茶树

3. 澜沧县惠民镇

惠民镇地处澜沧县东南部，地域面积394.00km²；下设5个村委会，有51个自然村，62个村民小组。

惠民镇的古茶树资源比较丰富。现存古茶树的总分布面积约2.85万亩，其中野生种古茶树的分布面积约1.21万亩，栽培种古茶树的分布面积约1.64万亩。栽培种古茶树主要分布在景迈村委会、芒景村委会、芒云村委会等地，分布地的海拔在1100m~1570m之间，土壤多为赤红壤和红壤，村民对古茶树的管护较好，古茶树生长得比较健壮。其代表性古茶树（园）有景迈村委会景迈大寨的古茶树（园）等；代表性植株有芒洪古茶树、芒景上寨1号古茶树、景迈大寨古茶树、糯干古茶树、景迈村大平掌古茶树等。

图 192：芒洪古茶树

芒洪古茶树

栽培种古茶树，普洱茶种（*C. assamica*），见图 192，当地俗称"茶树王"。位于澜沧县惠民镇芒景村委会芒洪寨村民小组的寨子边，东经 100° 00′ 30″，北纬 22° 08′ 24″，海拔 1350m。树型小乔木，树姿开张，树高 5.7m，树幅 6.0m×5.2m，基部干围 1.23m，嫩枝有毛，芽叶绿色，茸毛多；叶长椭圆形，叶色绿，叶身平，叶缘平，叶面平，叶质中，叶尖渐尖，叶基楔形，叶脉 10 对，叶齿细锯齿，叶背主脉多茸毛；花冠 3.1cm×3.0cm，花瓣 6 枚，花瓣白色、质地薄，子房有茸毛，柱头 3 裂，裂位浅；果实球形。目前长势较强。

图 193：芒景上寨 1 号古茶树

芒景上寨 1 号古茶树

栽培种古茶树，普洱茶种（*C.assamica*），见图 193。位于澜沧县惠民镇芒景村委会芒景上寨村民小组，东经 100° 01′ 34″，北纬 22° 09′ 13″，海拔 1488m。树型乔木，树姿开张，分枝稀，树高 6.9m，树幅 3.3m×3.5m，最低分枝高为 0.76m，基部干围 0.68m；成熟叶片长宽 13.5cm×5.2cm，叶形椭圆形，叶色绿，叶基楔形，叶脉 9 对，叶身稍内折，叶尖钝尖，叶面平，叶缘微波，芽叶黄绿，茸毛多，叶质软，叶柄无茸毛，主脉有茸毛，叶背有茸毛；萼片绿色、萼片数 5 或 6 片、无茸毛，花柄、花瓣无茸毛，花冠 4.1cm×3.5cm，花瓣 7 枚，花瓣白色、质地薄，花柱 3 或 4 裂，子房有茸毛。目前长势较强。

景迈大寨 1 号古茶树

栽培种古茶树，普洱茶种（*C. assamica*），见图194。位于澜沧县惠民镇景迈村委会景迈大寨村民小组，东经100°01′48″，北纬22°12′38″，海拔1515m。树型乔木，树姿半开张，分枝密，树高5.7m，树幅5.3m×6.1m，最低分枝高为0.6m，基部干围1.1m；成熟叶片长宽10.2cm×4.2cm，叶形为长椭圆形，叶色绿，叶基楔形，叶脉9对，叶身平，叶尖渐尖，叶面平，叶缘平，芽叶黄绿色，茸毛多，叶质软，叶柄有茸毛，主脉有茸毛，叶背有茸毛；萼片绿色、萼片数5片、有茸毛，花柄、花瓣无茸毛，花冠4.8cm×4.2cm，花瓣6枚，花瓣白色、质地较薄，花柱3裂，子房无茸毛。目前长势较强。

图 194：景迈大寨 1 号古茶树

景迈大寨 2 号古茶树

栽培种古茶树，普洱茶种（*C. assamica*），见图195。位于澜沧县惠民镇景迈村委会景迈大寨村民小组，东经100°01′50″，北纬22°12′36″，海拔1515m。树型乔木，树姿半开张，分枝稀，树高3.8m，树幅5.1m×3.7m，最低分枝高为0.6m，基部干围0.66m；成熟叶片长宽12.0cm×5.1cm，叶形长椭圆形，叶色绿，叶基楔形，叶脉9对，叶身稍内折，叶尖渐尖，叶面平，叶缘平，芽叶绿色，茸毛多，叶质软，叶柄无茸毛，主脉有茸毛，叶背有茸毛；萼片绿色、萼片数5片、有茸毛，花柄、花瓣无茸毛，花冠4.5cm×4.2cm，花瓣5枚，花瓣白色、质地薄，花柱3裂，子有茸毛。

图 195：景迈大寨 2 号古茶树

糯干 1 号古茶树

栽培种古茶树，普洱茶种（*C. assamica*），见图 196。位于澜沧县惠民镇景迈村委会糯干村民小组，东经 100°00′37″，北纬 22°13′08″，海拔 1469m。树型乔木，树姿半开张，分枝密，树高 6.7m，树幅 5.8m×5.6m，最低分枝高为 0.9m，基部干围 1.1m；成熟叶片长宽 12.5cm×5.1cm，叶形长椭圆形，叶色深绿，叶基楔形，叶脉 10 对，叶身平，叶尖渐尖，叶面平，叶缘平，芽叶黄绿，茸毛多，叶质硬，叶柄有茸毛，主脉有茸毛，叶背有茸毛；萼片绿色、萼片数 5 片、无茸毛，花柄、花瓣无茸毛，花冠 3.9cm×3.1cm，花瓣 5 枚，花瓣白色、质地薄，花柱 3 裂，子房有茸毛。目前长势较强。

图 196：糯干 1 号古茶树

勐本 1 号古茶树

栽培种古茶树，普洱茶种（*C. assamica*），见图 197。位于澜沧县惠民镇景迈村委会勐本村民小组，东经 100°01′15″，北纬 22°12′02″，海拔 1438m。树型乔木，树姿直立，分枝稀，树高 8.9m，树幅 5.2m×5.1m，最低分枝高为 0.36m，基部干围 1.1m；成熟叶片长宽 15.8cm×4.6cm，叶形长椭圆形，叶色绿，叶基半圆形，叶脉 11 对，叶身稍背卷，叶尖渐尖，叶面微隆，叶缘微波，芽叶绿色，茸毛多，叶质硬，叶柄有茸毛，主脉有茸毛，叶背有茸毛；萼片绿色、萼片数 5 片、无茸毛，花柄、花瓣无茸毛，花冠 4.1cm×3.9cm，花瓣 4 枚，花瓣白色、质地薄，花柱 3 裂，子房有茸毛。目前长势较强。

图 197：勐本 1 号古茶树

景迈村大平掌 1 号古茶树

栽培种古茶树，普洱茶种（*C. assamica*），见图 198。位于澜沧县惠民镇景迈村委会景迈村民小组大平掌，东经 100°00′37″，北纬 22°11′55″，海拔 1597m。树型乔木，树姿开张，分枝稀，树高 4.3m，树幅 3.1m×3.5m，最低分枝高为 0.77m，基部干围 0.7m；成熟叶片长宽 11.6cm×4.8cm，叶形椭圆形，叶色绿，叶基楔形，叶脉 12 对，叶身平，叶尖钝尖，叶面微隆，叶缘平，芽叶绿色，茸毛多，叶质中，叶齿稀、浅、钝，叶柄有茸毛，主脉有茸毛，叶背有茸毛；萼片绿色、萼片数 4 枚、无茸毛，花柄、花瓣无茸毛，花冠 3.3cm×2.3cm，花瓣 4 枚，花瓣白色、质地薄，花柱 3 裂，子房有茸毛。目前长势较弱。

图 198：景迈村大平掌 1 号古茶树

景迈村大平掌 2 号古茶树

栽培种古茶树，普洱茶种（*C. assamica*），见图 199。位于澜沧县惠民镇景迈村委会景迈村民小组大平掌，东经 100°00′38″，北纬 22°11′55″，海拔 1624m。树型乔木，树姿开张，分枝稀，树高 4.8m，树幅 2.5×2.9m，最低分枝高为 1.6m，基部干围 0.85m；成熟叶片长宽 13.8×5.6cm，叶形椭圆形，叶色绿，叶基楔形，叶脉 13 对，叶身稍内折，叶尖渐尖，叶面微隆，叶缘平，芽叶绿色，茸毛多，叶质硬，叶柄有茸毛，主脉有茸毛，叶背有茸毛；萼片绿色、萼片数 6 片、无茸毛，花柄、花瓣无茸毛，花冠 3.6cm×4.1cm，花瓣 6 枚，花瓣白色、质地薄，花柱 3 裂，子房有茸毛。目前长势较强。

图 199：景迈村大平掌 2 号古茶树

景迈村大平掌3号古茶树

栽培种古茶树，普洱茶种（*C. assamica*），见图200。位于澜沧县惠民镇景迈村委会景迈村民小组大平掌，东经100°01′15″，北纬22°12′03″，海拔1579m。树型乔木，树姿半开张，分枝稀，树高5.5m，树幅4.3×3.3m，最低分枝高为1.1m，基部干围1.31m；成熟叶片长宽11.8cm×4.0cm，叶形长椭圆形，叶色绿，叶基楔形，叶脉11对，叶身稍内折，叶尖渐尖，叶面微隆，叶缘微波，芽叶黄绿色，茸毛多，叶质硬，叶柄有茸毛，主脉有茸毛，叶背有茸毛；萼片绿色、萼片数5片、有茸毛，花柄、花瓣无茸毛，花冠3.9cm×3.2cm，花瓣6枚，花瓣白色、质地厚，花柱3裂，子房有茸毛。目前长势较强。

图200：景迈村大平掌3号古茶树

芒埂1号古茶树

栽培种古茶树，普洱茶（*C. assamica*），见图201。位于澜沧县惠民镇景迈村委会芒埂村民小组，东经100°03′17″，北纬22°12′37″，海拔1199m。树型乔木，树姿开张，分枝稀，树高6.4m，树幅3.1cm×4.7m，最低分枝高为0.3m，基部干围0.9m；成熟叶片长宽14.3cm×5.5cm，叶形长椭圆形，叶色绿，叶基楔形，叶脉8对，叶身平，叶尖钝尖，叶面平，叶缘平，芽叶黄绿色，茸毛多，叶质软，叶柄有茸毛，主脉有茸毛，叶背有茸毛；萼片绿色、萼片数5片、无茸毛，花柄、花瓣无茸毛，花冠4.1×3.6cm，花瓣7枚，花瓣白色、质地厚，花柱3裂，子房有茸毛。目前长势较强。

图201：芒埂1号古茶树

4. 澜沧县大山乡

大山乡位于澜沧县东北部，地处东经 99°56′15″~100°41′48″，北纬 22°55′54″~23°09′53″之间，地域面积 233.00km²；下设 8 个行政村，有 104 个自然村、152 个村民小组。

大山乡现存的古茶树多为栽培种古茶树，主要分布在油榨房、平田、团山、大山、半坡、南德坝、南美等 7 个村委会，为小面积块状零星分布，总分布面积约 118 亩。当地茶农采摘古茶树鲜叶后主要用来制作晒青茶和烘青茶，茶叶品质优良。代表性植株有油榨房古茶树等。

图 202：油榨房古茶树

油榨房古茶树

栽培种古茶树，普洱茶种（*C. assamica*），见图 202。位于澜沧县大山乡油榨房村委会上老董村民小组农户董明春家的承包地内，东经 100°32′00″，北纬 23°00′18″，海拔 1860m。树型小乔木，树姿半开张，树高 5.4m，树幅 5.3m×2.5m，基部干围 0.90m，嫩枝有毛，芽叶紫红色，茸毛多；叶椭圆形，叶色深绿，叶身稍内折，叶缘平，叶面微隆起，叶质中，叶尖钝尖，叶基楔形，叶脉 9 对，叶齿细锯齿，叶背主脉多茸毛；花冠 3.1cm×2.7cm，花瓣 8 枚，花瓣白色、质地薄，子房有茸毛，柱头 3 裂，裂位浅。果实三角状球形。目前长势较弱。

5. 澜沧县南岭乡

南岭乡位于澜沧县中部，地域面积 471km²；下设 8 个村委会。

南岭乡的古茶树比较丰富。野生种古茶树主要分布在谦哲村委会、麻栗村委会等地，总分布面积约 2378 亩，分布地的海拔在 1000m～1610m 之间；栽培种古茶树主要分布在勐炳村委会、下南现村委会、芒弄村委会等地，皆为单株零星分布。代表性植株有龙塘古茶树等。

龙塘古茶树

栽培种古茶树，普洱茶种（*C. assamica*），见图203。位于澜沧县南岭乡勐炳村委会龙塘村民小组，东经 99° 55′ 12″，北纬 22° 49′ 24″，海拔 1890m。树型小乔木，树姿半开张，树高 7.6m，树幅 6.6m×6.5m，基部干围 1.35m，嫩枝有毛，芽叶绿色，茸毛中；叶椭圆形，叶色绿，叶身平，叶缘平，叶面平，叶质中，叶尖渐尖，叶基楔形，叶脉 11 对，叶缘少锯齿，叶背主脉少茸毛。果实椭圆状球形。目前长势较强。

图 203：龙塘古茶树

6. 澜沧县拉巴乡

拉巴乡地处澜沧县西南部，地域面积 323.00km²；下设 6 个村委会，有 83 个自然村，109 个村民小组。

现存拉巴乡的古茶树多为野生种古茶树，主要分布在音同、小拉巴、南列村委会等地海拔 1400m～2150m 的原始森林中，总分布面积约 12978 亩；其中，音同村委会大黑山不少野生种古茶树的树高都达 10m 以上。代表性植株有音同古茶树等。

音同古茶树

野生种古茶树，大理茶种（*C.ta-liensis*），见图204。位于澜沧县拉巴乡音同村委会新音同村，东经99°34′06″，北纬22°33′12″，海拔1940m。树型乔木，树姿直立，树高25.0m，树幅12.7m×8.0m，基部干围2.20m，嫩枝有毛，芽叶绿色，无茸毛；叶椭圆形，叶深绿色，叶身平，叶缘平，叶面平，叶质硬，叶尖渐尖，叶基楔形，叶脉9对，叶缘少锯齿，叶背主脉无茸毛。目前长势较弱。

图204：音同古茶树

7. 澜沧县竹塘乡

竹塘乡位于澜沧县西北部，地域面积636.00km²；下设11个村委会，有203个村民小组。

竹塘乡古茶树资源比较丰富。野生种古茶树主要分布在竹塘乡普洱市西盟县交界的原始森林中，总分布面积约31545亩，分布地的海拔在1700m～2400m之间，周围植被为常绿阔叶林，土壤为红壤、黄红壤；栽培种古茶树主要分布在东主村委会、莫乃村委会、茨竹河村委会等地，为小面积块状分布和单株零星分布。代表性植株有战马坡古茶树、老缅寨古茶树、莫乃古茶树、茨竹河古茶树等。

战马坡古茶树

　　野生种古茶树，大理茶种（*C. taliensis*）。位于澜沧县竹塘乡战马坡村委会戛拉早国村民小组，东经 99° 40′ 12″，北纬 22° 53′ 42″，海拔 2260m。树型小乔木，树姿半开张，树高 11.8m，树幅 8.7m×6.4m，基部干围 2.20m；叶椭圆形，叶色深绿，叶身稍内折，叶缘平，叶面微隆起，叶质中，叶尖渐尖，叶基楔形，叶脉 12～14 对，叶缘少锯齿，叶背主脉无茸毛；花冠 5.0cm×4.9cm，花瓣 7 枚，花瓣白色、质地较薄，子房有茸毛，柱头 5 裂，裂位浅；果实三角状球形。目前长势较强。

图 205：老缅寨古茶树

老缅寨古茶树

　　野生种古茶树，属德宏茶种（*C. dehungensis*），见图 205。位于澜沧县竹塘乡东主村委会老缅寨村民小组，东经 99° 51′ 24″，北纬 20° 39′ 12″，海拔 1630m。树型小乔木，树姿开张，树高 7.8m，树幅 7.4m×5.2m，基部干围 0.90m；叶椭圆形，叶色深绿，叶身平，叶缘平，叶面平，叶质中，叶尖渐尖，叶基楔形，叶脉 10 对，叶齿重锯齿，叶背主脉少茸毛；花冠 3.5cm×3.4cm，花瓣 5 枚，花瓣白色、质地较薄，子房无茸毛，柱头 3 裂，裂位浅；果实球形。目前长势较强。

莫乃古茶树

栽培种古茶树，普洱茶种（*C. assamica*），见图 206。位于澜沧县竹塘乡莫乃村委会小广扎村民小组，东经 99°49′18″，北纬 22°40′24″，海拔 1520m。树型小乔木，树姿开张，树高 5.8m，树幅 7.6m×7.1m，基部干围 1.45m；叶椭圆形，叶色深绿，叶身稍内折，叶缘微波，叶面微隆起，叶质中，叶尖渐尖，叶基楔形，叶脉 12~14 对，叶齿细锯齿，叶背主脉多茸毛；花冠 4.2cm×3.2cm，花瓣 6 枚，花瓣白色、质地较薄，子房有茸毛，柱头 3 裂，裂位浅；果实三角状球形。目前长势较强。

图 206：莫乃古茶树

茨竹河古茶树

栽培种古茶树，普洱茶种（*C. assamica*），见图 207。位于澜沧县竹塘乡茨竹河村委会达的村民小组，东经 99°43′24″，北纬 22°46′30″，海拔 2050m。树型小乔木，树姿半开张，树高 10.4m，树幅 7.9m×7.4m，基部干围 1.20m；叶长椭圆形，叶色深绿，叶身稍内折，叶缘平，叶面微隆起，叶质中，叶尖渐尖，叶基楔形，叶脉 14~16 对，叶齿细锯齿，叶背主脉多茸毛；花冠 4.9cm×4.4cm，花瓣 8 枚，花瓣白色、质地较厚，子房有茸毛，柱头 3 裂，裂位中；果实椭圆状球形。目前长势较强。

图 207：茨竹河古茶树

8. 澜沧县富邦乡

富邦乡位于澜沧县中部，地处东径 99° 41′ 42″~ 99° 58′ 17″，北纬 22° 48′ 18″~ 23° 0′ 57″之间，地域面积 332.00km²；下设 8 个村委会，有 126 个村民小组。

富邦乡现存的古茶树资源已经不多，总分布面积约 600 亩。野生种古茶树主要分布在赛罕村委会的大茶树梁子，分布面积约 560 亩；栽培种古茶树主要分布在多依林、邦奈、平安、赛罕村委会等地，为小面积块状和单株零星分布，分布面积约 40 亩。代表性植株有赛罕古茶树、邦奈古茶树等。

图 208：赛罕古茶树

赛罕古茶树

野生种古茶树，大理茶种（*C. taliensis*），见图 208。位于澜沧县富帮乡赛罕村委会山心村民小组的大茶树梁子，东经 99° 52′ 30 ″，北纬 22° 51′ 36 ″，海拔 2220m。树型小乔木，树姿半开张，树高 16.0m，树幅 8.4m×7.7m，基部干围 2.05m，嫩枝无茸毛，芽叶紫红色，无茸毛；叶为椭圆形，叶色绿，叶身平，叶缘微波，叶面平，叶质中，叶尖钝尖，叶基楔形，叶脉 14~16 对，叶缘少锯齿，叶背主脉无茸毛；花冠 5.0cm×4.5cm，花瓣 8 枚，花瓣白色、质地薄，子房有茸毛，柱头 5 裂，裂位浅；果实三角状球形。目前长势较强。

邦奈古茶树

栽培种古茶树，普洱茶种（*C. assamica*），见图209。位于澜沧县富帮乡帮奈村委会大寨村民小组，东经99° 49′ 06 "，北纬22° 55′ 36 "，海拔1760m。树型小乔木，树姿开张，树高5.6m，树幅6.6m×6.5m，基部干围1.95m，嫩枝有毛，芽叶紫红色，茸毛多；叶长椭圆形，叶色深绿，叶身平，叶缘平，叶面微隆起，叶质中，叶尖渐尖，叶基楔形，叶脉12~14对，叶齿细锯齿，叶背主脉多茸毛；花冠3.4cm×2.9cm，花瓣7枚，花瓣白色、质地薄，子房有茸毛，柱头3裂，裂位浅；果实三角状球形。目前长势较强。

图 209：邦奈古茶树

9. 澜沧县安康佤族乡

安康佤族乡位于澜沧县西北部，小黑江下游南岸，地域面积179.00km²；下设5个村委会，有38个自然村，77个村民小组。

安康佤族乡现存的古茶树已经不多。野生种古茶树主要分布在南栅村委会的亮山原始森林中，总分布面积约71.3亩；栽培种古茶树主要分布在糯波、南栅、上寨、安康村委会等地，为小面积块状和单株零星分布，多生长在农户的房前屋后、村寨的田间地头。其中南栅村委会是拉祜族传说中的五佛圣地之一，该村委会的栽培种古茶树（园）分布面积约8.6亩。代表性植株有糯波大箐古茶树、佛房古茶树等。

糯波大箐古茶树

栽培种古茶树，普洱茶种（*C. assamica*），见图210。位于澜沧县安康乡糯波村委会的大箐子，东经99°38′24″，北纬23°12′，海拔1900m。树型小乔木，树姿开张。树高7.8m，树幅9.3m×9.1m，基部干围2.47m；叶椭圆形，叶色深绿，叶身稍内折，叶缘平，叶面微隆起，叶质中，叶尖渐尖，叶基楔形，叶脉11对，叶齿细锯齿，叶背主脉少茸毛；花冠4.2cm×3.9cm，花瓣7枚，花瓣白色、质地较薄，子房有茸毛，柱头3裂，裂位浅；果实三角状球形。目前长势较强。

图210：糯波大箐古茶树

图211：佛房古茶树

佛房古茶树

过渡型古茶树，见图211。位于澜沧县安康乡南栅村委会佛房寨村民小组，东经99°42′18″，北纬23°9′6″，海拔1890m。树型小乔木，树姿半开张，树高11.0m，树幅6.1m×5.5m，基部干围2.16m；叶椭圆形，叶色深绿，叶身内折，叶缘平，叶面微隆起，叶质中，叶尖渐尖，叶基楔形，叶脉12对，叶齿细锯齿，叶背主脉多茸毛；花冠3.5cm×3.1cm，花瓣9枚，花瓣白色、质地薄，子房有茸毛，柱头4裂，裂位中；果实三角状球形。目前长势较强。

10. 澜沧县文东佤族乡

文东佤族乡位于澜沧县最北部，介于东经 99° 49′~ 100° 15′，北纬 23° 04′~ 23° 15′之间，地域面积 180.00km²；下设 6 个村委会，有 53 个自然村，141 个村民小组。

文东佤族乡现存的古茶树多为栽培种古茶树，主要分布在小寨、帕赛、水塘、多依树 4 个村委会，分布面积约 1440 亩；为小面积块状和单株零星分布，多数为粮茶间作，分布地的海拔在 1740m ~ 1970m 之间，土壤为红壤和黄棕壤。代表性植株有芒大寨古茶树、小寨古茶树等。

图 212：芒大寨古茶树

芒大寨古茶树

栽培种古茶树，普洱茶种（*C. assamica*），见图212。位于澜沧县文东乡小寨村委会芒大寨村民小组，东经 99° 53′ 12 ″，北纬 23° 11′ 00 ″，海拔 1970m。树型小乔木，树姿半开张，树高 9.7m，树幅 6.7m×6.5m，基部干围 1.50m；叶为卵圆形，叶色深绿，叶身平，叶缘平，叶面微隆起，叶质中，叶尖钝尖，叶基楔形，叶脉 8 对，叶齿细锯齿，叶背主脉多茸毛；花冠 3.7cm×3.7cm，花瓣 7 枚，花瓣白色、质地薄，子房有茸毛，柱头 4 裂，裂位浅；果实三角状球形。目前长势较强。

图 213：小寨古茶树

小寨古茶树

栽培种古茶树，白毛茶种（*C. sinesis* var. *pubilimba*），见图 213。位于澜沧县文东乡小寨村委会农户沈磊的承包地内，东经 99° 53′ 24 ″，北纬 23° 10′ 12 ″，海拔 1940m。树型小乔木，树姿半开张，树高 5.8m，树幅 5.1m×4.5m，基部干围 1.29m；叶椭圆形，叶色深绿，叶身稍内折，叶缘平，叶面微隆起，叶质中，叶尖钝尖，叶基楔形，叶脉 11 ~ 14 对，叶齿细锯齿，叶背主脉多茸毛；花冠 3.6cm×3.3cm，花瓣 8 枚，花瓣白色、质地较薄，子房有茸毛，柱头 5 裂，裂位浅；果实三角状球形。目前长势较强。

11. 澜沧县富东乡

富东乡位于澜沧县北部、澜沧江西南岸，介于东经 99°54′39″~100°64′8″，北纬 23°3′33″~23°12′26″之间，地域面积 238.00km²；下设 8 个村委会，有 91 个自然村，167 个村民小组。

富东乡现存的古茶树已经不多。野生古茶树主要分布在邦崴村委会、黄腾村委会。其中，黄腾村委会的野生古茶树分布面积约 251.3 亩，周围植被均为常绿阔叶林，土壤为红壤；栽培种古茶树主要分布在那东村委会、小坝村委会、南滇村委会，分布面积约 3165 亩，为单株零星分布，分布地的海拔在 1640m~1780m 之间，土壤为红壤。其中，那东村委会的拉祜族种茶已有 200 多年的历史，对古茶树的管理较好，古茶树树势较强。采摘古茶树的鲜叶后主要生产晒青茶，茶叶品质优良。代表性植株有新寨大茶山古茶树、富东大平掌古茶树、岔路古茶树、邦崴古茶树等。

图 214：新寨大茶山 1 号古茶树

新寨大茶山 1 号古茶树

野生种古茶树，大理茶种（*C.taliensis*），见图 214。位于澜沧县富东乡邦崴村委会新寨村民小组第四组，东经 99°56′06″，北纬 23°07′18″，海拔 1930m。树型小乔木，树姿半开张，树高 6.9m，树幅 5.2m×4.0m，基部干围 1.76m，嫩枝有毛，芽叶紫红色；叶近圆形，叶色深绿，叶身稍内折，叶缘平，叶面微隆起，叶质中，叶尖钝尖，叶基楔形，叶脉 9 对，叶缘少锯齿，叶背主脉无茸毛；花冠 3.7cm×3.4cm，花瓣 5 枚，花瓣白色、质地薄，子房有茸毛，柱头 5 裂，裂位中；果实四方状球形。目前长势较强。

云南省古茶树资源概况

156

新寨大茶山2号古茶树

野生种古茶树，大理茶种（*C.tali-ensis*），见图215。位于澜沧县富东乡邦崴村委会新寨村民小组，东经99°56′06″，北纬23°07′18″，海拔1900m。树型小乔木，树姿半开张，树高9.9m，树幅3.6m×3.4m，基部干围1.39m，嫩枝有毛，芽叶紫红色，茸毛少，叶卵圆形，叶色深绿，叶身稍内折，叶缘平，叶面微隆起，叶质硬，叶尖钝尖，叶基楔形，叶脉10对，叶缘少锯齿，叶背主脉无茸毛，花冠5.4cm×4.8cm，花瓣9枚，花瓣白色、质地薄，子房有茸毛，柱头5裂，裂位中；果实四方状球形。目前长势较强。

图215：新寨大茶山2号古茶树

富东大平掌古茶树

栽培种古茶树，普洱茶种（*C. ass-amica*），见图216。位于澜沧县富东乡小坝村委会大平掌村民小组，东经99°58′18″，北纬23°11′12″，海拔1730m。树型小乔木，树姿半开张，树高4.8m，树幅5.5m×4.3m，基部干围0.90m，嫩枝有毛，芽叶紫红色，茸毛多；叶为椭圆形，叶色深绿，叶身稍内折，叶缘平，叶面微隆起，叶质中，叶尖渐尖，叶基楔形，叶脉11对，叶齿细锯齿，叶背主脉多茸毛。花冠4.0cm×3.9cm，花瓣8枚，子房有茸毛，柱头3裂，裂位深。目前长势较强。

图216：富东大平掌古茶树

岔路古茶树

过渡型古茶树，见图 217。位于澜沧县富东乡邦崴村委会梁子村民小组第三组，东经 99° 56′ 18″，北纬 23° 7′ 24″，海拔 2030m。树型小乔木，树姿半开张，树高 9.4m，树幅 6.5m×4.7m，基部干围 1.55m，嫩枝有毛，芽叶紫红色，茸毛多；叶为椭圆形，叶色深绿，叶身稍内折，叶缘平，叶面微隆起，叶质中，叶尖渐尖，叶基楔形，叶脉 10 对，叶齿细锯齿，叶背主脉多茸毛；花冠 4.9cm×4.1cm，花瓣 7 枚，花瓣白色、质地薄，子房有茸毛，柱头 4 裂，裂位浅。目前长势较弱。

图 217：岔路古茶树

图 218：邦崴古茶树

邦崴古茶树

过渡型古茶树，见图 218。位于澜沧县富东乡邦崴村新寨小组，东经 99° 56′ 6″，北纬 23° 7′ 18″，海拔 1900m。树型小乔木，树姿半开张，树高 11.8m，树幅 9.0m×8.2m，基部干围 3.58m，嫩枝有毛，芽叶黄绿色，茸毛多；叶椭圆形，叶深绿色，叶身平，叶缘平，叶面微隆起，叶质中，叶尖渐尖，叶基楔形，叶脉 12 对，叶齿细锯齿，叶背主脉多茸毛；花冠 5.0cm×4.7cm，花瓣 11 枚，花瓣白色、质地薄，子房有茸毛，柱头 5 裂，裂位浅；果实三角状球形。目前长势强。

12. 澜沧县木戛乡

木戛乡位于澜沧县西北部，地域面积 278.00km²；下设 6 个村委会，有 39 个自然村，95 个村民小组。

木戛乡的野生种古茶树主要分布在南六村委会，周围植被为常绿阔叶林，土壤为红壤、黄棕壤。栽培种古茶树主要分布在拉巴村委会，呈小面积块状分布，总分布面积约240 亩，茶树保护较好。代表性植株有南六古茶树、大拉巴古茶树等。

图 219：南六古茶树

南六古茶树

野生种古茶树，大理茶种（*C.taliensis*），见图 219。位于澜沧县木戛乡南六村委会农户李扎努家的承包地内，东经 99° 40′ 12″，北纬 23° 02′ 06″，海拔 1850m。树型小乔木，树姿半开张，树高 7.4m，树幅 5.7m×4.8m，基部干围 1.28m，嫩枝有毛，芽叶紫红色，茸毛多；叶椭圆形，叶色深绿，叶身平，叶缘平，叶面微隆起，叶质中，叶尖渐尖，叶基楔形，叶脉 12 对，最多 13 对，叶缘少锯齿，叶背主脉多茸毛。花冠 5.0cm×4.9cm，花瓣7 枚，花瓣白色、质地薄，子房有茸毛，柱头 4 裂，裂位浅；果实三角状球形。目前长势较弱。

大拉巴古茶树

栽培种古茶树，普洱茶种（*C. assamica*），见图220。位于澜沧县木戛乡拉巴村委会大拉巴村民小组第四组，东经99°35′24″，北纬23°4′12″，海拔1820m。树型小乔木，树姿半开张，树高4.9m，树幅4.4m×4.3m，基部干围1.03m；嫩枝有毛，芽叶紫红色，茸毛多；叶椭圆形，叶色深绿，叶身稍内折，叶缘平，叶面微隆起，叶质中，叶尖钝尖，叶基楔形，叶脉13或14对，叶齿细锯齿，叶背主脉多茸毛；花冠3.1cm×3.0cm，花瓣6枚，花瓣白色、质地薄，子房有茸毛，柱头3裂，裂位中。果实三角状球形。目前长势较弱。

图220：大拉巴古茶树

13. 澜沧县发展河哈尼族乡

发展河哈尼族乡位于澜沧县东南部，原名营盘乡；地域面积486.00km²；下设4个村委会，有53个自然村、68个村民小组。

发展河哈尼族乡现存的古茶树多为野生种古茶树，主要分布在发展河村委会的马打死梁子一带，总分布面积约21768亩，周围植被为常绿阔叶林。代表性植株有大尖山古茶树、营盘草坝古茶树、南丙古茶树等。

大尖山古茶树

野生种古茶树，大理茶种（*C.tali-ensis*），见图221。位于澜沧县发展河乡营盘村委会的大尖山脚村民小组，东经100°18′36″，北纬22°27′06″，海拔2250m。树型乔木，树姿半开张，树高19.0m，树幅10.4m×4.5m，基部干围1.74m，嫩枝无茸毛，芽叶绿色，无茸毛；叶椭圆形，叶色深绿，叶身平，叶缘平，叶面平，叶质中，叶尖渐尖，叶基楔形，叶脉10对，叶缘少锯齿，叶背主脉无茸毛；花冠5.0cm×4.2cm，花瓣8枚，白色，花瓣质地厚，子房有茸毛，柱头5裂，裂位深；果实四方状球形。目前长势较弱。

图221：大尖山古茶树

图222：营盘草坝古茶树

营盘草坝古茶树

野生种古茶树，大理茶种（*C.tali-ensis*），见图222。位于澜沧县发展河乡发展河村委会排坡营村民小组的盘草坝，东经100°01′00″，北纬22°23′30″，海拔2150m。树型乔木，树姿直立，树高9.0m，树幅11.6m×5.3m，基部干围2.45m，嫩枝无茸毛，芽叶绿色，无茸毛；叶椭圆形，叶色深绿，叶身平，叶缘微波，叶面平，叶质柔软，叶尖渐尖，叶基楔形，叶脉8对，叶缘少锯齿，叶背主脉无茸毛；果实椭圆状球形。目前长势较弱。

南丙古茶树

栽培种古茶树，普洱茶种（C. assa-mica），见图 223。位于澜沧县发展河乡发展河村委会南丙村民小组，东经100°09′01″，北纬22°21′06″，海拔1470m。树型小乔木，树姿半开张，树高6.5m，树幅5.6m×5.0m，基部干围1.24m，嫩枝有毛，芽叶绿色，茸毛中；叶椭圆形，叶色绿，叶身平，叶缘平，叶面平，叶质柔软，叶尖渐尖，叶基楔形，叶脉11对，最多13对，叶齿细锯齿，叶背主脉少茸毛；花冠3.1cm×3.1cm，花瓣6枚，花瓣微绿色、质地薄，子房有茸毛，柱头3裂，裂位浅；果实四方状球形。目前长势较强。

图 223：南丙古茶树

（十）西盟佤族自治县

西盟佤族自治县（以下简称西盟县）位于普洱市的西南部，地处北回归线以南的怒山山脉南段，位于东经99°18′~99°43′，北纬22°25′~22°57′之间，地域面积1391.00km²；东邻普洱市的澜沧县，南接普洱市的孟连县，西与缅甸相接；下辖5镇2乡（其中1个民族乡），设有3个社区、36个村民委员会。县人民政府驻勐梭镇。

西盟县的古茶树资源比较丰富。野生种古茶树主要分布在勐卡镇、力所乡，分布面积约19.35万亩；栽培种古茶树主要分布在勐梭镇、力所乡，为小面积块状和单株零星分布。

1. 西盟县勐梭镇

勐梭镇位于西盟县东部，位于东经99°30′~99°43′，北纬22°33′~22°43′之间，地域面积251.00km²；下设1个社区、5个村民委员会，有66个自然村，74个村民小组。

勐梭镇的古茶树资源较少。野生种、栽培种古茶树均分布在班母村委会，为单株零星分布，周围植被为绿阔叶林，土壤为赤红壤、红壤。其中，栽培种古茶树的鲜叶常为当地农户采摘，用于制作晒青毛茶。代表性植株有班母野生种古茶树1号、班母栽培种古茶树1号等。

班母古茶树 1 号

野生种古茶树，大理茶种（*C.ta-liensis*），见图 224。位于西盟县勐梭镇班母村委会富母乃村民小组后山，东经 99°35′06″，北纬 22°34′24″，海拔 1860m。树型乔木，树姿直立，树高 9.2m，树幅 5.0m×5.0m，基部干围 2.38m，嫩枝无茸毛；叶长椭圆形，叶色深绿，叶身背卷，叶缘波，叶面微隆起，叶质中，叶尖渐尖，叶基楔形，叶脉 9 对，叶缘少锯齿，叶背主脉无茸毛；花冠 6.3cm×5.8cm，花瓣 14 枚，花瓣白色、质地厚，子房有茸毛，柱头 5 裂，裂位中；果实扁球形。目前长势较弱。

图 224：班母古茶树 1 号

班母古茶树 2 号

栽培种古茶树，普洱茶种（*C. ass-amica*），见图 225。位于西盟县勐梭镇班母村委会富母乃村民小组后山，东经 99°39′12″，北纬 22°37′18″，海拔 1400m。树型小乔木，树姿半开张，树高 5.4m，树幅 3.0m×3.0m，基部干围 0.61m，嫩枝有毛；叶椭圆形，叶色深绿，叶身内折，叶缘微波，叶面隆起，叶质中，叶尖渐尖，叶基楔形，叶脉 13 对，最多 14 对，叶齿细锯齿，叶背主脉少茸毛；花冠 3.6cm×3.2cm，花瓣 7 枚，花瓣白色、质地薄，子房有茸毛，柱头 3 裂，裂位中；果实三角状球形。目前长势较弱。

图 225：班母古茶树 2 号

2. 西盟县勐卡镇

勐卡镇位于西盟县西北部,地域面积 157.82km²;下设 2 个社区、7 个村委会。

勐卡镇现存的古茶树多为野生种古茶树,主要分布在勐卡镇马散村委会海拔 2000m～2100m 的原始森林中,总分布面积约 32160 亩,为全县海拔最高的野生种古茶树居群,多呈小面积块状分布,古茶树周围的植被为常绿阔叶林,分布地的土壤为黄棕壤,但土层较薄。代表性植株有勐卡古茶树、大黑山腊古茶树等。

图 226:勐卡古茶树

勐卡古茶树

野生种古茶树,大理茶种（*C. taliensis*）,见图 226。位于西盟县勐卡镇城子水库边,东经 99°26′36″,北纬 22°44′12″,海拔 2083m。树型小乔木,树姿半开张,树高 12.5m,树幅 5.0m×4.7m,基部干围 1.95m,嫩枝无茸毛,芽叶黄绿色,无茸毛;叶椭圆形,叶色深绿,叶身稍内折,叶缘平,叶面平,叶质中,叶尖渐尖,叶基楔形,叶脉 10 对,叶缘少锯齿,叶背主脉无茸毛;花冠 6.9cm×6.5cm,花瓣 14～16 枚,花瓣白色、质地中,子房有茸毛,柱头 5 裂,裂位中;果实扁球形。目前长势较弱。

大黑山腊古茶树

野生种古茶树，大理茶种（*C. taliensis*），见图227。位于西盟县勐卡镇马散村委会大黑山腊村民小组，东经99°26′24″，北纬22°47′06″，海拔2107m。树型乔木，树姿直立，树高23.0m，树幅5.5m×4.5m，基部干围2.85m，嫩枝无茸毛，芽叶黄绿色，无茸毛；叶椭圆形，叶色深绿，叶身稍内折，叶缘微波，叶面微隆起，叶质中，叶尖渐尖，叶基楔形，叶脉13~15对，叶缘少锯齿，叶背主脉无茸毛；花冠6.9cm×6.3cm，花瓣14枚，花瓣白色、质地厚，子房有茸毛，柱头5裂，裂位中；果实扁球形。目前长势较弱。

图227：大黑山腊古茶树

3. 西盟县力所拉祜族乡

力所拉祜族乡位于西盟县西部，位于东经99°21′~99°33′，北纬22°35′~22°43′之间，地域面积177.79km²；下设5个村委会，有37个自然村，55个村民小组。

力所拉祜族乡的古茶树资源较丰富。野生种古茶树主要分布在南亢村委会、图地村委会、力所村委会的森林中，总分布面积约85575亩，为小面积块状分布，分布地的海拔在1600m~1950m之间，热量充足，雨水充沛，古茶树周围的植被为常绿阔叶林，土壤为赤红壤、黄棕壤；栽培种古茶树现存的已比较少，仅零星分布在个别村寨。代表性植株有野牛山古茶树、怕科古茶树等。

野牛山古茶树

野生种古茶树，大理茶种（*C. taliensis*），见图228。位于西盟县力所乡南亢村委会怕科村民小组第一组的村寨边，东经99°27′06″，北纬22°41′00″，海拔1810m。树型小乔木，树姿开张，树高11.5m，树幅12.2m×11.0m，基部干围3.00m，嫩枝无茸毛，芽叶绿色，无茸毛，叶长椭圆形，叶色深绿，叶身背卷，叶缘微波，叶面微隆起，叶质中，叶尖渐尖，叶基楔形，叶脉10对，叶缘少锯齿，叶背主脉无茸毛；花冠5.8cm×4.7cm，花瓣10枚，花瓣白色、质地较厚，子房有茸毛，柱头5裂，裂位浅。目前长势较强。

图228：野牛山古茶树

图229：怕科古茶树

怕科古茶树

栽培种古茶树，普洱茶种（*C. assamica*），见图229。位于西盟县力所乡南亢村委会怕科村民小组，东经99°27′12″，北纬22°41′24″，海拔1640m。树型乔木，树姿开张，树高1.0m，树幅1.1m×1.1m，基部干围0.66m，嫩枝无茸毛；叶椭圆形，叶色深绿，叶身平，叶缘微波，叶面微隆起，叶质中，叶尖渐尖，叶基楔形，叶脉12~16对，叶齿细锯齿，叶背主脉少茸毛；花冠3.5cm×3.3cm，花瓣8枚，花瓣白色、质地较薄，子房有茸毛，柱头4裂，裂位中；果实三角状球形。目前长势较弱。

第四章　临沧市篇

一、临沧市古茶树资源概述

云南省临沧市地处云南省西南部，以濒临澜沧江而得名，位于东经 98°40′ ~ 100°33′ 和北纬 23°05′ ~ 25°02′ 之间，地域面积 2.45 万 km²，北回归线横贯其南部，东南与云南省普洱市相连，西北与云南省保山市、大理市相邻，西南与缅甸交界；辖 1 区 7 县，其中 3 个民族自治县，即临翔区、凤庆县、云县、永德县、镇康县、双江拉祜族佤族布朗族傣族自治县、耿马傣族佤族自治县、沧源佤族自治县，下设 2 个街道办事处、32 个镇、43 个乡（其中 13 个民族乡），有 36 个社区、895 个村委会。市人民政府驻临翔区。

临沧市属云岭山脉和怒山山脉的南延部分，位于横断山系南部的末端，处于澜沧江和怒江两水之间，境内山峦重叠，河谷纵横。总体属亚热带低纬度山地季风气候，大多数地方具有四季温差不大，干湿季分明，冬无严寒，夏无酷暑，雨量充沛，光照充足的特点，但垂直变化的立体气候特点突出，境内具有北热带、南亚热带、中亚热带、北亚热带、南温带和中温带等多种不同气候类型；年平均气温 16.8℃ ~ 17.7℃，2013 年平均气温 18.1℃，日照 2552.6 小时，降雨量 1158.2mm，相对湿度 71%。

临沧市是世界茶树的重要起源中心地之一，古茶树资源丰富，全市的 1 区 7 县皆有分布，现存古茶树资源总面积约 65.2243 万亩，其中，野生种古茶树居群面积约 54.0943 万亩，栽培种古茶树面积约 11.13 万亩。野生古茶树居群主要分布在澜沧江自然保护区、永德县大雪山自然保护区、沧源县南滚河自然保护区，自临沧市南面的沧源县单甲乡至北面的凤庆县诗礼乡均有分布，分布海拔范围在 1050m ~ 2720m 之间，最具有代表性的是双江县勐库大雪山野生古茶树居群和永德县大雪山野生古茶树居群；栽培种古茶树资源主要分布于凤庆县香竹箐、云县白莺山和双江冰岛村，具代表性的有白莺山古茶园、冰岛古茶园，代表性植株有"勐库大雪山茶王树""香竹箐茶王树"等。

根据中山大学张宏达教授对山茶属的分类（1998 年），临沧市境内分布的古茶树资源有大理茶（*C. taliensis*）、老黑茶（*C. atrothea*）、大苞茶（*C. grandibracteata*）、普洱茶（*C. assamica*）、茶（*C. sinensis*）和白毛茶（*C. sinensis* var. *pubilimba*）等 6 个种和变种。

二、临沧市古茶树代表性植株

（一）临翔区

临翔区原名临沧县，2004 年 10 月 18 日撤县设区更名为临沧市临翔区；该区位于临沧市东部，介于东经 99° 49′ ~ 100° 26′，北纬 23° 29′ ~ 24° 16′ 之间，地域面积 2652km²；东北与云南省普洱市的镇沅县隔澜沧江相望，东南与普洱市的景谷县相邻，南和西南与临沧市的双江县毗邻，西与临沧市耿马县相连，北与临沧市的云县接壤；临翔区下辖 2 个街道办事处、1 个镇、7 个乡（凤翔街道、忙畔街道、博尚镇、南美拉祜族乡、蚂蚁堆乡、章驮乡、圈内乡、马台乡、邦东乡、平村彝族傣族乡），下设 12 社区、90 个村委会；区人民政府驻凤翔街道。

临翔区地处怒山山脉向南延伸部分，是怒江和澜沧江两大水系的分水岭，地势北高南低，境内最高海拔 3429m，最低海拔 730m，相对高差 2669m。立体气候突出，全区年平均气温 18.0℃，年平均降水量 1323mm，相对湿度达 74%，是云南省茶叶的主产县区之一。

临翔区现存的野生古茶树居群主要分布在该区博尚镇的营盘山、南美乡的草山，以及邦东乡的大雪山，分布面积约 4.5 万亩。代表性居群为南美拉祜族乡野生古茶树居群，主要分布在南美拉祜族乡坡脚村委会的仙人箐、铁厂箐、南华山、茶山坡等地，生长于海拔 2310m ~ 2509m 的原始森林中；该区的栽培种古茶树（园）、古茶树主要分布在邦东乡，分布面积约 0.9 万亩。

1. 临翔区南美拉祜族乡

南美拉祜族乡（以下简称南美乡）位于临沧市临翔区西南部，地域面积 118.32km²；下设 4 个村委会，有 24 个自然村，33 个村民小组。

南美乡的栽培种古茶树主要分布在多依村委会、坡脚村委会，分布面积约 300 亩，品种为勐库大叶茶。代表性植株为多依村 1 号古茶树、多依村 2 号古茶树、多依村 3 号古茶树、坡脚 1 号古茶树、坡脚 2 号古茶树等；野生种古茶树居群主要分布在坡脚村委会的仙人山、铁厂箐和南华山等原始森林中，分布地的海拔在 2310m ~ 2509m 之间，呈集中分布状，分布面积约 2 万亩。

多依村 1 号古茶树

野生古茶树，大理茶种（*C. taliensis*），见图230。位于临翔区南美乡多依村委会，东经99°90′08″、北纬23°92′26″，海拔2417m。树型乔木，树姿开张，分枝稀，树高4.2m，树幅7.5m×2.5m，基部干围1.46m；成熟叶片长宽16.7cm×9.5cm，叶形椭圆形，叶色深绿，叶基楔形，叶脉12对，叶身内折，叶尖渐尖，叶面平，叶缘平，叶质中，叶柄、主脉、叶背无茸毛，叶齿为少锯齿形，芽叶绿色，芽叶无茸毛；萼片5片、绿色、无茸毛，花柄、花瓣无茸毛，花冠5.4cm×4.2cm，花瓣11枚、微绿、质地中，花柱5裂，花柱裂位中，子房有少许茸毛。长势较弱。

图230：多依村 1 号古茶树

多依村 2 号古茶树

野生古茶树，大理茶种（*C. taliensis*），见图231。位于临翔区南美乡多依村委会，东经99°90′11″、北纬23°92′28″，海拔2409m。树型乔木，树姿直立，分枝稀，嫩枝无茸毛，树高9.5m，树幅2.8m×3.0m，基部干围1.51m；成熟叶片长宽14.5cm×6.2cm，叶形卵形，叶色深绿，叶基楔形，叶脉9对，叶身平，叶尖急尖，叶面平，叶缘波，叶质硬，叶柄、主脉、叶背无茸毛，叶齿为少锯齿形，芽叶绿色，芽叶无茸毛；萼片5片、绿色、无茸毛，花柄、花瓣无茸毛，花冠5.6cm×4.7cm，花瓣10枚、微绿、质地中，花柱5裂，花柱裂位中，子房有少许茸毛。长势较弱。

图231：多依村 2 号古茶树

多依村 3 号古茶树

野生古茶树，大理茶种（*C.tali-ensis*），见图232。位于临翔区南美乡多依村委会，东经99°89′99″，北纬23°91′80″，海拔2442m。树型乔木，树姿直立，树高5m，树幅2.1m×3.5m，基部干围1.03m，分枝稀，嫩枝无茸毛，最低分枝高为0.35m；成熟叶片长宽12.5cm×6.8cm，叶形长椭圆形，叶色深绿，叶基楔形，叶脉9对，叶身平，叶尖急尖，叶面平，叶缘波，叶质硬，叶柄、主脉、叶背无茸毛，叶齿为少锯齿形，芽叶绿色，芽叶无茸毛；萼片5片、绿色、无茸毛，花柄、花瓣无茸毛，花冠5.4cm×4.8cm，花瓣11枚、微绿、质地中，花柱5裂，花柱裂位中，子房有少许茸毛。长势一般。

图 232：多依村 3 号古茶树

坡脚村 1 号古茶树

栽培种古茶树，普洱茶种（*C. ass-amica*），勐库大叶茶，见图233。位于临翔区南美乡坡脚村委会，东经99°91′89″，北纬23°80′51″，海拔1639m。树型乔木，树姿半开张，树高5m，树幅4.7m×3.5m，基部干围0.75m，分枝稀，嫩枝有茸毛，最低分枝高为0.35m；成熟叶片长宽18.5cm×7.8cm，叶形长椭圆形，叶色深绿，叶基楔形，叶脉11对，叶身稍背卷，叶尖渐尖，叶面隆起，叶缘波，叶质硬，叶柄、主脉、叶背有茸毛，叶齿为锯齿形，芽叶绿色，芽叶茸毛特多；萼片5片、绿色、有茸毛，花柄、花瓣无茸毛，花冠2.8cm×3.1cm，花瓣4枚、微绿、质地中，花柱3裂，花柱裂位中，子房有茸毛。长势强。

图 233：坡脚村 1 号古茶树

坡脚村 2 号古茶树

栽培种古茶树,普洱茶种(*C. assamica*),勐库大叶茶,见图 234。位于临翔区南美乡坡脚村委会,东经 99° 91′ 99″,北纬 23° 80′ 51″,海拔 1643m。树型乔木,树姿半开张,树高 6.5m,树幅 7.9m×7.3m,基部干围 0.90m,分枝稀,嫩枝有茸毛,最低分枝高为 0.2m;成熟叶片长宽 10.2×4.3cm,叶形长椭圆形,叶色深绿,叶基楔形,叶脉 10 对,叶身平,叶尖渐尖,叶面隆起,叶缘微波,叶质硬,叶柄、主脉、叶背有茸毛,叶齿为锯齿形,芽叶绿色,芽叶茸毛特多;萼片 5 片、绿色、有茸毛,花柄、花瓣无茸毛,花冠 2.4cm×3.1cm,花瓣 5 枚、微绿、质地中,花柱 3 裂,花柱裂位中,子房有茸毛。长势强。

图 234:坡脚村 2 号古茶树

2. 临翔区邦东乡

邦东乡位于临翔区东部,地域面积 217.34km²,下设 7 个村委会,有 67 个村民小组。

邦东乡的野生和栽培种古茶树资源都十分丰富。野生古茶树居群分布在邦东大雪山自然保护区,分布面积约 2.5 万亩;栽培古茶树全乡均有分布,总分布面积约 5000 亩,代表性植株有李家村大茶树、昔归古茶树等。

李家村 1 号古茶树

栽培种古茶树，普洱茶种（*C. assamica*），见图235。当地称邦东黑大叶茶。位于临翔区邦东乡邦东村委会李家村，东经 100° 35′ 42″，北纬 23° 94′ 02″，海拔 1673m。树型乔木，树姿半开张，分枝密，树高 9.6m，树幅 9.1m×10m，基部干围 1.84m；成熟叶片长宽 11.6cm×4.8cm，叶形长椭圆形，叶色黄绿，叶基楔形，叶脉 11 对，叶身内折，叶尖圆尖，叶面微隆起，叶缘微波，叶质软，叶柄、主脉、叶背茸毛较少，叶齿为锯齿形，芽叶黄绿色，芽叶茸毛中；萼片 5 片、绿色、无茸毛，花柄、花瓣无茸毛，花冠 2.4cm×3.2cm，花瓣 5 枚、白色、质地厚，花柱 3 裂，花柱裂位中，子房有茸毛。长势强。

图 235：李家村 1 号古茶树

李家村 2 号古茶树

栽培种古茶树，普洱茶种（*C. assamica*），见图236。当地称邦东黑大叶茶。位于临翔区邦东乡邦东村委会李家村，东经 100° 35′ 42″，北纬 23° 94′ 00″，海拔 1684m。树型乔木，树姿半开张，分枝密，树高 5.5m，树幅 4.1m×4.3m，基部干围 0.7m；成熟叶片长宽 14.6cm×5.9cm，叶形椭圆形，叶色绿，叶基近圆形，叶脉 12 对，叶身内折，叶尖渐尖，叶面微隆起，叶缘微波，叶质中，叶柄、主脉、叶背茸毛较少，叶齿为少锯齿形，芽叶绿色，芽叶茸毛多；萼片 5 片、绿色、有茸毛，花柄、花瓣无茸毛，花冠 2.2cm×2.2cm，花瓣 5 枚、白色、质地中，花柱 3 裂，花柱裂位中，子房有茸毛。长势强。

图 236：李家村 2 号古茶树

李家村 3 号古茶树

栽培种古茶树,普洱茶种(*C. as-samica*),见图237。当地称邦东黑大叶茶。位于临翔区邦东乡邦东村委会李家村,东经100°35′55″,北纬23°94′00″,海拔1666m。树型乔木,树姿半开张,分枝稀,树高5.2m,树幅5.4m×4.3m,基部干围0.8m;成熟叶片长宽17.1cm×5.8cm,叶形长椭圆形,叶色绿,叶基楔形,叶脉8对,叶身内折,叶尖渐尖,叶面隆起,叶缘微波,叶质硬,叶柄、主脉、叶背茸毛较少,叶齿为少锯齿形,芽叶绿色,芽叶茸毛多;萼片5片、绿色、有茸毛,花柄、花瓣无茸毛,花冠2.4cm×2.2cm,花瓣5枚、白色、质地中,花柱3裂,花柱裂位中,子房有茸毛。长势强。

图237:李家村3号古茶树

李家村 4 号古茶树

栽培种古茶树,普洱茶种(*C. assa-mica*),当地称邦东黑大叶茶,见图238。位于临翔区邦东乡邦东村委会李家村,东经100°21′21″,北纬23°56′24″,海拔1659m。树型为乔木,树姿半开张,树高4.1m,树幅5m×4.7m,基部干围75cm,分枝密度中,嫩枝有茸毛,最低分枝高为29cm;叶长17.8cm×6.3cm,叶形长椭圆,叶色绿,叶基近圆形,叶脉11对,叶身内折,叶尖渐尖,叶面微隆起,叶缘微波,叶质硬,叶柄茸毛中,主脉茸毛中,叶背茸毛中,叶齿形态少锯齿,芽叶色泽淡绿,芽叶茸毛多;萼片5片、无茸毛、色泽绿,花冠3.1cm,花瓣5枚、色泽微绿、质地中,花柱3裂,裂位中,子房有茸毛。长势较强。

图238:李家村4号古茶树

昔归1号古茶树

栽培种古茶树，普洱茶种（*C. assamica*），邦东黑大叶茶，见图239。位于临翔区邦东乡邦东村委会昔归村，东经100°40′67″、北纬23°92′33″、海拔978m。树型乔木，树姿半开张，分枝中，树高5.3m，树幅6.1m×3.8m，基部干围0.74m；成熟叶片长宽12.3cm×5.0cm，叶形椭圆形，叶色深绿，叶基近圆形，叶脉10对，叶身内折，叶尖渐尖，叶面隆起，叶缘微波，叶质中，叶柄、主脉、叶背有茸毛，叶齿为重锯齿形，芽叶淡绿色，芽叶茸毛多；萼片5片、绿色、有茸毛，花柄、花瓣无茸毛，花冠3.4cm×2.2cm，花瓣5枚、白色、质地中，花柱3裂，花柱裂位中，子房有茸毛。长势较强。

图239：昔归1号古茶树

昔归2号古茶树

栽培古茶树，普洱茶种（*C. assamica*），当地称邦东黑大叶茶，见图240。位于临翔区邦东乡邦东村委会昔归村，东经100°40′54″、北纬23°92′30″、海拔986m。树型乔木，树姿半开张，分枝密，树高3.9m，树幅5.2m×3.8m，基部干围1.01m；成熟叶片长宽10.3cm×4.2cm，叶形椭圆形，叶色深绿，叶基近圆形，叶脉12对，叶身平，叶尖渐尖，叶面平，叶缘平，叶质中，叶柄、主脉、叶背有茸毛，叶齿为少锯齿形，芽叶淡绿色，芽叶茸毛多；萼片5片、绿色、有茸毛，花柄、花瓣无茸毛，花冠3.4cm×2.2cm，花瓣5枚、微绿、质地中，花柱3裂，花柱裂位中，子房有茸毛。长势强。

图240：昔归村2号古茶树

（二）凤庆县

凤庆县地处临沧市西北部，位于东经 99° 31′ ～ 100° 13′，北纬 24° 13′ ～ 25° 03′ 之间，地域面积 3451km²；东与大理州的巍山县、南涧县相连，东南与云县毗邻，西南与永德县交界，西北与保山市的昌宁县接壤，下辖 8 镇 5 乡（其中 3 个民族乡），设有 4 个社区、183 个村委会；县人民政府驻凤山镇。

凤庆县处于澜沧江及其支流顺甸河、黑惠江、迎春河峡谷，西部地势较缓，呈波浪式向西延伸，境内最高点为大雪山，海拔 3098m。最低点为勐统河出境处，海拔 900m。气候属低纬高原（林地）中亚热带季风气候，年平均气温 16.5℃，最高年平均气温 22.7℃，最低年平均气温 12.3℃。

凤庆县种茶历史悠久，是最早发现和利用茶树的主要地区之一，为云南省的重要产茶县，现存大量野生种及栽培种古茶树资源。野生种古茶树居群有 17 个，分布面积约 3.2 万亩，主要分布于诗礼乡古墨村委会，鲁史镇古平村委会、沿河村委会大尖山山脉，小湾镇香竹箐村委会、梅竹村委会，腰街彝族乡星源村委会、四十八道河自然保护区，洛党镇石洞寺，大寺乡平河村委会、岔河村委会，三岔河镇柏木村委会、雪山镇万明山山脉、新华彝族苗族乡的牛肩山山脉，勐佑镇阿里侯村委会等区域；现存的栽培种古茶树（园）约 3.9 万亩，分布较零散。

1. 凤庆县鲁史镇

鲁史镇位于凤庆县城东北部，地处澜沧江与黑惠江两江之间，地域面积 347.00km²；下设 17 个村委会，有 213 个村民小组。

鲁史镇的野生古茶树居群主要分布在大尖山和小尖山山脉，分布地的海拔在 1900m ～ 2660m 之间，总分布面积约 8000 亩，现存数量约 32000 株；栽培种古茶树分布面积约 7000 亩，其代表性植株有永新 1 号古茶树、大尖山熊窝古茶树等。

永新 1 号古茶树

栽培种古茶树，普洱茶种（*C. assamica*），凤庆长叶茶，见图 241。位于凤庆县鲁史镇永新村委会龙竹山，海拔 2030m。高大乔木，树姿开展，分枝密，嫩枝有茸毛，树高 15.9m，树幅 7.1×5.7m，基部干围 2.04m，最低分枝高为 0.3m；成熟叶片长宽 15.3cm×5.7cm，叶形长椭圆形，叶色绿，叶基楔形，叶脉 8 或 9 对，叶身内折，叶尖渐尖，叶面平，叶缘微波，叶质硬，叶柄、主脉、叶背有茸毛，叶齿锯齿形，芽叶黄绿色、芽叶茸毛多；萼片 5 片、绿色、有茸毛；花柄、花瓣无茸毛，花冠 4.4cm×3.5cm，花瓣 6 或 7 枚、白色、质地薄，花柱 3 裂，花柱裂位浅，子房有茸毛。长势强。

2. 凤庆县小湾镇

小湾镇原名为马街彝族乡，因在当地建设 小湾电站，1993 年撤乡设镇，命名为小湾镇。该镇地处凤庆县东北部，澜沧江南岸，介于东经 98°58′~100°09′，北纬 24°32′~24°44′之间，地域面积 204.00km²；下设 12 个村委会，有 57 个自然村，177 个村民小组；镇人民政府驻马街村。

小湾镇的海拔在 987m~2804m 之间，年平均气温 16.7℃，平均降雨量 1380.7mm，适宜茶树的生长。该镇现存的野生种古茶树居群约 3000 亩，栽培种古茶园约 2000 亩，主要分布在龙塘河、藤箧山河、榨房河、马鹿井和黄草坝水库一带，分布地的海拔在 1750m~2580m 之间。代表性植株有生长在该镇锦绣村委会香竹箐村民小组的香竹箐 1 号古茶树、锦绣村 1 号古茶树、锦绣村 2 号古茶树等。

图 241：永新 1 号古茶树

香竹箐 1 号古茶树

野生种古茶树，大理茶种（*C.taliensis*），又称"香竹箐古茶树""锦绣茶祖"，见图 242。位于凤庆县小湾镇锦绣村委会香竹箐村民小组，东经 100°04′53″，北纬 24°35′51″，海拔 2245m。树型为高大乔木，树姿开张，分枝密，树高 10.6m，树幅 10.0m×9.3m，基部干围 5.8m；成熟叶片长宽 14.5cm×5.8cm，叶形长椭圆形，叶色黄绿，叶基楔形，叶脉 7 或 8 对，叶身平，叶尖急尖，叶面微隆，叶缘微波，叶质软，叶齿为锯齿形，芽叶黄绿色；萼片 5 片、绿色、无茸毛。花柄、花瓣无茸毛。花冠 5.1cm×4.3cm，花瓣 6 枚、白色、质地厚，花柱 5 裂，花柱裂位浅；子房有茸毛。长势强。

图 242：香竹箐 1 号古茶树

锦绣村 1 号古茶树

栽培种古茶树，普洱茶种（*C. assamica*），凤庆长叶茶，见图243。位于凤庆县小湾镇锦绣村委会，东经100°41′32″，北纬24°36′37″，海拔2109m。树型乔木，树姿半开展，树高6.5m，树幅6.3m×5.8m，基部干围1.26m，分枝密，嫩枝有茸毛，最低分枝高为0.3m；成熟叶片长宽12.4cm×4.5cm，叶形长椭圆形，叶色绿，叶基楔形，叶脉12对，叶身平，叶尖渐尖，叶面平，叶缘平，叶质中，叶柄、主脉、叶背茸毛多，叶齿锯齿形，芽叶黄绿色，芽叶茸毛多；萼片5片、绿色、有茸毛，花柄、花瓣无茸毛。花冠4.2cm×3.6cm，花瓣6或7枚、白色、质地薄，花柱3裂，花柱裂位深，子房有茸毛。长势较好。

图 243：锦绣村 1 号古茶树

锦绣村 2 号古茶树

栽培种古茶树，普洱茶种（*C. assamica*），凤庆长叶茶，见图244。位于凤庆县小湾镇锦绣村委会，东经100°41′33″，北纬24°36′31″，海拔2109m。树姿半开展，树高6.5m，树幅2.3m×5.8m，基部干围1.3m，分枝密，嫩枝有茸毛，最低分枝高为0.2m；成熟叶片长宽13.4cm×4.5cm，叶形长椭圆形，叶色绿，叶基楔形，叶脉9对，叶身平，叶尖渐尖，叶面平，叶缘平，叶质中，叶柄、主脉、叶背茸毛多，叶齿锯齿形，芽叶黄绿色，芽叶茸毛多；萼片5片、绿色、有茸毛，花柄、花瓣无茸毛，花冠3.8cm×3.6cm，花瓣6或7枚、白色、质地薄，花柱3裂，花柱裂位深。子房有茸毛。长势一般。

图 244：锦绣村 2 号古茶树

3. 凤庆县大寺乡

大寺乡位于凤庆县城西北部，澜沧江南岸，地域面积 224.00km², 海拔在 1000m~2679.8m 之间；下设 11 个村委会，有 78 个自然村，235 个村民小组。

大寺乡是凤庆县的茶叶主产乡，现存的古茶树资源主要为栽培种古茶树，约 3000 亩，主要分布地为岔河村委会及平河村委会。现存的古茶树多生长于田边地头，农户的房前屋后，皆为单株散生。代表性植株有岔河 1 号古茶树、平河汤家 1 号古茶树等。

岔河 1 号古茶树

栽培种古茶树，普洱茶种（*C. assamica*），凤庆长叶茶，见图 245。位于凤庆县大寺乡岔河村委会的岔河村，东经 99° 48′ 32″，北纬 24° 42′ 15″，海拔 2068m，高大乔木，树姿直立，树高 7.9m，树幅 7.1m×5.7m，基部干围 0.4m，分枝密，嫩枝有茸毛，最低分枝高为 0.2m；成熟叶片长宽 12.1cm×4.8cm，叶形长椭圆形，叶色绿，叶基近圆形，叶脉 11~13 对，叶身平，叶尖渐尖，叶面平，叶缘平，叶质柔软，叶柄、主脉、叶背茸毛少，叶齿锯齿形，芽叶黄绿色，芽叶茸毛少；萼片 5 片、绿色、有茸毛，花柄、花瓣无茸毛，花冠 3.4cm×4.5cm，花瓣 6 或 8 枚、白色、质地薄，花柱 3 裂，花柱裂位浅，子房有茸毛。长势强。

图 245：岔河 1 号古茶树

平河村汤家 1 号古茶树

栽培种古茶树，普洱茶种（*C. assamica*），凤庆长叶茶，见图 246。位于凤庆县大寺乡平河村委会的平河村，海拔 2130m。树型为高大乔木，树姿半开张，树高 5.9m，树幅 3.1m×2.7m，基部干围 2.25m，分枝稀，嫩枝有茸毛，最低分枝高为 0.2m；成熟叶片长宽 14.1cm×5.8cm，叶形长椭圆形，叶色绿，叶基楔形，叶脉 9 对，叶身内折，叶尖渐尖，叶面平，叶缘平，叶质硬，叶柄、主脉、叶背茸毛多，叶齿锯齿形，芽叶黄绿色，芽叶茸毛多；萼片 5 片、绿色、有茸毛，花柄、花瓣无茸毛，花冠 3.4cm×3.5cm，花瓣 6 枚、白色、质地薄，花柱 3 裂，花柱裂位浅，子房有茸毛。长势强。

图 246: 平河村汤家 1 号古茶树

（三）云县

云县位于临沧市北部，位于大理、普洱、临沧 3 个州市的交界处，地处东经 99°43′～100°33′和北纬 23°56′～24°46′之间，南北最大纵距 90.4km，东西最大横距 84.2km，地域面积 3760.00km²；东北隔澜沧江与普洱市的景东县、大理州的南涧县相望，西南与永德县、耿马县、临翔区接壤，西北与凤庆县毗邻；辖 7 镇 5 乡（其中 3 个民族乡），下设 4 个社区、190 个村委会。县人民政府驻爱华镇。

云县属低纬高原亚热带季风气候和暖温带季风气候，全年平均气温 19.1℃，最高气温 26.9℃，最低气温 13.8℃。境内山高林密，植物资源丰富，是茶树种植的最适宜区之一。云县种茶历史悠久，现存的古茶树资源丰富，主要分布地为自然保护区内的大朝山西镇、爱华镇的黄竹林箐，幸福镇的大宗山、万明山，漫湾镇的白莺山、大丙山等地；其中野生古茶树居群的分布面积约 4.3 万亩，栽培种古茶树（园）的分布面积约 2.3 万亩。

1. 云县爱华镇

爱华镇地处云县西北部，为县城所在地，地域面积 526.70km²；下设 4 个社区、29 个村委会，有 301 个村民小组。

爱华镇现存的古茶树主要分布于爱华镇安河村委会、河中村委会等地。代表性的古茶树居群为"黄竹林箐野生种古茶树居群"；栽培种古茶树（园）主要分布于爱华镇的独木村委会、安河村委会、黑马塘村委会等地，总分布面积约 700 多亩，代表性植株有独木村古茶树等。

独木村古茶树

栽培种古茶树，普洱茶种（*C. assamica*），勐库大叶茶，见图 247。位于云县爱华镇独木村委会，东经 100°16′21″，北纬 23°39′38″，海拔 2013m。树型乔木，树姿半开张，分枝中，树高 6.45m，树幅 4.6m×4.7m，基部干围 0.93m，最低分枝高为 2.1m；成熟叶片长宽 12.8cm×6.8cm，叶形长椭圆形，叶色绿，叶基近圆形，叶脉 7 或 8 对，叶身稍背卷，叶尖渐尖，叶面隆起，叶缘平，叶质柔软，叶柄、主脉、叶背茸毛多，叶齿为少锯齿形，芽叶黄绿色，芽叶茸毛多；萼片 5 片、绿色、无茸毛，花柄、花瓣无茸毛，花冠 4.2cm×2.9cm，花瓣 7 枚、白色、质地中，花柱 3 裂，花柱裂位浅，子房有茸毛。长势较强。

图 247：独木村古茶树

2. 云县漫湾镇

漫湾镇位于云县东北部，地域面积 256.60km²，有 11 个村委会，148 个村民小组。

漫湾镇的野生古茶树居群主要分布在大丙山自然保护区；栽培种古茶树主要分布在白莺山村、核桃林村委会、酒房村委会，代表性植株有白莺山 1 号古茶树、白莺山 2 号古茶树、白莺山 3 号古茶树、白莺山 4 号古茶树等。

白莺山1号古茶树

疑似大苞茶种（*C. grandi-bracteata*），当地称为二嘎子茶（杂交种），见图248。位于云县白莺山村古茶树（园）。树型为高大乔木，树枝半开张，分支密度中，嫩枝无茸毛，基部干围3.9m，树高11m，树幅8.5m×8.6m；成熟叶片长宽15.1cm×6.9cm，叶片中，叶型椭圆形，叶色绿，叶基楔形，叶脉8~9对，叶身内折，叶尖渐尖，叶面微隆，叶缘平，叶质硬，叶背主脉有茸毛，芽叶色泽绿，有少量茸毛；花冠5.5cm×5.6cm，柱头4或5裂，花瓣8或9枚，子房有茸毛；果实数4。长势强。

图248：白莺山1号古茶树

图249：白莺山2号古茶树

白莺山2号古茶树

野生种古茶树，大理茶种（*C.taliensis*），当地称为本山茶，见图249。位于云县白莺山村古茶树（园）。树型为乔木，树姿半开张，分支密度中，嫩枝无茸毛，最低分枝高为1.2m，基部干围2.1m，树高10m，树幅6.2m×5.3m；成熟叶片长宽为11.3cm×5.2cm，叶片大，叶型长椭圆形，叶色绿，叶基楔形，叶脉9~12对，叶身平，叶尖渐尖，叶面平，叶缘平，叶质硬，叶背主脉无茸毛，芽叶黄绿，无茸毛；花冠7.4cm×6.5cm，柱头4或5裂，花瓣11~13枚，子房茸毛多；果实数5。长势强。

白莺山3号古茶树

栽培种古茶树，茶种（*C.sin-ensis*），当地称为红芽子茶，见图250。位于云县白莺山村古茶树（园）。树型为灌木，树姿开张，分支密。基部干围0.6m，树高3.4m，树幅3.5m×3.8m；成熟叶片长宽为7.9cm×3.4cm，叶片中，叶型椭圆形，叶色绿，叶基楔形，叶脉7~9对，叶身平，叶尖渐尖，叶背、主脉、叶柄、芽叶均有茸毛；花冠4.2cm×4.0cm，柱头3裂，花瓣4枚。长势强。

图250：白莺山3号古茶树

图251：白莺山4号古茶树

白莺山4号古茶树

栽培种古茶树，普洱茶（*C. assamica*），当地称为柳叶茶，见图251。位于云县白莺山村古茶树园。树型为小乔木，树姿开张，分支密。树高3.2m，树幅3.1m×3.6m，基部干围0.4m；成熟叶片长宽为15.2cm×3.6cm；叶脉11对，叶片披针形，叶背、主脉、芽叶均有茸毛，叶柄无茸毛；花冠3.8cm×4.2cm，柱头3裂，花瓣7枚。长势强。

3. 云县大朝山西镇

大朝山西镇位于云县东南部，地域面积198.00km²；下设10个村委会，有124个自然村，80个村民小组。

大朝山西镇的古茶树主要为栽培种古茶树，主要分布于菖蒲塘村委会、昔元村委会、帮旭村委会、背阴寨村委会等地，总分布面积约500亩。其代表性古茶树（园）为菖蒲塘村委会糯伍村民小组寨子边的古茶树（园），面积约5亩。代表性植株有糯伍村1号古茶树、纸山箐村1号古茶树、昔元村1号古茶树等。

糯伍村1号古茶树

栽培种古茶树，普洱茶种（*C. assamica*），见图252。位于云县大朝山西镇菖蒲塘村委会糯伍村民小组，东经100°36′11″，北纬23°12′38″，海拔1653m。树型小乔木，树姿半开张，树高11.8m，树幅6.9m×5.7m，基部干围2.3m，分枝密，嫩枝有茸毛，最低分枝高为0.3m；成熟叶片长宽12.6cm×5.0cm，叶形长椭圆形，叶色绿，叶基近圆形，叶脉11~13对，叶身稍背卷，叶尖渐尖，叶面隆起，叶缘平，叶质柔软，叶柄、主脉、叶背茸毛多，叶齿为锯齿形，芽叶黄绿色，芽叶茸毛多；萼片5片、绿色、有茸毛，花柄、花瓣无茸毛，花冠3.2cm×2.6cm，花瓣6枚、白色、质地薄，花柱3裂，花柱裂位浅，子房有茸毛。长势强。

图252：糯伍村1号古茶树

纸山箐村 1 号古茶树：

栽培种古茶树，普洱茶种（*C. assamica*），见图253。位于云县大朝山西镇纸山箐村委会，东经100° 18′ 24″，北纬23° 02′ 18″，海拔1919m。树型小乔木，树姿开展，树高7m，树幅4.6m×3.7m，基部干围0.5m，分枝密，嫩枝有茸毛，最低分枝高为0.1m；成熟叶片长宽13.6cm×5.8cm，叶形长椭圆形，叶色绿，叶基近圆形，叶脉11~13对，叶身平，叶尖渐尖，叶面平，叶缘平，叶质柔软，叶柄、主脉、叶背茸毛多，叶齿锯齿形，芽叶黄绿色，芽叶茸毛多；萼片5片、绿色、有茸毛，花柄、花瓣无茸毛，花冠3.3cm×3.5cm，花瓣6枚、白色、质地薄，花柱3裂，花柱裂位浅，子房有茸毛。长势强。

图253：纸山箐村 1 号古茶树

昔元村 1 号古茶树

栽培种古茶树，普洱茶种（*C. assamica*），见图254。位于云县大朝山西镇昔元村委会，东经100° 19′ 22″，北纬23° 04′ 11″，海拔1808m。树型乔木，树姿开张，树高6.1m，树幅6.1m×5.7m，基部干围0.95m，分枝密，嫩枝有茸毛，最低分枝高为0.7m；成熟叶片长宽10.6cm×5.8cm，叶形长椭圆形，叶色绿，叶基近圆形，叶脉9对，叶身平，叶尖渐尖，叶面平，叶缘平，叶质柔软，叶柄、主脉、叶背茸毛多，叶齿锯齿形，芽叶黄绿色，芽叶茸毛多；萼片5片、绿色、有茸毛，花柄、花瓣无茸毛，花冠4.4cm×4.5cm，花瓣7枚、白色、质地薄，花柱3裂，花柱裂位浅，子房有茸毛。长势强。

图254：昔元村 1 号古茶树

4. 云县忙怀彝族布朗族乡

忙怀彝族布朗族乡（以下简称忙怀乡）位于云县城东北部，地域面积271.90km²；下设11个村委会，有275个自然村，129个村民小组。

忙怀乡现存的古茶树已经不多，主要为栽培种古茶树，分布地为忙贵村委会、麦地村委会、温速村委会，分布面积约100多亩。代表性植株有温速村1号古茶树等。

温速村1号古茶树

栽培种古茶树，普洱茶种（*C. assamica*），见图255。位于云县忙怀乡温速村委会，东经100°24′30″，北纬24°30′31″，海拔2138m。高大乔木，树姿开张，分枝密，嫩枝有茸毛，树高6.9m，树幅7.6m×5.8m，基部干围2.1m，最低分枝高为0.3m；成熟叶片长宽10.5cm×4.2cm，叶形长椭圆形，叶色绿，叶基楔形，叶脉8对，叶身平，叶尖渐尖，叶面平，叶缘平，叶质中，叶柄、主脉、叶背茸毛多，叶齿锯齿形，芽叶黄绿色，芽叶茸毛多；萼片5片、绿色、有茸毛，花柄、花瓣无茸毛，花冠4.1cm×3.8cm，花瓣6或7枚、白色、质地薄，花柱3裂，花柱裂位深，子房有茸毛。长势强。

图255：温速村1号古茶树

（四）永德县

永德县地处临沧市西北部，位于东经99°05′~99°51′和北纬23°45′~24°27′之间，东西宽71.5km，南北长75.8km，地域面积3296.00km²；东北与云县、凤庆县及保山市的昌宁县毗邻，东南与耿马县隔南汀河相望，西同镇康县山水相依，西北与保山市的龙陵县、施甸县交界。下辖3镇7乡（其中2个民族乡），有2个社区、116个村委会，1128个村民小组；县人民政府驻德党镇。

永德县境总体属南亚热带与北热带交汇的河谷季风气候，境内最低海拔540m、最高海拔3504.2m、相对高差2964.2m，气候垂直分布较为典型。年日照时数2196小时，无霜期长，热源丰富，极端最高气温32.1℃，极端最低气温2.1℃，年平均气温17.4℃，气候温和，大于等于10℃的有效积温为6220℃，年平均降水量1283mm。茶叶是重要产业。

永德县古茶树资源丰富，现存的野生种古茶树居群约12.05万亩，栽培种古茶树（园）约0.5万亩；各乡镇均有分布，保留较多的区域为德党镇、勐板乡、乌木龙彝族乡、大雪山彝族拉祜族傣族乡等。

1. 永德县德党镇

德党镇地处永德县西部，地域面积362.46km²，下设2个社区、16个村委会，有120个自然村，250个村民小组。

德党镇盛产茶叶，古茶树资源丰富，主要分布于永康河、德党河、赛米河流域的明朗村委会、牛火塘村委会、忙海村委会、岩岸山村委会的原始森林及山地茶园中，分布地海拔2000m~2500m。代表性古茶树居群有鸣凤山野生古茶树居群、棠梨山野生古茶树居群；代表性植株有牛火塘古茶树、岩岸山古茶树等。

牛火塘村1号古茶树

野生种古茶树，大理茶种（*C.taliensis*），见图256。位于永德县德党镇牛火塘村委会，东经99° 13′ 56″，北纬23° 50′ 40″，海拔2187m。树型乔木，树姿半开张，分枝稀，树高13m，树幅6.0m×5.3m，基部干围1.85m；成熟叶片长宽12.6cm×5.8cm，叶形长椭圆形，叶色黄绿，叶基楔形，叶脉13对，叶身内折，叶尖渐尖，叶面平，叶缘平，叶质软，叶柄、主脉、叶背茸毛较少，叶齿为锯齿形，芽叶黄绿色，芽叶茸毛少；萼片5片、绿色、无茸毛，花柄、花瓣无茸毛，花冠6.1cm×5.3cm，花瓣13枚、白色、质地厚，花柱5裂，花柱裂位浅，子房有茸毛。长势强。

图256：牛火塘村1号古茶树

牛火塘村2号古茶树

野生种古茶树，大理茶种（*C.tali-ensis*），见图257。位于永德县德党镇牛火塘村委会，东经99°13′56″，北纬23°50′40″，海拔2187m。树型乔木，树姿直立，分枝稀，树高12m，树幅4.8m×5.3m，基部干围2.25m；成熟叶片长宽13.4cm×4.8cm，叶形椭圆形，叶色黄绿，叶基楔形，叶脉11对，叶身内折，叶尖渐尖，叶面平，叶缘平，叶质软，叶柄、主脉、叶背无茸毛，叶齿为锯齿形，芽叶黄绿色，芽叶无茸毛；萼片5片、绿色、无茸毛，花柄、花瓣无茸毛，花冠5.7cm×5.3cm，花瓣11枚、白色、质地厚，花柱5裂，花柱裂位浅，子房有茸毛。长势强。

图257：牛火塘村2号古茶树

图258：岩岸山1号古茶树

岩岸山1号古茶树

栽培种古茶树，普洱茶种（*C. assa-mica*），见图258。位于永德县德党镇鸣凤山村岩岸山村委会，北纬23°55′44″，东经99°11′27″，海拔2011m。树型小乔木，树姿半开张，分枝稀，树高5.3m，树幅6.3m×5.3m，基部干围1.09m；成熟叶片长宽16.6cm×6.9cm，叶形椭圆形，叶色黄绿，叶基楔形，叶脉8对，叶身内折，叶尖渐尖，叶面平，叶缘平，叶质软，叶柄、主脉、叶背茸毛较少，叶齿为锯齿形，芽叶黄绿色，芽叶茸毛少；萼片5片、绿色、无茸毛，花柄、花瓣无茸毛，花冠4.4cm×5.3cm，花瓣7枚、白色、质地厚，花柱3裂，花柱裂位浅，子房有茸毛。长势强。

187

岩岸山 2 号古茶树

栽培种古茶树，普洱茶种（*C. assamica*），见图 259。位于永德县德党镇鸣凤山村岩岸山村委会，东经 99° 11′ 27″，北纬 23° 55′ 44″，海拔 2011m。树型小乔木，树姿半开张，分枝稀，树高 6.4m，树幅 6.1m×4.3m，基部干围 0.99m；成熟叶片长宽 17.2cm×7.1cm，叶形长椭圆形，叶色绿，叶基楔形，叶脉 8 对，叶身内折，叶尖渐尖，叶面平，叶缘平，叶质软，叶柄、主脉、叶背茸毛较少，叶齿为锯齿形，芽叶黄绿色，芽叶茸毛少；萼片 5 片、绿色、无茸毛，花柄、花瓣无茸毛，花冠 4.5cm×4.3cm，花瓣 7 枚、白色、质地厚，花柱 3 裂，花柱裂位浅，子房有茸毛。长势强。

图 259：岩岸山 2 号古茶树

2. 永德县勐板乡

勐板乡位于永德县西部，地域面积 216.02km²；下设 10 个村委会，有 86 个自然村，156 个村民小组。

勐板乡是永德县经济发展程度相对较好的乡镇之一。该乡气候温和，雨量充沛，盛产茶叶，是永德县的茶叶主产区，其中以忙肺村委会的大叶茶尤为出名。该乡现存的古茶树主要分布在忙肺村委会，代表植株有芒肺古茶树等。

芒肺村 1 号古茶树

栽培种古茶树，普洱茶种（*C. assamica*），见图 260。位于永德县勐板乡芒肺村委会，海拔 1678m。树型小乔木，树姿半开张，分枝稀，树高 5.4m，树幅 3.1m×4.3m，基部干围 0.87m；成熟叶片长宽 15.2cm×4.1cm，叶形长椭圆形，叶色绿，叶基楔形，叶脉 9 对，叶身内折，叶尖渐尖，叶面隆起，叶缘微波，叶质软，叶柄、主脉、叶背茸毛较少，叶齿为锯齿形，芽叶黄绿色，芽叶茸毛多；树型、绿色、无茸毛，花柄、花瓣无茸毛，花冠 3.5cm×4.3cm，花瓣 7 枚、白色、质地厚，花柱 3 裂，花柱裂位浅，子房有茸毛。长势一般。

图 260：芒肺村 1 号古茶树

3. 永德县大雪山彝族拉祜族傣族乡

大雪山彝族拉祜族傣族乡（以下简称大雪山乡）位于永德县东南部，地域面积 391.23km²；下设 8 个村委会，有 56 个自然村，90 个村民小组。

永德县大雪山乡的野生古茶树资源十分丰富，主要分布在该乡大雪山山脉的"大雪山国家级自然保护区"。代表性植株有大雪山 1 号古茶树等。

大雪山 1 号古茶树

野生古茶树，大理茶种（ *C. taliensis* ），见图261。位于永德县大雪山保护区，东经99°13′56″，北纬23°50′40″，海拔2387m。树型乔木，树姿直立，分枝稀，树高23m，树幅7.2m×7.3m，基部干围2.15m；成熟叶片长宽14.6cm×5.8cm，叶形长椭圆形，叶色黄绿，叶基楔形，叶脉9对，叶身平，叶尖渐尖，叶面平，叶缘平，叶质软，叶柄、主脉、叶背无茸毛，叶齿为锯齿形，芽叶黄绿色，芽叶无茸毛；萼片5片、绿色、无茸毛，花柄、花瓣无茸毛，花冠6.1cm×5.3cm，花瓣12枚、白色、质地厚，花柱5裂，花柱裂位浅，子房有茸毛。长势强。

图261：大雪山1号古茶树

（五）镇康县

镇康县位于临沧市西部，南汀河下游和怒江下游南北水之间，地域面积 2642.00km²；东邻永德县，南接耿马县，西与缅甸掸邦的果敢自治区毗邻，北与保山市的龙陵县隔怒江相望；下辖 3 镇 4 乡（其中 1 个民族乡），设有 3 个社区、71 个村委会。县人民政府驻地于 2005 年 5 月 31 日由凤尾镇搬迁至南伞镇。

镇康地处滇西南低纬度地区，年平均气温 18.9℃，最高气温 36.3℃，最低气温为 ~2.1℃，正常年无霜期 333 天，月平均最高气温 26.6℃，月平均最低气温 13.6℃。太阳辐射强，年日照时数 1936.8 小时，年降水量 1700mm，雨季集中在 5~10 月，蒸发量 1500mm，年平均相对湿度 81%。茶业是一个重要产业。

镇康县的种茶历史悠久，现存的野生古茶树居群有 6 个，总分布面积约 12 万亩，主要分布于勐捧镇的根基村委会、蒿子坝村委会、酸格林村委会、蒿子坝村委会和包包寨村委会，木场乡的绿荫塘村委会、黑马塘村委会和龙塘村委会；栽培种古茶树随处可见，现存的栽培种古茶树（园）分布面积约 4000 亩。

1. 镇康县凤尾镇

凤尾镇位于镇康县中部，地处东经 98°41′23″~90°22′39″和北纬 29°31′15″~34°05′32″之间，地域面积 214.50km²；下辖 1 社区，6 个村委会，有 51 个自然村，82 个村民小组。

全镇地处低纬度山区，南临近北回归线，雨量充沛、日照充足、霜期短、寒暑明显。多年平均日照时数 1936.8 小时，年平均气温 18.9℃。年均无霜期 335 天，多年平均降雨量 1500mm，内陆亚热带气候和高山气候交错，具有明显的立体气候特征，生态环境良好，是茶叶种植的优良适宜区。

凤尾镇的古茶树多为野生种古茶树，主要分布在凤尾镇大坝村委会的国有林中；当地的栽培种古茶树主要在村寨周围，代表性植株有背荫山 17 号古茶树、大坝 18 号古茶树等。

背荫山 17 号古茶树

野生种古茶树，大理茶种（*C. tali-ensis*），见图262。位于镇康县凤尾镇大坝村委会背荫山村民小组，东经99°01′65″，北纬23°56′13″，海拔1508m。树型小乔木，树姿半开张，树高3.7m，树幅1.8m×2.8m，基部干围0.9m，分枝稀；成熟叶片长宽13.8cm×4.2cm，叶形长椭圆形，叶色绿，叶基楔形，叶脉8对，新梢叶片紫红色、叶身内折，叶尖渐尖，叶面隆起，叶缘波，叶质硬，叶柄、主脉、叶背无茸毛，叶齿为重锯齿形，芽叶无茸毛、叶片光滑；萼片5片、绿色、无茸毛，花柄、花瓣无茸毛，花冠5.1cm×6.2cm，花瓣11枚、白色、质地厚，花柱5裂，花柱裂位浅，子房有茸毛。长势一般。

图262：背荫山 17 号古茶树

大坝村 18 号古茶树

野生种古茶树，大理茶种（*C. tali-ensis*），见图263。位于镇康县凤尾乡大坝村委会，东经99°01′29″，北纬23°56′32″，海拔1422m。树型小乔木，树姿开张，树高5m，树幅2.8m×2.5m，基部干围0.85m，分枝密，最低分枝高为0.4m；成熟叶片长宽12.7cm×5.2cm，叶形椭圆形，叶色绿，叶基楔形，叶脉7对，新梢叶片紫红色、叶身内折，叶尖渐尖，叶面隆起，叶缘波，叶质硬，叶柄、主脉、叶背无茸毛，叶齿为重锯齿形，芽叶无茸毛、叶片光滑；萼片5片、绿色、无茸毛，花柄、花瓣无茸毛，花冠4.4cm×5.2cm，花瓣10枚、白色、质地厚，花柱5裂，花柱裂位浅，子房有茸毛。长势较强。

图263：大坝村 18 号古茶树

2. 镇康县勐捧镇

勐捧镇位于镇康县东北部，位于东经 90° 43′ 33″ ~ 99° 9′ 30″和北纬 23° 4′ 29″ ~ 24° 15′ 23″之间，地域面积 586.00km²；下设 16 个村委会，有 124 个自然村、235 个村民小组。

勐捧镇的野生种古茶树居群较多，主要分布于根基村委会、蒿子坝村委会、酸格林村委会、包包寨村委会，分布面积约 3 万亩；栽培种古茶树多生长在村寨周围，代表性植株有包包寨村 1 号古茶树、包包寨村 2 号古茶树等。

图 264：包包寨村 1 号古茶树

包包寨村 1 号古茶树

栽培种古茶树，普洱茶种（*C. assamica*），见图 264。位于镇康县勐捧镇包包寨村委会，东经 98° 52′ 45″，北纬 24° 04′ 31″，海拔 1627m。树型小乔木，树姿半开张，树高 5m，树幅 3m×4m，基部干围 1.3m，分枝稀，最低分枝高为 30cm；成熟叶片长宽 13.8cm×5.0cm，叶形长椭圆形，叶色绿，叶基楔形，叶脉 8 对，叶身内折，叶尖渐尖，叶面平，叶缘平，叶质软，叶柄、主脉、叶背茸毛较少，叶齿为锯齿形，芽叶黄绿色，芽叶茸毛少；萼片 5 片、绿色、无茸毛，花柄、花瓣无茸毛，花冠 3.5cm×4.3cm，花瓣 7 枚、白色、质地厚，花柱 3 裂，花柱裂位浅，子房有茸毛。长势较强。

包包寨村 2 号古茶树

栽培种古茶树，大理茶种（*C. taliensis*），见图 265。位于镇康县勐捧镇包包寨村委会，东经 98° 52′ 45″，北纬 24° 04′ 31″，海拔 1637m。树型小乔木，树姿开张，树高 6.5m，树幅 5.4m×4m，基部干围 0.95m，分枝稀，最低分枝高为 30cm；成熟叶片长宽 16.8cm×6.2cm，叶形长椭圆形，叶色绿，叶基楔形，叶脉基部对生 11 对，新梢叶片紫红色、叶身平，叶尖渐尖，叶面平，叶缘平，叶质软，叶柄、主脉、叶背无茸毛，叶齿为锯齿形，芽叶无茸毛、叶片光滑；萼片 5 片、绿色、无茸毛，花柄、花瓣无茸毛，花冠 7.8cm×5.7cm，花瓣 11 枚、白色、质地厚，花柱 5 裂，花柱裂位浅，子房有茸毛，果径 3cm。长势强。

图 265：包包寨村 2 号古茶树

3. 镇康县芒丙乡

忙丙乡位于镇康县东部，地域面积 223.2km²；下设 9 个村委会，有 65 个自然村，125 个村民小组。

忙丙乡的古茶树资源以野生古茶树为主，多以连片分布，主要分布在忙丙乡的忙丙村委会、蔡何村委会，总分布面积约 2 万亩；栽培种古茶树现多存于农户的房前屋后、田间地头，代表性植株有岔路寨 1 号茶树、岔路寨 2 号古茶树、岔路寨 3 号古茶树、岔路寨 4 号古茶树、岔路寨 5 号古茶树等。

岔路寨 1 号古茶树

野生种古茶树，大理茶种（*C. taliensis*），见图 266。位于镇康县忙丙乡岔路寨村民小组，海拔 1622m。树型乔木，树姿半开张，分枝稀，树高 21m，树幅 10.2m×11.5m，基部干围 3.16m；成熟叶片长宽 13.8×6.2cm，叶形椭圆形，叶色绿，叶基楔形，叶脉 7 对，新梢叶片紫红色、叶身内折，叶尖渐尖，叶面隆起，叶缘波，叶质硬，叶柄、主脉、叶背无茸毛，叶齿为重锯齿形，芽叶无茸毛、叶片光滑；萼片 5 片、绿色、无茸毛，花柄、花瓣无茸毛，花冠 6.7cm×5.8cm，花瓣 11 枚、白色、质地厚，花柱 5 裂，花柱裂位浅，子房有茸毛。长势较强。

图 266：岔路寨 1 号古茶树

岔路寨 2 号古茶树

栽培种古茶树，普洱茶种（*C. assamica*），见图 267。位于镇康县忙丙乡岔路寨村民小组，生长地海拔 1422m。树型乔木，树姿半开张，树高 12m，树幅 7.4m×5.6m，基部干围 1.2m，分枝稀；成熟叶片长宽 14.8cm×4.2cm，叶形长椭圆形，叶色绿，叶基楔形，叶脉 13 对，叶身内折，叶尖渐尖，叶面平，叶缘平，叶质软，叶柄、主脉、叶背茸毛较少，叶齿为锯齿形，芽叶黄绿色，芽叶茸毛少；萼片 5 片、绿色、无茸毛，花柄、花瓣无茸毛，花冠 6.5cm×4.3cm，花瓣 7 枚、白色、质地厚，花柱 3 裂，花柱裂位浅，子房有茸毛。长势强。

图 267：岔路寨 2 号古茶树

岔路寨 3 号古茶树

栽培种古茶树，普洱茶种（*C. assa-mica*），见图 268。位于镇康县忙丙乡岔路寨村民小组。生长地海拔 1445m。树型小乔木，树姿开张，树高 16m，树幅 8.4m×5.4m，基部干围 2.12m，分枝稀，最低分枝高为 0.8m；成熟叶片长宽 15.8cm×6.2cm，叶形长椭圆形，叶色绿，叶基楔形，叶脉 9 对，叶身内折，叶尖渐尖，叶面隆起，叶缘微波，叶质中，叶柄、主脉、叶背有茸毛，叶齿为少锯齿形，芽叶黄绿色，芽叶茸毛多；萼片 5 片、绿色、无茸毛，花柄、花瓣无茸毛，花冠 4.5cm×4.3cm，花瓣 7 枚、白色、质地厚，花柱 3 裂，花柱裂位浅，子房有茸毛。长势强。

图 268：岔路寨 3 号古茶树

岔路寨 4 号古茶树

栽培种古茶树，普洱茶种（*C. assa-mica*），见图 269。位于镇康县忙丙乡岔路寨村民小组。生长地海拔 1448m。树型小乔木、树姿半开张，树高 14m，树幅 6.4m×5.4m，基部干围 3.2m，分枝稀，最低分枝高为 0.8m；成熟叶片长宽 14.8cm×4.2cm，叶形长椭圆形，叶色绿，叶基楔形，叶脉 8~9 对，叶身内折，叶尖渐尖，叶面隆起，叶缘微波，叶质中，叶柄、主脉、叶背有茸毛，叶齿为少锯齿形，芽叶黄绿色，芽叶茸毛多；萼片 5 片、绿色、无茸毛，花柄、花瓣无茸毛，花冠 3.5cm×4.3cm，花瓣 7 枚、白色、质地厚，花柱 3 裂，花柱裂位浅，子房有茸毛。长势强。

图 269：岔路寨 4 号古茶树

岔路寨 5 号古茶树

野生种古茶树，滇缅茶种（*C. taliensis*），见图 270。位于镇康县芒丙乡岔路寨村民小组，东经 99° 08′ 00″，北纬 23° 55′ 45″，海拔 1970m。树型乔木，树姿直立，树高 18m，树幅 6.3m×5.8m，基部干围 1.81m，分枝稀；成熟叶片长宽 14.1cm×6.2cm，叶形长椭圆形，叶色绿，叶基楔形，叶脉 12 对，新梢叶片紫红色、叶身内折，叶尖渐尖，叶面平，叶缘平，叶质硬，叶柄、主脉、叶背无茸毛，叶齿为锯齿形，芽叶无茸毛、叶片光滑；萼片 5 片、绿色、无茸毛，花柄、花瓣无茸毛，花冠 7.1cm×6.7cm，花瓣 12 枚、白色、质地厚，花柱 5 裂，花柱裂位浅，子房有茸毛。长势强。

图 270：岔路寨 5 号古茶树

4. 镇康县木场乡

木场乡地处镇康县东南部，南汀河北岸，位于镇康、永德、耿马三县五乡（镇）交界处，地域面积 371.90km²；下设 10 个村委会，有 78 个自然村，128 个村民小组。

木场乡林地广阔，现有林地面积 13862.2 公顷，森林覆盖率 42.61%。茶叶是木场乡的主要产业。该乡的古茶树资源十分丰富，野生种古茶树的分布面积约 4 万亩。主要分布在绿荫塘村委会、黑马塘村委会、龙塘村委会、芹菜塘村委会树，代表性的野生古茶树居群为"绿荫塘野生古茶树居群"；栽培种古茶树多在村寨周围，或生长于农户的房前屋后。代表性植株有绿荫塘村 8 号古茶树、绿荫塘村 12 号古茶树、绿荫塘村 14 号古茶树等。

绿荫塘村 8 号古茶树

野生种古茶树，滇缅茶（*C.irraw-adiensis*），见图 271。 位于镇康县木场乡绿荫塘村委会的绿荫塘村民小组，东经 99° 05′ 21″，北纬 23° 43′ 08″，海拔 2180m。树型小乔木，树姿半开张，树高 6m，树幅 2.4m×2.1m，基部干围 0.86m，分枝稀；成熟叶片长宽 18.1cm×6.2cm，叶形长椭圆形，叶色绿，叶基楔形，叶脉基部对生 10 对，新梢叶片黄绿色、叶身内折，叶尖渐尖，叶面平，叶缘平，叶质硬，叶柄、主脉、叶背无茸毛，叶齿为锯齿形，芽叶无茸毛、叶片光滑；萼片 5 片、绿色、无茸毛，花柄、花瓣无茸毛，花冠 8.1cm×5.7cm，花瓣 11 枚、白色、质地厚，花柱 5 裂，花柱裂位浅，子房有茸毛。长势一般。

图 271：绿荫塘村 8 号古茶树

绿荫塘村 12 号古茶树

野生种古茶树，大理茶种（*C.tali-ensis*），见图 272。位于镇康县木场乡绿荫塘村委会的绿荫塘村民小组，东经 99° 05′ 23″，北纬 23° 51′ 38″，海拔 2100m。树型小乔木，树姿直立，树高 5.5m，树幅 5.4m×6.4m，基部干围 4.9m，分枝稀；成熟叶片长宽 14.8cm×6.2cm，叶形长椭圆形，叶色绿，叶基楔形，叶脉 10 对，新梢叶片紫绿色、叶身平，叶尖渐尖，叶面平，叶缘平，叶质软，叶柄长 1.5cm，叶柄、主脉、叶背无茸毛，叶齿为锯齿形，芽叶无茸毛、叶片光滑；萼片 5 片、绿色、无茸毛，花柄、花瓣无茸毛，花冠 8.8cm×5.7cm，花瓣 11 枚、白色、质地厚，花柱 5 裂，花柱裂位浅，子房有茸毛。长势较强。

图 272：绿荫塘村 12 号古茶树

绿荫塘村 14 号古茶树

野生种古茶树，大理茶种（*C.taliensis*），见图 273。位于镇康县木场乡绿荫塘村委会的绿荫塘村民小组，东经 99° 05′ 23″，北纬 23° 51′ 38″，海拔 2100m。树型乔木，树姿直立，树高 5.5m，树幅 5.4m×6.4m，基部干围 4.9m，分枝稀；成熟叶片长宽 14.8cm×6.2cm，叶形长椭圆形，叶色绿，叶基楔形，叶脉基部对生 12 对，新梢叶片紫红色、叶身平，叶尖渐尖，叶面平，叶缘平，叶质软，叶柄长 1.5cm，叶柄、主脉、叶背无茸毛，叶齿为锯齿形，芽叶无茸毛、叶片光滑；萼片 5 片、绿色、无茸毛，花柄、花瓣无茸毛，花冠 8.1cm×5.7cm，花瓣 11 枚、白色、质地厚，花柱 5 裂，花柱裂位浅，子房有茸毛。长势强。

图 273：绿荫塘村 14 号古茶树

（六）双江县

双江拉祜族佤族布朗族傣族自治县（以下简称双江县），位于临沧市南部，因澜沧江和小黑江交汇于县境东南而得名，介于东经 99° 35′ 15″ ~ 100° 09′ 30″和北纬 23° 11′ 58″ ~ 23° 48′ 50″之间，地域面积 2292.00km²；东南与普洱市的景谷县隔江相望，南与普洱市的澜沧县、临沧市的沧源县毗邻，西与耿马县相依，北与临翔区接壤；下辖 2 镇 4 乡，设有 4 个社区、72 个村委会；驻有 2 个国营农场。县人民政府驻勐勐镇。

双江县地处北回归线两侧，生态条件优越，野生古茶树资源丰富。现存的野生古茶树居群主要分布在勐库镇的邦马大雪山自然保护区和忙糯乡、大文乡、邦丙乡的原始森林和次生林中，总分布面积约 4 万亩；栽培种古茶树多见于村寨周围，总分布面积约 2.9 万亩，其代表性的栽培种古茶树（园）有勐库镇的冰岛古茶树（园）等。

1. 双江县勐库镇

勐库镇位于双江县北部，地处东经 99° 46″ 21″ ~ 99° 58″ 27″和北纬 23° 33″ ~ 23° 49″之间，地域面积 447.30km²；下设 16 个村委会，有 103 个自然村，157 个村民小组。

勐库属亚热带山地季风气候，干湿季分明，昼夜温差大，立体气候突出，年日照 2400 小时，年平均气温 18℃，境内降雨量丰富，植被呈现南亚热带的景观，全镇森林面积 45 万亩，森林覆盖率为 42%，生态保护较好。

勐库镇是勐库大叶茶起源之地，素有茶乡之称，茶叶是勐库镇的传统支柱产业。千百年来，勐库当地民族在种茶、制茶、饮茶的基础上创造了独特灿烂的茶文化。勐库大叶茶以其茶峰显露、茶条肥硕，内含物质高、茶味浓郁香甜而闻名于世，曾两次被评定为全国优良茶树品种。镇内现有的栽培种古茶树（园）总分布面积约 2160 亩，主要分布在冰岛村委会、坝糯村委会、那赛村委会、公弄村委会等地。代表性古茶园有冰岛村古茶树园，代表性植株有冰岛 1 号古茶树、坝糯 1 号古茶树、那赛 1 号古茶树、小户赛 1 号古茶树等。

勐库镇的野生种古茶树资源集中在勐库大雪山自然保护区内的原始森林中，生长于勐库大雪山的千年万亩野生种古茶树居群，是目前国内外发现的海拔最高、密度最大、分布最广的古茶树居群，是珍贵的自然遗产和生物多样性的活基因库。其代表性植株有勐库大雪山 1 号古茶树、勐库大雪山 1 号古茶树等。

勐库大雪山 1 号古茶树

野生古茶树，大理茶种（*C. taliensis*），见图 274。位于双江县勐库大雪山自然保护区，东经 99° 47′ 79″，北纬 23° 41′ 79″，海拔 2700m。树高 15m，冠幅 13.7m×10.6m，基部干围 3.25m，一级分枝 2 枝，树型乔木，树姿半开张，分枝密，嫩枝及芽叶无茸毛；成熟叶片长宽 13.7cm×6.3cm，叶片椭圆形，叶色绿有光泽，叶面平，叶尖渐尖，叶基楔形或半圆形，叶质较脆，叶齿锐密，叶脉 9 或 10 对，叶柄、叶背、主脉均无茸毛，芽叶基部紫红色；萼片 5 片，绿色无茸毛，花冠 4.0cm×4.5cm，花瓣薄软、白色、无茸毛，花柱长 0.7cm，柱头 5 裂，子房 5 室，密披茸毛。春茶一芽二叶生化成分水浸出物含量 48.3%，茶多酚含量 29.6%，氨基酸含量 4.4%，咖啡碱含量 3.6%。

图 274：勐库大雪山 1 号古茶树

图 275：大雪山 1 号古茶树

勐库大雪山 1 号古茶树

野生古茶树，大理茶种（*C. taliensis*），见图 275。位于双江县勐库大雪山自然保护区，东经 99° 47′ 98″，北纬 23° 41′ 88″，海拔 2648m，树高 25m，树幅 15.6m×12.0m，基部干围 3.86m，嫩枝及芽叶无茸毛；成熟叶片长宽 12.9cm×6.2cm，叶片椭圆形，叶色绿有光泽，叶面平，叶尖渐尖，叶基楔形或半圆形，叶质较脆，叶齿锐密，叶脉 9 或 10 对，叶柄、叶背、主脉均无茸毛，芽叶基部紫红色；萼片 5 片、绿色、无茸毛，花冠 4.3cm×4.4cm，花瓣薄软、白色、无茸毛，花柱长 0.6cm，柱头 5 裂，子房 5 室，密披茸毛。

勐库大雪山 2 号古茶树

野生古茶树，大理茶种（*C. taliensis*），见图 276。位于双江县勐库大雪山自然保护区。东经 99° 47′ 68″，北纬 23° 41′ 88″，海拔 2748m，树高 20m，树幅 16.7m×18.0m，基部干围 2.16m；叶片水平状着生，嫩枝及芽叶无茸毛，成熟叶片叶长宽 13.1cm×6.4cm，叶片椭圆形，叶色绿有光泽，叶面平，叶尖渐尖，叶基楔形或半圆形，叶质较脆，叶齿锐密，叶缘有近 1/3 无齿，叶脉 8～10 对，叶柄、叶背、主脉均无茸毛。鳞片 3 或 4 个，呈微紫红色，无茸毛，芽叶基部紫红色；萼片 5 片、绿色、无茸毛，花冠 4.4cm×4.6cm，花瓣薄软、白色、无茸毛，花柱长 0.5cm，柱头 5 裂，裂位 1/2～1/3，子房 5 室，密披茸毛。

图 276：勐库大雪山 2 号古茶树

冰岛村 1 号古茶树

栽培种古茶树，普洱茶种（*C. assamica*），勐库大叶茶，见图 277。位于双江县勐库镇冰岛村委会冰岛村民小组，东经 99° 90′ 14″，北纬 23° 78′ 52″，海拔 1688m。树型小乔木，树姿半开张，分枝稀，树高 6.5m，树幅 3.3m×5.5m，基部干围 1.15m，最低分枝高为 1.3m，嫩枝有茸毛；成熟叶片长宽 16.2cm×6.5cm，叶形长椭圆形，叶色深绿，叶基楔形，叶脉 11 对，叶身平，叶尖钝尖，叶面微隆起，叶缘波，叶质硬，叶柄、主脉、叶背有茸毛，叶齿为少锯齿形，芽叶淡绿色，芽叶茸毛多；萼片 5 片、绿色、有茸毛，花柄、花瓣无茸毛，花冠 2.8cm×3.1cm，花瓣 5 枚、微绿、质地中，花柱 3 裂，花柱裂位深，子房有茸毛。长势较强。

图 277：冰岛村 1 号古茶树

冰岛村 2 号古茶树

栽培种古茶树，普洱茶种（*C. assamica*），勐库大叶茶，见图278。位于双江县勐库镇冰岛村委会冰岛村民小组，东经99° 90′ 16″，北纬23° 78′ 59″，海拔1703m。树型小乔木，树姿半开张，树高8.5m，树幅5.4m×5.5m，基部干围1.5m，分枝稀，嫩枝有茸毛，最低分枝高为0.82m；成熟叶片长宽14.2cm×6.3cm，叶形长椭圆形，叶色深绿，叶基楔形，叶脉10对，叶身平，叶尖钝尖，叶面隆起，叶缘波，叶质硬，叶柄、主脉、叶背有茸毛，叶齿为少锯齿形，芽叶淡绿色，芽叶茸毛特多；萼片5片、绿色、有茸毛，花柄、花瓣无茸毛，花冠2.4cm×3.1cm，花瓣5枚、微绿、质地中，花柱3裂，花柱裂位深，子房有茸毛。长势强。

图278：冰岛村2号古茶树

冰岛村 3 号古茶树

栽培种古茶树，普洱茶种（*C. assamica*），勐库大叶茶，见图279。位于双江县勐库镇冰岛村委会冰岛村民小组，东经99° 90′ 28″，北纬23° 78′ 45″，海拔1663m，树型小乔木，树姿半开张，分枝稀，嫩枝有茸毛，树高8.5m，树幅4.9m×5.5m，基部干围1.05m，最低分枝高为0.72m；成熟叶片长宽14.2cm×5.3cm，叶形椭圆形，叶色绿，叶基近圆形，叶脉12对，叶身平，叶尖急尖，叶面微隆起，叶缘波，叶质软，叶柄、主脉、叶背多茸毛，叶齿为重锯齿形，芽叶黄绿色，芽叶茸毛特多；萼片5片、绿色、有茸毛，花柄、花瓣无茸毛，花冠2.2cm×2.6cm，花瓣5枚、微绿、质地中，花柱3裂，花柱裂位深，子房有茸毛。长势强。

图279：冰岛村3号古茶树

冰岛村 4 号古茶树

栽培种古茶树，普洱茶种（*C. assamica*），勐库大叶茶，见图 280。位于双江县勐库镇冰岛村委会冰岛村民小组，东经 99° 90′ 29″，北纬 23° 78′ 43″，海拔 1686m。树型小乔木，树姿半开张，树高 7.5m，树幅 5.3m×5.5m，基部干围 1.18m，分枝稀，嫩枝有茸毛，最低分枝高为 1.05m；成熟叶片长宽 14.2cm×6.3cm，叶形椭圆形，叶色深绿，叶基近圆形，叶脉 12 对，叶身内折，叶尖钝尖，叶面隆起，叶缘微波，叶质中，叶柄、主脉、叶背多茸毛，叶齿为少锯齿形，芽叶黄绿色，芽叶茸毛特多；萼片 5 片、绿色、有茸毛，花柄、花瓣无茸毛，花冠 3.2cm×2.6cm，花瓣 5 枚、微绿、质地中，花柱 3 裂，花柱裂位深，子房有茸毛。长势强。

图 280：冰岛村 4 号古茶树

坝糯村 1 号古茶树

栽培种古茶树，普洱茶种（*C. assamica*），勐库大叶茶，见图 281。位于双江县勐库镇坝糯村委会坝糯村民小组，东经 99° 94′ 45″，北纬 23° 66′ 95″，海拔 1951m。树型小乔木，树姿半开张，树高 8.5m，树幅 7.8m×8.5m，基部干围 1.3m，分枝稀，嫩枝有茸毛，最低分枝高为 0.6m；成熟叶片长宽 11.3cm×4.5cm，叶形椭圆形，叶色绿，叶基楔形，叶脉 8 对，叶身内折，叶尖渐尖，叶面隆起，叶缘微波，叶质中，叶柄、主脉、叶背多茸毛，叶齿为重锯齿形，芽叶黄绿色，芽叶茸毛特多；萼片 5 片、绿色、有茸毛，花柄、花瓣无茸毛，花冠 2.4cm×2.4cm，花瓣 5 枚、微绿、质地中，花柱 3 裂，花柱裂位深，子房有茸毛。长势强。

图 281：坝糯村 1 号古茶树

坝糯村 2 号古茶树

栽培种古茶树，普洱茶种（*C. assamica*），勐库大叶茶，见图282。位于双江县勐库镇坝糯村委会第八村民小组，东经99°56′40″，北纬23°40′10″，海拔高度1951m。树型小乔木，树姿半开张，树高8.5m，树幅7.8m×8.5m，基部干围130.0cm，分枝密度中，嫩枝有茸毛，最低分枝高为60.0cm；成熟叶片长宽11.3cm×4.2cm，叶片大，叶形长椭圆，叶色绿，叶基近圆形，叶脉13对，叶身内折，叶尖渐尖，叶面微隆起，叶缘波，叶质、叶柄、主脉、叶背茸毛中，叶齿重锯齿且浅，芽叶色泽黄绿，芽叶茸毛特多；萼片5片，萼片有茸毛，萼片色泽绿，花瓣质地中，花冠直径2.4cm，花瓣5枚，花瓣色泽微绿，花柱3裂，花柱裂位中，子房有茸毛。长势好。

图282：坝糯村2号古茶树

坝糯村 3 号古茶树

栽培种古茶树，普洱茶种（*C. assamica*），勐库大叶茶，见图283。位于双江县勐库镇坝糯村委会第八村民小组，东经99°54′41″，北纬23°40′10″，海拔高度1900m。树型小乔木，树姿半开张，树高8.5m，树幅6.8m×7.0m，基部干围100.0cm。分枝密度中，嫩枝有茸毛，最低分枝高为60.0cm；成熟叶片长宽15.3cm×6.1cm，叶片大，叶形长椭圆，叶色绿，叶基近圆形，叶脉11对，叶身内折，叶尖急尖，叶面微隆起，叶缘波，叶质、叶柄、主脉、叶背茸毛中，叶齿重锯齿且深，芽叶色泽黄绿，芽叶茸毛多；萼片5片，萼片有茸毛，萼片色泽绿，花瓣质地中，花冠直径2.8cm，花瓣5枚，花瓣色泽微绿，花柱3裂，花柱裂位中，子房有茸毛。长势较强。

图283：坝糯村3号古茶树

那赛村 1 号古茶树

栽培种古茶树，普洱茶种（*C. assamica*），勐库大叶茶，见图284。位于双江县勐库镇那赛村委会那赛村民小组，东经99°97′65″，北纬23°63′44″，海拔1746m。小乔木，树姿半开张，树高4.8m，树幅5.6m×8.5m，基部干围1.32m，分枝稀，嫩枝有茸毛，最低分枝高为0.6m；成熟叶片长宽14.3cm×4.5cm，叶形椭圆形，叶色绿，叶基楔形，叶脉11对，叶身平，叶尖渐尖，叶面隆起，叶缘微波，叶质中，叶柄、主脉、叶背多茸毛，叶齿为重锯齿形，芽叶黄绿色，芽叶茸毛特多；萼片5片、绿色、有茸毛，花柄、花瓣无茸毛，花冠2.8cm×2.4cm，花瓣5枚、微绿、质地中，花柱3裂，花柱裂位深，子房有茸毛。长势较强。

图284：那赛村 1 号古茶树

小户赛村 1 号古茶树

栽培种古茶树，普洱茶种（*C. assamica*），勐库大叶茶，见图285。位于双江县勐库镇公弄村委会小户赛村民小组，东经99°49′23″，北纬23°40′21″，海拔高度1701m。树型小乔木，树姿开张，树高10.8m，树幅6.9m×5.5m，基部干围144.5cm。分枝密度中，最低分枝高为35cm；叶长18.5cm，叶宽6.8cm，叶形椭圆形，叶色深绿，叶基近圆形，叶脉12对，叶身稍背卷，叶尖急尖，叶面微隆起，叶缘波，叶质柔软，叶柄茸毛多，主脉茸毛多，叶背茸毛多，叶齿形态少锯齿且浅，芽叶色泽淡绿，芽叶茸毛特多；萼片5片，萼片有茸毛，萼片色泽绿，花瓣质地薄，花冠直径2.3cm，花瓣4枚，花瓣色泽微绿，花柱3裂，花柱裂位浅，子房有茸毛；果实形状肾形，种子形状球形。长势好。

图285：小户赛村 1 号古茶树

小户赛村 2 号古茶树

栽培种古茶树，普洱茶种（*C. assamica*），勐库大叶茶，见图 286。位于双江县勐库镇公弄村委会小户赛村民小组，东经 99° 82′ 67″，北纬 23° 67′ 42″，海拔 1682m。树型乔木，树姿半开张，树高 9m，树幅 5.6m×5.4m，基部干围 1.32m。分枝稀，嫩枝有茸毛，最低分枝高为 1.2m；成熟叶片长宽 14.3cm×7.4cm，叶形卵圆形，叶色深绿，叶基近圆形，叶脉 10 对，叶身平，叶尖渐尖，叶面隆起，叶缘微波，叶质中，叶柄、主脉、叶背多茸毛，叶齿为重锯齿形，芽叶黄绿色，芽叶茸毛特多；萼片 5 片、绿色、有茸毛，花柄、花瓣无茸毛，花冠 3.1cm×4.2cm，花瓣 5 枚、微绿、质地中，花柱 3 裂，花柱裂位深，子房有茸毛。长势强。

图 286：小户赛村 2 号古茶树

小户赛村 3 号古茶树

栽培种古茶树，普洱茶种（*C. assamica*），勐库大叶茶，见图 287。位于双江县勐库镇公弄村委会小户赛村民小组，东经 99° 49′ 35″，北纬 23° 40′ 28″，海拔高度 1693m。树型乔木，树姿直立，分枝密度中，嫩枝有茸毛，最低分枝高为 90.0cm，树高 6.0m，树幅 4.1m×4.9m，基部干围 120.0cm；叶长 13.1cm，叶宽 5.8cm，叶片特大，叶形卵圆，叶色深绿，叶基楔形，叶脉 11 对，叶身内折，叶尖渐尖，叶面隆起，叶缘波，叶质中，叶柄少茸毛，主脉茸毛多，叶背茸毛中，叶齿形态重锯齿且深，芽叶色泽黄绿，芽叶茸毛特多；萼片 5 片，有茸毛，萼片色泽绿，花瓣质地薄，花冠直径 2.5cm，花瓣 5 枚，花瓣色泽微绿，花柱 3 裂，花柱裂位中，子房有茸毛；果实球形，种子球形，种子直径 1.5cm，种皮褐色。长势强。

图 287：小户赛村 3 号古茶树

2. 双江县沙河乡

沙河乡地处双江县西南部，地域面积 424.5km²；下设 1 个社区、11 个村委会，有 88 个自然村，124 个村民小组。

沙河乡的古茶树主要分布在平掌村委会、营盘村委会、邦协村委会、邦木村委会等地，总分布面积约 4080 亩。现存的古茶树大多数为被台刈或砍伐后在老桩上重新萌发长出的新枝，但从老桩的粗壮上仍可看出这些茶树生长年代的久远。其代表性植株有邦木古茶树、邦协古茶树等。

图 288：邦木村 1 号古茶树

邦木村 1 号古茶树

栽培种古茶树，普洱茶种（*C. assamica*），勐库大叶茶，见图 288。位于双江县沙河乡邦木村委会邦木村民小组，东经 99° 77′ 18″，北纬 23° 57′ 23″，海拔 1741m。树型小乔木，树姿半开张，树高 2.5m，树幅 5.3m×5.5m，基部干围 1.18m，最低分枝高为 1.05m；分枝密，嫩枝有茸毛；成熟叶片长宽 18.2cm×7.6cm，叶形椭圆形，叶色黄绿，叶基楔形，叶脉 12 对，叶身内折，叶尖急尖，叶面隆起，叶缘微波，叶质中，叶柄、主脉、叶背多茸毛，叶齿为重锯齿形，芽叶黄绿色，芽叶茸毛特多；萼片 5 片、绿色、有茸毛，花柄、花瓣无茸毛，花冠 3.2cm×2.4cm，花瓣 5 枚、微绿、质地中，花柱 3 裂，花柱裂位深，子房有茸毛。长势强。

邦木村 2 号古茶树

栽培种古茶树，普洱茶种（*C. assamica*），勐库大叶茶，见 289。位于双江县沙河乡邦木村委会邦木村民小组，东经 99° 77′ 18″，北纬 23° 57′ 23″，海拔 1727m。树型小乔木，树姿半开张，树高 3.5m，树幅 6.3m×5.5m，基部干围 0.79m，分枝稀，嫩枝有茸毛，最低分枝高为 0.23m；成熟叶片长宽 14.2cm×7.6cm，叶形椭圆形，叶色黄绿，叶基楔形，叶脉 10 对，叶身内折，叶尖急尖，叶面隆起，叶缘微波，叶质中，叶柄、主脉、叶背多茸毛，叶齿为重锯齿形，芽叶黄绿色，芽叶茸毛特多；萼片 5 片、绿色、有茸毛，花柄、花瓣无茸毛，花冠 2.2cm×2.4cm，花瓣 5 枚、微绿、质地中，花柱 3 裂，花柱裂位深，子房有茸毛。长势较强。

图 289：邦木村 2 号古茶树

（七）耿马傣族佤族自治县

耿马傣族佤族自治县（以下简称耿马县）位于临沧市西南部，地处东经98°48′～99°54′和北纬23°20′～24°01′之间，地域面积3837.00km²；东与临沧市的双江县交界，南与临沧市的沧源县接壤，北与临沧市的永德县、镇康县、云县毗邻，西与缅甸山水相连，国境线长47.35km；下辖4镇5乡、3个农场管委会（华侨农场、孟定、勐撒），设有4个社区、82个村委会。县人民政府驻耿马镇。

耿马县属亚热带半湿润类型和北热带半湿润气候，北回归线横穿县境，年平均气温19.2℃，年均日照2212小时，年均降雨量1377.6mm，年均相对湿度78%，全境无霜期318天。

耿马县的野生古茶树资源比较丰富，总分布面积约5.7万亩。主要分布在大青山自然保护区、大兴乡邦马大雪山自然保护区和芒洪乡大浪坝水库周边的原始森林及次生林中；栽培种古茶树资源规模较小，分布零散，主要分布于海拔较高的山区，如勐撒镇芒碑村、芒见村，贺派乡的贺岭村、班卖村，芒洪乡的安林寨、户南村，主要生长在村寨周围，农户房前屋后，田间地头，总分布面积约0.2万亩。代表性栽培种古茶树（园）有芒洪乡户南山古茶树（园）、勐撒镇芒见古茶树（园）、翁达古茶树（园）和勐简乡大寨古茶树（园）等。

1. 耿马县芒洪拉祜族布朗族乡

芒洪拉祜族布朗族乡（以下简称芒洪乡）位于耿马县东部，地域面积263.00km²；下设5个村委会，有55个村民小组。

芒洪乡的茶树种植历史悠久，是耿马县的主要茶叶基地乡。现存的古茶树主要为栽培种古茶树，分布在芒洪村委会的户南村民小组等地，皆为单株零星分布，总分布面积约300亩。代表性植株有户南村1号古茶树、大青山1号古茶树等。

户南村 1 号古茶树

栽培种古茶树，普洱茶种（*C. assamica*），勐库大叶茶，见图 290。位于耿马县芒洪村委会的户南村民小组，东经 99°22′08″，北纬 23°27′56″，海拔 1685m。树型乔木，树姿半开张，树高 6.5m，树幅 7.3m×6.7m，基部干围 1.8m，分枝稀，嫩枝有茸毛，最低分枝高为 0.22m；成熟叶片长宽 15.1cm×4.6cm，叶形长椭圆形，叶色黄绿，叶基楔形，叶脉 9~11 对，叶身内折，叶面平，叶缘微波，叶质硬，叶尖渐尖，叶柄、主脉、叶背有茸毛，叶齿为重齿形，芽叶黄绿色，芽叶多茸毛；萼片 5 片、绿色、无茸毛，花柄、花瓣无茸毛，花冠 4.2cm×3.4cm，花瓣 5 或 6 枚、白色、质地厚，花柱 3 裂，花柱裂位浅，子房有茸毛。长势强。

图 290：户南村 1 号古茶树

大青山 1 号古茶树

野生古茶树，大理茶种（*C.taliensis*），见图 291。位于耿马县芒洪村委会的大青山村民小组，海拔 2251m。树型乔木，树姿直立，树高 30m，树幅 7.5m×4.2m，基部干围 1.64m，分枝稀，嫩枝无茸毛，最低分枝高为 2.0m；成熟叶片长宽 14.6cm×5.1cm，叶形椭圆形，叶色深绿，叶基楔形，叶脉 6 或 7 对，叶身平，叶尖渐尖，叶面隆起，叶缘微波，叶质柔软，叶柄、主脉、叶背无茸毛，叶齿为少齿形，芽叶黄绿色、无茸毛；萼片 5 片、绿色、无茸毛，花柄、花瓣无茸毛，花冠 5.8cm×6.2cm，花瓣 11 枚、白色、质地厚，花柱 5 裂，花柱裂位深，子房有茸毛。长势强。

图 291：大青山 1 号古茶树

大浪坝1号古茶树

野生种古茶树，大理茶种（*C.taliensis*），见图292。位于耿马县芒洪乡芒洪村委会的大浪坝村民小组，海拔2051m。树型乔木，树姿直立，树高20m，树幅8.6m×9.1m，基部干围2.56m，分枝稀，嫩枝无茸毛；成熟叶片长宽15.6cm×5.1cm，叶形椭圆形，叶色深绿，叶基楔形，叶脉9对，叶身平，叶尖渐尖，叶面隆起，叶缘微波，叶质柔软，叶柄、主脉、叶背无茸毛，叶齿为少齿形，芽叶黄绿色，芽叶无茸毛；萼片5片、绿色、无茸毛，花柄、花瓣无茸毛，花冠4.8cm×6.2cm，花瓣11枚、白色、质地厚，花柱5裂，花柱裂位深，子房有茸毛。长势强。

图292：大浪坝1号古茶树

2. 耿马县贺派乡

贺派乡位于耿马县南部，地域面积250.38km²；下设7个村委会，有62个自然村，89个村民小组。

贺派乡的古茶树主要为栽培种古茶树，其主要分布在班卖村委会，分布面积约300亩，较为集中连片。几年前，由于村寨搬迁，古茶树（园）大面积放荒；分布在山地中的零星古茶树，多由附近的农户管理，采摘利用，但因管理十分粗放，多数长势不良，且日趋濒危。现存的代表性植株有翁梦古茶树、班卖古茶树等。

翁梦 1 号古茶树

栽培种古茶树，普洱茶种（*C. assamica*），勐库大叶茶，见图293。位于耿马县贺派乡班卖村委会的翁梦村民小组，东经99° 17′ 24″，北纬23° 27′ 36″，海拔1679m。树型小乔木，树姿开张，树高10.5m，树幅4.6m×3.8m，基部干围0.7m，分枝稀，最低分枝高为0.22m，嫩枝有茸毛；成熟叶片长宽15.1cm×4.6cm，叶形长椭圆形，叶色绿色，叶基楔形，叶脉9或10对，叶身内折，叶面平，叶缘微波，叶质柔软，叶尖渐尖，叶柄、主脉、叶背有茸毛，叶齿为少齿形，芽叶黄绿色，芽叶多茸毛；萼片5片、绿色、无茸毛，花柄、花瓣无茸毛，花冠4.5cm×3.6cm，花瓣5或6枚、白色、质地厚，花柱3裂，花柱裂位浅，子房有茸毛。长势强。

图 293：翁梦 1 号古茶树

翁梦 2 号古茶树

栽培种古茶树，普洱茶种（*C. assamica*），勐库大叶茶，见图294。位于耿马县贺派乡班卖村委会的翁梦村民小组，，东经99° 11′ 08″，北纬23° 26′ 56″，海拔1644m。树型小乔木，树姿半开张，树高7.5m，树幅4.3m×4.7m，基部干围1.4m，分枝稀，嫩枝有茸毛，最低分枝高为0.22m；成熟叶片长宽14.1cm×5.6cm，叶形长椭圆形，叶色黄绿，叶基楔形，叶脉11对，叶身内折，叶面平，叶缘微波，叶质硬，叶尖渐尖，叶柄、主脉、叶背有茸毛，叶齿为重齿形，芽叶黄绿色，芽叶多茸毛；萼片5片、绿色、无茸毛。花柄、花瓣无茸毛，花冠4.5cm×3.6cm，花瓣5或6枚、白色、质地厚，花柱3裂，花柱裂位浅，子房有茸毛。长势较强。

图 294：翁梦 2 号古茶树

班卖村 1 号古茶树

栽培种古茶树，普洱茶种（*C. assamica*），勐库大叶茶，见图295。位于耿马县班卖村委会班卖村民小组，东经99° 11′ 18″，北纬23° 26′ 38″，海拔1744m。树型小乔木，树姿半开张，树高8.5m，树幅5.3m×4.7m，基部干围1.2m，分枝稀，嫩枝有茸毛，最低分枝高为1.42m；成熟叶片长宽13.1cm×4.6cm，叶形长椭圆形，叶色黄绿，叶基楔形，叶脉13对，叶身内折，叶面平，叶缘微波，叶质硬，叶尖渐尖，叶柄、主脉、叶背有茸毛，叶齿为重齿形，芽叶黄绿色，芽叶多茸毛；萼片5片、绿色、无茸毛，花柄、花瓣无茸毛，花冠4.7cm×3.4cm，花瓣6枚、白色、质地厚，花柱3裂，花柱裂位浅，子房有茸毛。长势强。

图295：班卖村 1 号古茶树

（八）沧源佤族自治县

沧源佤族自治县地处临沧市西南部，中缅边界中段，介于东经98° 52′ ～99° 43′和北纬23° 5′ ～23° 30′之间，南北宽47km，东西长86km，地域面积2539.00km²；东北接双江县，东部和东南部与普洱市的澜沧拉祜族自治县相连，北邻耿马傣族佤族自治县，西部和南部与缅甸国接壤，国境线长147.083km；下辖4镇6乡、1个农场（勐省农场），有3个社区、91个村委会。县人民政府驻勐董镇。

沧源地处低纬地区，在北回归线以南，常受印度洋暖湿西南季风影响，境内山高林密，立体气候突出，具有北热带、南亚热带、中亚热带、北亚热带、南温带等五种不同气候类型。茶叶是当地的重要传统产业。

沧源县的野生古茶树资源较多，已发现的野生种古茶树居群总面积约83443亩，主要分布在单甲、糯良、勐角和勐董4乡镇相连的范俄山山脉、芒告大山山脉、窝坎大山山脉，具代表性的是单甲乡、糯良乡交界处的大黑山野生种古茶树居群；现存的栽培古茶树（园）已经不多，总分布面积约300亩。代表性古茶树（园）有糯良乡帕拍古茶树（园）。

1. 沧源县单甲乡

单甲乡地处沧源县东南部，地域面积204.00km²；下设6个村委会。

单甲乡的古茶树资源比较丰富，多为野生种古茶树，分布在东经99° 22′ 13″～

99°22′56″和北纬23°10′02″~23°20′23″之间的大黑山原始森林之中，分布区域的海拔在2042m~2188m之间，总分布面积约3万亩，其中，集中分布的面积约1万亩。其代表性植株有大黑山1号古茶树、贺岭1号古茶树和嘎多1号古茶树等。

大黑山1号古茶树

野生古茶树，大理茶种（*C.taliensis*），见图296。位于沧源县单甲乡的大黑山脉中，海拔2295m。树型乔木，树姿直立，树高18m，树幅3.1m×5.8m，基部干围1.45m，分枝稀，最低分枝高为0.75m，嫩枝无茸毛；成熟叶片长宽16.1cm×4.8cm，叶形椭圆形，叶色深绿色，叶基楔形，叶脉9或10对，叶身平，叶面平，叶缘微波，叶质硬，叶尖渐尖，叶柄、主脉、叶背无茸毛，叶齿为少齿形，芽叶黄绿色，芽叶无茸毛；萼片5片、绿色、无茸毛，花柄、花瓣无茸毛，花冠6.8cm×5.7cm，花瓣10枚、白色、质地厚，花柱5裂，花柱裂位浅，子房有茸毛。长势差。

图296：大黑山1号古茶树

贺岭1号古茶树

野生古茶树，大理茶种（*C. taliensis*），见图297。位于沧源县单甲乡单甲村委会贺岭村民小组的山林中，东经99°21′37″，北纬23°10′19″，海拔2201m。树型乔木，树姿直立，树高15m，树幅3.5m×4.2m，基部干围1.8m，分枝稀，最低分枝高为0.20m，嫩枝无茸毛；成熟叶片长宽14.6cm×5.1cm，叶形椭圆形，叶色深绿，叶基楔形，叶脉9对，叶身平，叶尖渐尖，叶面隆起，叶缘微波，叶质柔软，叶柄、主脉、叶背无茸毛，叶齿为少齿形，芽叶黄绿色，芽叶无茸毛；萼片5片、绿色、无茸毛，花柄、花瓣无茸毛，花冠5.8cm×6.2cm，花瓣11枚、白色、质地厚，花柱5裂，花柱裂位深，子房有茸毛。长势强。

图297：贺岭1号古茶树

贺岭2号古茶树

野生种古茶树，滇缅茶种（*C.irraw-adiensis*），见图298。位于沧源县单甲乡单甲村委会贺岭村民小组的山林中，东经99°19′38″，北纬23°12′21″，海拔1662m。树型乔木，树姿直立，树高8m，树幅3.4m×2.8m，基部干围1.35m，分枝稀，最低分枝高为0.75m，嫩枝无茸毛；成熟叶片长宽13.1cm×5.6cm，叶形椭圆形，叶色黄绿，叶基楔形，叶脉6或7对，叶身平，叶面隆起，叶缘微波，叶质柔软，叶尖渐尖，叶柄、主脉、叶背无茸毛，叶齿为少齿形，芽叶黄绿色，芽叶无茸毛；萼片5片、绿色、无茸毛，花柄、花瓣无茸毛，花冠5.8cm×6.2cm，花瓣12枚、白色、质地厚，花柱5裂，花柱裂位浅，子房有茸毛。长势强。

图298：贺岭2号古茶树

贺岭3号古茶树

野生种古茶树，滇缅茶种（*C.irraw-adiensis*），见图299。位于沧源县单甲乡单甲村委会贺岭村民小组，东经99°19′40″，北纬23°12′21″，海拔1662m。树型乔木，树姿直立，树高8.5m，树幅4.1m×3.8m，基部干围1.52m，分枝稀，最低分枝高为0.15m，嫩枝无茸毛；成熟叶片长宽11.1cm×4.9cm，叶形椭圆形，叶色绿色，叶基楔形，叶脉8对，叶身平，叶面隆起，叶缘微波，叶质柔软，叶尖渐尖，叶柄、主脉、叶背无茸毛，叶齿为少齿形，芽叶黄绿色，芽叶无茸毛；萼片5片、绿色、无茸毛，花柄、花瓣无茸毛，花冠4.5cm×6.2cm，花瓣8枚、白色、质地厚，花柱5裂，花柱裂位浅，子房有茸毛。长势强。

图299：贺岭3号古茶树

嘎多 1 号古茶

野生古茶树，大理茶种（*C.tali-ensis*），见图300。位于沧源县单甲乡嘎多村委会的山林中，东经99°20′07″，北纬23°09′27″，海拔2195m。树型乔木，树姿直立，树高28m，树幅4.1×5.8m，基部干围1.85m，分枝稀，嫩枝无茸毛；成熟叶片长宽16.1cm×5.3cm，叶形椭圆形，叶色深绿色，叶基楔形，叶脉8对，叶身平，叶面平，叶缘微波，叶质硬，叶尖渐尖，叶柄、主脉、叶背无茸毛，叶齿为少齿形，芽叶黄绿色，芽叶无茸毛；萼片5片、绿色、无茸毛，花柄、花瓣无茸毛，花冠4.5cm×6.2cm，花瓣8枚、白色、质地厚，花柱5裂，子房有茸毛。长势强。

图 300：嘎多 1 号古茶树

嘎多 2 号古茶树

野生种古茶树，大理茶种（*C. tali-ensis*），见图301。位于沧源县单甲乡嘎多村委会的山林中，东经99°20′07″，北纬23°09′27″，海拔2195m。乔木，树姿直立，树高28m，树幅4.1×5.8m，基部干围1.85m，分枝稀，嫩枝无茸毛；成熟叶片长宽16.1cm×5.3cm，叶形椭圆形，叶色深绿色，叶基楔形，叶脉10对，叶身平，叶面平，叶缘微波，叶质硬，叶尖渐尖，叶柄、主脉、叶背无茸毛，叶齿为少齿形，芽叶黄绿色，芽叶无茸毛；萼片5片、绿色、无茸毛，花柄、花瓣无茸毛，花冠6.8×5.7cm，花瓣10枚、白色、质地厚，花柱5裂，花柱裂位浅，子房有茸毛。长势强。

图 301：嘎多 2 号古茶树

2. 沧源县糯良乡

糯良乡地处沧源佤族自治县中部，地域面积 140.00km²；下设 8 个村委会，有 29 个自然村，65 个村民小组。

糯良乡的古茶树多为栽培种古茶树，代表性的古茶树园为位于帕拍村委会的帕拍古茶树园，该古茶树园面积约 230 亩，现有古茶树 12778 株，集中连片分布于帕拍村的后山之中，只有一小部分散生于帕拍村的公路边和农户的房前屋后；古茶树生长区域的海拔在 1970m ~ 1987m 之间。其代表性植株有帕拍 1 号古茶树、帕拍 2 号古茶树、帕拍 3 号古茶树等。

图 302：帕拍村的古茶树园

帕拍 1 号古茶树

杂交种古茶树，见图 303。位于沧源县糯良乡帕拍村委会帕拍村民小组，东经 99° 37′ 28″，北纬 23° 12′ 38″，海拔 2013m。树型小乔木，树姿开张，树高 9.7m，树幅 8.6m×9.6m，基部干围 1.1m，分枝密，最低分枝高为 0.55m；成熟叶片长宽 15.8cm×6.9cm，叶形长椭圆形，叶色绿，近圆形，叶脉 11 对，叶身稍背卷，叶尖渐尖，叶面平，叶缘微波，叶质硬，叶柄、主脉、叶背茸毛较少，叶齿为少锯齿形，芽叶黄绿色，芽叶茸毛少；萼片 5 片、绿色、无茸毛，花柄、花瓣无茸毛，花冠 6.2cm×5.8cm，花瓣 10 枚、白色、质地厚，花柱 5 裂，花柱裂位深，子房有茸毛。长势强。

图 303：帕拍 1 号古茶树

帕拍 2 号古茶树

杂交种古茶树，见 304。位于沧源县糯良乡帕拍村委会帕拍村民小组，东经 99° 37′ 16″，北纬 23° 31′ 26″，海拔 1999m。树型小乔木，树姿半开张，树高 11.4m，树幅 8.3m×9.1m，基部干围 1.64m，分枝密度中等，最低分枝高为 0.3m；成熟叶片长宽 12.8cm×6.1cm，叶形长椭圆形，叶色绿，近圆形，叶脉 9 对，叶身稍背卷，叶尖渐尖，叶面平，叶缘微波，叶质硬，叶柄、主脉、叶背茸毛较少，叶齿为少锯齿形，芽叶黄绿色，芽叶茸毛少；萼片 5 片、绿色、无茸毛。花柄、花瓣无茸毛，花冠 4.2cm×5.1cm，花瓣 10 枚、白色、质地厚，花柱 5 裂，花柱裂位深，子房有茸毛。长势较强。

图 304：帕拍 2 号古茶树

帕拍 3 号古茶树

栽培种古茶树，大理茶种（*C. taliensis*），见图305。位于沧源县糯良乡帕拍村委会帕拍村民小组，北纬 23°18′36″，东经 99°22′16″，海拔 1952m。树型小乔木，树姿半开张，树高 7m，树幅 3.1m×4.2m，基部干围 0.75m，分枝稀，最低分枝高为 0.34m；成熟叶片长宽 11.5cm×5.3cm，叶形长椭圆形，叶色绿，叶基楔形，叶脉 7或8 对，叶身内折，叶尖渐尖，叶面微隆，叶缘微波，叶质软，叶柄、主脉、叶背无茸毛，叶齿为锯齿形，芽叶紫绿色，芽叶无茸毛；萼片 5 片、绿色、无茸毛，花柄、花瓣无茸毛，花冠 5.1cm×4.3cm，花瓣 6 枚、白色、质地厚，花柱 5 裂，花柱裂位浅，子房有茸毛。长势强。

图 305：帕拍 3 号古茶树

帕拍 4 号古茶树

野生种古茶树，大理茶种（*C. taliensis*），见图306。位于沧源县糯良乡帕拍村委会帕拍村民小组，东经 99°22′16″，北纬 23°18′36″，海拔 1962m。树型小乔木，树姿半开张，树高 5.5m，树幅 3.8m×4.2m，基部干围 0.85m，分枝稀，最低分枝高为 0.20m，嫩枝无茸毛；成熟叶片长宽 12.6cm×1.6cm，叶形长椭圆形，叶色绿，叶基楔形，叶脉 6或7 对，叶身内折，叶尖渐尖，叶面平，叶缘微波，叶质硬，叶柄、主脉、叶背无茸毛，叶齿为锯齿形，芽叶紫绿色，芽叶无茸毛；萼片 5 片、绿色、无茸毛，花柄、花瓣无茸毛，花冠 5.1cm×4.3cm，花瓣 12 枚、白色、质地厚，花柱 5 裂，花柱裂位浅，子房有茸毛。长势强。

图 306：帕拍 4 号古茶树

帕拍 5 号古茶树

栽培种古茶树，普洱茶种（*C. assamica*），见图 307。位于沧源县糯良乡帕拍村委会帕拍村民小组，东经 99° 22′ 23″，北纬 23° 18′ 58″，海拔 1941m。树型小乔木，树姿开张，树高 15m，树幅 7.9m×5.2m，基部干围 1.33m，分枝密，最低分枝高为 0.20m，嫩枝有茸毛；成熟叶片长宽 17.6cm×5.6cm，叶形长椭圆形，叶色绿，叶基楔形，叶脉 9 对，叶身稍背卷，叶尖急尖，叶面隆起，叶缘微波，叶质柔软，叶柄、主脉、叶背少茸毛，叶齿为锯齿形，芽叶黄绿色，芽叶多茸毛；萼片 5 片、绿色、无茸毛，花柄、花瓣无茸毛，花冠 5.4cm×4.8cm，花瓣 7 枚、白色、质地薄，花柱 3 裂，花柱裂位深，子房有茸毛。长势强。

图 307：帕拍 5 号古茶树

帕拍 6 号古茶树

栽培种古茶树，普洱茶种（*C. assamica*），见图 308。位于沧源县糯良乡帕拍村委会帕拍村民小组，东经 99° 22′ 20″，北纬 23° 16′ 18″，海拔 1940m。树型小乔木，树姿开张，分枝密，树高 15m，树幅 6.9m×4.2m，基部干围 1.03m，最低分枝高为 0.20m，嫩枝有茸毛；成熟叶片长宽 14.6cm×5.6cm，叶形长椭圆形，叶色绿，叶基楔形，叶脉 9 或 10 对，叶身稍背卷，叶尖急尖，叶面隆起，叶缘微波，叶质柔软，叶柄、主脉、叶背少茸毛，叶齿为锯齿形，芽叶黄绿色，芽叶多茸毛；萼片 5 片、绿色、无茸毛，花柄、花瓣无茸毛，花冠 4.4cm×3.8cm，花瓣 7 枚、白色、质地薄，花柱 3 裂，花柱裂位深，子房有茸毛。长势强。

图 308：帕拍 6 号古茶树

3. 沧源县勐来乡

勐来乡位于沧源县中部，地处东经 99° 34′ ~ 99° 43′，北纬 23° 04′ ~ 23° 30′ 之间，地域面积 188.00km²；下设 9 个村委会，有 48 个自然村，74 个村民小组。

勐来乡属于典型的喀斯特地理特征，境内沟壑纵横，有险、奇、秀、丽的勐来峡谷，千年古迹崖画居群，千姿百态的司岗里及被称为"活化石"的桫椤、董棕林等珍稀植物。属南亚季风气候，但海拔高差大，立体气候明显，既有低热河谷，也有冷凉山区，其山地面积占 98%，森林覆盖率为 36.8%。

勐来乡现存的古茶树不多，主要分布在班列村委会一带。代表性植株有班列 1 号古茶树等。

班列 1 号古茶树

野生古茶树，老黑茶种（*C. atrothea*），见图 309。位于沧源县勐来乡班列村宋来水库旁，东经 99° 12′ 07″，北纬 23° 23′ 27″，海拔 2195m。树型小乔木，树姿开张，树高 15m，树幅 5.3m×5.8m，基部干围 1.85m，分枝密，最低分枝高为 0.25m，嫩枝无茸毛；成熟叶片长宽 16.1cm×6.3cm，叶形椭圆形，叶色深绿色，叶基楔形，叶脉 7 对，叶身平，叶面平，叶缘微波，叶质硬，叶尖渐尖，叶柄、主脉、叶背无茸毛，叶齿为少齿形，芽叶黄绿色，芽叶无茸毛；萼片 5 片、绿色、无茸毛，花柄、花瓣无茸毛，花冠 5.8cm×5.7cm，花瓣 11 枚、白色、质地厚，花柱 5 裂，花柱裂位浅，子房有茸毛。长势强。

图 309：班列 1 号古茶树

第五章　楚雄州篇

一、楚雄州古茶树资源概述

楚雄彝族自治州为云南省下辖的 8 个少数民族自治州之一，地处云南省中北部，位于东经 100° 43′ ~ 102° 32′，北纬 24° 13′ ~ 26° 30′ 之间，东西最大横距 175km，南北最大纵距 247.5km。地域面积为 2.93 万 km²；东靠昆明市，西接大理白族自治州，南连普洱市和玉溪市，北临四川省攀枝花市和凉山彝族自治州，西北隔金沙江与丽江市相望。州内地势大致由西北向东南倾斜，其间山峦叠嶂，诸峰环拱，谷地错落，溪河纵横，境内多山，气候温和，资源丰富。全州辖 1 市 9 县，下设 59 个镇、44 个乡（其中 4 个民族乡），有 80 个社区、1019 个村委会。州人民政府驻楚雄市。

楚雄州茶叶种植区主要为楚雄市、双柏县、南华县、牟定县的山区、半山区。全州茶树种植面积现已不多。2012 年，全州茶园总面积为 50566 亩，其中，无性系良种面积为 310 亩，投产面积 39227 亩；全州有茶场 171 个，涉及茶农 11200 人，从事茶叶产业的人数约 1140 人。2012 年，茶叶总产量 822.2 吨，总产值 2779.44 万元，茶叶产值占全州农业总产值的 0.13%，在经济作物中排名靠后。

楚雄州的古茶树资源主要分布于楚雄市的西舍路镇、双柏县的鄂嘉镇、南华县兔街镇和马街镇境内的哀牢山主脉区域。现存的野生种古茶树和栽培种古茶树的总分布面积约为 6900 亩，其中，野生种古茶树资源面积约 4500 亩，有野生古茶树约 3 万株；栽培种古茶树资源面积约 2400 亩，有古茶树约 5000 株。古茶树皆为零星分布，生长在森林中或山地、村寨周围。

根据张宏达山茶属（1998 年）的分类，楚雄州古茶树资源属老黑茶（*C. atrothea*）、大理茶（*C. taliensis*）、普洱茶（*C. assmica*）和茶（*C. sinensis*）等 4 个种。

二、楚雄州古茶树代表性植株

（一）楚雄市

楚雄市位于云南省中部，是楚雄彝族自治州的首府，地域面积 4433.00km²，东距云南省会昆明 162km，西距大理州的大理市 178km，是"滇中四城"的核心组成部分，同时也是滇中产业新区的主战场。楚雄市辖区内有省级楚雄经济技术开发区，全市下辖 12 个镇 3 个乡（鹿城镇、东瓜镇、吕合镇、东华镇、子午镇、苍岭镇、三街镇、中山镇、八角镇、紫溪镇、新村镇、西舍路镇、树苴乡、大过口乡、大地基乡），设有 21 个社区、132 个村委会，有 2859 个村（居）民小组。市人民政府驻鹿城镇。

楚雄市目前尚存的古茶树资源主要分布在境内哀牢山自然保护区核心区的西舍路镇，数量约 3000 多株。分布特点为"大分散"，"小集中"；古茶树大多生长于山地的地埂边，大多为单株散生，群生很少。

西舍路镇

西舍路镇位于楚雄市西南部，地处哀牢山国家级自然保护区的腹地，地域面积 381.00km²；下设 11 个村委会，有 233 个村民小组。

西舍路镇气候条件十分适宜茶树生长。全镇现存的古茶树约 2.84 万株，主要分布于闸上村委会（约 530 株）、保甸村委会（约 70 株）、清水河村委会（约 185 株）、安乐甸村委会（43 株）、达诺村委会（约 152 株）、新华村委会（约 95 株）、岔河村委会（约 11 株）、朵苴村委会（约 400 株）、德波苴村委会（约 140 株）和西舍路村委会（约 20 株），总分布面积约 1400 亩。代表性植株有大冷山干沟古茶树、鹦歌水井古茶树、羊厩房古茶树、鲁大村古茶树、朵苴村古茶树等。

图 310：西舍路镇达诺村委会鹦歌水井古茶树居群

大冷山干沟1号古茶树

野生种古茶树，厚轴茶种（*C. crassi-columna*），见图311。位于楚雄市西舍路镇朵苴村委会朵拖村民小组大冷山的干沟坡，东经 101°05′50.67″，北纬 24°56′8.4″，海拔 2311m。树型乔木，树姿直立，分枝稀，树高 9.7m，树幅 4.5m×6m，基部干围 1.85m；叶形椭圆形，成熟叶片长 12.9cm、宽 4.9cm；叶色深绿，叶面平，叶身微隆起，叶缘微波，叶尖渐尖，叶基楔形，叶质中，叶脉 9 或 10 对，叶梗、主脉、叶背少茸毛，芽叶色泽绿色。目前长势较强。

图 311：大冷山干沟1号古茶树

225

鹦歌水井 1 号古茶树

野生种古茶树，老黑茶种（*C. atrothea*）见图 312 和图 313。位于楚雄市西舍路镇达诺村委会鹦歌水井村民小组农户罗存国家的住房后（在住房西边约 10m 处），东经 101° 02′ 25.92″，北纬 24° 43′ 04.8″，海拔 2164.8m。树型小乔木，树姿半开张，分枝密，树高 13.5m，树幅 6.0m×7.0m，基部干围 2.8m，最低分枝高为 0.7m；叶形椭圆形，成熟叶片长 13.4cm、宽 6.7cm；叶脉 11 对，叶色深绿，叶面平，叶身内折，叶缘微波，叶尖渐尖，叶基楔形，叶质硬，叶梗主脉、叶背少茸毛，芽叶色泽绿色，多茸毛；萼片 5 片，多茸毛，绿色；花柱裂位深，柱头长 1.3cm，裂数 4 裂，子房有茸毛，花冠 5.3cm×4.8cm，花瓣 8 或 9 枚，花瓣白色，花瓣质地中。目前长势较强。

图 312：鹦歌水井 1 号古茶树

图 313：鹦歌水井 1 号古茶树基部

鹦歌水井 2 号古茶树

野生种古茶树，老黑茶种（*C. atro-thea*），见图 314。位于楚雄市西舍路镇达诺村委会鹦歌水井村民小组进村车路边梯地的地埂上，东经 100° 02′ 38.36″，北纬 24° 43′ 08.4″，海拔 2128.3m。树型小乔木，树姿半开张，分枝密度中，树高 13.5m，树幅 3.9m×3.6m，基部干围 1.2m，最低分枝高 0.35m；叶形椭圆形，成熟叶片长 13.6cm、宽 6.4cm，叶脉 11～13 对，叶色绿，叶面微隆起，叶身内折，叶缘微波，叶尖渐尖，叶基楔形，叶质硬，叶梗、主脉、叶背茸毛较多，芽叶色泽绿色，多茸毛；萼片 5 片，多茸毛，绿色，花柱 3 裂，裂位深，子房有茸毛，花冠 4.2cm×4.8cm，花瓣 7 或 8 枚、白色、质地中。目前长势较强。

图 314：鹦歌水井 2 号古茶树

图 315：鹦歌水井 3 号古茶树

鹦歌水井 3 号古茶树

栽培种古茶树，普洱茶种（*C. assamica*），见图 315。位于楚雄市西舍路镇达诺村委会鹦歌水井进村车路边梯地的地埂上，东经 100° 02′ 38.49″，北纬 24° 43′ 10.19″，海拔 2126.1m。树型小乔木，树姿半开张，分枝密度中，树高 6m，树幅 4.5m×4.5m，基部干围 1.1m，最低分枝高 0.35m；叶形椭圆形，成熟叶片长 12.4cm、宽 5.1cm，叶脉 13 对，叶色绿，叶面微隆起，叶身稍内折，叶缘微波，叶尖渐尖，叶基楔形，叶质硬，叶梗、主脉、叶背茸毛较多，芽叶色泽绿色，多茸毛；萼片 5 片，有茸毛，绿色，花柱 3 裂，裂位深，子房有茸毛，花冠 4.3cm×4.6cm，花瓣 8 枚、白色、质地中。目前长势较强。

羊厩房 1 号古茶树

野生种古茶树，老黑茶种（ *C. atro-thea* ），见图316。位于楚雄市西舍路镇安乐甸村委会羊厩房村民小组农户鲁发旺家住宅边，东经101°02′12.74″，北纬24°43′38.19″，海拔2112.2m。树型乔木，树姿半开张，分枝密度中，树高12m，树幅9.5m×8.5m，基部干围2.4m，最低分枝高0.9m；叶形椭圆形，成熟叶片长12.9cm，叶宽6.2cm，叶脉8~10对，叶色绿，叶面微隆起，叶身内折，叶缘微波，叶尖渐尖，叶基楔形，叶质硬，叶梗、主脉、叶背无茸毛，芽叶色泽绿色，多茸毛；萼片5片，多茸毛，绿色，花柱3裂，裂位中，子房有茸毛，花冠6.3cm×6.0cm，花瓣9或10枚、白色、质地中。目前长势较强。

图316：羊厩房1号古茶树

羊厩房 2 号古茶树

野生种古茶树，老黑茶种（ *C. atro-thea* ），见图317和图318。位于楚雄市西舍路镇安乐甸村委会羊厩房村民小组农户李开崇家住宅边，东经101°02′18.31″，北纬24°43′11.49″，海拔2102.6m。树型乔木，树姿半开张，分枝密度中，树高15m，树幅9.5m×8.8m，基部干围2.8m，最低分枝高0.9m；叶形为椭圆形，成熟叶片长13.74cm、宽5.64cm；叶脉8~11对，叶色绿，叶面微隆起，叶身内折，叶缘微波，叶尖渐尖，叶基楔形，叶质硬，叶梗、主脉、叶背无茸毛，芽叶色泽绿色，多茸毛；萼片5片，多茸毛，绿色，花柱3裂，裂位中，子房有茸毛，花冠5.7cm×6.2cm，花瓣9枚、白色、质地中。目前长势较强。

图317：羊厩房2号古茶树

图318：羊厩房2号古茶树基部

图319：羊厩房3号古茶树

羊厩房3号古茶树

野生种古茶树，老黑茶种（*C. atro-thea*），见图319。位于楚雄市西舍路镇安乐甸村委会羊厩房村民小组农户鲁发正家住宅边，东经101°02′10.96″，北纬24°43′42.22″，海拔2100.3m。树型乔木，树姿直立，分枝密度稀，树高12m，树幅6.8m×5.4m，基部干围1.6m，最低分枝高1.7m；叶形椭圆形，成熟叶片长12.6cm、宽5.8cm，叶脉7～9对；叶基楔形，叶色深绿，叶身内折，叶面微隆起，叶缘微波，叶尖渐尖，叶质硬，叶梗、主脉、叶背无茸毛，芽叶色泽绿色，多茸毛；萼片5片，多茸毛，绿色，花柱3或4裂，裂位中，子房有茸毛，花冠5.8cm×5.5cm，花瓣8枚、白色、质地中。目前长势较强。

229

羊厩房 4 号古茶树

野生种古茶树，老黑茶种（*C. atro-thea*），见图 320。位于楚雄市西舍路镇安乐甸村委会羊厩房村民小组农户鲁发军家的承包地内，东经 101° 02′ 13.27″，北纬 24° 43′ 42.29″，海拔 2098.3m。树型乔木，树姿半开张，分枝密度中，树高 11.10m，树幅 5.0m×5.6m，基部干围 1.80m，最低分枝高 0.95m；叶形椭圆形，成熟叶片长 13.4cm、宽 6.3cm，叶脉 9~12 对，叶色绿，叶面微隆起，叶身内折，叶缘微波，叶尖渐尖；叶基楔形，叶质硬，叶梗、主脉、叶背无茸毛，芽叶色泽绿色，多茸毛；萼片 5 片，多茸毛，绿色，花柱 3 或 4 裂，裂位中，子房有茸毛，花冠 5.8cm×6.3cm，花瓣 9 或 10 枚、白色、质地中。目前长势较强。

图 320：羊厩房 4 号古茶树

鲁大村 1 号古茶树

野生种古茶树，老黑茶种（*C. atro-thea*），见图 321、图 322 和图 323。位于楚雄市西舍路镇汪家场村委会鲁大村村民小组（村东约 50m 处），海拔 2075m。树型乔木，树姿开张，树高 9.6m，树幅 7.30m×7.60m，基部干围 2.57m，最低分枝高 0.65m，分枝密度密；叶形为卵圆形、椭圆形，叶色绿、有光泽，成熟叶片长 15.3cm、宽 7.9cm；叶面平或微隆，叶缘平、微波，叶身平，叶尖钝尖、渐尖，叶基形状楔或半圆，叶脉 9~12 对，叶质厚，叶齿锐、浅、稀不明显。芽叶色泽绿，芽叶茸毛中；花冠 5.7cm×5.3cm，萼片 5 或 6 片，裂数 5 裂，裂位 1/2 ~1/3，花瓣 8~11 瓣，花色白色，萼片多茸毛，子房有茸毛。目前长势较强。

图 321：鲁大村 1 号古茶树

图 322：鲁大村 1 号古茶树基部

图 323：鲁大村 1 号古茶树标本

图 324：朵苴村 1 号古茶树

朵苴村 1 号古茶树

野生种古茶树，老黑茶种（*C. atro-thea*），见图 324。位于楚雄市西舍路镇朵苴村委会朵苴新村村民小组（在朵苴村西南 3.5km 处），海拔 1850m。树型小乔木，树姿直立，树高现为 5.0m，树幅 3.0m×3.0m，基部干围 1.55m，分枝密度稀。叶形为披针形，成熟叶片长 15.3cm、宽 5.6cm；叶色为黄绿色，叶面平，叶缘平或波，叶着生状下垂，叶身稍内折，叶尖锐尖、渐尖，叶基形状楔形，叶脉 10～13 对，叶质中，较脆，叶齿锐、浅、中，芽叶色泽绿、茸毛中；萼片 5 或 6 片，裂数 3 或 4 裂，裂位 1/2～1/3，花瓣 8～11 瓣，花色白，萼片茸毛多，子房茸毛多。原用于采制晒青，因其味恶苦，现已不采制。

祭龙村古茶树

栽培种古茶树，普洱茶种（*C. assamica*），当地俗称白芽茶，见图325。位于楚雄市西舍路镇新华村委会祭龙村（村东南约100m处）；海拔2000m。树型小乔木，树姿直立，树高5m，树幅2.50m×2.90m，基部干围0.45m，最低分枝高1m，分枝密度密；叶形长椭圆，成熟叶片长12.2cm、宽4.5cm；叶色绿色，叶面微隆，叶缘微波或平，叶着生状水平、下垂，叶身平、稍内折，叶尖渐尖、尾尖，叶基形状楔形，叶脉11～13对，叶质软、有光泽，叶齿锐、浅、中，芽叶色泽黄绿，芽叶茸毛多；花冠2.7cm×2.8cm，萼片5片，柱头3裂，萼片无茸毛，子房多茸毛，花瓣5或6瓣，花色白中带绿。

图325：祭龙村古茶树

（二）双柏县

双柏县位于楚雄州南部，哀牢山以东，金沙江与红河水系分水岭南侧，地处楚雄州、玉溪市、普洱市三州市交界处，地域面积4045.00km²，东与易门县、禄丰县毗邻，南与玉溪市新平县、峨山县交界，西与普洱市景东县、镇沅县相连，北与楚雄市接壤；全县辖5镇3乡（妥甸镇、大庄镇、法脿镇、鄂嘉镇、大麦地镇、安龙堡乡、倮尼山乡、独田乡），下设2个社区、82个村委会，有1540个村民小组，1845个自然村。县人民政府驻妥甸镇。

双柏县为山区，山区面积占国土面积的99.7%，境内最高海拔2946m，最低海拔556m，相对高差2390m。

双柏县境内的野生种古茶树和栽培种古茶树资源主要分布在县境内的哀牢山脉中的鄂嘉镇，约4.5万亩。古茶树均为单株生长，集中分布在海拔1500m～2500m高寒冷凉山区的原始森林中，仅有少数生长在农户住宅的前后和农田地埂边。代表性植株有上龙树村古茶树、茶树村古茶树、梁子村古茶树、榨房村1号古茶树、上村古茶树、竹林山古茶树、大丫口古茶树。

双柏县鄂嘉镇

鄂嘉镇14个村委会中有义隆、茶树、红山、麻旺、老厂、旧丈、密架、阳太、鄂嘉、新厂等10个村委会都尚存不少古茶树，但古茶树生长的地点相当分散，分布范围遍及当地30km²～50km²的区域。

上龙树村古茶树

栽培种古茶树，普洱茶种（*C. assamica*），见图326。位于双柏县鄂嘉镇义隆村委会上龙树村民小组的农户李富全家的菜地边，东经101°17′43″，北纬24°23′03″，海拔1654m。树型小乔木，树姿半开张，分枝密度中，树高8.4m，树幅5.8m×5.2m，基部干围1.27m，最低分枝高1.2m；叶形为椭圆形，成熟叶片长10.94cm、宽3.7cm；叶脉8或9对，叶色深绿，叶面微隆起，叶身稍内折，叶缘微波，叶尖渐尖，叶基楔形，叶质中，叶梗、主脉、叶背茸毛中，芽叶玉白色，茸毛多。目前长势较强。

图326：上龙树村古茶树

茶树村古茶树

野生种古茶树，大理茶种（*C. taliensis*），见图327。位于双柏县鄂嘉镇老厂村委会茶树村村民小组，东经101°11′41″，北纬24°23′37.5″，海拔2398m。树型小乔木，树姿直立，分枝密度中，树高7.5m，树幅6.30m×6.50m，基部干围2.95m，最低分枝高0.75m，一级分枝5枝；叶形为椭圆形，成熟叶片长13.6cm、宽4.5cm，叶脉9或10对，叶色绿，叶面平，叶身内折，叶缘微波，叶尖渐尖，叶基楔形，叶质中，叶梗、主脉、叶背无茸毛，芽叶紫绿色、无茸毛。目前长势强。

图327：茶树村古茶树

梁子村1号古茶树

野生种古茶树，老黑茶种（ *C. atrothea* ），见图328。位于双柏县鄂嘉镇老厂村委会梁子村民小组农户李有才承包地的地埂边，东经101°13′04″，北纬24°24′42.9″，海拔1965m。树型乔木，树姿半开张，树高12.0m，树幅8.6m×8.7m，基部干围3.2m，最低分枝高0.4m，分枝密；叶形为椭圆形，叶色为绿色，成熟叶片长14.6cm、宽5.7cm；叶身平，叶面平，叶缘平，叶尖渐尖，叶基楔形，叶脉10或11对，叶质硬，叶齿疏、浅，芽叶绿色、茸毛多。萼片5片、绿色、有茸毛，花冠6.7cm×5.8cm，柱头裂数3~5裂，花瓣6瓣，花色白色，子房多茸毛。目前长势较强。

图328：梁子村1号古茶树

梁子村2号古茶树

野生种古茶树，老黑茶种（ *C. atrothea* ），见图329。位于双柏县鄂嘉镇老厂村委会梁子村民小组农户李有才等承包地新植核桃林的地埂边，东经101°13′04″，北纬24°24′43.8″，海拔1951m。2013年11月13日，云南省茶业协会组织的专家组现场考察后认为，其形态特征与以往调查的数据记录差异较大，故其种名有待进一步研究后才能确定。树型乔木，树姿半开张，树高14.5m，树幅11.2m×10.9m，基部干围3.35m，最低分枝高0.78m，分枝密度中；叶为椭圆形，叶色为绿色，成熟叶片长14.8cm×5.5cm，叶身平，叶面平，叶缘平，叶尖渐尖，叶基楔形，叶脉11~13对，叶质硬，叶齿疏、浅，芽叶绿色，芽叶茸毛多；萼片5片、绿色、有茸毛，花冠6.7cm×5.8cm，柱头裂数3或4裂，花瓣9瓣，花色白色，子房多茸毛。目前长势强。

图329：梁子村2号古茶树

榨房村 1 号古茶树

野生种古茶树，当地俗称大黑茶，属滇缅茶种（*C.irrawadiensis*），见图330和图331。位于双柏县鄂嘉镇大红山村委会榨房村民小组东北10m处，东经101°09′06″，北纬24°30′12.6″，海拔2000m。树型乔木，树姿半开张，树高7.30m，树幅5.60m×5.30m，基部干围1.35m，最低分枝高0.52m，分枝密度密；叶为长椭圆形，叶色为绿色，成熟叶片长13.5cm、宽6.3cm；叶面微隆，叶缘平、微波，叶身平，叶尖渐尖，叶尾尖，叶基楔形，叶脉8~11对，叶质中，叶齿锐、深、中；花冠4.2cm×4.1cm，萼片6或7片，裂数3~5裂，花瓣7~9枚，萼片有少量毛，子房多毛。目前长势较强。

图 330：榨房村 1 号古茶树

图 331：榨房村 1 号古茶树基部

上村古茶树

栽培种古茶树，茶种（*C. sinensis*），见图332。位于双柏县鄂嘉镇义隆村委会上村村民小组农户李天云家承包地的地埂边（该村后西北10m处），东经101°13′43″，北纬24°23′03″，海拔1450m。树型小乔木，树姿半开张，树高4.90m，树幅4.40m×4.40m，基部干围0.84m，最低分枝高0.40m，分枝密度中；叶形为椭圆形，叶色绿色，成熟叶片长9.0cm、宽3.4cm；叶面平，叶缘平，叶身平，叶尖渐尖，叶基楔形，叶脉7对，叶质中，叶齿锐、中、深，芽叶为黄绿色，芽叶多茸毛；花冠3.1cm×2.45cm，萼片4或5片，花柱3或4裂，萼片绿带红色，花瓣5~7枚，花瓣白色、桃红色，萼片无茸毛，子房多茸毛。目前长势较强。

图332：上村古茶树

图333：竹林山古茶树

竹林山古茶树

栽培种古茶树，茶种（*C. sinensis*），见图333。位于双柏县鄂嘉镇旧丈村委会竹林山村民小组农户赵文魁家承包地，海拔1900m。树型小乔木，树姿开张，树高4.90m，树幅4.40m×4.50m，基部干围1.15m，分枝密度中；叶形椭圆形，叶色绿，成熟叶片长9.0cm、宽3.4cm等；叶面平，叶缘平，叶身平，叶尖渐尖，叶基楔形，叶脉8对，叶质中，叶齿锐、中、深，花冠3.6cm×4.3cm，芽叶为黄绿色、茸毛多，萼片5片，花柱3或4裂，花瓣5~7枚，花瓣为白色、桃红色，萼片无茸毛，子房多茸毛。目前长势较强。

大丫口古茶树

栽培种古茶树，茶种（*C. sinensis*），见图334和图335。位于双柏县鄂嘉镇旧麻旺村委会大丫口村民小组，海拔1760m。树型小乔木，树姿开张，树高8.7m，树幅6.0m×6.8m，基部干围2.16m，分枝密度中；叶形椭圆形，叶色绿，成熟叶片长11.3cm、宽4.4cm；叶面平，叶缘平，叶身平，叶尖渐尖，叶基楔形，叶脉8或9对，叶质中，叶齿锐、中、深，芽叶为黄绿色、茸毛多；花冠3.5cm×4.3cm，萼片5片，花柱3或4裂，花瓣6或7枚，花瓣白色，萼片有睫毛，子房多茸毛。目前长势较强。

图334：大丫口古茶树

图335：大丫口古茶树基部

（三）南华县

南华县地处楚雄州西部，东经 100° 44′ ~ 101° 20′，北纬 24° 44′ ~ 25° 21′ 之间，土地面积 2343km²。全县辖 6 镇 4 乡（其中 1 个民族乡），即龙川镇、沙桥镇、五街镇、红土坡镇、马街镇、兔街镇、雨露白族乡、一街乡、罗武庄乡、五顶山乡，下设 5 个社区、123 个村委会，有 1489 个村民小组；县人民政府驻龙川镇。

南华县种植茶树的历史较早，据当地的《镇南县志》记载：1909 年，阿雄乡（今南华县马街镇）就有茶园。南华县至今还保存有野生种古茶树和栽培种古茶树，主要分布在兔街镇和马街镇，但其生长地点十分分散，现存的数量约 1500 余株。

1. 南华县马街镇

马街镇位于南华县西南部，地域面积 188.00km²；下设 13 个村委会，有 134 个村民小组。

马街镇境内的国家级大中山自然保护区原始森林古老、生态环境优良、植物资源丰富。该镇现存的古茶树主要分布在马街镇的威车村委会的高寒山区，已发现古茶树的数量有几十株。其代表性植株有丁家村古茶树、兴榨房村古茶树等。

图 336：丁家村 1 号古茶树

丁家村 1 号古茶树

栽培种古茶树，普洱茶种（*C. assamica*），见图 336。位于南华县马街镇威车村委会丁家村村民小组，东经 100° 55′ 38.3″，北纬 24° 47′ 43.3″，海拔 1652m。树型小乔木，树姿开张，分枝密度中，树高 6.6m，树幅 5.6m × 6.3m，基部干围 1.52m；叶为椭圆形，成熟叶片长 15.6cm、宽 5.8cm；叶脉 8 ~ 10 对，叶色绿，叶面微隆起，叶身稍内折，叶缘微波，叶尖渐尖，叶基楔形，叶质硬，叶梗、主脉、叶背茸毛较多，芽叶绿色，多茸毛；萼片 5 片，有茸毛，绿色，花柱 3 裂，裂位深，子房有茸毛，花冠 4.8cm × 4.9cm，花瓣 7 枚、白色、质地薄。目前长势较强。

丁家村 2 号古茶树

栽培种古茶树，普洱茶种（*C. assamica*），见图 337。位于南华县马街镇威车村委会丁家村村民小组，东经 100° 55′ 36.3″，北纬 24° 47′ 44.0″，海拔 1652m。树型小乔木，树姿开张，分枝密度中，树高 5.5m，树幅 3.7m×3.2m，基部干围 1.10m；叶为椭圆形，成熟叶片长 15.3cm、宽 5.2cm；叶脉 8~10 对，叶色绿，叶面微隆起，叶身稍内折，叶缘微波，叶尖渐尖，叶基楔形，叶质硬，叶梗、主脉、叶背茸毛较多，芽叶绿色，多茸毛；萼片 5 片，有茸毛，绿色，花柱 3 裂，裂位深，子房有茸毛，花冠 5.1cm×4.9cm，花瓣 7 枚、白色、质地薄。目前长势较强。

图 337：丁家村 2 号古茶树

兴榨房 1 号古茶树

野生种古茶树，老黑茶种（*C. atrothea*），见图 338。位于南华县马街镇威车村委会兴榨房村村民小组，东经 100° 55′ 16.6″，北纬 24° 47′ 34.9″，海拔 1784m。树型小乔木，树姿直立，分枝密度稀，树高 7.9m，树幅 2.7m×2.7m，基部干围 0.8m，最低分枝高 0.2m；叶形椭圆形，成熟叶片长 13.6cm、宽 4.8cm，叶脉 9 对，叶色深绿，叶面平，叶身内折，叶缘平，叶尖渐尖，叶基楔形，叶质硬，叶梗、主脉、叶背无茸毛，芽叶绿色，少茸毛；萼片 5 片，多茸毛，绿色，花柱 5 裂，裂位深，子房有茸毛，花冠 7.2cm×6.4cm，花瓣 10 或 11 枚、白色、质地厚。目前长势较强。

图 338：兴榨房 1 号古茶树

兴榨房 2 号古茶树

野生种古茶树，老黑茶种（*C. atrothea*），见图339。位于南华县马街镇威车村委会兴榨房村村民小组，东经 100° 55′ 14.2″，北纬 24° 47′ 36.5″，海拔 1772m。树型小乔木，树姿半开张，分枝密度稀，树高 5.8m，树幅 3.3m×4.2m，基部干围 1.5m，最低分枝高 0.2m；叶为椭圆形，成熟叶片长 14.6cm、宽 5.2cm，叶脉 9～11 对，叶色深绿，叶面平，叶身内折，叶缘平，叶尖渐尖，叶基楔形，叶质硬，叶梗、主脉、叶背无茸毛，芽叶绿色，少茸毛；萼片 5 片，多茸毛，绿色，花柱 5 裂，裂位深，子房有茸毛，花冠 5.7cm×6.4cm，花瓣 10 或 11 枚、白色、质地厚。目前长势较强。

图 339：兴榨房 2 号古茶树

图 340：兴榨房 3 号古茶树

兴榨房 3 号古茶树

野生种古茶树，老黑茶种（*C. atrothea*），见图340。位于南华县马街镇威车村委会兴榨房村民小组农户董永福住房后，海拔 1780m。树型乔木，树姿半开张，树高 7.70m，树幅 3.20m×3.50m，基部干围 1.60m，分枝密度中，最低分枝高 1.30m；叶形为椭圆形，叶色绿、有光泽，成熟叶片长 15.6cm、宽 6.3cm，叶面平、微隆，叶缘平或波，叶身稍内折或背卷，叶尖渐尖，叶基楔形，叶脉 9～13 对；叶质厚，叶齿中、浅、稀，芽叶色泽绿，多茸毛；花冠 5.6cm×5.5cm，花柱 4 或 5 裂，裂位深，萼片 5 片，花瓣 9～11 枚，子房多茸毛。目前长势较强。

2. 南华县兔街镇

兔街镇位于南华县西南部，地域面积 174.00km²，下设 11 个村委会。

南华县的茶树种植主要集中在兔街镇。2012 年，全镇茶园面积为 11321 亩，为全县茶园总面积的 86.21%；采摘面积为 10890 亩，为全县采摘总面积 88.26%；茶叶产量为 265.16 吨，为全县茶叶总产量 98.99%；茶业产值 546.23 万元，为全县茶业总产值的 97.12%。

兔街镇现存的古茶树主要分布在干龙潭村委会的上村村民小组和下村村民小组，尚存的约有 1000 株。古茶树皆为零星分布，多为单株生长于农户承包的山地或村寨的房前屋后。古茶树的代表性植株有上村 1 号古茶树、下村 1 号古茶树、领干村古茶树、梅子箐古茶树等。

图 341：干龙潭村委会上村古茶树居群

上村 1 号古茶树

野生种古茶树，老黑茶种（*C. atrothea*），见图342。位于南华县兔街镇干龙潭村委会上村村民小组，东经100°50′50.9″，北纬24°45′49.2″，海拔2088m。树型小乔木，树姿半开张，树高4.50m，树幅3.60m×3.50m，基部干围0.6m，分枝密度稀，最低分枝高0.20m；叶为椭圆形，成熟叶片长14.3cm、宽5.4cm，叶脉6～9对，叶色深绿，叶面平，叶身内折，叶缘平，叶尖渐尖，叶基楔形，叶质硬，叶梗、主脉、叶背无茸毛，芽叶绿色，少茸毛；萼片5片，多茸毛，绿色，花柱4或5裂，裂位中，子房有茸毛，花冠直径7.3cm×7.2cm，花瓣10或11枚、白色、质地厚。目前长势较强。

图342：上村1号古茶树

图343：上村2号古茶树

上村 2 号古茶树

野生种古茶树，老黑茶种（*C. atrothea*），见图343。位于南华县兔街镇干龙潭村委会上村村民小组，东经100°50′59.1″，北纬24°46′03.6″，海拔2108m。树型小乔木，树姿半开张，树高8.0m，树幅5.8m×3.9m，基部干围1.19m，分枝密度稀，最低分枝高0.4m；叶为椭圆形，成熟叶片长17.1cm、宽6.7cm，叶脉9～11对，叶色深绿，叶面平，叶身内折，叶缘平，叶尖渐尖，叶基楔形，叶质硬，叶梗、主脉、叶背无茸毛，芽叶绿色，少茸毛；萼片5片，多茸毛，绿色，花柱4或5裂，裂位中，子房有茸毛，花冠8.0cm×8.5cm，花瓣9或10枚、白色、质地厚。目前长势较强。

上村 3 号古茶树

野生种古茶树，老黑茶种（*C. atrothea*），见图344。位于南华县兔街镇干龙潭村委会上村村民小组，东经100°50′59.1″，北纬24°46′04.6″，海拔2118m。树型小乔木，树姿半开张，树高8.8m，树幅5.7m×6.5m，基部干围1.32m，分枝密度稀，最低分枝高2.0m；叶为椭圆形，成熟叶片长16.8cm、宽6.9cm，叶脉9～11对，叶色深绿，叶面平，叶身内折，叶缘平，叶尖渐尖，叶基楔形，叶质硬，叶梗、主脉、叶背无茸毛，芽叶绿色，少茸毛；萼片5片，多茸毛，绿色，花柱5裂，裂位中，子房有茸毛，花冠8.1cm×8.4cm，花瓣10或11枚、白色、质地厚。目前长势较强。

图344：上村3号古茶树

图345：上村4号古茶树

上村 4 号古茶树

野生种古茶树，老黑茶种（*C. atrothea*），见图345。位于南华县兔街镇干龙潭村委会上村村民小组，东经100°50′59.9″，北纬24°46′03.6″，海拔2108m。树型小乔木，树姿半开张，树高9.4m，树幅8.2m×7.3m，基部干围1.3m，基部分枝，分枝密度稀；叶为椭圆形，成熟叶片长15.2cm、宽7.2cm，叶脉9～12对，叶色深绿，叶面平，叶身内折，叶缘平，叶尖渐尖，叶基楔形，叶质硬，叶梗、主脉、叶背无茸毛，芽叶绿色，少茸毛；萼片5片，多茸毛，绿色，花柱5裂，裂位深，子房有茸毛，花冠8.2cm×7.6cm，花瓣10或11枚、白色、质地厚。目前长势较强。

上村 5 号古茶树

野生种古茶树，老黑茶种（*C. atrothea*），见图346。位于南华县兔街镇干龙潭村委会上村村民小组，东经 100° 50′ 58.1″，北纬 24° 46′ 03.9″，海拔 2110m。树型小乔木，树姿半开张，树高 8.9m，树幅 6.0m×6.5m，基部干围 1.4m，基部分枝，分枝密度稀；叶为椭圆形，成熟叶片长 16.4cm、宽 6.6cm，叶脉 10～12 对，叶色深绿，叶面平，叶身内折，叶缘平，叶尖渐尖，叶基楔形，叶质硬，叶梗、主脉、叶背无茸毛，芽叶绿色，少茸毛；萼片 5 片，多茸毛，绿色，花柱 5 裂，裂位深，子房有茸毛，花冠 5.3cm×5.8cm，花瓣 10～12 枚、白色、质地厚。目前长势较强。

图 346：上村 5 号古茶树

上村 6 号古茶树

栽培种古茶树，普洱茶种（*C. assamica*），见图347。位于南华县兔街镇干龙潭村委会上村村民小组，东经 100° 51′ 00.9″，北纬 24° 46′ 05.9″，海拔 2150m。树型小乔木，树姿半开张，树高 8.0m，树幅 6.0m×7.7m，基部干围 1.30m，基部分枝，分枝密度稀；叶为椭圆形，成熟叶片长 14.4cm、宽 5.8cm，叶脉 10 或 11 对，叶色绿，叶面微隆起，叶身平，叶缘微波，叶尖渐尖，叶基楔形，叶质硬，叶梗、主脉、叶背无茸毛；芽叶淡绿，多茸毛；萼片 5 片，无茸毛，绿色，花柱 3 裂，裂位浅，子房有茸毛，花冠 4.5cm×3.7cm，花瓣 7 枚、白色、质地薄。目前长势较强。

图 347：上村 6 号古茶树

上村 7 号古茶树

野生种古茶树，老黑茶种（*C. atrothea*），见图 348。位于南华县兔街镇干龙潭村委会上村村民小组，东经 100°50′58.7″，北纬 24°46′6.6″，海拔 2155m。树型小乔木，树姿直立，树高 10.3m，树幅 4.5m×4.3m，基部干围 1.45m，分枝密度稀，最低分枝高 1.0m；叶为椭圆形，成熟叶片长 12.8cm、宽 5.9cm，叶脉 7 或 8 对，叶色深绿，叶面平，叶身内折，叶缘平，叶尖渐尖，叶基楔形，叶质硬，叶梗、主脉、叶背无茸毛，芽叶色泽绿色，少茸毛；萼片 5 片，多茸毛，绿色，花柱 5 裂，裂位深，子房有茸毛，花冠 7.0cm×6.9cm，花瓣 6~9 枚、白色、质地厚。目前长势较强。

图 348：上村 7 号古茶树

下村 1 号古茶树

野生种古茶树，老黑茶种（*C. atro-thea*），见图 349。位于南华县兔街镇干龙潭村委会下村村民小组，东经 100°51′4.6″，北纬 24°46′1.9″，海拔 2090m。树型小乔木，树姿半开张，树高 4.8m，树幅 4.5m×4.2m，基部干围 1.4m，分枝密度稀，最低分枝高 1.0m；叶为椭圆形，成熟叶片长 13.5cm、宽 5.5cm，叶脉 8~10 对，叶色深绿，叶面平，叶身内折，叶缘平，叶尖渐尖，叶基楔形，叶质硬，叶梗、主脉、叶背无茸毛，芽叶色泽绿色，少茸毛；萼片 5 片，多茸毛，绿色，花柱 5 裂，裂位深，子房有茸毛，花冠 7.0cm×6.4cm，花瓣 9~13 枚、白色、质地厚。目前长势较强。

图 349：下村 1 号古茶树

下村 2 号古茶树

栽培种古茶树，普洱茶种（*C. assamica*），见图 350。位于南华县兔街镇干龙潭村委会下村村民小组，东经 100° 51′ 00.9″，北纬 24° 46′ 03.4″，海拔 2088m。树型小乔木，树姿开张，树高 8.5m，树幅 8.6m×8.2m，基部干围 1.5m，分枝密度中；叶为椭圆形，成熟叶片长 14.4cm、宽 7.1cm，叶脉 9～11 对，叶色绿，叶面微隆起，叶身稍内折，叶缘微波，叶尖渐尖，叶基楔形，叶质硬，叶梗、主脉、叶背茸毛较多，芽叶绿色，多茸毛；萼片 5 片，有茸毛，绿色，花柱 3 裂，裂位深，子房有茸毛，花冠 4.5cm×4.6cm，花瓣 7～9 枚、白色、质地薄。目前长势较强。

图 350：下村 2 号古茶树

下村 3 号古茶树

栽培种古茶树，普洱茶种（*C. assamica*），见图 351。位于南华县兔街镇干龙潭村委会下村村民小组，东经 100° 51′ 00.8″，北纬 24° 46′ 03.7″，海拔 2088m。树型小乔木，树姿开张，分枝密度中，树高 7m，树幅 6.8m×5.2m，基部干围 1.5m；叶为椭圆形，成熟叶片长 14.7cm、宽 7.1cm，叶脉 9～11 对，叶色绿，叶面微隆起，叶身稍内折，叶缘微波，叶尖渐尖，叶基楔形，叶质硬，叶梗、主脉、叶背茸毛较多，芽叶绿色，多茸毛；萼片 5 片，有茸毛，绿色，花柱 3 裂，裂位深，子房有茸毛，花冠 4.8cm×5.6cm，花瓣 7 或 8 枚、白色、质地薄。目前长势较强。

图 351：下村古茶树

领干村古茶树

栽培种古茶树，普洱茶种（*C. assamica*），见图352。位于南华县兔街镇干龙潭村委会领干村村民小组，东经100°50′29.8″，北纬24°45′35.3″，海拔2116m。树型小乔木，树姿开张，分枝密度中，树高5.80m，树幅3.30m×4.30m，基部干围0.87m；叶为椭圆形，成熟叶片长13.7cm、宽5.1cm，叶脉10或11对，叶色绿，叶面微隆起，叶身稍内折，叶缘微波，叶尖渐尖，叶基楔形，叶质硬，叶梗、主脉、叶背茸毛较多，芽叶绿色，多茸毛；萼片5片，有茸毛，绿色，花柱3裂，裂位深，子房有茸毛，花冠3.7cm×3.4cm，花瓣7枚、白色、质地薄。目前长势较强。

图352：领干村古茶树

图353：梅子箐1号古茶树

梅子箐1号古茶树

栽培种古茶树，普洱茶种（*C. assamica*），见图353。位于南华县兔街镇兔街村委会梅子箐村民小组，东经100°47′23.9″，北纬24°47′34.0″，海拔1826m。树型小乔木，树姿开张，分枝密度中，树高8.8m，树幅8.4m×7.8m，基部干围1.4m；叶为椭圆形，成熟叶片长14.7cm、宽5.3cm，叶脉10或11对，叶色绿，叶面微隆起，叶身稍内折，叶缘微波，叶尖渐尖，叶基楔形，叶质硬，叶梗、主脉、叶背茸毛少，芽叶绿色，多茸毛；萼片5片，有茸毛，绿色，花柱3裂，裂位深，子房有茸毛，花冠6.8cm×7.2cm，花瓣7枚、白色、质地薄。目前长势较强。

梅子箐2号古茶树

栽培种古茶树，普洱茶种（*C. assamica*），见图354。位于南华县兔街镇兔街村委会梅子箐村民小组，东经100°47′23.9″，北纬24°47′35.0″，海拔1836m。树型小乔木，树姿开张，分枝密度中，树高4.0m，树幅2.9m×2.6m，基部干围0.9m；叶为椭圆形，成熟叶片长16.7cm、宽6.3cm，叶脉9~11对，叶色绿，叶面微隆起，叶身稍内折，叶缘微波，叶尖渐尖，叶基楔形，叶质硬，叶梗、主脉、叶背茸毛少，芽叶绿色，多茸毛；萼片5片，有茸毛，绿色，花柱3裂，裂位深，子房有茸毛，花冠4.5cm×4.9cm，花瓣7或8枚、白色、质地薄。目前长势较强。

图354：梅子箐2号古茶树

第六章　红河州篇

一、红河州古茶树资源概述

红河哈尼族彝族自治州（以下简称红河州）位于云南省东南部，是云南省下辖的 8 个少数民族自治州之一，地处东经 101° 47′ ～ 104° 16′，北纬 22° 26′ ～ 24° 45′ 之间，东西最大横距 254.2km，南北最大纵距 221km，地域面积为 3.23 万 km²；北部与昆明市相连，西北部与玉溪市为邻，东北部连曲靖市，西南部连普洱市，南部与越南相接，国境线长 848km；下辖 4 市 9 县（其中 3 个少数民族自治县），分别为蒙自市、个旧市、开远市、弥勒市、建水县、石屏县、泸西县、元阳县、红河县、绿春县、屏边苗族自治县、河口瑶族自治县、金平苗族瑶族傣族自治县，下设 3 个街道办事处、54 个镇、73 个乡（其中 3 个民族乡），有 131 个社区、1177 个村委会。州人民政府驻蒙自市。

红河州属滇东南高原区，具有古老而稳定的地质历史。境内以红河为界分为北部地区和南部地区，哀牢山沿红河南岸蜿蜒伸展到越南境内，为红河州内的主要山脉；境内有石灰岩山地、高原、谷地、坝区、丘陵等地貌形态，山地面积占全州土地总面积的 85%。海拔落差大，地形极为复杂。红河州地处低纬度亚热带高原型湿润季风气候区，总体属热带、亚热带立体气候，但在大气环流与错综复杂的地形条件下，气候类型多样，具有独特的高原型立体气候特征。州内四季不甚分明，但干、雨季节区分较为显著，每年 5 ～ 10 月为雨季，降雨量占全年降雨量的 80% 以上，11 月下旬至次年的 1 ～ 2 月为旱季，年降雨量为 800mm ～ 1600mm。其间，连续降雨强度大的时段主要集中于 6 ～ 8 月，且具有时空地域分布极不均匀的特点。红河州多样的地貌、土壤和气候条件，适宜茶叶等多种作物生长。

红河州茶业历史悠久，早在清朝康熙年间，绿春县就有人工种植茶树、加工茶叶；红河县在清朝光绪十年（1884 年）已形成一定茶叶种植规模，仅羊街、安品一带，茶叶种植面积就达 1800 多亩。清朝后期至民国期间，由于战乱影响，茶叶生产萎缩。1954 年后，红河州茶叶生产得到重视，绿春县骑马坝军垦农场在玛玉村开始了一定规模的茶叶生产。1974 年，全国茶叶会议后，红河州作为云南省出口红茶生产区，规划发展茶园 10 万亩。至 1978 年，全州茶叶种植面积已达 8.54 万亩，产茶 279.65 吨。1989 年后，红河州茶叶得到长足发展，茶叶种植面积达 17.11 万亩，茶叶产量达 2490 吨。2012 年底，全州茶叶种植面积达 33 万多亩，主要分布于元阳、绿春、金平、屏边、红河、蒙自和建水等 7 县（市）72 个乡镇，涉及茶农达 25 万余人，茶叶总产值达 7000 万元。

20世纪40年代，中外植物专家在金平县的分水岭、屏边县的大围山、红河县的阿姆山、元阳县的观音山等自然保护区腹地和边缘一带发现了许多野生种古茶树资源。后来，经过多次考察，初步明确了红河州古茶树资源主要分布在该州红河南岸及红河水系支流李仙江流域的红河县、金平县、绿春县、元阳县；同时，在红河州中部屏边县大围山的原始森林中和建水县的普雄乡也有一定数量的分布。古茶树总分布面积约51.6万亩，其中野生种古茶树的分布面积约40.5万亩，栽培种古茶树的分布面积约11.1万亩。

红河州的古茶树资源水平分布广，垂直跨度大，分布区内的气候类型迥异，生态环境比较复杂，既是茶组原始种类集中分布的区域，又具有茶组植物种和变种的多样性。按照张宏达（1998年订正）的分类，红河州的古茶树资源有大理茶（*C. taliensis*）、普洱茶（*C. assamica*）、厚轴茶（*C. crassiccolumna*）、园基茶（*C. rotundata*）、突肋茶（*C. costata*）、紫果茶（*C. purpurea*）、秃房茶（*C. gymnogyna*）、白毛茶（*C. sinensis* var. *publimba*）、茶（*C.sinensis*）和苦茶（*C.sinensis* var. *kucha*）等10个种和变种。

二、红河州古茶树代表性植株

（一）建水县

建水县位于云南省南部红河中游的北岸，红河州中部，东接红河州的弥勒县、开远市和个旧市，南隔红河与红河州的元阳县相望，西邻红河州的石屏县，北与云南省玉溪市的通海县、华宁县相连。地域总面积3759.00km^2，辖8个镇4个乡（即临安镇、官厅镇、西庄镇、青龙镇、南庄镇、岔科镇、曲江镇、面甸镇、普雄乡、坡头乡、盘江乡、甸尾乡），下设15个社区、139个村委会。县人民政府驻临安镇。

建水县地处滇东高原南缘，地势南高北低，南部五老峰为最高点，海拔2515m，最低点为红河谷地的阿土村，海拔230m。全县位于低纬度地区，北回归线横穿南境，光照时间长，无霜期长，有效积温高，属南亚热带季风气候。受季节和地形变化影响，呈现出夏季炎热多雨，冬季温和少雨的立体气候，属亚热带气候，年平均气温19.8℃，年平均相对湿度72%，年平均日照时数2322小时，年平均降雨量805mm，全年无霜期307天。优厚的光热条件和肥沃的土地，为农业的发展提供了极为有利的条件，曾被省、州政府列为粮食、烤烟、甘蔗、生猪、蔬菜、水果生产基地。

建水县的茶树种植面积较少，近年来，随着古茶树资源考察的深入，在该县普雄乡纸厂村委会大丫巴山森林中发现了大面积分布的野生古茶树资源。这些野生古茶树稀疏地分布于当地的原始森林中，其分布面积约6000亩，约有3万多株。虽大小、粗细不一，但长势都比较健壮。经云南省茶业协会、云南省茶办、云南省农业科学院茶叶研究所及当地相关部门到当地进行了多次考察，认为这些古茶树均为大理茶种（*C. taliensis*）。

建水县普雄乡

普雄乡位于建水县东南部，地处东经 102° 56′ 14″ ~ 103° 8′ 00″，北纬 23° 24′ 40″ ~ 23° 35′ 25″之间，地域面积 256.00km²；下设 6 个村委会，有 46 个自然村，56 个村民小组。

普雄乡现存的古茶树已经不多。近年来，仅在该乡纸厂村委会的大丫巴山中发现成片分布的野生古茶树。由于纸厂村委会的大丫巴山脉比较偏远，古茶树所在的地方又划为建水县的公益林保护区域，才使得这些野生古茶树保存至今。据当地村民介绍，这些野生古茶树已经生长了几百年，以前有不少古茶树被当作柴火砍掉了。近两年来，一些茶商到当地收购古茶树鲜叶，因不少古茶树植株高大，一些人便用砍断古茶树上部的办法来获取鲜叶，造成了对古茶树资源的严重破坏。据云南省茶办 2013 年 8 月和云南省茶业协会 2014 年 4 月组织的现场考察，目前在海拔 2000m 左右的大巴山箐深处，尚存有 3 万多株野生古茶树，皆混生于原始森林之中。不少古茶树的上部虽然被砍断，但仍有小枝从下部萌发，有的植株整体高度仍在 10m 以上；初步估算，这些古茶树的分布面积约 6000 多亩。

代表性植株有普家箐 1 号古茶树、普家箐 2 号古茶树、普家箐 3 号古茶树、普家箐 4 号古茶树等。

图 355：普家箐 1 号古茶树

普家箐 1 号古茶树

野生种古茶树，大理茶种（*C. taliensis*），见图 355。位于建水县普雄乡纸厂村委会普家箐，东经 103° 01′ 88.57″，北纬 23° 26′ 49.78″，海拔 2221m。树型乔木，树姿直立，树高 4.5m，树幅 2.5m×2.1m，基部干围 1.97m，树干上部已被人砍去，在离树干基部的 1.2m 处分为 3 枝，3 个分枝长势皆较强；叶为长椭圆形，叶片为大叶，叶片长 11.9cm、宽 5.3cm，叶面平，叶缘平，叶尖渐尖，叶质稍软，叶色深绿，叶脉 10 或 11 对，叶齿稀，叶背主脉无茸毛，叶基半圆或楔形，嫩枝无茸毛，芽叶绿色，无茸毛。茶果呈四方状球形。

普家箐 2 号古茶树

野生种古茶树，大理茶种（*C.taliensis*），见图 356。位于建水县普雄乡纸厂村委会普家箐，东经 103° 01′ 44.07″，北纬 23° 26′ 49.86″，海拔 2213.4m。树型乔木，树姿直立，树干上部已被人砍去，树高 13.2m，树幅 6.5m×6.1m，基部干围 1.12m，长势强；叶为长椭圆形，叶片为大叶，叶片长 12.3cm、宽 5.2cm；叶面平，叶缘平，叶尖渐尖，叶质稍软，叶色深绿，叶脉 8～11 对，叶齿稀，叶背主脉无茸毛，叶基半圆或楔形，嫩枝无茸毛，芽叶绿色，无茸毛；茶果呈四方状球形。

图 356：普家箐 2 号古茶树

图 357：普家箐 3 号古茶树

普家箐 3 号古茶树

野生种古茶树，大理茶种（*C.taliensis*），见图 357。位于建水县普雄乡纸厂村委会普家箐，东经 103° 01′ 43.91″，北纬 23° 26′ 49.98″，海拔 2217.6m。树型乔木，树姿直立，树高 16.1m，树幅 6.5m×5.1m，基部干围 1.43m，树干在离地面 2m 高处分成两枝，两个枝干的上部均已被人砍去，目前长势尚强；叶为长椭圆形，叶片为大叶，叶片长 11.3cm、宽 4.9cm；叶面平，叶缘平，叶尖渐尖，叶质稍软，叶色深绿，叶脉 10～12 对，叶齿稀，叶背主脉无茸毛，叶基半圆或楔形，嫩枝无茸毛，芽叶绿色，无茸毛；茶果呈四方状球形。

普家箐 4 号古茶树

野生种古茶树，大理茶种（*C. taliensis*），见图358。位于建水县普雄乡纸厂村委会普家箐，东经103°01′49.08″，北纬23°26′54.09″，海拔2277.9m。树型乔木，树姿开张，树高15.2m，树幅5.5m×4.1m，基部干围0.95m；叶为长椭圆形，叶片为大叶，叶片长10.6cm、宽4.3cm；叶面平，叶缘平，叶尖渐尖，叶质稍软，叶色深绿，叶脉9~11对，叶齿稀，叶背主脉无茸毛，叶基半圆或楔形，嫩枝无茸毛，芽叶绿色、无茸毛；果实为四方状球形。目前长势较强。

图358：普家箐4号古茶树

图359：大丫巴山箐1号古茶树

大丫巴山箐 1 号古茶树

野生种古茶树，大理茶种（*C. taliensis*），见图359。位于建水县普雄乡纸厂村委会大丫巴山箐。树型乔木，树姿直立，树高10m，树幅7.5m×5.1m，基部干围1.65m，长势强；叶为椭圆形，叶片为大叶，叶片长12.9cm、宽6.3cm；叶面平，叶缘平，叶尖渐尖，叶质稍软，叶色绿，叶脉9或10对，叶齿稀，下半部无齿，叶基半圆或楔形，嫩叶稍紫，嫩枝无茸毛，芽叶绿色、无茸毛；茶果呈球形，5室。

大丫巴山箐 2 号古茶树

野生种古茶树，大理茶种（*C.taliensis*），见图 360。位于建水县普雄乡纸厂村委会大丫巴山箐，树型乔木，树姿直立，树高 15.0m，树幅 6.6m×4.4m，基部干围 1.91m，长势强；叶为椭圆形，叶片为大叶，叶片长 11.8cm、宽 5.8cm；叶面平或微隆，叶尖渐尖，叶质稍软，叶色绿，叶脉 11～13 对，叶齿锯齿形，叶齿稀，下半部无齿，叶基楔形，叶背、叶柄、嫩枝无茸毛，芽叶黄绿色，无茸毛；茶果呈球形，5 室。

图 360：大丫巴山箐 2 号古茶树

（二）元阳县

元阳县位于红河州西南部、红河南岸的哀牢山脉南段，地处东经 $102°27'$ ~ $103°13'$，北纬 $22°49'$ ~ $23°19'$ 之间，东西横跨 74km，南北纵距 55km，地域面积 $2189.89km^2$；东接金平县，南连红河县，北与建水县、个旧市、蒙自市隔红河相望；下辖 2 个镇 12 个乡（南沙镇、新街镇、牛角寨乡、沙拉托乡、嘎娘乡、上新城乡、小新街乡、逢春岭乡、大坪乡、攀枝花乡、黄茅岭乡、黄草岭乡、俄扎乡、马街乡），设有 4 个社区、134 个村委会，有 1191 个村民小组。县人民政府驻南沙镇。

元阳县地处低纬高海拔地区，境内层峦叠嶂，沟壑纵横，山地连绵，无一平川；海拔在 144m ~ 2939.6m 之间，相对高差 2795.6m，海拔差异明显。属亚热带山地季风气候类型。年平均气温 16.4℃，最高气温 43.2℃，最低气温 3.7℃，年降雨量 1189.1mm。

茶叶是元阳县的一个重要产业。2012 年，全县有茶园面积 35089 亩，主要分布在 9 个乡镇，涉茶农户约 8000 户。其中千亩以上连片的基地有 3 个，500 亩以上的有 3 个，100 亩以上的有 60 个；茶叶年产量约 1000 吨，产值达 1000 多万元。元阳县的古茶树主要分布在该县新街镇的多依树村委会、胜村村委会、麻栗寨村委会；其中多依树村委会的古茶树园不仅位于元阳县哈尼梯田景区的主要观光区，并且生长得较为集中连片，总分布面积约 1600 亩，是当地一片十分珍贵的古茶树遗址。现在，由于村民随时随意攀爬采摘，对古茶树的破坏非常严重，管理亟待加强。

元阳县新街镇

新街镇位于元阳县中部，地域面积 $222.73km^2$，是元阳县哈尼梯田文化旅游核心区之一，有云雾山城的美称，下设 2 个社区、21 个村委会，有 135 个自然村。

新街镇境内山高谷深，峰峦叠嶂，最低海拔 480m，最高海拔 2878.3m（东观音山），相对高差 2398.3m，年平均气温 16.4℃，最高气温 32.4℃，最低气温 ~2.6℃，年均降雨量 1397.6mm，是茶树生长的良好区域。现存的古茶树主要分布于多依树村委会和胜村村委会，分布面积约 1600 亩。古茶树以居群状分布于村寨边的森林内，分布地的海拔在 1926m ~ 2000m 之间。多依村古茶树居群的古茶树植株密度较大，当地群众对茶树利用的历史较长，但因当地旱季的时间长且环境十分干燥，加之疏于认真管理，采摘方式又不太恰当，使居群内的古茶树分枝少，树幅小，树叶仅在顶端稀疏生长的情况十分明显。见图 361。

代表性植株有多依树 1 号古茶树、多依树 2 号古茶树、多依树 3 号古茶树等。

图 361：新街镇多依树村古茶园

图 362：多依树 1 号古茶树

多依树 1 号古茶树

野生种古茶树，厚轴茶种（*C. crassocolumna*），见图 362。位于新街镇多依树村委会，东经 102°47′30.7″，北纬 23°05′18.3″，海拔 1926m。树型小乔木，树姿直立，树高 5.6m，树幅 2.3m×3.4m，分枝稀，最低分枝高 0.2m，基部干围 0.92m；叶为椭圆形，叶片为大叶，叶色为绿色，叶片长 12.5cm、宽 4.5cm，叶面平，叶身稍内折，叶缘平，叶齿少锯齿，叶尖渐尖，叶基楔形，叶质中，叶脉 13 对，叶柄无茸毛，主脉、叶背无茸毛，芽叶淡绿色，茸毛较少；干果皮厚 5.0mm，果轴粗大。目前生长较强。

多依树2号古茶树

野生种古茶树，厚轴茶种（*C. crassocolumna*），见图363。位于新街镇多依树村委会，东经102°47′34.1″，北纬23°05′18.4″，海拔1948m。树型乔木，树姿直立，树高6m，树幅4.1m×3.4m，分枝稀，最低分枝高0.35m，基部干围1.32m；叶为椭圆形，叶片为大叶，叶色为绿色，叶片长13.2cm、宽4.7cm；叶面平，叶身稍内折，叶缘平，叶齿少锯齿，叶尖渐尖，叶基楔形，叶质中，叶脉9对，叶柄无茸毛，主脉、叶背无茸毛，芽叶淡绿色，茸毛较少；干果皮厚4.7mm。目前生长较强。

图363：多依树2号古茶树

图364：多依树3号古茶树

多依树3号古茶树

野生种古茶树，厚轴茶种（*C. crassocolumna*），见图364。位于新街镇多依树村委会，东经102°46′10.8″，北纬23°06′20.9″，海拔1892m。树型乔木，树姿直立，树高9m，树幅2.3m×2.4m，分枝稀，最低分枝高0.2m，基部干围0.92m；叶形椭圆，叶片为大叶，叶色绿色，叶片长11.8cm、宽4.4cm，叶面平，叶身稍内折，叶缘平，叶齿少锯齿，叶尖渐尖，叶基楔形，叶质中，叶脉10~12对，叶柄无茸毛，主脉、叶背无茸毛，芽叶淡绿色，茸毛较少；干果皮厚5.0mm。目前生长较强。

（三）红河县

红河县位于红河州南部，红河上游的南岸，地处东经 101° 49′ ~ 102° 37′，北纬 23° 05′ ~ 23° 27′ 之间，东西最大距离 81km，南北最宽处 40km，地域面积 2026.36km²；红河县是"三州市六县"的接合部，东面和南面分别与元阳县和绿春县接壤，北面与石屏县隔红河相望，西连普洱市的墨江县，西北面与玉溪市的元江县毗邻；下辖 1 个镇 12 个乡（迤萨镇、甲寅乡、宝华乡、洛恩乡、石头寨乡、阿扎河乡、乐育乡、浪堤乡、大羊街乡、车古乡、架车乡、垤玛乡、三村乡），设有 3 个社区、88 个村委会；县人民政府驻迤萨镇。

红河县境内峰峦起伏，沟壑纵横，红河从其境内穿流而过，地势中部高，南北低，山地面积占 96%；该县虽属亚热带季风气候类型，全年平均气温 20.9℃，年降雨量 945.3mm，年平均气温 11.2℃ ~ 23.4℃，但由于群山起伏，地形复杂，立体气候十分明显；降水量悬殊较大，北部低山河谷地带为 700mm ~ 900mm，南部山区为 1500mm ~ 2000mm，全县年均降水量 1340mm。常出现冬春少雨干旱，夏秋多雨洪灾的情况。

2007 年，全县已种植茶树 2 万亩；近几年来，在巩固现有 2 万亩茶园面积的基础上，逐步在该县的垤玛、三村、车古、架车、洛恩等 5 个乡，大力推广茶树种植及茶叶加工。2012 年。全县茶树种植面积已达 3.5 万亩。

红河县的古茶树分布面积较小，尚存的古茶树植株仅在该县中部偏北的乐育乡有单株发现。

红河县乐育乡

乐育乡位于红河县中部，地域面积 92.00km²；下设 6 个村委会，有 51 个自然村，80 个村民小组。

乐育乡是红河县茶园的主要分布乡，但现存的古茶树已经很少，仅在该乡的尼美村委会的窝伙垤、大新寨等村寨有所发现；古茶树为单株散生在村寨周围，或房前屋后、或庭院内。由于古茶树数量稀少，现不便统计分布面积。现存的古茶树以尼美村委会所在地的 4 株最具代表性。

尼美 1 号古茶树

野生种古茶树，大理茶种（*C.taliensis*），见图 365。位于乐育乡尼美村委会，东经 102° 18′ 22.3″，北纬 23° 17′ 49.7″，海拔 1923m。树型乔木，树姿直立，树高 10.5m，树幅 4.9m×4.4m，分枝稀，最低分枝高 1.2m，基部干围 1.5m；叶为长椭圆形，叶片为大叶，叶色绿色，叶片长 14.5cm、宽 6.5cm；叶面平，叶身稍内折，叶缘平，叶齿少锯齿，叶尖渐尖，叶基楔形，叶质硬度中等，叶脉 8 对，叶柄、主脉、叶背均无茸毛，芽叶紫绿色，无茸毛；花柱 5 裂，子房有茸毛，花瓣 11 瓣、白色，花冠 6.6cm×6.5cm。目前生长较强。

图 365：尼美 1 号古茶树

第六章 红河州篇

259

尼美 2 号古茶树

野生种古茶树，厚轴茶种（*C. crassicolumna*），见图366。位于乐育乡尼美村，东经102°18′21.4″，北纬23°17′45.7″，海拔1927m。树型乔木，树姿直立，树高8.5m，树幅5.6m×5.3m，分枝稀，最低分枝高1.7m，基部干围1.49m；叶为椭圆形，叶片为大叶，叶色绿色，叶片长15.5cm、叶6.5cm，叶面平，叶身稍内折，叶缘平，叶齿少锯齿，叶尖渐尖，叶基楔形，叶质中，叶脉12对，叶柄无茸毛，主脉、叶背少茸毛，芽叶黄绿色，有茸毛。目前生长较强。

图366：尼美2号古茶树

图367：尼美3号古茶树

尼美 3 号古茶树

野生种古茶树，圆基茶种（*C. rotundata*），见图367。位于乐育乡尼美村，东经102°18′21.4″，北纬23°17′45.6″，海拔1928m。树型乔木，树姿直立，树高5.5m，树幅3.3m×3.5m，分枝稀，最低分枝高0.6m，基部干围1.1m；叶为椭圆形，叶片为大叶，叶色绿色，叶片长14.5cm、宽6.2cm，叶面平，叶身稍背卷，叶缘平，叶齿少锯齿，叶尖渐尖，叶基楔形，叶质较软，叶脉9对，叶柄无茸毛，主脉、叶背少茸毛，芽叶黄绿色，有茸毛。目前生长较强。

尼美 4 号古茶树

野生种古茶树，圆基茶种（*C.rotundata*），见图 368。位于乐育乡尼美村，东经 102° 18′ 22″，北纬 23° 17′ 43.1″，海拔 1924m。树型小乔木，树姿直立，树高 8m，树幅 4.0m×3.5m，分枝稀，最低分枝高 0.2m，基部干围 0.89m；叶为椭圆形，叶片为大叶，叶色绿色，叶片长 14.5cm、宽 6.2cm，叶面微隆起，叶身稍背卷，叶缘微波，叶齿锯齿型，叶尖圆尖，叶基半圆形，叶质软，叶脉 12 对，叶柄有茸毛，主脉、叶背有茸毛，芽叶绿色、多茸毛。目前生长较强。

图 368：尼美 4 号古茶树

（四）绿春县

绿春县位于红河州的西南部，地处东经 101°48′~102°39′，北纬 22°23′~23°08′之间，地域面积 3096.85km²；东与红河州的元阳县、金平县接壤，北与红河县相连，西北与普洱市的墨江县相接，西南隔李仙江与普洱市的江城县相望，东南与越南毗邻，国境线长 153km；下辖 1 个镇 8 个乡（大兴镇、戈奎乡、牛孔乡、大水沟乡、大黑山乡、半坡乡、骑马坝乡、三猛乡、平河乡），设有 10 个社区、81 个村委会。县人民政府驻大兴镇。

绿春县属云南省西部亚热带山地季风气候，但由于境内全为山地，海拔高差大，山顶高寒、山腰温暖、河谷干热的立体气候特点十分突出，全境海拔从低到高有北热带、南亚热带、中亚热带、北亚热带、南温带、中温带 6 种气候类型，是云南省典型的湿热区之一；但干湿季节分明，每年 11 月至来年 4 月为干季，晴天多，光照足，湿度小，昼夜温差大；5~10 月为雨季，雨水多，光照少，昼夜温差小。

茶叶是绿春县的一项传统支柱产业，茶树种植面积、茶叶产量均居红河州的第一位，是云南省主要产茶县之一。至 2012 年底，全县茶树种植面积发展到 20 万亩，年产量达 7500 吨，实现年总产值 7500 万元。绿春县茶树栽培历史悠久，境内不仅有不少野生古茶树，而且有较大面积的栽培种古茶树园，其中骑马坝乡的玛玉村委会既是野生古茶树的分布区，也是绿春县产茶最早、栽培种古茶树分布最多的行政村。全县古茶树的分布面积约 700 亩，据不完全统计，约有古茶树 1000 株，主要分布于骑马坝、大水沟、牛孔、大兴等四个乡镇。其中，大兴镇有 200 余株，分布面积约 500 亩；骑马坝乡有 300 余株，分布面积约 50 亩；牛孔乡有 250 余株，分布面积约 100 亩；大水沟乡现存的古茶树仅有 20 多株，分布面积约 15 亩。

1. 绿春县大兴镇

大兴镇位于绿春县东北部，是县城所在地，地域面积 311.67km²；下设 2 个社区、11 个村委会。

大兴镇现存的古茶树已不多，主要分布于牛洪村委会阿倮那村民小组的水源林中，大多野生种古茶树，数量约 200 余株，分布地海拔为 1700m~2000m。代表性植株有阿倮那 1 号古茶树、阿倮那 2 号古茶树等。

阿倮那 1 号古茶树

野生种古茶树，厚轴茶种（*C. crassicolumna*），见图 369。位于绿春县大兴镇牛洪村委会阿倮那村民小组的水源林中，东经 102°44′，北纬 22°06′，海拔 2162m。树型小乔木，树姿直立，树高 12.5m，树幅 8.0m×8.5m；分枝稀，最低分枝高 1.0m，基部干围 1.8m；叶为长椭圆形，叶片为大叶，叶色为绿色，叶片长 13.4cm、宽 4.5cm，叶基楔形，叶脉 9 对，叶身内折，叶尖渐尖，叶面微隆起，叶缘平，叶质柔软，叶齿为锯齿形，叶柄、主脉茸毛较少，芽叶显淡绿色，茸毛较多。目前生长较强。

图 369：阿倮那 1 号古茶树

阿倮那 2 号古茶树

野生种古茶树，厚轴茶种（*C. crassicolumna*），见图 370。位于绿春县大兴镇牛洪村委会阿倮那村民小组的水源林中。东经 102°45′，北纬 22°06′，海拔 2163m。树型乔木，树姿直立，树高 15.0m，树幅 10.0m×11.5m，最低分枝高 2.2m，基部干围 0.96m；叶为长椭圆形，叶片为大叶，叶尖渐尖。叶片长 12.8cm、宽 4.7cm，叶面平，叶缘平，叶身平，叶齿少锯齿，叶质硬，叶脉 8～10 对，叶柄无茸毛，主脉、叶背无茸毛，芽叶紫绿色，无茸毛。目前生长较强。

图 370：阿倮那 2 号古茶树

2. 绿春县牛孔乡

牛孔乡位于绿春县西部，地域面积405.18km²；下设1个社区、12个村委会，有120个村民小组。

牛孔乡现存的古茶树已不多，主要分布于阿谷村委会，总数约200株，分布面积约100亩；现存的古茶树大部分生长在农户承包的山地中，大多长势茂盛，鲜叶品质优良。代表性植株为阿谷古茶树等。

阿谷古茶树1号

栽培种古茶树，普洱茶种（*C. assamica*），见图371。位于绿春县牛孔乡阿谷村委会。树型小乔木，树姿半开张，树高7.33m，树幅5.5m×4.0m，分枝密度中，最低分枝高0.3m，基部干围2.1m；叶为长椭圆形，叶片为大叶，叶色绿色，叶片长14.5cm、宽6.8cm，叶基楔形，叶脉12对，叶身内折，叶尖渐尖，叶面微隆起，叶缘平，叶齿为锯齿形；叶质柔软，叶柄、主脉茸毛较少，芽叶显淡绿色，茸毛较多。目前生长较强。

图371：阿谷古茶树1号

3. 绿春县大水沟乡

大水沟乡位于绿春县城西部，地域面积236.00km²；下设1个社区、9个村委会，有107个自然村，90个村民小组。

大水沟乡现存的古茶树不多。主要分布在龙碧村委会。据考证，该村村民于1876年就从云南西双版纳州勐腊县的易武茶山引来茶树种植，经200多年的发展，已颇具规模。但1979年，当地农民烧野火时引发较大山火，茶园受到严重破坏。现存的古茶树仅有20多株，因曾经人为深修剪，大部分古茶树都为再生枝，管理粗放，长势较弱。代表性植株为龙碧古茶树等。

龙碧古茶树

栽培种古茶树，普洱茶种（*C. assamica*），见图 372。位于绿春县大水沟乡龙碧村委会。树型乔木，树姿直立，树高 3.4m，树幅 3.9m×3.2m，分枝稀，最低分枝高 0.3m，基部干围 1.25m；叶为长椭圆形，叶片为大叶，叶色为绿色，叶片长 13.5cm、宽 6.4cm，叶基楔形，叶脉 12 对，叶身内折，叶尖渐尖，叶面微隆起，叶缘平，叶质柔软，叶齿为锯齿形，叶柄、主脉茸毛较少，芽叶显绿色，茸毛较多。目前长势弱。

图 372：龙碧古茶树

4. 绿春县骑马坝乡

骑马坝乡位于绿春县中部，地域面积 484.00km^2；下设 1 个社区、8 个村委会，有 62 个自然村，59 个村民小组。

骑马坝乡的茶树资源以玛玉茶最为著名。玛玉茶因最早种植于玛玉村（旧称蚂蚁村）而得名，其种植历史可追溯到明代中期。骑马坝乡现存的古茶树约 300 株，主要分布在玛玉村委会和黄连山自然保护区内，分布面积约 50 亩。代表性植株有骑马坝古茶树、玛玉 1 号古茶树等。

骑马坝古茶树

野生种古茶树，厚轴茶种（*C.crassicolumna*），见图373。位于绿春县骑马坝乡的黄连山自然保护区内。树型乔木，树姿直立，树高 12.5m，树幅 7.4m×5.5m，树干在中下部分枝，第一分枝高 0.70m，第二分枝高 1.4m，基部干围 0.85m；叶为长椭圆形，叶片为特大叶，叶尖渐尖，叶色为绿色，叶片长 21.0cm、宽 8.0cm，叶面平，叶缘平，叶身稍被卷，叶齿少锯齿，叶质硬度中等，叶脉 10~14 对，叶柄无茸毛，主脉、叶背无茸毛，芽叶紫绿色，茸毛较少。目前生长较强。

图 373：骑马坝古茶树

图 374：玛玉 1 号古茶树

玛玉 1 号古茶树

栽培种古茶树，普洱茶种（*C.assamica*），见图374。位于绿春县骑马坝乡玛玉村委会，东经 102°22′02″，北纬 22°07′10″，海拔 1673m。树型小乔木，树姿半开张，树高 6.0m，树幅 3.5m×4.5m，分枝密度中，最低分枝高 0.7m，基部干围 1.25m；叶为长椭圆形，叶片为大叶，叶色绿，叶片长 16.5cm、宽 6.4cm，叶基楔形，叶脉 14 对，叶身内折，叶尖渐尖，叶面微隆起，叶缘平，叶质柔软，叶齿为锯齿形，叶柄、主脉茸毛较少，芽叶显黄绿色，茸毛较多。目前生长较强。

玛玉 2 号古茶树

栽培种古茶树，普洱茶种（*C.assamica*），见图 375。位于绿春县骑马坝乡玛玉村委会，东经 102° 22′ 32″，北纬 22° 07′ 11″，海拔 1404m。树型小乔木，树姿半开张，树高 3.1m，树幅 3.9m×4.0m，分枝密度中，最低分枝高 0.7m，基部干围 1.25m；叶为长椭圆形，叶片为大叶，叶色为绿色，叶片长 15.5cm、宽 5.8cm；叶基楔形，叶脉 12 或 13 对，叶身平，叶尖渐尖，叶面微隆起，叶缘微波，叶质柔软，叶齿为锯齿形，叶柄、主脉茸毛较少，芽叶显淡绿色，茸毛较多。目前长势一般。

图 375：玛玉 2 号古茶树

（五）屏边苗族自治县

屏边苗族自治县（以下简称屏边县）是全国五个苗族自治县之一、云南省唯一的苗族自治县，位于北回归线以南，地处红河州东南部，地理位置东经 103°24′～103°58′，北纬 22°49′～23°23′之间，东西宽 55km，南北长 63km，地域面积 1906.20km²；东面与云南省文山州的文山市、马关县隔河相望，南部与该州的河口县接壤，北部与红河州的蒙自市毗邻，西南与红河州个旧市相连；下辖 1 镇 6 乡（玉屏镇，新现乡、和平乡、白河乡、白云乡、新华乡、湾塘乡），下设 4 个社区、76 个村委会，有 694 个自然村，895 个村民小组。县人民政府驻玉屏镇。

境内地势北高南低，由北向南倾斜；属低纬亚热带湿润山地季风气候类型，冬无严寒，夏无酷暑；年平均气温 15.9℃，最高气温 31.2℃，最低气温 1℃，年日照时数 1326 小时，年降雨量 1739mm；立体气候明显，光热条件充足，常年云雾缭绕，湿度较大，为茶树的生长提供了得天独厚的条件。茶叶是屏边县的一项传统产业，2012 年，全县已有茶园面积 2.85 万亩，其中无性系良种茶园 8911 亩；茶叶产量 627 吨，产值 65 万元。

屏边县的野生茶树资源较丰富，全县各乡镇均发现野生种古茶树及云南金花茶、屏边山茶、粗柄连蕊茶、油茶等近缘植物，主要分布在海拔 500m～2200m 的区域，总分布面积约 3500 亩。以屏边大围山古茶树居群最具代表性。

屏边县大围山自然保护区

大围山自然保护区地处红河州南部，地跨屏边、河口两县，山脉的东南部紧邻越南边界，属国家级自然保护区。位于北回归线以南，地理位置在东经 103°39′～103°51′，北纬 22°45′～22°58′之间，保护区内最高海拔 2365m，最低海拔 100m。保护区呈狭长形，南北长约 90km，东西宽约 6km；山脉为西北—东南走向，地势西北高，东南低，整个地形可分为西南和东北向两大坡面，内部河谷深幽，山脊明显，山体两侧多为起伏蜿蜒的丘陵。

大围山国家级自然保护区雨热资源丰富，夏天高温多雨，冬季暖湿多雾，年降雨量在 1700mm～1900mm 之间，年均温 22.6℃；5 月～10 月为东南季风盛行期，降雨多，日温差小，11 月至次年 4 月受印度大陆北部入侵之干热气团影响，降雨少，日温差大，形成明显的干旱气候。该保护区地处热带北缘，具有完整的热带森林生态系统的垂直带谱，即随着海拔升高依次分布有湿润雨林、山地雨林、湿性季风常绿阔叶林、山地苔藓常绿阔叶林和山顶苔藓矮林等植被类型。

大围山国家级自然保护区历史上未受过第四纪冰川袭击，直接从古老的地质时期延续和演化过来，处于不同动植物区系的交汇带上，因而区内森林植被丰富复杂，至今保存了许多古老特有的珍稀动植物，已有记载的高等植物就有 188 科 3619 种。其中有不少古茶树，其古茶树资源以野生种为主，分布在海拔 1600m～2100m 的地带，从保护区外围到中心均有分布。野生古茶树多为单株散生，呈零星分布，长势较强，保存也较完整。

代表性植株有大围山1号古茶树、大围山2号古茶树、大围山3号古茶树、大围山4号古茶树等。

大围山1号古茶树

野生种古茶树，紫果茶种（*C. purpurea*），见图376。位于屏边县大围山自然保护区原始森林外围的公路边，东经103°41′6.54″，北纬22°56′49.8″，海拔1639m。单株散生，树型乔木，树姿直立，分枝较密，嫩枝无茸毛，树高8.4m，树幅7.5m×8.0m，基部干围1.90m；叶为椭圆形，叶片为大叶，叶色深绿，叶片长15.5cm、宽6.8cm，叶基楔形，叶脉9对，叶脉无茸毛，叶身平，叶尖渐尖，叶面隆起，叶缘平，叶质较厚脆，叶柄、叶背无茸毛，芽叶茸毛多；萼片为绿色、无茸毛，萼片数为5片；花瓣质地中，白色无茸毛，花瓣10或11片，花柱5裂，子房无茸毛；茶果多为三角形和扁球形，果皮色泽为紫红色，果径平均4.9cm，果高平均3.5cm，果柄长1.6cm，果柄粗0.5cm×0.5cm，鲜果皮厚0.5cm，果实1.7cm×1.7cm，种皮光滑，棕褐色，果实形状不规则，百粒重为192克。果实大，果皮厚。该树目前生长健壮。

图376：大围山1号古茶树

大围山 2 号古茶树

　　野生种古茶树，厚轴茶种（*C. crassicolumna*），见图 377。位于屏边县大围山原始森林中，东经 103° 41′ 46.32″，北纬 22° 54′ 24.06″，海拔 2100m。单株散生，树型小乔木，树姿开张，分枝密度中，嫩枝无茸毛，树高 15m，树幅为 8.9m×8.8m,基部干围 1.70m，最低分枝高 0.35m；叶为椭圆形，叶片为大叶，叶色深绿，叶片长 16.0cm、宽 6.9 cm，叶基楔形，叶脉平均 10 对，最多 11 对，叶身平，叶尖渐尖。目前生长较好。

图 377：大围山 2 号古茶树

大围山 3 号古茶树

　　野生种古茶树，厚轴茶种（*C. crassicolumna*），见图 378。位于屏边县大围山原始森林中，东经 103° 41′ 46.32″，北纬 22° 54′ 24.36″，海拔 2071m。树型乔木，树姿半开张，分枝密度中，嫩枝无茸毛，树高 10m，树幅 3.9m×3.7m，最低分枝高 0.45m，基部干围 0.75m；叶为长椭圆形，叶片为大叶，叶色深绿，叶片长 13.2cm、宽 4.9cm；叶基楔形，叶脉平均 8 对，最多 11 对，叶身稍内折，叶尖渐尖，叶面平，叶缘平，叶质中，叶柄无茸毛，主脉茸毛少，叶背无茸毛，芽叶茸毛多；萼片茸毛多，花柄茸毛少，花冠大小 5.3cm×5.2cm，花瓣茸毛稀少、白色，花瓣 12 枚，花柱 5 裂，子房多茸毛。目前生长健壮。

图 378：大围山 3 号古茶树

大围山 4 号古茶树

野生种古茶树，厚轴茶种（*C. crassicolumna*），见图 379。位于屏边县大围山宾馆左侧约 30m，东经 103° 41′ 41.04″，北纬 22° 54′ 26.2″，海拔 2060m。树型小乔木，树姿半开张，分枝密度中，嫩枝无茸毛，树高 7m，树幅 4.6m×4.4m，最低分枝高 0.45m，基部干围 1.1m；叶椭圆形，叶片为大叶，叶色深绿，叶片长 15.7cm、宽 6.5cm；叶基楔形，叶脉平均 10 对，最多 11 对，叶身平，叶尖渐尖，叶面平，叶缘平，叶质较厚软，叶柄无茸毛，叶背无茸毛，芽叶茸毛多；萼片 5 片，萼片多茸毛，花瓣质地中，花柄无茸毛，花冠 5.3cm×5.6cm，花瓣无茸毛、白色，花瓣 12 枚，花柱 5 裂，子房多茸毛；果径 3.5cm×3.2cm，果柄长 1.2cm，果柄粗 0.4cm，果皮绿色，果轴高 1.1cm，果轴粗 0.8cm×0.7cm，干果皮厚 3.4mm；种子 1.2cm×1.3cm，种皮光滑，种皮棕褐色，百粒籽重 128 克；果实大，果皮特厚，中轴粗大。目前生长健壮。

图 379：大围山 4 号古茶树

（六）金平苗族瑶族傣族自治县

金平苗族瑶族傣族自治县（以下简称金平县）位于红河州南端，地处东经102°31′~103°38′，北纬22°26′~23°04′之间，地域面积3598.96km²；东隔红河与个旧市、蒙自市、河口县相望，西接绿春县，北连元阳县，南与越南老街省的坝洒县及莱州省的封土县、清河县、勐德县山水相接，边境线长达502km。下辖2个镇11个乡（金河镇、金水河镇、铜厂乡、勐拉乡、者米拉祜族乡、阿得博乡、沙依坡乡、大寨乡、营盘乡、马鞍底乡、勐桥乡、老集寨乡、老勐乡），下设4个社区、93个村委会，有1126个村民小组。县人民政府驻金河镇。

金平县境内最高海拔3074m，最低海拔105m，立体气候明显。全境地处北回归线以南，为滇南低纬高原季风气候，冬干夏湿，冬暖夏凉，四季不明显，总体气候温和，雨量充沛，2008年县城平均气温17.6℃，年降水量2400.5mm。

茶叶是金平县的传统特色产业，是当地农民重要的经济收入来源。金平县的茶树多种植于海拔800m~1800m的地带，主要分布在老集寨乡、铜厂乡、营盘乡、老勐乡、金河镇、沙依坡乡、马鞍底乡等7个乡镇。1972年，全县的茶树种植开始向规模化发展。2012年，全县茶树种植面积24343亩，茶叶产量490.7吨，总产值736.05万元。

金平县的古茶树主要分布于马鞍底乡和金河镇，数量约5000多株，占全县现存古茶树数50%以上。金平县的野生种古茶树居群分布在金河镇永平村委会后山自然保护区，分布地的海拔在2000m~2300m之间，植被类型属热带山地阔叶苔藓雨林。

1. 金平县金河镇

金河镇位于县中部偏东，介于东经103°07′~103°19′，北纬22°38′~22°52′之间，地域面积343.6km²；下设4个社区、17个村委会，有187个村民小组。

金河镇的古茶树主要分布在永平村委会的后山自然保护区，多为野生种古茶树，在原始森林中无规则地小片分布，古茶树的间隔在几米或几十米之间，据不完全统计，数量约为200株。代表性植株为金河1号古茶树等。

金河 1 号古茶树

野生种古茶树，厚轴茶（*C. crassiccolumna*），见图 380。位于金平县金河镇永平村委会的后山自然保护区。树型乔木，树姿直立，叶片水平状着生，嫩枝及芽体有茸毛，树高 15m，树幅 17.0m×12.0m，一级分枝有两个，胸围分别为 2.01m、1.09m，最低分枝高 0.45m，基部干围 2.93m；叶为长椭圆形，叶片为大叶，叶色为绿色，叶片长 11.9cm、宽 5.1cm，叶柄长 0.6cm，侧脉数 9 或 10 对，叶缘微波，叶尖渐尖，叶背、叶柄无茸毛，柱头 5 裂，子房多毛，花瓣 11 或 12 枚，花冠 4.9cm×5.2cm；茶果 5.9cm×5.4cm，果皮厚 0.7cm～0.8cm，果柄长粗 1.4cm×0.8cm，果室数 5 室。目前生长较强。

图 380：金河 1 号古茶树

2. 金平县铜厂乡

铜厂乡位于金平县西部，地处东经 102°55′～103°03′，北纬 22°43′～22°52′之间，地域面积 280.52km²。下设 9 个村委会，有 92 个村民小组。

铜厂乡的古茶树主要分布在铜厂村委会的龙口小寨村民小组和哈尼上寨村民小组，多生长于农户的房前屋后或承包的山地中，皆为单株散生。现存的植株已很少。其代表性植株有铜厂 1 号古茶树、铜厂 2 号古茶树等。

铜厂1号古茶树

野生种古茶树，苦茶变种（*C. sinensis* var. *kucha*），见图381。位于金平县铜厂乡铜厂村委会哈尼上寨村民小组，东经103°05′，北纬22°50′，海拔1409m。树型乔木，树姿直立，树高10.5m，树幅3.5m×3.5m，分枝密度中，最低分枝高0.2m，基部干围1.5m；叶为长椭圆形，叶片为大叶，叶色为绿色，叶片长11.5cm、宽5.5cm，叶基楔形，叶脉11对，叶身内折，叶尖渐尖，叶面隆起，叶缘波状，叶齿为重锯齿形，叶质柔软，叶柄、主脉茸毛较少，芽叶显黄绿色，茸毛较多。目前生长较强。

图381：铜厂1号古茶树

图382：铜厂2号古茶树

铜厂2号古茶树

野生种古茶树，苦茶变种（*C. sinensis* var. *kucha*），见图382。位于金平县铜厂乡铜厂村委会龙口村民小组，东经103°02′，北纬22°50′，海拔1664m。树型乔木，树姿直立，树高12.5m，树幅3.5m×4.0m，分枝密度中，最低分枝高0.7m，基部干围2.0m；叶为长椭圆形，叶片为大叶，叶色为绿色，叶片长17.5cm、宽5.6cm，叶基楔形，叶脉13对，叶身内折，叶尖渐尖，叶面微隆起，叶缘平，叶质柔软，叶齿为重锯齿形，叶柄、主脉茸毛较少；芽叶显淡绿色，茸毛较多。目前生长较强。

3. 金平县马鞍底乡

马鞍底乡位于金平县东部，地处东经102°24′～103°00′，北纬22°35′～22°48′之间，地域面积300.70km²；下设6个村委会，有63个村民小组。

马鞍底乡的古茶树主要分布在地西北村委会的鸡窝寨、八底寨、梨树村、石头寨、中棚等 5 个村民小组。古茶树为零星分布，植株大多比较高大，总数约 60 株。古茶树均为普洱茶种（C. assamica）。代表性植株有马鞍底 1 号古茶树、马鞍底 2 号古茶树等。

马鞍底 1 号古茶树

栽培种古茶树，普洱茶种（C. assamica），见图 383。位于金平县马鞍底乡地西北村委会鸡窝寨村民小组，东经 103° 33′，北纬 22° 39′，海拔 1362m。树型小乔木，树姿开张，树高 7.5m，树幅 3.8m×4.6m，分枝稀，最低分枝高 0.67m，基部干围 1.23m；叶为长椭圆形，叶片为大叶，叶色为绿色，叶片长 15.5cm、宽 6.2cm，叶基楔形，叶脉 13 对，叶身内折，叶尖渐尖，叶面微隆起，叶缘平，叶质柔软，叶齿为锯齿型，叶柄、主脉茸毛较少，芽叶显淡绿色，茸毛较多。目前生长一般。

图 383：铜厂 1 号古茶树

图 384：铜厂 2 号古茶树

马鞍底 2 号古茶树

栽培种古茶树，普洱茶种（C. assamica），见图 384。位于金平县马鞍底乡地西北村委会八底寨村民小组，东经 103° 33′，北纬 22° 39′，海拔 1290m。树型小乔木，树姿开张，树高 6m，树幅 4.5m×3.5m，分枝密度中，最低分枝高 1.5m，基部干围 1.45m；叶为长椭圆形，叶片为大叶，叶色为绿色，叶片长 17.1cm、宽 6.2cm，叶基楔形，叶脉 11 对，叶身内折，叶尖渐尖，叶面微隆起，叶缘平，叶质柔软，叶齿为锯齿形，叶柄、主脉茸毛较少，芽叶显淡绿色，茸毛较多。目前生长较强。

第七章　文山州篇

一、文山州古茶树资源概述

文山壮族苗族自治州（以下简称文山州）是云南省下辖的 8 个少数民族自治州之一，位于云南省东南部，地处东经 103°35′~106°12′、北纬 22°48′~24°28′ 之间。东与广西壮族自治区百色市相连，西与红河州毗邻，北与曲靖市相连，南与越南相接，国境线长 438km。全州东西横距 255km，南北纵距 190km，土地总面积 32239km²，山区和半山区占 97%，岩溶面积占 51%。辖 1 市 7 县（文山市、砚山县、西畴县、麻栗坡县、马关县、丘北县、广南县、富宁县），2013 年有 101 个乡（镇），其中 16 个民族乡，947 个村委会，15967 个村民小组（队）。州人民政府驻文山市开化镇。

文山州地处云贵高原东南部，西北有世界屋脊青藏高原，东北有云贵高原为屏障，南和东南邻近南海和北部湾，西南邻近孟加拉湾，北回归线贯穿全州。夏季主要受孟加拉湾及北部湾暖湿气流影响，冬季主要受偏西及西北部干冷气流影响。全州均属低纬度高原季风气候，分为北热带、南亚热带、中亚热带、北亚热带、南温带、中温带 6 种气候类型。境内地形起伏大，高差悬殊，大部分地区冬无严寒，夏无酷暑，干凉和雨热同季，年温差小，日温差大，无霜期长，少霜雪。年平均气温 12.0℃~23.1℃，最冷月（1 月）平均温度 6.5℃~13.5℃，最热月（7 月）平均温度 17.0℃~28.5℃。全年多为偏东南风，低海拔地区炎热，高海拔地区凉爽。适宜多种农作物生长。

茶叶是文山州的主要经济作物之一，种植历史悠久。目前境内尚存有不少野生种和栽培种古茶树，主要分布于文山市的新街乡、小街镇，广南县的底圩乡、者兔乡，西畴县的法斗乡、兴街乡，麻栗坡县的猛洞乡、下金厂乡、八布乡，马关县的古林箐镇、夹寒箐镇等 26 个乡（镇）。

古茶树资源生长环境多为海拔 1000m~2900m 的原始森林或次生林，总分布面积约 31.5075 万亩，其中野生种古茶树资源面积达 27.95 万亩，栽培种古茶树资源面积约 3.5575 万亩。

文山州古茶树生态类型多样，茶种丰富，根据张宏达 1998 年茶组植物分类系统，文山州分布有广西茶（*C. kwangsiensis*）、广南茶（*C. kwangnanica*）、大厂茶（*C. tachangensis*）、厚轴茶（*C. crassicolumna*）、马关茶（*C. makuanica*）、普洱茶（*C.*

assamica）、茶（*C. sinensis*）和白毛茶（*C. sinensis var. pubilimba*）等 8 个种和变种。其中，广南茶、厚轴茶、马关茶主要分布在西畴县、麻栗坡县、马关县、文山市、广南县；白毛茶主要分布在广南县、麻栗坡县；普洱茶和茶的分布则较广，在该州各县均有分布。

二、文山州古茶树代表性植株

（一）文山市

文山市位于文山州西部，地处东经 103°43′~104°27′、北纬 23°6′~23°44′之间，地域面积 2959.00km²；东、北与砚山县相连，南邻马关县，西与红河州的蒙自市相接，东南毗邻西畴县；下辖 3 个街道、7 个镇 7 个乡（其中 5 个民族乡），设有 24 个社区、113 个村委会，有 1045 个自然村，1563 个村民小组。市人民政府驻卧龙街道。

文山市茶树种植面积较少，目前仅在该市平坝镇的孟吉有种植，面积已不足 1000 亩。目前尚存的古茶树资源主要分布在该市老君山自然保护区一带的小街镇、平坝镇、薄竹镇、坝心乡、新街乡，总分布面积约 11500 亩。最具代表性的野生种古茶树居群有新街乡大冲箐古茶树居群、薄竹镇老回龙村居群、坝心乡高览槽村委会陡舍坡居群、平坝镇底泥村委会大箐居群和小街镇二河沟居群。

1. 文山市小街镇

小街镇位于文山市西南部，地域面积 215.60km²；下设 8 个村委会。

小街镇现存的古树茶主要分布在老君山自然保护区内，总分布面积约 3500 亩。代表性居群为二河沟村委会的臭河沟古茶树居群，分布面积约 300 亩。古茶树单株散生于原始森林中，海拔在 1600m~1700m。古茶树因无专人管理，人为损毁严重，面临濒危。代表性植株有小街 1 号古茶树、小街 2 号古茶树等。

小街 1 号古茶树

野生种古茶树，厚轴茶种（*C. crassicolumna*），见图 385。位于文山市小街镇老君山村委会二河沟村民小组臭水沟，东经 103° 05′ 45″，北纬度 23° 01′ 38″，海拔 1692m。树型小乔木，树姿半开张，分枝密，树高 6m，有 3 个大分枝，基部干围 0.8m；叶片大叶，叶椭圆形，叶绿色，叶片长 11.8cm、宽 5.5cm，边缘有锯齿，叶脉 13 对；花瓣 9～12 枚，白色。

图 385：小街 1 号古茶树

小街 2 号古茶树

野生种古茶树，厚轴茶种（*C. crassicolumna*），见图 386。位于文山市小街镇老君山村委会二河沟村民小组臭水沟，东经 103° 05′ 34″，北纬 23 ° 01′ 21″，海拔 1697m。树型小乔木，树姿半开张，分枝密，树高 4m，有 3 个大的分枝，基部干围 0.8m；叶片大叶，叶绿色，叶椭圆形，叶片长 10.5cm、宽 4.0cm，边缘有锯齿，叶脉 7 对；花瓣 9～12 枚，白色。

图 386：小街 2 号古茶树

2. 文山市新街乡

新街乡位于文山市西南部，地域面积 143.11km²；下设 6 个村委会，有 60 个村民小组。

新街乡现存的古树茶主要分布在老君山自然保护区内，总分布面积约 2000 亩。古树茶的代表性居群为新街村委会的大冲箐村民小组，已发现的古茶树约 3000 株，分布面积约 400 亩，古茶树单株散生于次生林中，海拔在 1750m ~ 1950m 之间。代表性植株有新街 1 号古茶树、新街 2 号古茶树、新街 3 号古茶树等。

新街1号古茶树

野生种古茶树，厚轴茶种（*C. crassicolumna*），见图387。位于文山市新街乡新街村委会大冲箐村民小组，东经103°99′75″，北纬23°16′64″，海拔1929m。树型乔木，树姿直立，树高6m，基部干围0.8m；叶片大叶，叶绿色，叶椭圆形，叶尖渐尖，叶片长13.4cm、宽4.8cm，边缘有锯齿，叶脉15对；花瓣9～12枚，白色。

图387：新街1号古茶树

新街2号古茶树

野生种古茶树，厚轴茶种厚轴茶种（*C. crassicolumna*），见图388。位于文山市新街乡新街村委会大冲箐村民小组，东经103°59′54″，北纬23°10′02″，海拔1871.80m。树型小乔木，树姿半开张，树高6m，基部干围0.8m；叶片大叶，叶绿色，叶椭圆形，叶尖渐尖，叶片长15.4cm、宽4.6cm，边缘有锯齿，叶脉12对；花瓣9～12枚，白色。

图388：新街2号古茶树

新街 3 号古茶树

野生种古茶树，厚轴茶种（*C. crassicolumna*），见图 389。位于文山市新街乡新街村委会大冲箐村民小组，东经 103° 59′ 56″，北纬 23° 10′ 02″，海拔 1881.80m。树型小乔木，树姿半开张，树高 5m，基部干围 0.8m；叶片大叶，叶绿色，叶椭圆形，叶尖渐尖，叶片长 14.0cm、宽 5.1cm，边缘有锯齿，叶脉 10 对；花瓣 9 ~ 12 枚，白色。

图 389：新街 3 号古茶树

3. 文山市坝心彝族乡

坝心彝族乡地处文山市西北部，地域面积 96.40km²；下设 5 个村委会。

坝心彝族乡现存的古树茶主要分布在高笕槽村委会陈家寨村民小组的老火地、陡舍坡村委会陡舍坡村民小组的栅子门大箐、多依树村委会的杨梅树地村民小组、坝心村委会的坝尾村民小组，总分布面积约 2500 亩。

代表性古茶树居群有坝尾古茶树居群、陡舍坡栅子门大箐居群，古茶树单株散生于原生林中，海拔 1900m ~ 2000m。

代表性古茶树植株有高笕古茶树、坝心古茶树、大箐古茶树等。

高笕槽1号古茶树

野生种古茶树，厚轴茶种（*C. crassicolumna*），见图390。位于文山市坝心乡高笕槽村委会陈家寨村民小组对门山箐脚的老火地，东经103°58′25″，北纬23°20′48″，海拔2034m。树型小乔木，树姿半开张，树高4.2m，在1m高处被人砍伐后分出4枝，嫩枝为土褐色，基部干围1.23m，树幅2m×2m；叶为椭圆形，叶片为绿色，大叶，叶片长13.0cm、宽5.2cm，边缘有锯齿，叶脉11对；花瓣9~12枚，白色。

图390：高笕槽1号古茶树

高笕槽2号古茶树

野生种古茶树，厚轴茶种（*C. crassicolumna*），见图391。位于文山市坝心乡高笕槽村委会陈家寨村民小组对门的山箐之中，东经103°58′36″，北纬23°20′44″，海拔2046m。树型小乔木，树姿半开张，树高约5.2m，主干灰白色，基部干围0.52m，树幅2.0m×3.0m，分支4枝，嫩枝为土褐色；叶片大叶，绿色，叶形为椭圆形，叶片长13cm、宽6.3cm，边缘有锯齿，叶脉14对；花瓣9~12枚，白色。

图391：高笕槽2号古茶树

高笕槽 3 号古茶树

野生种古茶树，厚轴茶种（*C. crassicolumna*），见图 392。位于文山市坝心乡高笕槽村委会陈家寨村民小组对门的山箐之中，东经 103° 58′ 38″，北纬 23° 20′ 42″，海拔 2090m。树型小乔木，树姿半开张，树高约 6m，主干灰白色，基部干围 1.68m，树幅 3.0m×3.0m，分支 9 枝，嫩枝土褐色；叶片大叶，绿色，叶形为椭圆形，叶片长 10cm、宽 5.2cm，边缘有锯齿，叶脉 15 对；花瓣 9～12 枚，白色。

图 392：高笕槽 3 号古茶树

图 393：坝心 1 号古茶树

坝心 1 号古茶树

野生种古茶树，厚轴茶种（*C. crassicolumna*），见图 393。位于文山市坝心乡陡舍坡村委会多依树村民小组大杨梅树地山箐中的半坡，东经 103° 10′ 28″，北纬 23° 03′ 22″，海拔 2106m。树型乔木，树姿直立，树高 20m，主干灰白色，树幅 5.4m×6.2m，基部干围 1.41m；叶片大叶，绿色，叶形为椭圆形，叶片长 10.5cm、宽 4.5cm，边缘有锯齿，叶脉 11 对；花瓣 9～12 枚，白色。

坝心 2 号古茶树

野生种古茶树，厚轴茶种（*C. crassicolumna*），见图 394。位于文山市坝心乡陡舍坡村委会多依树村民小组大杨梅树地山箐中的凹子边，东经 103° 10′ 31″，北纬 23° 03′ 21″，海拔 2256m。树型乔木，树姿直立，树高 16m，主杆灰白色，树幅 4.5m×5.2m，基部干围 1.2m；叶片大叶，绿色，叶形为椭圆形，叶片长 14cm、宽 6cm，边缘有锯齿，叶脉 9 对；花瓣 9~12 枚，白色。

图 394：坝心 2 号古茶树

坝心 3 号古茶树

野生种古茶树，厚轴茶种（*C. crassicolumna*），见图 395。位于文山市坝心乡陡舍坡村委会多依树村民小组大杨梅树地山箐中的凹子偏坡，东经 103° 10′ 31″，北纬 23° 03′ 28″，海拔 2252.7m。树型乔木，树姿直立，树高 21m，主杆灰白色，树幅 4.0m×5.0m，基部干围 1.6m，最低分枝高 15m；叶片大叶，绿色，叶形为椭圆形，叶片长 13.0cm、宽 4.7cm，叶顶部尖，边缘有锯齿，叶脉 14 对；花瓣 9~12 枚，白色。

图 395：坝心 3 号古茶树

坝心 4 号古茶树

野生种古茶树，厚轴茶种（*C. crassicolumna*），见图 396。位于文山市坝心乡陡舍坡村委会多依树村民小组大杨梅树地山箐的凹子中，东经 103° 10′ 31″，北纬 23° 03′ 28″，海拔 2252.7m。树型乔木，树姿直立，树高 18m，树幅 4.2m×5.3m，基部干围 1.78m；有两大分枝，分枝土褐色。叶片绿色，大叶，叶为椭圆形，叶片长 13.8cm、宽 4.9cm，边缘有锯齿，叶脉 13 对；花瓣 9～12 枚，白色。

图 396：坝心 4 号古茶树

图 397：陡舍坡古茶树

陡舍坡古茶树

野生种古茶树，厚轴茶种（*C. crassicolumna*），见图 397。位于文山市坝心乡陡舍坡村委会栅子门大箐，东经 103° 57′ 46″，北纬 23° 53′ 02″，海拔 1981 m。树高 5m，基部干围 1.2m；叶片大叶，叶椭圆形，叶色绿，叶片长 11cm、宽 5.0cm，边缘有锯齿，叶脉 10 对；花瓣 9～12 枚，白色。

（二）西畴县

西畴县位于文山州中部，地处东经 104° 22′ ~ 104° 58′、北纬 23° 06′ ~ 23° 37′ 之间，东西长 63.6km，南北宽 59km，地域面积 1506.00km²；北回归线横贯县境，东南接麻栗坡县，西南隔盘龙河与马关县相望，西靠文山市和砚山县，东北与广南县隔达马河相望。县境中裸露、半裸露岩溶面积 1135km²，占全县总面积的 75.4%；下辖 2 镇 7 乡（西洒镇、兴街镇、蚌谷乡、莲花塘乡、新马街乡、柏林乡、法斗乡、董马乡、鸡街乡），下设 3 个社区、69 个村委会，有 1779 个村民小组。县人民政府驻西洒镇。

西畴县地处云贵高原南部边缘逐渐向越南低山丘陵的过渡地带，地势北部和中部高，东南、西南低，境内山峦起伏，地形复杂；属亚热带低纬季风气候区，干湿季节分明，立体气候明显，年均气温 15.9℃，年均无霜期 340 ~ 362 天，年均降雨量 1294mm，年日照时数 1500 ~ 1600 小时，年均相对湿度为 82%。

西畴县茶树种植的历史久远，境内现存的古茶树均零星分布。至今共发现古茶树居群 19 个，分布于 4 个乡镇、9 个村委会的 19 个村民小组，总分布面积约 1050 亩。

1. 西畴县兴街镇

兴街镇位于西畴县西南部，是西畴、麻栗坡、马关、文山四县交汇点，地域面积 252.40km²；下设 13 个村委会，有 247 个村民小组。

兴街镇现存的古茶树资源较少。主要分布于龙坪村委会猴子冲村民小组，均为野生种古茶树，已发现的有 62 株，其中多数植株为砍伐后重新又长出来的新枝，总分布面积约 150 亩。代表性植株有猴子冲 1 号古茶树、猴子冲 2 号古茶树、猴子冲 3 号古茶树等。

猴子冲 1 号古茶树

栽培种古茶树，普洱茶种（ *C. assamica* ），见图 398。位于西畴县兴街镇龙坪村委会猴子冲村民小组进村公路的坎上，东经 104° 35′ 50″，北纬 23° 18′ 48″，海拔 1192m。树型小乔木，树姿半开张，分枝密，树高 5.3m，基部干围 0.7 m；大叶，叶为长椭圆形，叶色浅绿，叶片长 13.3cm、宽 4.8cm，叶脉 13 对，叶身平，叶尖渐尖，叶面微隆起，叶缘微波，叶质中，叶齿为少锯齿形，叶柄、主面茸毛少，芽叶淡绿色，茸毛少。目前长势较强。

图 398：猴子冲 1 号古茶树

图 399：猴子冲 2 号古茶树

猴子冲 2 号古茶树

栽培种古茶树，普洱茶种（ *C. assamica* ），见图 399。位于西畴县兴街镇龙坪村委会猴子冲村民小组进村公路的坎上，东经 104° 35′ 51″，北纬 23° 18′ 48″，海拔 1198m。树型小乔木，树姿半开张，分枝密，树高 5.1m，基部干围 0.48 m；叶片大叶，叶为长椭圆形，叶色浅绿，叶片长 10.6cm、宽 5.1cm，叶脉 11 对，叶身平，叶尖渐尖，叶面微隆起，叶缘微波，叶质中，叶齿为少锯齿形，叶柄、主面茸毛少，芽叶淡绿色，茸毛少。目前长势较强。

猴子冲 3 号古茶树

野生种古茶树，广西茶种（*C. kwang-siensis*），见图400。位于西畴县兴街镇龙坪村委会猴子冲村民小组进村公路坎下的地埂边，东经104°36′51″，北纬23°18′49″，海拔1195m。树型小乔木，树姿开张，分枝密，树高2.7m，基部干围1.3m；叶片大叶，叶为长椭圆形，叶色浅绿，叶片长14.2cm、宽4.1cm，叶脉13对，叶身平，叶尖渐尖，叶面微隆起，叶缘微波，叶质中，叶齿为少锯齿形，叶柄、主面无茸毛，芽叶淡绿色，无茸毛。上部已被砍断，目前长势一般。

图400：猴子冲3号古茶树

2. 西畴县莲花塘乡

莲花塘乡位于西畴县西部，地域面积171.00km²；下设10个村委会，有123个村民小组。

莲花塘乡现存的古茶树主要分布在香坪山村委会，皆为野生种古茶树，已发现约173株，总分布面积约310亩。代表性植株有香坪山1号古茶树、香坪山2号古茶树、香坪山3号古茶树等。

图401：香坪山1号古茶树

香坪山 1 号古茶树

野生种古茶树，广西茶种（*C. kwang-siensis*），见图401。位于西畴县莲花塘乡香坪山村委会香坪山村民小组进村公路坎上坡地的地埂上，东经104°27′18″，北纬23°18′3″，海拔1388m。树型小乔木，树姿半张开，分枝密度稀，树高2.5m，基部干围1.4m；叶片大叶，叶为长椭圆形，叶色深绿，叶片较厚，叶基楔形，叶片长8.9cm、宽3.9cm，叶脉12对，叶身平，叶尖渐尖，叶面微隆起，叶缘微波，叶质中，叶齿为少锯齿形，叶柄、主面无茸毛，芽叶淡绿色，无茸毛。上部已被人为砍伐过，树干主枝已部分腐朽，目前长势弱。

香坪山 2 号古茶树

栽培种古茶树，普洱茶种（*C. assamica*），见图 402。位于西畴县莲花塘乡香坪山村委会香坪山村民小组进村公路坎上坡地的凹地边，东经 104° 27′ 21″，北纬 23° 18′ 4″，海拔 1380m。树型小乔木，树姿半开张，分枝密度中，树高 5.2 m，基部干围 1.3 m；叶片大叶，叶为长椭圆形，叶色深绿，叶基楔形，叶片长 13.9cm、宽 4.8 cm，叶脉 8 对，叶身内折，叶尖渐尖，叶面隆起，叶缘微波，叶质中，叶齿为少锯齿形，叶柄、主面茸毛少，芽叶深绿色，茸毛少。目前长势强盛。

图 402：香坪山 2 号古茶树

香坪山 3 号古茶树

野生种古茶树，广西茶种（*C. kwangsiensis*），见图 403。位于西畴县莲花塘乡香坪山村委会香坪山村民小组进村公路坎上坡地的凹地边，东经 104° 27′ 20″，北纬 23° 18′ 4″，海拔 1380 m。树型小乔木，树姿半开张，分枝密，树高 5.3 m，基部干围 1.4 m；叶片大叶，叶为长椭圆形，叶色深绿，叶片较厚，叶片长 12.5cm、宽 5.8cm，叶脉 10 对，叶身内折，叶尖渐尖，叶面平，叶缘波，叶质中，叶齿为少锯齿形，叶柄、主面无茸毛，芽叶深绿色，无茸毛。目前长势强盛。

图 403：香坪山 3 号古茶树

3. 西畴县法斗乡

法斗乡位于西畴县东南部，地域面积223.70km²；下设9个村委会，有234个村民小组。

法斗乡现存的古茶树代表性居群有14个，分布面积约400亩，已发现的古茶树有766株。古茶树大多单株散生于山箐和村寨周围，集中分布的有坪寨村和小桥沟自然保护区。代表性植株有上新寨古茶树、大田古茶树、街上古茶树、纸厂古茶树等。

上新寨古茶树

栽培种古茶树，白毛茶变种（*C. sinensis var. pubilimba*），见图404。位于西畴县法斗乡坪寨村委会上新寨村民小组，东经104° 44′ 5.07″，北纬23° 18′ 6.45″，海拔1302m。树型小乔木，树姿开张，分枝密，树高11m，树幅9.5m×9.6m，基部干围1.85m；最低分枝高0.45m，嫩枝少茸毛；叶片大叶，叶形为椭圆形，叶色深绿，叶基楔形，成熟叶长10.9cm、叶宽4.3cm，叶脉9对，叶身稍内折，叶尖渐尖，叶面隆起，叶缘平，叶质软，叶柄、主脉、叶背多茸毛，叶齿为锯齿形，芽叶黄绿色，多茸毛；萼片5片、绿色、有茸毛，花瓣7枚、白色、质地中，花柄、花瓣有茸毛，花冠3.8cm×3.4cm，花柱3裂，裂位深，子房茸毛多。长势强盛，仍采摘利用。

图404：上新寨古茶树

图 405：大田古茶树

街上古茶树

栽培种古茶树，普洱茶种（*C. assamica*），见图 406。位于西畴县法斗乡坪寨村委会街上村民小组，东经 104°43′，北纬 23°19′，海拔 1396.4m。树型小乔木，树姿半开张，分枝密，树高 8.5m，树幅 4.9m×4.5m，基部干围 0.6m；最低分枝高 1.4m，嫩枝无茸毛；叶片大叶，叶形为椭圆形，色绿，叶基楔形，叶片长 15.9cm、宽 4.3cm，叶脉 9 对，叶身稍内折，叶尖急尖，叶面平，叶缘平，叶质软，叶柄、主脉、叶背茸毛多，叶齿为重锯齿形，芽叶黄绿色，多茸毛；萼片 5 片、绿色、有茸毛，花瓣 7 枚、白色、质地中，花柄、花瓣有茸毛，花冠 3.8cm×3.4cm，花柱 3 裂，裂位深，子房茸毛多。长势一般，仍采摘利用。

大田古茶树

栽培种古茶树，普洱茶种（*C. assamica*），见图 405。位于西畴县法斗乡坪寨村委会大田村民小组，东经 104°44′67″，北纬 23°19′12″，海拔 1397m。树型乔木，树姿直立，分枝稀，树高 14.8m，树幅 7.5m×7.8m，基部干围 1.55m；最低分枝高 0.45m，嫩枝无茸毛；叶片大叶，叶形为椭圆形，叶色深绿，叶基楔形，叶片长 11.9cm、宽 4.6cm，叶脉 8 对，叶身稍内折，叶尖渐尖，叶面隆起，叶缘平，叶质软，叶柄、主脉、叶背少茸毛，叶齿为锯齿形，芽叶黄绿色，多茸毛；萼片 5 枚、绿色、有茸毛，花瓣 8 枚、白色、质地中，花柄、花瓣有茸毛，花冠 3.8cm×3.4cm，花柱 3 裂，裂位深，子房茸毛多。长势强盛，仍采摘利用。

图 406：街上古茶树

纸厂古茶树

栽培种古茶树，普洱茶种（*C. assamica*），见图407。位于西畴县法斗乡坪寨村委会街上村民小组，东经104°44′，北纬23°28′，海拔1420m。树型小乔木，树姿开张，分枝密，树高7.5m，树幅4.3m×4.2m，基部干围1.6m，地面分枝，嫩枝无茸毛；叶片大叶，叶形为椭圆形，叶色绿，叶基楔形，叶片长11.2cm、宽4.1cm，叶脉7对，叶身稍内折，叶尖急尖，叶面平，叶缘波，叶质软，叶柄、主脉、叶背茸毛多，叶齿为重锯齿形，芽叶淡绿色，多茸毛；萼片5片、绿色、有茸毛，花瓣7枚、白色、质地中，花柄、花瓣有茸毛，花冠3.8cm×3.4cm，花柱3裂，裂位深，子房茸毛多。长势强盛。

图407：纸厂古茶树

（三）麻栗坡县

麻栗坡县位于文山州东南部，地处东经104°32′～105°18′，北纬22°48′～23°33′之间，地域面积2334.00km²；东北部与富宁县、广南县接壤，北部与西畴县、广南县相邻，西南部与马关县毗连，东南部与越南的同文、安明、官坝、渭川、黄树皮、河江"五县一市"相接，国境线长227km；下辖4镇7乡（其中1个民族乡），设有9个社区、93个村委会，有1946个村民小组。县人民政府驻麻栗镇。

麻栗坡县地处低纬度，属南亚热带高原季风气候。境内山川交错、河谷纵横，气候变化显著，立体气候明显。县境内地貌以中低山峡谷地貌为主，喀斯特地貌分布较广，地势由西向东南倾斜，山脉大致呈西北—东南走向相间分布。有阔叶林、针叶林、竹林、灌木林、草丛林等植被类型。

麻栗坡县适宜茶树种植。2012年，全县有茶树栽培面积2.1万亩，投产面积1.65万亩，茶叶总产值1120万元。麻栗坡县尚存少量野生种和栽培种古茶树，野生古茶树主要分布在下金厂乡、猛硐瑶族乡、天保乡、八布乡、大平镇、麻栗镇、董干镇等7个乡镇，分布面积约9600亩。其中较为集中连片的古茶树居群有坝子古茶树居群、新南坪大山古茶树居群、龙竹古茶树居群、鸯鸡蓬古茶树居群。

另外，在麻栗坡县八布乡的竜龙村委会和荒田村委会、下金厂乡的云岭村委会和中寨村委会均有少量栽培种古茶树。

1. 麻栗坡县猛硐瑶族乡

猛硐瑶族乡（以下简称猛硐乡）位于麻栗坡县西南部，下设 5 个村委会。2012 年，茶树种植面积已达 1 万余亩，建有现代茶园 4000 余亩，茶叶已成为该乡农民收入的主要来源之一。猛硐乡现尚存少量古茶树，总分布面积约 1000 亩。主要分布于铜塔村委会和坝子村委会。

代表性古茶树居群有新南坪大山野生古茶树居群、鸯鸡蓬古茶树居群、龙竹山野生古茶树居群。代表性植株有铜塔古茶树、坝子古茶树等。

图 408：铜塔村古茶园

铜塔 1 号古茶树

栽培种古茶树,普洱茶种(*C. assamica*),见图409。位于麻栗坡县猛硐乡铜塔村委会茶园,东经 104° 46′ 53.8″,北纬 22° 57′ 01.6″,海拔 823m,生长地的土壤为花岗岩风化白壤土。树型小乔木,树姿开张,分枝稀,树高 3.4m,树幅 4.3m×3.8m,基部干围 1.15m,最低分枝高 0.9m,嫩枝无茸毛;叶片大叶,叶形椭圆形,叶色绿,叶基楔形,叶片长 18.5cm、宽 7.2cm,叶脉 11 对,叶身稍背卷,叶尖渐尖,叶面隆起,叶缘波,叶质软,叶齿为锯齿形,叶柄、主脉、叶背少茸毛,芽叶黄绿色,多茸毛;萼片 5 片、绿色、有茸毛,花冠 4.2cm×4.0cm,花瓣 7 枚,花柱 3 裂,裂位深,子房多茸毛。该树长势偏弱,已被采摘利用。

图 409:铜塔 1 号古茶树

铜塔 2 号古茶树

栽培种古茶树,普洱茶种(*C. assamica*),见图410。位于麻栗坡县猛硐乡铜塔村茶园,东经 104° 46′ 53.8″,北纬 22° 57′ 01.6″,海拔 823m,生长地的土壤为花岗岩风化白壤土。树型小乔木,树姿开张,分枝稀,树高 5.4m,树幅 4.5m×5.8m,基部干围 1.05m,最低分枝高 1.2m,嫩枝有茸毛;叶片大叶,叶形椭圆形,叶色绿,叶基楔形,叶片长 16.4cm、宽 7.4cm,叶脉 10 对,叶身稍背卷,叶尖渐尖,叶面隆起,叶缘波,叶质软,叶齿为锯齿形,叶柄、主脉、叶背少茸毛;芽叶黄绿色,多茸毛。

图 410:铜塔 2 号古茶树

铜塔 3 号古茶树

栽培种古茶树，普洱茶种（*C. assamica*），见图 411。位于麻栗坡县猛硐乡铜塔村委会茶园，东经 104° 46′ 51.2″，北纬 22° 57′ 11.5″，海拔 820m，生长地的土壤为花岗岩风化白壤土。树型小乔木，树姿开张，分枝密，树高 5.4m，树幅 4.5m×5.8m，基部干围 0.45m，最低分枝高 0.4m，嫩枝有茸毛；叶片大叶，叶形椭圆形，叶色绿，叶基楔形，叶片长 16.8cm、宽 6.8cm，叶脉 10 对，叶身稍背卷，叶尖渐尖，叶面隆起，叶缘波，叶质软，叶齿为锯齿形，叶柄、主脉、叶背少茸毛，芽叶黄绿色，多茸毛。

图 411：铜塔 3 号古茶树

铜塔 4 号古茶树

栽培种古茶树，普洱茶种（*C. assamica*），见图 412。位于麻栗坡县猛硐乡铜塔村委会茶园，东经 104° 46′ 51.2″，北纬 22° 57′ 11.5″，海拔 820m，土壤为花岗岩风化白壤土。树型小乔木，树姿开张，分枝稀，树高 6.4m，树幅 6.7m×5.8m，基部干围 0.7m，最低分枝高 0.3m，嫩枝有茸毛；叶片大叶，叶形椭圆形，叶色绿，叶基楔形，叶片长 17.8cm、宽 6.8cm，叶脉 13 对，叶身稍背卷，叶尖渐尖，叶面隆起，叶缘波，叶质软，叶齿为锯齿形，叶柄、主脉、叶背少茸毛，芽叶黄绿色，多茸毛。

图 412：铜塔 4 号古茶树

图 413：坝子村 1 号古茶树

坝子村 1 号古茶树

栽培种古茶树，白毛茶变种（*C.sinensis* var. *pubilimba*），见图 413。位于麻栗坡县猛硐乡坝子村委会上垮土村民小组茶园，东经 104° 46′ 37″，北纬 22° 55′ 42″，海拔 1004m，生长地的土壤为花岗岩风化白壤土。树型小乔木，树姿半开张，分枝密，树高 3.4m，树幅 3.2m×3.2m，基部干围 0.5m，最低分枝高 0.2m，嫩枝无茸毛；叶片大叶，叶形椭圆形，叶色绿，叶基楔形，成熟叶长 14.5cm、宽 6.0cm，叶脉 10 对，叶身稍内折，叶尖渐尖，叶面微隆起，叶缘平，叶质软，叶柄、主脉、叶背多茸毛，叶齿为锯齿形，芽叶黄绿色，多茸毛。

坝子村 2 号古茶树

栽培种古茶树，普洱茶种（*C. assamica*），见图 414。位于麻栗坡县猛硐乡坝子村委会上垮土村民小组的茶园，东经 104° 46′ 58.9″，北纬 22° 56′ 46.3″，海拔 1115m，生长地的土壤为花岗岩风化白壤土。树型小乔木，树姿开张，分枝密，树高 4.1m，树幅 6.2m×5.7m，基部干围 1.8m，最低分枝高 0.4m，嫩枝无茸毛；叶片大叶，叶形椭圆形，叶色绿，叶基楔、形，成熟叶长 17.7cm、宽 6.7cm，叶脉 12 对，叶身稍内折，叶尖渐尖，叶面隆起，叶缘平，叶质软，叶齿为锯齿形，叶柄、主脉、叶背少茸毛；芽叶黄绿色，多茸毛；萼片 5 片、绿色、有茸毛，花冠 4.2cm×5.0cm，花瓣 6 枚，花柱 3 裂，裂位深，子房多茸毛。长势强盛，仍采摘利用。

图 414：坝子村 2 号古茶树

坝子村 3 号古茶树

栽培种古茶树，白毛茶变种（*C.sinensis var. pubilimba*），见图 415。位于麻栗坡县猛硐乡坝子村委会上垮土村民小组茶园，东经 104° 46′ 31.4″，北纬 22° 56′ 14.7″，海拔 1120m，生长地的土壤为花岗岩风化白壤土。树型小乔木，树姿半开张，分枝密，树高 3.1m，树幅 3.2m×2.7m，基部干围 0.4m，最低分枝高 0.2m，嫩枝无茸毛；叶片大叶，叶形长椭圆形，叶色紫红色，叶基楔形，叶片长 11.6cm、宽 4.1cm，叶脉 10 对，叶身稍内折，叶尖渐尖，叶面隆起，叶缘微波，叶质软，叶齿为锯齿形，叶柄、主脉、叶背多茸毛，芽叶紫绿色，多茸毛。

图 415：坝子村 3 号古茶树

2. 麻栗坡县下金厂乡

下金厂乡位于麻栗坡县东北部，地域面积 137.92 km²；下设 6 个村委会，有 96 个村民小组。

下金厂乡现存的古茶树较少，主要分布在中寨村委会的水沙坝村民小组、云岭村委会的老房子村民小组等 10 多个村民小组，已发现的古茶树有 1000 多株，总分布面积约 900 亩。其中最大的一株位于中寨村委会水沙坝村民小组的山箐之中，树体直立高大，长势强盛，为当地大厂茶种（*C. tachangensis*）的代表性植株。该乡最具代表性的古茶树居群为"老房子"古茶树居群，分布面积约 400 亩，现存古茶树约 300 株。

图 416：下金厂 1 号古茶树

下金厂 1 号古茶树

野生种古茶树，大厂茶种（*C. tach-angensis*），见图 416。位于麻栗坡县下金厂乡中寨村委会水沙坝村民小组山箐下部茶林中，是该地最大的一株古茶树，东经 104° 47′ 50.7″，北纬 23° 10′ 35.9″，海拔 1838m。树型小乔木，树姿半开张，分枝密，树高 10m，树幅 9.0m×9.7m，基部干围 2.7m，最低分枝高 0.2m，嫩枝无茸毛；叶片大叶，叶色绿，叶形披针形，叶基楔形，叶片长 12.6cm、宽 4.4cm，叶脉 9 对，叶身平，叶尖渐尖，叶面平，叶缘平，叶质中，叶齿为锯齿形，叶柄、主脉、叶背无茸毛，芽叶绿色，多茸毛；萼片 5 片、绿色、无茸毛，花冠 8.8cm×9.1cm，花瓣 11 枚，花柱 5 裂，花裂位深，子房无茸毛。长势强盛，已有采摘利用。

下金厂 2 号古茶树

野生种古茶树，大厂茶种（*C. tach-angensis*），见图 417。位于麻栗坡县下金厂乡中寨村委会水沙坝村民小组的山箐中，东经 104° 47′ 20.7″，北纬 23° 11′ 31.9″，海拔 1832m。树型小乔木，树姿半开张，分枝密，树高 12m，树幅 8.7m×9.2m，基部干围 2.12m，下部即开始分枝，嫩枝无茸毛；叶片大叶，叶色绿，叶形披针形，叶基楔形，叶片长宽 13.6cm、宽 4.5cm，叶脉 10 对，叶身平，叶尖渐尖，叶面平，叶缘平，叶质中，叶齿为锯齿形，叶柄、主脉、叶背无茸毛，芽叶绿色，多茸毛；萼片 5 片、绿色、无茸毛，花冠 8.7cm×9.4cm，花瓣 12 枚，花柱 5 裂，花裂位深，子房无茸毛。长势强盛，仍采摘利用。

图 417：下金厂 2 号古茶树

（四）马关县

马关县地处文山州南部，位于东 103° 52′ ～ 104° 39′，北纬 22° 42′ ～ 23° 15′之间，地域面积 2676.00km²；东与麻栗坡县相连，并与西畴县隔盘龙河相望，北与文山市交界，西南与红河州的河口县、屏边县毗邻，南面与越南老街、河江两省的箐门、新马街、黄树皮、猛康四县接壤，国境线长 138km；下辖 9 镇 4 乡（马白镇、坡脚镇、八寨镇、仁和镇、木厂镇、夹寒箐镇、小坝子镇、都龙镇、金厂镇、南捞乡、大栗树乡、篾厂乡、古林箐乡），设有 4 个社区、120 个村委会，有 2197 个村民小组。县人民政府驻马白镇。

茶叶是马关县的传统产业之一。其各个乡镇均有古茶树分布，分布面积为 4500 亩，现存数量约 3 万株，主要分布于古林箐乡、篾厂乡、夹寒箐镇、八寨镇等。

1. 马关县篾厂乡

篾厂乡位于马关县西南部，地域面积 169.00km²；下设 8 个村委会，有 103 个自然村，118 个村民小组。

篾厂乡现存的古茶树已较少，以野生种古茶树为主，皆生长于森林中，主要分布于篾厂乡的大吉厂村委会，分布面积 500 亩，约 3500 株。代表性植株有篾厂古茶树等。

篾厂古茶树

野生种古茶树，厚轴茶种（*C. crassicolumna*），见图 418。位于马关县篾厂乡大吉厂村委会，东经 104° 02′ 19″，北纬 22° 95′ 05″，海拔 1822m。树型小乔木，树姿半开张，分枝密度中，树高 9m，树幅 2.7m×4.6m，基部干围 1.3m；叶片大叶，叶形披针形，叶色绿，叶基楔形，叶片长 14.6cm、宽 6.2cm，叶脉 10 对，叶身内折，叶尖急尖，叶面微隆起，叶缘微波，叶质硬，叶齿为少锯齿形，叶柄、主脉、叶背无茸毛；芽叶黄绿、有微茸毛。目前长势较强。

图 418：箐厂古茶树

2. 马关县古林箐乡

古林箐乡位于马关县西南部，介于北纬 22° 40′ 58″ ~ 22° 53′ 48″，东经 103° 52′ 53″ ~ 104° 01′ 42″ 之间，地域面积 173.00km²；下设 7 个村委会，有 82 个村民小组。

古林箐乡尚存的古茶树多为野生种古茶树，皆生长于森林中，主要分布于卡上村委会，分布面积约 3000 亩，约 19000 株。其中以白崖子村民小组的野生种古茶树最具有代表性。古茶树皆为单株散生，不少古茶树植株高大，整体都保护得比较好。代表性植株有古林箐 1 号古茶树、古林箐 2 号古茶树等。

图 419：古林箐 1 号古茶树

古林箐 1 号古茶树

野生种古茶树，马关茶种（*C. ma-kuanica*），见图 419。位于马关县古林箐乡卡上村委会白崖子村民小组，东经 103°98′57″，北纬 22°83′94″，海拔 1720m。树型小乔木，树姿半开张，分枝密度中，树高 6.5m，树幅 6.4m×5.6m，基部干围 0.64m；叶片为大叶，叶形为披针形，叶色黄绿，叶基楔形，叶片长 19.8cm、宽 6.4cm，叶脉 10～13 对，叶身内折，叶尖渐尖，叶面平，叶缘微波，叶质硬，叶齿为少锯齿形，叶柄、主脉、叶背无茸毛；芽叶紫绿色、有茸毛。目前长势较强。

古林箐 2 号古茶树

野生种古茶树，马关茶种（*C. ma-kuanica*），见图 420。位于马关县古林箐乡卡上村委会白崖子村民小组，东经 103°98′57″，北纬 22°83′94″，海拔 1780m。树型小乔木，树姿半开张，分枝密度中，树高 8.5m，树幅 5.4m×6.6m，基部干围 1.23m；叶片大叶，叶形披针形，叶色黄绿，叶基楔形，叶片长 18.8cm、宽 6.3cm，叶脉 11 对，叶身内折，叶尖渐尖，叶面平，叶缘微波，叶质硬，叶齿为少锯齿形，叶柄、主脉、叶背无茸毛；芽叶紫绿色、茸毛少。目前长势较强。

图 420：古林箐 2 号古茶树

（五）广南县

广南县位于文山州东北部，地处滇、桂、黔三省交界处，东经104°31′~105°39′，北纬23°29′~24°28′之间，东西相距105km，南北相距103km，地域面积7810.00km²；东与富宁县接壤，南与西畴县、麻栗坡县毗邻，西邻丘北县、砚山县，北接广西壮族自治区的西林县，并与贵州省的兴义市相望。境内黑支果乡的木厂村与越南边境的直线距离仅13.5km；下辖7镇11乡（莲城镇、坝美镇、八宝镇、南屏镇、珠街镇、那洒镇、珠琳镇、黑支果乡、曙光乡、篆角乡、五珠乡、者兔乡、者太乡、底圩乡、旧莫乡、董堡乡、杨柳井乡、板蚌乡），2个国营农场（堂上农场、石山农场）、1个国有林场，设有7个社区、167个村委会，有2714个自然村，3247个村民小组。县人民政府驻莲城镇。

全县地势由西南向东北呈阶梯状倾斜，属岭南结露山脉系，南北走向，山岭连绵，纵横交错，互相切割，形成山区、半山区、丘陵、平坝、峰岭交错的地貌；山区、半山区占全县国土总面积的94.7%。属中亚热带高原季风气候，北回归线过县境南部，经常受到孟加拉湾和北部湾海洋气流调节，年平均气温16.7℃，年均降雨量1056.5mm，年均相对湿度为70%~80%，是茶树种植的较适宜区域。

广南县的茶叶栽培历史已有300多年，全县18个乡镇均有茶树种植，是云南省20个重点产茶县之一。2012年，全县茶园总面积约41.1万亩，茶叶总产量达7618吨，茶叶总产值2.6亿元。

广南县境内保存有大量野生种古茶树和栽培种古茶树种质资源。野生种古茶树主要分布在该县的九龙山区域、底圩乡和者太乡交界的羊窝大山区域、珠街镇的阿贵村委会、黑支果乡的花果大箐及莲城镇的那中村委会，总分布面积约27.95万亩。

代表性古茶树居群有九龙山野生种古茶树居群、底圩栽培种古茶树居群、珠街乡野生种古茶树和黑支果大箐野生种古茶树居群。

1. 广南县莲城镇

莲城镇位于广南县中部，为广南县城所在地，地域面积691.45km²；下设7个社区、14个村委会。

莲城镇现存的古茶树资源已经很少，其最大的一株代表性植株位于莲城镇赛京村委会那忠村民小组。

那忠古茶树

栽培种古茶树，白毛茶种（*C. sinensis* var. *pubilimba*），见图421。位于广南县莲城镇赛京村委会那忠村民小组，东经104°53′09.38″，北纬23°08′32.71″，海拔1328m。树型小乔木，树姿半开张，分枝密度中，树高6.5m，树幅2.5m×2.7m，基部干围1.35m，最低分枝高1.2m，嫩枝多茸毛；叶片大叶，叶形为椭圆形，叶色黄绿，叶基近圆形，叶片长8.6cm、宽2.8cm，叶脉8对，叶身稍背卷，叶尖急尖，叶面隆起，叶缘平，叶质柔软，叶齿为锯齿形，叶柄、主脉、叶背多茸毛，芽叶黄绿，多茸毛。该树人为损坏严重，树势已十分衰弱。

图421：那忠古茶树

图422：九龙山1号古茶树

2. 广南县者兔乡

者兔乡位于广南县西北部，地处东经104°16′，北纬24°10′，地域面积528.00km²；下设8个村委会。

者兔乡现存的野生种古茶树主要分布在九龙山、末四村委会奎那家村、拖同村、那耐村等。野生种古茶树居群植株密度大，尚存的古茶树长势强盛。其代表性植株有九龙山古茶树、末四古茶树、那拉古茶树、拖同古茶树、板内古茶树等。

九龙山 1 号古茶树

野生种古茶树，广南茶种（*C. kwangnanica*），见图 422。位于广南县者兔乡西北 12km 处的九龙山原始森林中，东经 104°45′14″，北纬 24°13′14″，海拔 1860m。树型小乔木，树姿开张，分枝密度中，树高 6.1m，基部干围 1.51m，在离地面 50cm 处被砍断后，树干分成了两枝；叶片大叶，叶为长椭圆形，叶色浅绿，叶基楔形，叶脉 10 对，叶身平，叶尖渐尖，叶面微隆起，叶缘微波，叶质中，叶齿为少锯齿形，叶柄、主脉、叶背无茸毛；芽叶淡绿色，多茸毛。目前长势一般。

九龙山 2 号古茶树

野生种古茶树，广南茶种（*C. kwang-nanica*），见图 423。位于广南县者兔乡西北 12km 处的九龙山原始森林中，东经 104°45′12″，北纬 24°13′16″，海拔 1858m。树型小乔木，树姿开张，分枝密度中，树高 6.90m，树幅 3.6m×6.3m，基部干围 0.68m，最低分枝高 2.1m；叶片大叶，叶为长椭圆形，叶色浅绿，叶基楔形，叶脉 9 对，叶身平，叶尖渐尖，叶面微隆起，叶缘微波，叶质中，叶齿为少锯齿形，叶柄、主脉、叶背无茸毛；芽叶淡绿色，有茸毛。目前长势一般。

图 423：九龙山 2 号古茶树

九龙山 3 号古茶树

野生种古茶树，广南茶种（*C. kwang-nanica*），见图 424。位于广南县者兔乡西北 12km 处的九龙山原始森林中，东经 104°45′13″，北纬 24°13′16″，海拔 1860m。树型小乔木，树姿半开张，分枝密度稀，树高 6.9m，树幅 6.3m×3.6m，基部干围 0.68m；叶片大叶，叶为长椭圆形，叶色浅绿，叶基楔形，叶片长 16.3cm、宽 6.2cm，叶脉 12 对，叶身平，叶尖渐尖，叶面微隆起，叶缘微波，叶质中，叶齿为少锯齿形，叶柄、主脉、叶背无茸毛；芽叶淡绿色，有茸毛。目前长势一般。

图 424：九龙山 3 号古茶树

图 425: 九龙山 4 号古茶树

九龙山 4 号古茶树

野生种古茶树，广南茶种（*C. kwangnanica*），见图 425。位于广南县者兔乡西北 12km 处的九龙山原始森林中，东经 104° 45′ 13″，北纬 24° 13′ 16″，海拔 1855m。树型小乔木，树姿直立，分枝密度稀，树高 5.6m，基部干围 0.72m；叶片大叶，叶为长椭圆形，叶色浅绿，叶基楔形，叶片长 14.3cm、宽 6.5cm，叶脉 12 对，叶身平，叶尖渐尖，叶面微隆起，叶缘微波，叶质中，叶齿为少锯齿形，叶柄、主脉、叶背无茸毛；芽叶淡绿色，有茸毛。目前该树上部枝干已被砍去，仅存下部主干，损毁严重。

九龙山 6 号古茶树

野生种古茶树，广南茶种（*C. kwangnanica*），见图 426。位于广南县者兔乡西北 12km 处的九龙山原始森林中，东经 104° 45′ 13.98″，北纬 24° 13′ 16.98″，海拔 1928m。树型小乔木，树姿半开张，分枝密度稀，树高 5.8m，树幅 4.5m×4.7m，基部干围 0.75m，最低分枝高 1.2m，嫩枝多茸毛；叶片大叶，叶为长椭圆形，叶色浅绿，叶基楔形，叶片长 15.0cm、宽 6.5cm，叶脉 12 对，叶身平，叶尖渐尖，叶面微隆起，叶缘微波，叶质中，叶齿为少锯齿形，叶柄、主脉、叶背无茸毛；芽叶淡绿色，有茸毛。目前长势较强。

图 426: 九龙山 6 号古茶树

未四 1 号古茶树

野生种古茶树，广南茶种（*C. kwangnanica*），见图 427。位于广南县者兔乡未四村委会奎那家村民小组的原始森林中，东经 104° 42′ 12″，北纬 24° 17′ 23″，海拔 1650m。树型小乔木，树姿半开张，树高 5.4m，树幅 5.2m×5.4m，分枝密度中，基部干围 0.95cm；叶片大叶，叶为长椭圆形，叶色浅绿，叶基楔形，叶脉 10 对，叶身平，叶尖渐尖，叶面微隆起，叶缘微波，叶质中，叶齿为少锯齿形，叶柄、主脉、叶背无茸毛；芽叶淡绿色，有茸毛。目前长势较强。

图 427：未四 1 号古茶树

那拉 1 号古茶树

栽培种古茶树，白毛茶种（*C. sinensis* var. *pubilimba*），见图 428。位于广南县者兔乡那拉下寨村委会，东经 104° 40′ 17″，北纬 24° 11′ 24″，海拔 1650m。树型小乔木，树姿开张，分枝密度中，树高 6.90m，树幅 6.5m×6.3m，基部干围 1.19m；叶片大叶，叶为长椭圆形，叶色浅绿，叶基楔形，叶脉 12 对，叶身平，叶尖渐尖，叶面微隆起，叶缘微波，叶质中，叶齿为少锯齿形，叶柄、主脉、叶背多茸毛；芽叶淡绿色，多茸毛。目前长势较强。

图 428：那拉 1 号古茶树

图 429：拖同 1 号古茶树

拖同 1 号古茶树

野生种古茶树，广南茶种（*C. kwangnanica*），见图 429。位于广南县者兔乡拖同村委会，东经 104° 46′ 14″，北纬 24° 13′ 00″。树型小乔木，树姿半开张，分枝密度中，树高 6.35m，基部干围 0.87m，最低分枝高 0.2m；叶片大叶，叶为长椭圆形，叶色浅绿，叶基楔形，叶脉 12 对，叶身平，叶尖渐尖，叶面微隆起，叶缘微波，叶质中，叶齿为少锯齿形，叶柄、主脉、叶背无茸毛；芽叶淡绿色，有茸毛。目前长势较强。

板内古茶树

野生种古茶树，广南茶种（*C. kwangnanica*），见图 430。位于广南县者兔乡革佣村委会板内村民小组，东经 104° 47′ 22″，北纬 24° 12′ 30″，海拔 1536m。树型小乔木，树姿半开张，分枝密，树高 4.2m，树幅 2.8m×3.1m，基部干围 0.21m，最低分枝高 0.21m，嫩枝有茸毛；叶片大叶，叶形为椭圆形，色绿，叶基楔形，叶片长 14.5cm、宽 5.0cm，叶脉 9 对，叶身稍内折，叶尖渐尖，叶面微隆起，叶缘平，叶质软，叶柄、主脉、叶背少茸毛，叶齿为锯齿形，芽叶黄绿色，多茸毛；萼片 5 片、绿色、有茸毛；花柄、花瓣有茸毛，花冠 3.2×4.1cm，花瓣 7 或 8 枚、白色、质地中，花柱 3 裂，子房多茸毛。长势一般。仍采摘利用。

图 430：板内古茶树

3. 广南县底圩乡

底圩乡位于广南县西北部，地域面积397.00km²；下设8个村委会，有124个村民小组。

底圩乡是广南县茶叶的主要产区，素有"茶叶之乡"的美称，茶叶已是底圩乡农业产业化建设中"一乡一品"的特色骨干产业。2012年，全乡茶叶种植面积为161870亩，产量3893.4吨，产值9052.16万元。底圩乡现存的古茶树较少，代表性植株有羊窝大山3号古茶树、羊窝大山4号古茶树、羊窝大山5号古茶树等。

羊窝大山3号古茶树

野生种古茶树，厚轴茶种（*C. crassicolumna*），见图431。位于广南县底圩乡羊窝大山大箐脚（小地名：纸窑）的森林中，东经104° 47′ 71″，北纬24° 12′ 32″，海拔1763m。树型小乔木，树姿开张，树高4.6m，树幅3.2m×4.3m，基部干围0.24m，分枝多，最低分枝高0.98m；叶片为大叶，水平着生，叶色浅绿，叶形为椭圆形，叶片长15.3cm、叶宽7.1cm，叶脉9对。叶基楔形，叶身平，叶尖渐尖，叶面微隆起，叶缘微波，叶质中，叶齿为少锯齿形，叶柄、主脉、叶背无茸毛；芽叶淡绿色，有茸毛。目前长势较弱。

图431：羊窝大山3号古茶树

图 432：羊窝大山 4 号古茶树

羊窝大山 4 号古茶树

野生种古茶树，厚轴茶种（*C. crassicolumna*），见图 432。位于广南县底圩乡大箐脚村委会的森林内，东经 104° 47′ 72″，北纬 24° 12′ 33″，海拔 1769m。树型小乔木，树姿直立，树幅 1.0m×1.2m，基部干围 0.23m，树干离地面 0.2m 处分成两枝；叶片为大叶，水平着生，叶色深绿，叶形为椭圆形，叶片长 20.2cm、宽 8.6cm，叶基楔形，叶脉 11 对，叶身平，叶尖渐尖，叶面微隆起，叶缘微波，叶质中，叶齿为少锯齿形，叶柄、主脉、叶背无茸毛；芽叶淡绿色，有茸毛。目前长势较弱。

羊窝大山 5 号古茶树

野生种古茶树，厚轴茶种（*C. crassicolumna*），见图 433。位于广南县底圩乡大箐脚村委会羊窝大山中上部的森林内，东经 104° 47′ 72″，北纬 24° 12′ 32″，海拔 1772m，与羊窝大山 4 号古茶树的距离约 100m。树型小乔木，树姿开张，树高 3.8m，离地 0.30m 处分枝，基部干围 0.36m；叶片为大叶，叶色深绿，叶形为长椭圆形，叶片长 20.3cm、宽 6.2cm，叶基楔形，叶脉 8 对，叶身平，叶尖渐尖，叶面微隆起，叶缘微波，叶质中，叶齿为少锯齿形，叶柄、主脉、叶背无茸毛；芽叶淡绿色，有茸毛。目前长势较弱。

图 433：羊窝大山 5 号古茶树

第八章　西双版纳州篇

一、西双版纳州古茶树资源概述

西双版纳傣族自治州（以下简称西双版纳州）为云南省下辖的 8 个少数民族自治州之一，位于云南省的最南端，地处东经 99°56′～101°50′，北纬 21°08′～22°36′之间，属北回归线以南的热带湿润区；国土面积 1.91 万 km²；东西面与普洱市的江城县、普洱市相连；西北面与普洱市的澜沧县为邻；东南部、南部和西南部分别与老挝、缅甸接壤，邻近泰国和越南，与泰国的直线距离仅 200km。东距太平洋的北部湾 400km，西距印度洋的孟加拉湾 600km。

西双版纳傣族自治州成立于 1953 年 1 月 23 日，是云南省成立的第一个少数民族自治州，全州辖 1 市 2 县（景洪市、勐海县、勐腊县），州人民政府驻景洪市；全州有 31 个乡镇和 1 个街道办事处，220 个村委会，2221 个村民小组；辖区内驻有 1 个农垦分局、10 个农场和 6 个中央、省属科研单位。

西双版纳州地处亚洲大陆向中南半岛的过渡地带，属滇南峡谷—横断山脉南延部分，为无量山、怒山余脉之尾稍。全州地势西北高，东南低，其间峰峦叠翠，此起彼伏，因纵贯全州的澜沧江及其众多支流的强裂切割，形成"河谷下切、江河纵横、山山相邻、山水相依"的地形特点。全州最高峰为勐海县勐宋乡的滑竹梁子，海拔 2429.7m；最低点为澜沧江与南腊河交汇处，海拔 477m。

西双版纳州有中国唯一的热带雨林自然保护区，气候温暖湿润，树木葱茏，蔓藤盘根错节，不少珍稀植物都生长在热带丛林里。热带、亚热带的光热水土造就了西双版纳州丰富的生物多样性。西双版纳州以神奇的热带雨林自然景观和少数民族风情而闻名于世，是全国乃至全世界久负盛名的地域品牌，是联合国世界生物多样性保护圈成员、国家级生态示范区和国家级风景名胜区。在这片仅占全国五百分之一的国土上，有植物种类 5000 多种，占全国的六分之一；动物种类 2000 多种，占全国的四分之一。全州森林覆盖率为 78.3%，建有国家级自然保护区 402 万亩。

西双版纳州是世界著名的茶树原产地之一，是大叶种茶的原生地，也是普洱茶的发源地，种茶、制茶、饮茶、用茶和贸茶的历史悠久。其产茶的历史始于汉、兴于唐、盛于明清。唐代樊绰的《蛮书》（公元 864 年）记载："茶出银生城界诸山，散收，无采造法。"所说"诸山"即是以当时包括西双版纳的滇南各古茶山。清代檀萃的《滇海虞衡志》（公元 1799 年）记载："普茶名重天于下，此滇之所以为产而资利赖者也，出普洱所属六茶山，一曰攸乐，二曰革登，三曰倚邦，四曰莽枝，五曰蛮端，六曰曼撒。周八百里，入山作茶者数十万人。"文中所说的"普洱茶六大茶山",均在今西双版纳州境内;清代,在今西双版纳州境内还形成了澜沧江以南的"古六大茶山",即现今勐海县的南糯山、巴达、布朗山、贺开、勐宋和景洪市的勐宋 6 座古茶山。以上古茶山被称为"西双版纳十二大古茶山"。

西双版纳州是全国古茶树资源比较集中、保存得较完好的一个区域,至今尚保存有古茶树资源总面积 25.35 万亩,其中野生种古茶树居群面积约 12.35 万亩,勐海县境内的勐宋乡滑竹梁子约 7.55 万亩,巴达大黑山约 4.7 万亩,格朗和乡雷达山约 1000 亩。栽培种古茶树面积约 13.00 万亩,集中连片的古茶树园面积就有 8.64 万亩(景洪市 1.12 万亩,勐海县 4.80 万亩,勐腊县 2.72 万亩)。

根据中山大学张宏达教授对山茶属的分类系统(1998 年),西双版纳州古茶树资源包括有普洱茶(*C. assamica*)、大理茶(*C. taliensis*)、茶(*C. sinensis*)、德宏茶(*C. sinensis var. dehungensis*)、多脉普洱茶(*C. assamica var. polyneura*)、苦茶(*C. assamica var. kucha*)和多萼茶种(*C. multisepala*)等 7 个种和变种。

二、西双版纳州古茶树代表性植株

(一)景洪市

景洪市位于西双版纳傣族自治州中部,为自治州首府,地处东经 100°25′～101°31′、北纬 21°27′～22°36′之间,地域面积 6959km²;北接普洱市,东北接普洱市江城县,东接勐腊县,西接勐海县,南与缅甸国接壤,紧邻老挝、泰国;国境线长 112.39km;下辖 1 个街道 5 个镇 5 个乡(其中 2 个民族乡),即允景洪街道、嘎洒镇、勐龙镇、勐罕镇、勐养镇、普文镇、景哈哈尼族乡、景讷乡、大渡岗乡、勐旺乡、基诺山基诺族乡,3 个度假区管委会,5 个农场管委会;设有 15 个社区、85 个村委会。市人民政府驻允景洪街道的么龙路。

全市属热带和南亚热带湿润季风气候,兼有大陆性气候和海洋性气候的优点,日温差大,年温差小,全年长夏无冬,干湿季分明,基本无霜,年平均气温在 18.6℃～21.9℃之间,年平均降水量在 1200mm～1700mm,年平均日照 1800～2300 小时;境内森林覆盖率达84.46%。

景洪市茶树种植历史悠久,主要出产普洱茶。目前茶树种植已遍布全市各乡镇,茶叶已成为景洪的一个重要支柱产业。该市古茶树资源分布面积约 1.12 万亩,其主要分布地为勐龙镇和基诺山基诺族乡,其中勐龙镇约 8100 亩,基诺山约 2900 亩,其他乡镇约 200 亩。

1. 景洪市嘎洒镇

嘎洒镇地处景洪市西南端,距市区 5km,地域面积 754km²,下设辖 14 个村委会,有137 个自然村。

嘎洒镇的古茶树的总分布面积约 60 亩,其分布区的海拔为 880m～890m,代表性古茶树园有纳板河村委会的阿麻老寨古茶树园等。

啊麻1号古茶树

图434：啊麻1号古茶树

栽培种古茶树，普洱茶种（*C. assamica*），见图434。位于景洪市嘎洒镇纳版村委会啊麻村民小组，东经100°40′34″，北纬22°11′08″，海拔829.8m。小乔木型，树姿开张，分枝密，嫩枝有茸毛，树高4.6m，树幅4.6m×4.5m，基部干围120cm，根部分枝；大叶，平均叶片长宽15.2cm×5.6cm，叶披针形，叶色深绿色，叶基楔形，叶脉8～13对，叶身内折，叶尖渐尖，叶面微隆起，叶齿锯齿形，叶缘微波，叶质中，叶背茸毛少，芽叶色泽黄，茸毛多；萼片5片，萼片有茸毛，萼片绿色；花冠3.5cm×3.0cm；花瓣6或7枚、质地薄、白色，花瓣长宽1.7cm×1.1cm；雌雄蕊高比等高，花柱长0.6～1.8cm，花柱3裂、浅裂，子房有茸毛；果实纵横径2.3cm×1.8cm，鲜果皮厚1.9mm，果实球形；种子球形，种子纵横径3.0cm×1.4cm，种皮棕褐色。一芽二叶的春茶蒸青样含水浸出物52.48%，茶多酚37.29%，氨基酸2.98%，咖啡碱4.20%，儿茶素总量9.14%。

啊麻2号古茶树

栽培种古茶树，普洱茶种（*C. assamica*），见图435。位于景洪市嘎洒镇纳版村委会啊麻村民小组，东经100°40′34″，北纬22°11′08″，海拔831.5m。小乔木型，树姿开张，分枝密，嫩枝有茸毛。树高4.1m，树幅4.8m×4.7m，基部干围121cm，根部分枝。

图435：啊麻2号古茶树

大叶，平均叶片长宽13.8cm×5.1cm，叶椭圆形，叶色深绿色，叶基楔形，叶脉10～13对，叶身内折，叶尖钝尖，叶面微隆起，叶齿锯齿形，叶缘微波，叶质中，叶背茸毛少；芽叶色泽黄，茸毛多。萼片5片，无茸毛，绿色；花冠纵横径4.3cm×3.2cm；花瓣6或7枚、质地薄、白色，花瓣长宽2.3cm×1.6cm；雌雄蕊高比低，花柱长1.6cm，花柱3裂，中裂，子房有茸毛；果实纵横径2.3cm×1.7cm，鲜果皮厚2.0mm，果实球形；种子球形，种子纵横径1.7cm×1.5cm，种皮色泽褐色。一芽二叶的春茶蒸青样含水浸出物54.70%，茶多酚39.20%，氨基酸3.64%，咖啡碱4.77%，儿茶素总量10.57%。

2. 景洪市勐龙镇

勐龙镇位于景洪市西南部，距市区62km，地处东经100° 57′ ~ 100° 49′ 12″，北纬21° 27′ 55″ ~ 21° 41′ 45″之间，地域总面积1216.00km²；下设20个村民委员会，有147个村民小组。

勐龙镇古茶树的总分布面积约8100亩，主要分布在勐宋、曼伞、班飘、陆拉、南盆等5个村委会，其代表性古茶树园和古茶树植株有勐宋古茶树园、曼伞古茶树园、帕冷古茶树园及其中的植株等。

曼加坡坎古茶树

栽培种古茶树，普洱茶种（*C. assamica*），见图436。位于景洪市勐龙镇勐宋村委会曼加坡坎村民小组，东经100° 31′ 04″，北纬21° 29′ 41″，海拔1501m。乔木型，树姿开张，长势衰弱。分枝中，嫩枝有茸毛。树高4.8m，树幅4.7m×3.9m，基部干围159cm，最低分枝高1.0m。大叶，平均叶片长宽13.0cm×5.5cm，叶椭圆形，叶色深绿，叶基楔形，叶脉6~11对，叶身背卷，叶尖渐尖，叶面微隆起，叶齿锯齿形，叶缘微波，叶质中，叶背主脉茸毛多；芽叶黄绿色，茸毛多；萼片5片，绿色，无茸毛；花冠4.5cm×4.3cm；花瓣6或7枚、质地薄、白色，花瓣长宽2.4cm×1.9cm；雌雄蕊高比等高，花柱长1.3cm，柱头3裂，裂位中，子房有茸毛；鲜果径2.7cm，果高1.8cm，鲜果皮厚2.0mm，果实三角形；种子球形，种子纵横径1.6cm×1.5cm，种皮褐色。一芽二叶的春茶蒸青样含水浸出物51.16%，茶多酚32.04%，氨基酸2.55%，咖啡碱3.31%，儿茶素总量11.35%。

图436：曼加坡坎古茶树

图 437：青蛙池古茶树

青蛙池古茶树

栽培种古茶树，苦茶（*C. assamica var. kucha*），见图437。位于勐龙镇勐宋村委会曼家坡村民小组坎后山的青蛙池，东经100°31′，北纬21°28′，海拔1615m。树型小乔木，大叶类，树姿开张，基部干围1.2m，树高3.8m，树幅6.0m×4.9m，最低分枝高0.2m。一级分枝3枝，其围径分别粗0.8m、0.42m、0.35m；二级分枝较多。叶长14.2cm，叶宽5.4cm，叶椭圆形，叶脉8～10对，叶面微隆，叶质硬脆，叶色深绿，叶尖骤尖，叶齿锐，芽叶色泽绿，茸毛少。

大寨古茶树

栽培种古茶树，普洱茶种（*C. assamica*），见图438。位于景洪市勐龙镇勐宋村委会大寨村民小组，东经100°30′56″，北纬21°29′33″，海拔1625m。小乔木型，树姿开张，分枝中，嫩枝茸毛稀，树高3.5m，树幅4.9m×3.5m，基部干围150cm，最低分枝高0.5m；中叶，平均叶片长宽9.2cm×4.9cm，叶卵圆形，叶色深绿色，叶基楔形，叶脉6～8对，叶身背卷，叶尖渐尖，叶面微隆起，叶齿锯齿形，叶缘微波，叶质中，叶背茸毛少；芽叶黄绿，茸毛多；萼片5片，无茸毛，绿色；花冠4.6cm×4.1cm；花瓣7枚；质地薄；白色，花瓣长宽2.1cm×1.5cm；雌雄蕊高比等高，花柱长0.9cm，柱头3裂，中裂，子房有茸毛；果实纵横径2.4cm×2.3cm，鲜果皮厚2.0mm，果实球形；种子球形，种子纵横径1.6cm×1.5cm，种皮褐色。一芽二叶的春茶蒸青样含水浸出物54.45%，茶多酚40.56%，氨基酸3.66%，咖啡碱2.97%，儿茶素总量13.42%。

图 438：大寨古茶树

图 439：曼伞古茶树园

曼伞古茶树园

位于景洪市勐龙镇曼伞村委会曼伞老寨村民小组后山，为老寨、新寨所共有，总分布面积 700 亩。茶树密度为每亩 95 株，海拔在 1250m~1280m 之间，树龄 200 多年，茶园土壤以砖红壤为主，古茶树的树冠多为经台刈改造后重新萌发的次生枝构成。见图 439。

曼伞老寨古茶树

栽培种古茶树，普洱茶种（*C. assamica*），见图 440。位于景洪市勐龙镇曼伞村委会曼伞老寨村民小组，海拔 1317m。小乔木型，树姿半开张，长势强，分枝稀，嫩枝有茸毛，树高 5.4m，树幅 4.4m×4.6m，基部干围 80cm，最低分枝高 0.9m；中叶，平均叶片长宽 10.8cm×4.5cm，叶椭圆形，叶色深绿色，叶基楔形，叶脉 9~14 对，叶身背卷，叶尖急尖，叶面微隆起，叶齿锯齿形，叶缘微波，叶质中，叶背茸毛多，芽叶紫绿色，茸毛多；萼片 5 片，有茸毛，绿色，花冠 4.5cm×4.2cm，花瓣 5~7 枚、质地薄、白色，花瓣长宽 2.4cm×1.8cm，雌雄蕊高比等高，花柱长 1.2cm，柱头 3 裂，深裂，子房有茸毛。

图 440：曼伞老寨古茶树

曼加干边古茶树

栽培种古茶树，普洱茶种（*C. assamica*），见图441。位于景洪市勐龙镇勐宋村委会曼加干边村民小组，海拔1679m。乔木型，树姿开张，长势强，分枝稀，嫩枝有茸毛。树高4.5m，树幅5.4m×4.7m，基部干围165cm，最低分枝高0.3m；中叶，平均叶片长宽10.1cm×4.5cm，叶椭圆形，叶色深绿，叶基楔形，叶脉9～13对，叶身内折，叶尖渐尖，叶面微隆起，叶齿锯齿形，叶缘微波，叶质中，叶背主脉茸毛少，芽叶黄绿色，茸毛多；萼片5片、绿色、无茸毛，花

图488：曼加干边古茶树

冠4.3cm×3.8cm；花瓣6或7枚、质地薄、白色，花瓣长宽2.1cm×1.9cm；雌雄蕊高比高，花柱长1.2cm，柱头3裂，裂位中，子房有茸毛；鲜果径2.4cm，果高1.9cm，鲜果皮厚1.8mm，果实四方形；种子球形，种子纵横径1.4cm×1.1cm，种皮褐色。一芽二叶的春茶蒸青样含水浸出物54.41%，茶多酚32.92%，氨基酸4.07%，咖啡碱3.81%，儿茶素总量8.85%。

怕冷古茶树

栽培种古茶树，普洱茶种（*C. assamica*），见图442。位于景洪市勐龙镇邦飘村委会怕冷三队村民小组，海拔1312m。小乔木型，树姿半开张，长势强，分枝稀，嫩枝有茸毛。树高4.6m，树幅5.5m×4.1m，基部干围93cm，最低分枝高0.5m；大叶，平均叶片长宽12.8cm×5.3cm，叶椭圆形，叶色深绿色，叶基楔形，叶脉9～17对，叶身背卷，叶尖渐尖，叶面隆起，叶齿锯齿形，叶缘微波，叶质中，叶背茸毛多；芽叶黄绿色，茸毛多；萼片5片，有茸毛，绿色；花冠4.0cm×3.7cm；花瓣6～8枚，质地薄，白色，花瓣长宽2.0cm×1.7cm；雌雄蕊高比等高，花柱长1.0cm，柱头3裂，浅裂，子房有茸毛；果实纵横径2.3cm×2.3cm，鲜果皮厚2.0mm，果实三角形；种子球形，种子纵横径1.4cm×1.4cm，种皮褐色。一芽二叶的春茶蒸青样含水浸出物56.07%，茶多酚39.80%，氨基酸2.20%，咖啡碱4.35%，儿茶素总量16.76%。

图442：怕冷古茶树

图443：曼播中寨古茶树

曼播中寨古茶树

栽培种古茶树，普洱茶种（*C. assamica*），见图443。位于景洪市勐龙镇卢拉村委会曼播中寨村民小组，海拔1015m。小乔木型，树姿半开张，长势强，分枝中，嫩枝有茸毛，树高5.9m，树幅5.2m×4.9m，基部干围141cm，最低分枝高0.2m；特大叶，平均叶片长宽18.0cm×5.6cm，叶椭圆形，叶色深绿色，叶基楔形，叶脉8~10对，叶身平，叶尖渐尖，叶面平，叶齿锯齿形，叶缘微波，叶质中，叶背茸毛多；芽叶黄绿色，茸毛多；萼片5片，有茸毛，绿色，花冠4.1cm×3.9cm；花瓣6~8枚，质地薄，白色，花瓣长宽2.1cm×1.6cm，雌雄蕊高比等高，花柱长0.9cm，柱头3裂，浅裂。一芽二叶的春茶蒸青样含水浸出物55.37%，茶多酚37.24%，氨基酸5.20%，咖啡碱3.85%，儿茶素总量10.40%。

南盆老寨古茶树

栽培种古茶树，普洱茶种（*C. assamica*），见图444。位于景洪市勐龙镇南盆村委会南盆老寨，海拔1422m。小乔木型，树姿半开张，长势中等，分枝密，嫩枝有茸毛，树高6.9m，树幅6.4m×5.8m，基部干围107cm，根部分枝；中叶，平均叶片长宽11.3 cm×4.8cm，叶卵圆形，叶色绿色，叶基楔形，叶脉9或10对，叶身背卷，叶尖钝尖，叶面平，叶齿锯齿形，叶缘平，叶质中，叶背茸毛多；芽叶茸毛多；萼片5片，有茸毛，绿色；花冠3.4cm×3.3cm；花瓣7或8枚，质地中，白色，花瓣长宽2.7cm×2.1cm，雌雄蕊高比等高，花柱长1.1cm，柱头3裂，深裂，子房有茸毛；果实纵横径2.2cm×2.1cm，鲜果皮厚2.5mm，果实球形；种子球形，种子纵横径1.5cm×1.5cm，种皮褐色。一芽二叶的春茶蒸青样含水浸出物51.50%，茶多酚32.61%，氨基酸2.23%，咖啡碱4.15%，儿茶素总量13.98%。

图444：南盆老寨古茶树

3. 景洪市景哈哈尼族乡

　　景哈哈尼族乡（以下简称景哈乡）地处景洪市东南部，地域面积 399.00km²；下设 5 个村委会，有 49 个村民小组。

　　景哈乡的古茶树主要分布在戈牛村委会拉沙村民小组，大部分古茶树的树冠为台刈改造后重新萌发的新枝形成，总分布面积约 68 亩。

图 445：拉沙 1 号古茶树

拉沙 1 号古茶树

　　栽培种古茶树，苦茶（*C. assamica var. kucha*），见图 445。位于景洪市景哈乡戈牛村委会拉沙村民小组，海拔 1300m。小乔木型，树姿半开张，分枝中，嫩枝有茸毛，树高 3.0m，树幅 2.5m×2.2m，基部干围 121cm，根部分枝；大叶，平均叶片长宽 14.4cm×4.3cm，叶椭圆形，叶色深绿色，叶基楔形，叶脉 8～15 对，叶身内折，叶尖渐尖，叶面微隆起，叶齿锯齿形，叶缘微波，叶质中，叶背茸毛多，芽叶色泽黄，茸毛多。一芽二叶的春茶蒸青样含水浸出物 56.29%，茶多酚 42.22%，氨基酸 2.07%，咖啡碱 3.30%，儿茶素总量 12.53%。

4. 景洪市景纳乡

　　景纳乡在景洪市北部，地域面积 627.00km²；下设 6 个村委会，有 61 个村民小组。

　　景纳乡现存的古茶树约 650 株，总分布面积约 4 亩，主要分布在弯角山村委会的弯角山村民小组，分布区域的海拔在 1230m～1240m 之间，分布密度每亩为 160 株。

弯角山古茶树

栽培种古茶树，普洱茶种（*C. assamica*），见图446。位于景洪市景纳乡弯角山村委会弯角山村民小组水井箐，海拔1223m。小乔木型，树姿开张，分枝中，嫩枝有茸毛，树高3.4m，树幅4.8m×4.0m，基部干围148cm，最低分枝高1.4m；大叶，平均叶片长宽14.7cm×5.3cm，叶长椭圆形，叶色绿，叶基楔形，叶脉8～12对，叶身平，叶尖渐尖，叶面微隆起，叶齿锯齿形，叶缘微波，叶质硬，叶背茸毛少。芽叶紫色；茸毛多。萼片5片，有茸毛，绿色；花冠3.5cm×3.1cm；花瓣5～7枚、质地薄、白色，花瓣长宽1.7cm×1.6cm；雌雄蕊高比低，花柱长1.0cm，花柱3裂，浅裂，子房有茸毛。一芽二叶的春茶蒸青样含水浸出物48.81%，茶多酚32.55%，氨基酸3.45%，咖啡碱3.98%，儿茶素总量10.18%。

图446：弯角山古茶树

5. 景洪市大渡岗乡

大渡岗乡位于景洪市北部，地域面积787.00km²，下设4个村委会，有59个村民小组。

大渡岗乡的原始森林中尚保存有不少古茶树，只因人迹罕至，未能详细普查。已发现的有荒坝村委会昆罕大寨村民小组古茶树，分布面积约17亩。

昆罕大寨古茶树

栽培种古茶树，普洱茶种（*C. assamica*），见图447。位于景洪市大渡岗乡荒坝村委会昆罕大寨村民小组，海拔1311m。乔木型，树姿半开张，分枝稀，嫩枝有茸毛，树高9.8m，树幅6.2m×5.9m，基部干围64cm，最低分枝高1.7m；大叶，平均叶片长宽14.2cm×4.8cm，叶椭圆形，叶色绿色，叶基楔形，叶脉9~13对，叶身平，叶尖钝尖，叶面微隆起，叶齿锯齿形，叶缘微波，叶质中，叶背茸毛多；芽叶茸毛多。

图447：昆罕大寨古茶树

6. 景洪市勐旺乡

勐旺乡位于景洪市东北部，地域面积766km²；下设4个村委会，有42个自然村、40个村民小组。

勐旺乡现存的古茶树主要分布在景洪市勐旺乡补远村委会科联村民小组。

图448：科联古茶树

科联古茶树

栽培种古茶树，茶种（*C. sinensis*），见图448。位于景洪市勐旺乡补远村委会科联村民小组后面的龙潭山箐沟边，东经101°19′16″，北纬22°25′00″，海拔1230m。中叶类，树型小乔木，古茶树的树冠为台刈改造后重新萌发的新枝形成。古茶树基部干围1.64m，老桩高0.72m，老桩上枝叶茂密，茶树高4.15m，树幅3.4m×3.1m，分枝密，长势较强；叶卵圆形，叶长9.5cm，叶宽4.8cm，叶脉9或10对，叶面平，叶质厚脆，叶色绿，叶尖渐尖，叶齿钝，近叶柄无齿，芽叶嫩绿，有茸毛。适制绿茶。

7. 景洪市基诺山基诺族乡

基诺山基诺族乡（以下简称基诺山乡）位于景洪市东北部，地域面积 623.00 km²；下设 7 个村委会，有 46 个村民小组。

基诺山乡是云南省普洱茶古六大茶山之一，具有 1700 多年的种茶历史，现存古茶树主要分布在基诺山乡新司土村委会，总分布面积约 2900 亩。代表性古茶树园有新司土村委会的亚诺古茶树园、司土（茨通）古茶树园、石嘴古茶树园等。代表性植株有亚诺古茶树、司土（茨通）古茶树等。

坝卡古茶树

栽培种古茶树，普洱茶种（*C. assamica*），见图 449。位于景洪市基诺山乡亚诺村委会坝卡小组，海拔 1180.8m。小乔木型，树姿半开张，分枝密，嫩枝有茸毛，树高 4.2m，树幅 3.5m×3.1m，基部干围 89.5cm，最低分枝高 0.2m；中叶，平均叶片长宽 10.7×4.1cm，叶长椭圆形，叶色深绿色，叶基楔形，叶脉 6~8 对，叶身内折，叶尖急尖，叶面微隆起，叶齿锯齿形，叶缘微波，叶质中，叶背无茸毛。芽叶黄绿色，茸毛多；萼片 5 或 6 片，无茸毛，

图 449：坝卡古茶树

绿色，花冠 4.0cm×3.3cm，花瓣 5~7 枚，质地薄，白色，花瓣长宽 2.0cm×1.4cm，雌雄蕊高比等高，花柱长 1.1cm，柱头 3 裂，浅裂，子房有茸毛；果径 3.0cm，果高 2.2cm，鲜果皮厚 2.2mm，果实肾形，种子半球形，种子纵横径 1.9cm×1.5cm，种皮褐色。一芽二叶的春茶蒸青样含水浸出物 62.58%，茶多酚 38.16%，氨基酸 2.77%，咖啡碱 4.36%，儿茶素总量 13.45%。

图450：司土老寨古茶树

司土老寨古茶树

栽培种古茶树，普洱茶种（*C. assamica*），见图450。位于景洪市基诺山乡司土村委会司土老寨，海拔1158.3m。乔木型，树姿半开张，长势强，分枝中，嫩枝有茸毛，树高2.9m，树幅2.7m×2.6m，基部干围63cm，最低分枝高0.7m；大叶，平均叶片长宽14.1cm×5.3cm，叶长椭圆形，叶色绿色，叶基楔形，叶脉9对，叶身平，叶尖渐尖，叶面平，叶齿锯齿形，叶缘微波，叶质硬，叶背主脉茸毛少，芽叶黄绿色，茸毛多。一芽二叶的春茶蒸青样含水浸出物56.32%，茶多酚41.00%，氨基酸2.73%，咖啡碱4.08%，儿茶素总量12.05%。

洛特老寨古茶树

栽培种古茶树，普洱茶种（*C. assamica*），见图451。位于景洪市基诺山乡洛特村委会洛特老寨村民小组，海拔1219m。小乔木型，树姿半开张，长势强，分枝密，嫩枝有茸毛，树高2.9m，树幅3.3m×2.4m，基部干围66cm，最低分枝高0.7m；中叶，平均叶片长宽10.7cm×3.6cm，叶长椭圆形，叶色深绿色，叶基楔形，叶脉8对，叶身内折，叶尖渐尖，叶面微隆起，叶齿锯齿形，叶缘微波，叶质中，叶背主脉茸毛少。芽叶紫绿色，茸毛多；萼片5片，无茸毛，绿色；花冠3.9cm×3.0cm，花瓣4~6枚，质地薄，白色，花瓣长宽1.8cm×1.6cm；雌雄蕊高比等高，花柱长1.1cm，花柱3裂，浅裂，子房有茸毛；鲜果径2.4cm，果高1.7cm，鲜果皮厚1.8mm，果实肾形，种子半球形，种子纵横径1.2cm×1.1cm，种皮褐色。一芽二叶的春茶蒸青样含水浸出物49.99%，茶多酚30.94%，氨基酸3.28%，咖啡碱4.19%，儿茶素总量8.64%

图451：洛特老寨古茶树

巴飘老寨古茶树

栽培种古茶树，普洱茶种
（*C. assamica*），见图 452。位于
景洪市基诺山乡新司土村委会巴
飘村民小组，海拔 911.6m。小
乔木型，树姿半开张，分枝密，
嫩枝有茸毛，树高 2.5m，树幅
1.5m×2.3m，基部干围 62cm，最
低分枝高 0.6m；中叶，平均叶片
长宽 10.3cm×3.5cm，叶长椭圆
形，叶色深绿色，叶基楔形，叶
脉 6~12 对，叶身内折，叶尖渐
尖，叶面平，叶齿锯齿形，叶缘
微波，叶质中，叶背茸毛少；芽
叶紫绿色，茸毛多。

图 452：巴飘老寨古茶树

（二）勐海县

勐海县位于西双版纳州西部，地处东经 99° 56 ~ 100° 41′、北纬 21° 28′ ~ 22° 28′ 之间，
地域面积 5511.00km²；东接景洪市，东北接普洱市思茅区，西北与普洱市澜沧县毗邻，西
面和南面与缅甸接壤，国境线长 146.6km；下辖 6 镇 5 乡（其中 3 个民族乡），即勐海镇、
打洛镇、勐混镇、勐遮镇、勐满镇、勐阿镇、勐宋乡、勐往乡、格朗和哈尼族乡、布朗
山布朗族乡、西定哈尼族布朗族乡，1 个农场（黎明农场）；设有 3 个社区、85 个村委会。
县人民政府驻勐海镇。

勐海县属热带、亚热带季风气候，冬无严寒、夏无酷暑，年温差小，日温差大，依海
拔高低可分为北热带、南亚热带、中亚热带气候区。年平均气温 18.7℃，年均日照 2088
小时，年均降雨量 1341mm，是茶树生长的最佳适宜区。

勐海县的茶树栽培历史悠久，是云南省产茶最多的县，古茶树资源十分丰富，被誉为
"茶树王"之乡。境内有闻名中外的树龄长达 1700 年的野生种古茶树"巴达茶树王"和树
龄达 800 多年的栽培种古茶树"南糯山茶树王"；古茶树在全县的 11 个乡镇中均有分布，
总分布面积达 4.8 万多亩。

1. 勐海县勐海镇

勐海镇位于勐海县中部，为地域面积 365.00km²；下设 3 个社区、8 个村委会，有 16 个社区居民小组、93 个村民小组。

勐海镇现有茶园 3 万多亩，其中有古茶树园 250 亩，代表性古茶树园为勐翁村委会曼裴村民小组的"曼裴村古茶树园"，曼搞自然保护区的古茶树居群。

曼打贺古茶树

栽培种古茶树，普洱茶种（*C. assamica*），见图 453。勐海县勐海镇曼镇村委会曼打贺，海拔 1173m。小乔木型，树姿直立，长势强，分枝中，嫩枝有茸毛，树高 10.9m，树幅 7.5m×6.3m，基部干围 157cm，最低分枝高 0.5m；特大叶，平均叶片长宽 18.6cm×7.9cm，最大叶片长宽为 22.5cm×9.9cm，叶长椭圆形，叶色绿，叶基近圆形，叶身平，叶尖渐尖，叶面微隆起，叶齿锯齿形，叶缘波，叶质柔软，叶脉 11 对，最多 12 对，叶背主脉有茸毛，芽叶黄绿色，茸毛中；萼片 5 片，绿色，茸毛特多；花冠 4.1cm×3.9cm；花瓣 6 或 7 枚，质地中，白色，花瓣长宽 2.1cm×1.8cm，雌雄蕊高比高，子房有茸毛，花柱长 1.3cm，柱头 3 裂，浅裂；果实三角形、球形，鲜果径 3.1cm，果高 1.8cm，鲜果皮厚 2.5mm；种子球形，种子直径 1.6cm，种皮棕黑色。一芽二叶的春茶蒸青样含水浸出物 52.78%，茶多酚 36.34%，氨基酸 3.48%，咖啡碱 3.27%，儿茶素总量 11.73%。

图 453：曼打贺古茶树

2. 勐海县打洛镇

打洛镇位于勐海县西南部，地域面积 400km²；下设 5 个村委会。

打洛镇的古茶树园主要分布在曼夕村委会老曼夕布朗族寨村民小组周围的树林中，总分布面积约 594 亩，分布地的海拔为 1600m 左右，分布密度约为每亩 98 株；古茶树园的土壤为黄棕壤，生态环境良好，古茶树生长状态较好。代表性植株有曼夕村古茶树等。

曼夕古茶树

栽培种古茶树，普洱茶种（*C. assamica*），见图454。位于勐海县打洛镇曼夕村委会古茶树园，特大叶类，树型小乔木，树姿开张，树高8.4m，基部干围2.06m，最低分枝0.49m；芽叶色泽黄绿，茸毛多。叶脉对数8或9对，叶片长12.4cm，叶片宽5.29cm，叶片椭圆形，叶面隆起，叶身背弓或内折，叶质软，叶色黄绿，叶尖渐尖或尾尖，叶基楔形。生长年代久远；目前该植株的树体由仅残存的一分枝构成，树冠上长满附生、寄生植物，管理差，树势衰弱。

图454：曼夕古茶树

3. 勐海县勐遮镇

勐遮镇地处勐海县中部偏西，地域面积462km²，下设13个村委会，有169个村民小组。

勐遮坝子是西双版纳州的第一大坝子，坝子周围分布着许多山丘，生长着不少茂密的茶园，出产的茶园久负盛名，茶叶至今仍是勐遮镇的三大传统支柱产业之一。

勐遮镇的古茶树资源，主要分布在该镇曼岭村委会的曼岭大寨和南楞村委会的南列村民小组，古茶树园的总分布面积约500亩。其中，曼岭大寨约150亩，古茶树的分布密度约为每亩52株；南列村民小组约350亩，古茶树的分布密度约为每亩86株。

南列老寨古茶树

栽培种古茶树，普洱茶种（*C. assamica*），见图455。勐海县勐遮镇南楞村委会南列老寨，海拔1440m。小乔木型，树姿开张，长势强，分枝密，嫩枝有茸毛，树高6.6m，树幅4.7m×4.5m，基部干围160cm，最低分枝高0.1m；大叶，平均叶片长宽15.0cm×4.7cm，最大叶片长宽为18.1cm×5.2cm，叶披针形，叶色深绿，叶基楔形，叶身内折，叶尖渐尖，叶面隆起，叶齿锯齿形，叶缘微波，叶质中，叶脉9对，最多12对，叶背主脉茸毛少。芽叶黄绿色，茸毛多；萼片5片，绿色，无茸毛；花冠3.3cm×2.7cm；花瓣6枚，质地薄，白色，花瓣长宽2.1cm×1.5cm，雌雄蕊高比高，子房有茸毛，花柱长0.9cm，柱头3裂，浅裂。一芽二叶的春茶蒸青样含水浸出物48.89%，茶多酚31.96%，氨基酸3.51%，咖啡碱3.92%，儿茶素总量11.64%。

图455：南列老寨古茶树

4. 勐海县勐混镇

勐混镇位于勐海县东南部，地域面积332km²，下设6个村委会，有81个村民小组。

勐混镇地处亚热带、热带，属亚热带季风气候，年降雨量1300m～1500mm，坝区年平均气温18℃～19℃，土地肥沃，雨量充沛，气候温和，其坝区周围的缓坡地带是优质高产的云南大叶种茶树最理想的生长环境。茶叶是勐混镇重要的传统支柱产业。

勐混镇的古茶树资源比较丰富，主要分布在贺开村委会、广别村委会。代表性古茶树园为贺开村委会自然成片的面积约9700亩古茶树园，被誉为"古树茶之乡"。

贺开古茶树园

位于勐混镇贺开村委会，海拔 1400m～1750m。古茶树园总分布面积为 9700 亩，是国内目前发现的连片面积最大、密度最高、保护最好的古茶树园。其核心区由曼迈、曼弄老

图 456：贺开古茶树园

和曼弄新等 3 个拉祜族村寨构成，核心区内古茶树植株较大，树龄较长，分布密度大，平均密度在 130 株 / 亩，分布面积为 7240 亩。其中，曼迈村民小组有 4200 亩，曼弄新村民小组有 1690 亩，曼弄老村民小组有 1350 亩。古茶树园的边缘区由广岗、班盆老寨和曼囡 3 个村小组构成，其中，广岗村有古茶树园 450 亩，班盆村民有古茶树园 90 亩，曼囡村有古茶树园 60 亩。见图 456。

曼弄老寨古茶树

栽培种古茶树，普洱茶种（*C. assamica*），见图 457。位于勐海县勐混镇贺开村曼弄老寨。小乔木型，树姿开张，长势强。分枝密，嫩枝有茸毛。树高 4.9m，树幅 7.7m×7.4m，基部干围 242cm，最低分枝高 0.6m；中叶，平均叶片长宽 12.0cm×4.7cm，最大叶片长宽为 13.8cm×5.1cm，叶椭圆形，叶色绿，叶基楔形，叶身背卷，

图 457：曼弄老寨古茶树

叶尖渐尖，叶面隆起，叶齿锯齿形，叶缘微波，叶质柔软，叶脉 10 对，最多 12 对，叶背主脉茸毛多，芽叶黄绿色，茸毛多；萼片 5 片、绿色、无茸毛，花冠 3.8cm×3.4cm，花瓣 6 枚，质地薄，白色，花瓣长宽 1.8cm×1.9cm，雌雄蕊高比等高，子房有茸毛，花柱长 1.1cm，柱头 3 裂，浅裂；果实三角形，鲜果径 2.4cm，果高 1.5cm，鲜果皮厚 2.0mm。种子球形，种子直径 1.5cm，种皮棕黑色。一芽二叶的春茶蒸青样含水浸出物 55.45%，茶多酚 36.64%，氨基酸 2.65%，咖啡碱 3.51%，儿茶素总量 13.35%。

曼弄新寨古茶树

栽培种古茶树，普洱茶种（*C. assamica*），见图 458。勐海县勐混镇贺开村委会曼弄新寨，海拔 1756m。小乔木型，树姿开张，长势强。分枝密，嫩枝有茸毛，树高 4.6m，树幅 5.0m×4.8m，基部干围 150cm，最低分枝高 0.4m；中叶，平均叶片长宽 12.4cm×4.6cm，最大叶片长宽为 16.6cm×5.5cm，叶长椭圆形，叶色绿，叶基楔形，叶身内折，叶尖渐尖，叶面微隆起，叶齿锯齿形，叶缘微波，叶质柔软，叶脉 8 对，最多 12 对，叶背主脉茸毛少，芽叶绿色、茸毛中；萼片 5 片，绿色，无茸毛，花冠 4.1cm×3.5cm，花瓣 6 或 7 枚，白色，质地中，花瓣长宽 2.3cm×1.6cm；雌雄蕊高比等高，子房有茸毛，花柱长 1.5cm，柱头 3 裂，中裂；果实三角形，鲜果径 2.7cm，果高 1.4cm，鲜果皮厚 2.2mm；种子球形，种子直径 1.2cm，种皮棕黑色。一芽二叶的春茶蒸青样含水浸出物 53.05%，茶多酚 33.39%，氨基酸 2.83%，咖啡碱 4.80%，儿茶素总量 9.33%。

图 458：曼弄老寨古茶树

图 459：曼迈古茶树

曼迈古茶树

栽培种古茶树，普洱茶种（*C. assamica*），见图 459。勐海县勐混镇贺开村委会曼迈小组，海拔 1732m。小乔木型，树姿半开张，长势强，分枝密，嫩枝有茸毛；树高 5.1m，树幅 4.8m×4.4m，基部干围 148cm，最低分枝高 0.5m；中叶，平均叶片长宽 12.5cm×4.5cm，最大叶片长宽为 16.1cm×5.2cm，叶椭圆形，叶色绿，叶基楔形，叶身平，叶尖渐尖，叶面微隆起，叶齿锯齿形，叶缘微波，叶质柔软，叶脉 10 对，最多 11 对，叶背主脉茸毛多。芽叶绿色，茸毛中，萼片 5 片、绿色、无茸毛，花冠 4.7cm×3.6cm，花瓣 6 枚，质地薄，白色，花瓣长宽 2.2cm×2.0cm，雌雄蕊高比低，子房有茸毛，花柱长 1.1cm，柱头 3 裂，浅裂；果实三角形，鲜果径 2.7cm，果高 2.2cm，鲜果皮厚 2.0mm；种子球形，种子直径 1.6cm，种皮棕黑色。

邦盆老寨古茶树

栽培种古茶树，普洱茶种（*C. assamica*），见图 460。勐海县勐混镇贺开村委会邦盆老寨，海拔 1790m。小乔木型，树姿开张，长势强，分枝密，嫩枝有茸毛；树高 4.3m，树幅 7.3m×6.8m，基部干围 158cm，最低分枝高 1.0m；大叶，平均叶片长宽 13.3cm×5.2cm，最大叶片长宽为 16.0cm×5.3cm，叶椭圆形，叶色绿，叶基楔形，叶身背卷，叶尖渐尖，叶面微隆起，叶齿锯齿形，叶缘微波，叶质柔软，叶脉 9 对，最多 14 对，叶背主脉茸毛多，芽叶绿色，茸毛中；萼片 5 片，绿色，无茸毛，花冠 3.5cm×3.0cm，花瓣 6 枚，质地薄，白色，花瓣长宽 2.1cm×1.8cm，雌雄蕊高比等低，子房有茸毛，花柱长 1.1cm，柱头 3 裂，浅裂；果实球形，鲜果径 3.7cm，果高 2.8cm，鲜果皮厚 2.7mm；种子球形，种子直径 1.6cm，种皮棕黑色。一芽二叶的春茶蒸青样含水浸出物 56.70%，茶多酚 38.64%，氨基酸 2.82%，咖啡碱 3.00%，儿茶素总量 14.94%。

图 460：邦盆老寨古茶树

广别老寨古茶树

栽培种古茶树，普洱茶种（*C. assamica*），见图461。勐海县勐混镇曼蚌村委会广别老寨，海拔1790m。小乔木型，树姿半开张，长势强，分枝稀，嫩枝有茸毛。树高8.9m，树幅5.6m×5.0m，基部干围155cm，最低分枝高0.5m；特大叶，平均叶片长宽15.3cm×6.3cm，最大叶片长宽为20.8cm×7.3cm，叶长椭圆形，叶色绿，叶基楔形，叶身背卷，叶尖渐尖，叶面微隆起，叶齿锯齿形，叶缘波，叶质柔软，叶脉13对，最多16对，叶背主脉茸毛多，芽叶绿色，茸毛中；萼片5片，绿色，无茸毛，花冠3.1cm×2.4cm；花瓣5或6枚，质地薄，白色，花瓣长宽2.0cm×1.8cm，雌雄蕊高比等高，子房有茸毛，花柱长1.1cm，柱头3裂，浅裂。一芽二叶的春茶蒸青样含水浸出物52.82%，茶多酚34.25%，氨基酸1.92%，咖啡碱2.90%，儿茶素总量11.35%。

图461：广别老寨古茶树

5. 勐海县勐满镇

勐满镇位于勐海县西北部，介于东经101°12′~101°27′、北纬21°10′~22°22′之间，地域面积488.00km²；下设7个村委会，有64个自然村，83个村民小组。

勐满镇现有栽培种古茶树园380亩，分布在关双村委会关双村民小组，海拔1300m，分布密度为93株/亩。古茶树园土壤为黄棕壤，生态环境良好。

双关黑叶茶

栽培种古茶树，普洱茶种（*C. assamica*），见图462。勐海县勐满镇关双村委会关双小组，海拔1401m。小乔木型，树姿半开张，长势强，分枝稀，嫩枝有茸毛，树高3.7m，树幅4.5m×3.7m，基部干围94cm，最低分枝高0.9m；大叶，平均叶片长宽13.1cm×4.6cm，最大叶片长宽为14.4cm×5.2cm，叶椭圆形，叶色深绿，叶基楔形，叶身内折，叶尖渐尖，叶面平，叶齿锯齿形，叶缘微波，叶质硬，叶脉9对，最多12对，叶背主脉茸毛少，芽叶黄绿色，茸毛多；萼片5片，绿色，无茸毛，花冠2.4cm×2.3cm，花瓣6枚，质地薄，白色，花瓣长宽1.8cm×1.2cm，雌雄蕊高比等高，子房有茸毛，花柱长1.0cm，柱头3裂，浅裂；果实3.5cm×3.4cm，果实四方形，鲜果皮厚2.0mm；种子1.6cm×1.4cm，种子不规则形，种皮褐色。

图462：双关黑叶茶

6. 勐海县勐阿镇

勐阿镇位于勐海县北部，地域面积539.00km²，下设7个村委会。

勐阿镇古茶树主要分布在勐阿镇嘎赛村委会的城子村民小组，分布面积约为774.5亩，海拔1110m～1130m之间。

贺建古茶树

栽培种古茶树，普洱茶种（C. assamica），见图463。勐海县勐阿镇贺建村委会贺建小组，海拔1482m。小乔木型，树姿半开张，长势强，分枝密，嫩枝有茸毛，树高8.9m，树幅6.4m×5.8m，基部干围155.5cm，最低分枝高1.3m；中叶，平均叶片长宽10.4cm×4.3cm，最大叶片长宽为13.0cm×5.6cm，叶椭圆形，叶色绿，叶基楔形，叶身背卷，叶尖急尖，叶面平，叶齿锯齿形，叶缘微波，叶质中，叶脉8对，最多10对，叶背主脉有茸毛。芽叶黄绿色，茸毛多；萼片5片，绿色，无茸毛，花冠4.1cm×3.5cm，花瓣6枚，质地薄，白色，花瓣长宽2.5cm×1.7cm，雌雄蕊高比高，子房有茸毛，花柱长1.2cm，柱头3裂，浅裂。一芽二叶的春茶蒸青样含水浸出物55.96%，茶多酚38.45%，氨基酸2.58%，咖啡碱4.91%，儿茶素总量16.62%。

图463：贺建古茶树

7. 勐海县勐宋乡

勐宋乡位于勐海县东部，介于东经100°24′48″～100°40′25″；北纬21°56′54″～22°16′59″之间，地域面积493.00km²；下设9个村委会，有111个自然村，102个村民小组。

勐宋乡古茶树资源较多，代表性古茶树园有曼西良古茶园、保塘古茶园、南本老寨古茶园和纳卡古茶树园等。

图 464：滑竹梁子 1 号古茶树

滑竹梁子 1 号古茶树

野生种古茶树，大理茶种（*C. taliensis*），见图 464。勐海县勐宋乡蚌龙村委会滑竹梁子，海拔 2363m。乔木型，树姿直立，长势强，分枝稀，嫩枝无茸毛，树高 11.3m，树幅 3.6m×2.4m，基部干围 250cm，最低分枝高 0.8m；大叶，平均叶片长宽 13.6cm×4.4cm，最大叶片长宽为 15.3cm×4.8cm，叶椭圆形，叶色绿，叶身平，叶齿少锯齿形，叶缘微隆起，叶面平，叶质柔软，叶尖渐尖，叶基楔形，叶脉 11 对，最多 14 对，叶背主脉无茸毛，芽叶绿色，无茸毛；萼片 5 片，绿色，无茸毛，花冠 8.0cm×7.3cm；花瓣 8～12 枚，质地厚，白色，花瓣长宽 3.3cm×2.8cm，雌雄蕊高比等高，子房有茸毛，花柱长 1.4cm，柱头 5 裂，中裂；果实肾形、四方形，鲜果径 3.4cm，果高 2.0cm，鲜果皮厚 3.0mm；种子球形，种子直径 1.9cm，种皮棕色。一芽二叶的春茶蒸青样含水浸出物 54.93%，茶多酚 34.32%，氨基酸 4.31%，咖啡碱 1.77%，儿茶素总量 8.15%。

曼西良古茶树

栽培种古茶树，普洱茶种（*C. assamica*），见图 465。勐海县勐宋乡大安村委会曼西良，海拔 1818m。小乔木型，树姿开张，长势强，分枝密，嫩枝有茸毛，树高 5.7m，树幅 8.2m×7.5m，基部干围 125cm，最低分枝高 0.9m；大叶，平均叶片长宽 12.5cm×5.1cm，最大叶片长宽为 14.0cm×5.3cm，叶披针形，叶色深绿，叶基近圆形，叶身背卷，叶尖渐尖，叶面隆起，叶齿锯齿形，叶缘微波，叶质中，叶脉 10 对，最多 12 对，叶背主脉茸毛多。芽叶黄绿色，茸毛中；萼片 5 片，绿色，无茸毛，花冠 4.5cm×3.6cm，花瓣 6 枚，质地中，白色，花瓣长宽 2.2cm×2.1cm，雌雄蕊高比等高，子房有茸毛，花柱长 1.2cm，柱头 3 或 4 裂，浅裂；果实三角形，鲜果径 3.4cm，果高 1.5cm，鲜果皮厚 2.0mm；种子球形，种子直径 2.3cm，种皮棕色。一芽二叶的春茶蒸青样含水浸出物 54.85%，茶多酚 36.21%，氨基酸 3.78%，咖啡碱 5.48%。

图 465：曼西良古茶树

图466：南本老寨1号古茶树

南本老寨1号古茶树

栽培种古茶树，普洱茶种（*C. assamica*），见图466。勐海县勐宋乡三迈村委会南本老寨，海拔1805m。小乔木型，树姿半开张，长势强，分枝稀，嫩枝有茸毛，树高7.8m，树幅5.8m×5.1m，基部干围125cm，最低分枝高1.07m；大叶，平均叶片长宽12.7cm×4.6cm，最大叶片长宽为14.1cm×4.8cm，叶椭圆形，叶色绿，叶基楔形，叶身平，叶尖渐尖，叶面微隆起，叶齿锯齿形，叶缘微波，叶质柔软，叶脉9对，最多11对，叶背主脉茸毛多。芽叶绿色，茸毛多；萼片5片，绿色，无茸毛，花冠3.7cm×2.8cm，花瓣6枚，质地薄，白色，花瓣长宽2.0cm×1.9cm，雌雄蕊高比等高，子房有茸毛，花柱长1.1cm，柱头3裂，中裂。

南本老寨2号古茶树

栽培种古茶树，普洱茶种（*C. assamica*），见图467。位于位于勐海县勐宋乡三迈村委会的南本老寨村民小组的古茶树园，东经100°37′18″，北纬22°3′19″，海拔1948m。大叶类，树型乔木，树姿开张，树高14.12m，树幅8.1m×8.6m，长势较强，分枝稀，距地面1m处为最大干围，该最大干围为1.19m，最低处长出的分枝亦高达4.85m；叶片长11.6cm、宽4.9cm，叶为长椭圆形，叶齿疏浅，叶色绿，叶尖渐尖，叶质软，叶基楔形，叶脉10对；花冠3cm×3cm，花柱3裂。

图467：南本老寨2号古茶树

图 468：保塘旧寨 1 号古茶树

保塘旧寨 1 号古茶树

栽培种古茶树，普洱茶种（*C. assamica*），见图 468。勐海县勐宋乡蚌龙村委会保塘旧寨，海拔 1944m。小乔木型，树姿开张，长势强，分枝稀，嫩枝有茸毛，树高 5.6m，树幅 6.4m×5.9m，基部干围 183cm，最低分枝高 0.8m；大叶，平均叶片长宽 12.7cm×4.8cm，最大叶片长宽为 14.9cm×5.2cm，叶椭圆形，叶色绿，叶基楔形，叶身平，叶尖渐尖，叶面隆起，叶齿锯齿形，叶缘微波，叶质柔软，叶脉 9 对，最多 12 对，叶背主脉茸毛多，芽叶黄绿色，茸毛多；萼片 5 片，绿色，无茸毛，花冠 4.0cm×3.6cm，花瓣 6 枚，质地薄，白色，花瓣长宽 2.3cm×1.7cm，雌雄蕊高比等高，子房有茸毛，花柱长 1.0cm，柱头 3 裂，中裂；果实球形、三角形，鲜果径 3.4cm，果高 1.1cm，鲜果皮厚 2.0mm；种子球形，种子直径 1.3cm，种皮棕黑色。

保塘旧寨 2 号古茶树

栽培种古茶树，普洱茶种（*C. assamica*），见图 469。勐海县勐宋乡蚌龙村委会保塘旧寨，海拔 1910m。小乔木型，树姿半开张，长势强。分枝密，嫩枝有茸毛。树高 8.45m，树幅 7.6m×6.3m，基部干围 210cm，最低分枝高 0.4m。大叶，平均叶片长宽 13.5cm×4.8cm，最大叶片长宽为 16.6cm×5.3cm，叶椭圆形，叶色绿，叶基楔形，叶身背卷，叶尖渐尖，叶面隆起，叶齿锯齿形，叶缘微波，叶质柔软，叶脉 10 对，最多 13 对，叶背主脉茸毛多。芽叶黄绿色，茸毛多。萼片 5 片，绿色，无茸毛；花冠 3.6cm×3.2cm；花瓣 6 枚，质地薄，白色，花瓣长宽 2.1cm×1.6cm；雌雄蕊高比低，子房有茸毛，花柱长 0.9cm，柱头 3 裂，深裂。果实球形、三角形，鲜果径 3.3cm，果高 1.7cm，鲜果皮厚 2.5mm。种子球形，种子直径 1.6cm，种皮棕黑色。

图 469：保塘旧寨 2 号古茶树

纳卡古茶树

栽培种古茶树,普洱茶种(*C. assamica*),见图470。位于勐海县勐宋乡曼吕村委会拉祜族聚居的纳卡村民小组的古茶树,东经100°33′24″,北纬22°11′39″,海拔1678m。大叶类,树型小乔木,树姿开张,树高5.2m,树幅4.7m×3.65m,长势较弱,分枝中等,基部干围1.10m;叶片长11.7cm、宽4.6 cm;叶形椭圆,叶片着生状下垂,叶齿深锐中等,叶色黄绿,叶缘平,叶身平展,叶面微隆,叶质中等,叶基楔形,叶脉11对;芽叶色泽黄绿,茸毛多。

图470:纳卡古茶树

8. 勐海县勐往乡

勐往乡位于勐海县东北部,地域面积488.00km²;下设6个村民委员会,有51个自然村,51个村民小组。

勐往乡属典型的亚热带季风气候区,境内坝区炎热多雨。年平均气温20.5℃,年降雨量1300mm～1400mm,全年平均日照2203小时,适应茶树种植。茶叶是当地的重要经济作物和群众收入来源。勐海县勐往乡现存古茶树园集中分布在该乡勐往村委会的曼糯大寨、曼糯上寨和曼允村委会的曼糯中寨等三个村民小组,分布面积约2000亩,古茶树密度每亩约为117株。古茶树园土壤为砖红壤性红壤。与古茶树伴生的代表性植被有榕树、红毛树、野板栗、蕨类等。其代表性古茶树园有曼糯古茶园。

曼糯古茶树

栽培种古茶树，普洱茶种（*C. assamica*），见图471。位于勐往村委会曼糯大寨村民小组，东经 100° 25′ 01″，北纬 22° 24′ 36″，海拔1272m。大叶类，树型乔木，树姿半开张，树高6.8m，最大干围为1.77m，树幅5.7m×5.1m；芽叶色泽黄绿，芽叶茸毛多，叶片长18.4cm、叶宽6.8cm；叶脉12或13对，叶形长椭圆，叶色深绿，叶面隆起，叶身内折，叶尖渐尖，叶基楔形，叶质硬，叶齿浅、稀、中；花冠4.8cm×3.6cm，柱头3裂，花瓣7枚，子房茸毛少。

图471：曼糯古茶树

9. 勐海县格朗和哈尼族乡

格朗和哈尼族乡（以下简称格朗和乡）位于勐海县东部，地域面积313km²。下设5个村委会，有74个村民小组。

格朗和乡是一个茶树种植历史悠久的老茶区，茶园较多，而且比较集中连片。古茶树资源主要分布在该乡的南糯山村委会和帕沙村委会。全乡古茶树园的总分布面积约1.5万亩，其中南糯山村委会1.2万亩，帕沙村委会3000亩。代表性古茶园有南糯山古茶园和帕沙古茶园等。

图472：南糯山1号古茶树

南糯山1号古茶树

栽培种古茶树，普洱茶种（*C. assamica*），见图472。位于勐海县格朗和乡南糯山半坡新寨。树型小乔木，树姿开张，大叶类，树高5.5m，树幅9.6m，基部干围1.38m；叶长16.7cm～20.9cm，叶宽6.8cm～7.9cm，侧脉11～14对。花绿白色，花冠直径3.0cm～4.1cm，花瓣7或8枚，柱头3或4裂；茶果呈三角形。一芽二叶长3.43cm，一芽二叶重0.57g。鲜嫩叶内含茶多酚17.37%，水浸出物59%。老叶含茶多酚8.9%、水浸出物32.68%，是举世公认的栽培型"古茶树王"。于1995年死亡。

图 473：南糯山 2 号古茶树

南糯山 2 号古茶树

栽培种古茶树，普洱茶种（*C. assamica*），见图 473。位于勐海县格朗和乡南糯山村委会半坡老寨村民小组，东经 100° 36′ 21″，北纬 21° 56′ 4″，海拔 1612m。大叶类，树型小乔木，树姿开张，树高 5.3m，树幅 9.35m×7.5m，长势强，分枝中，基部干围 2.20m；叶片长 14.2cm、宽 4.5cm,叶形披针形，叶片着生状下垂，叶齿中等锐密，叶色深绿，叶缘平，叶身内折，叶面平滑，叶质中等，叶基楔形，叶脉 13 对，芽叶色泽黄绿，茸毛多。适制普洱茶、红茶和绿茶。

雷达山古茶树

野生种古茶树，大理茶种（*C. taliensis*），见图 474。勐海县格朗和乡帕真村委会雷达山，海拔 2087m。乔木型，树姿直立，长势强，分枝稀，嫩枝无茸毛。树高 19.6m，树幅 10.2m×10.1m，基部干围 267cm，最低分枝高 1.2m；大叶，平均叶片长宽 13.7cm×5.1cm，最大叶片长宽为 15.6cm×6.1cm，叶椭圆形，叶色绿，叶身平，叶齿少锯齿形，叶缘平，叶面微隆起，叶质硬，叶尖渐尖，叶基楔形，叶脉 9 对，最多 11 对，叶背主脉无茸毛。芽叶绿色，无茸毛；萼片 5 片，绿色，无茸毛，花冠 8.1cm×7.8cm；花瓣 9～12 枚，质地厚，白色，花瓣长宽 4.2cm×3.0cm，雌雄蕊高比等高，子房有茸毛，花柱长 1.5cm，柱头 5 裂，浅裂；果实四方形，鲜果径 4.3cm，果高 2.5cm，鲜果皮厚 4.0mm；种子不规则形，种子直径 1.8cm，种皮棕色。一芽二叶的春茶蒸青样含水浸出物 50.42%，茶多酚 29.10%，氨基酸 1.47%，咖啡碱 2.25%，儿茶素总量 6.95%。

图 474：雷达山古茶树

帕沙古茶树

栽培种古茶树，普洱茶种（*C. assamica*），见图475。勐海县格朗和乡帕沙村委会中一小组，海拔1693m。小乔木型，树姿半开张，长势强，分枝中，嫩枝有茸毛，树高7.1m，树幅4.3m×3.5m，基部干围160cm，最低分枝高1.1m；中叶，平均叶片长宽12.1cm×4.6cm，最大叶片长宽为13.8cm×4.5cm，叶椭圆形，叶色深绿，叶基楔形，叶身内折，叶尖渐尖，叶面平，叶齿锯齿形，叶缘平，叶质中，叶脉8对，最多9对，叶背主脉茸毛多，芽叶绿色，茸毛多；萼片5片，绿色，无茸毛，花冠4.3cm×4.0cm，花瓣6或7枚，质地中，白色，花瓣长宽2.2cm×1.8cm；雌雄蕊高比低，子房有茸毛，花柱长1.3cm，柱头4裂，浅裂；果实三角形，鲜果径3.0cm，果高1.7cm，鲜果皮厚2.5mm；种子球形，种子直径1.7cm，种皮棕黑色。一芽二叶的春茶蒸青样含水浸出物51.89%，茶多酚30.26%，氨基酸1.73%，咖啡碱3.52%，儿茶素总量12.55%。

图475：帕沙古茶树

第八章　西双版纳州篇

339

10. 勐海县布朗山布朗族乡

布朗山布朗族乡（以下简称布朗山乡），位于勐海县东南部，介于东经99°56′~100°41′，北纬21°28′~22°28′之间，地域面积1016.00km²；下设7个村委会，有52个自然村，63个村民小组。

布朗族，历代称为"濮满"。新中国成立后，国家改"濮满"为布朗族。据历史记载，"濮人"为最早利用茶树的民族。茶业为布朗山乡最为主要的产业。布朗山乡的古茶树资源较多，代表性的古茶树园有班章古茶园面积约5870亩、老曼娥古茶园面积约3205亩、曼糯古茶园面积约60亩、曼糯古茶园70亩、帕点古茶园40亩、曼新龙古茶园60亩、曼囡古茶园200亩、吉良古茶树园等。

老班章古茶树

栽培种古茶树，普洱茶种（*C. assamica*），见图476。勐海县布朗山乡班章村委会老班章小组，海拔1805m。小乔木型，树姿半开张，长势强盛，分枝密，嫩枝有茸毛，树高6.4m，树幅7.0m×6.7m，基部干围170cm，最低分枝高0.2m；大叶，平均叶片长宽14.5cm×4.9cm，最大叶片长宽为18.0cm×5.1cm，叶披针形，叶色绿，叶基楔形，叶身内折，叶尖渐尖，叶面平，叶齿锯齿形，叶缘微波，叶质中，叶脉11对，最多13对，叶背主脉茸毛少，芽叶黄绿色，茸毛多；萼片5片，绿色，有茸毛，花冠3.5cm×3.2cm，花瓣5枚，质地薄，白色，花瓣长宽1.5cm×1.2cm，雌雄蕊高比等高，子房有茸毛，花柱长1.3cm，柱头3裂，中裂。一芽二叶的春茶蒸青样含水浸出物55.70%，茶多酚39.53%，氨基酸2.80%，咖啡碱3.71%，儿茶素总量9.13%。

图476：老班章古茶树

图 477: 新班章古茶树

新班章古茶树

栽培种古茶树，普洱茶种（*C. assamica*），见图477。位于布朗山乡班章村委会新班章寨村民小组村民李爱国家的茶园内，东经100°28′45″，北纬21°42′56″，海拔1760m。大叶类，树型乔木，树姿直立，树高8.1m，基部干围1.75m，最大干围（距地面0.45m）1.50m，树幅7.1m×6.2m；发芽较密，芽叶色泽黄绿，芽叶茸毛多，一芽三叶重可达1.6kg，一芽三叶长可达10.1cm，叶片长18.4cm，叶片宽6.8cm，叶脉对数12或13对，叶形长椭圆，叶色深绿，叶面隆起，叶着生状上斜，叶身平，叶尖渐尖，叶基楔形，叶质中，叶齿中、中、锐；花冠3.7cm×3.6cm，柱头3裂，花瓣7枚，子房有茸毛，果实3室。

老曼娥1号古茶树

栽培种古茶树，普洱茶种（*C. assamica*），见图478。勐海县布朗山乡班章村委会坝卡囡，海拔1765m。小乔木型，树姿半开张，长势强，分枝中，嫩枝有茸毛，树高7.3m，树幅5.7m×5.2m，基部干围140cm，最低分枝高1.1m，特大叶，平均叶片长宽15.5cm×5.7cm，最大叶片长宽为16.6cm×6.1cm，叶长椭圆形，叶色绿，叶基楔形，叶身平，叶尖渐尖，叶面微隆起，叶齿锯齿形，叶缘平，叶质中，叶脉11对，最多13对，叶背主脉茸毛多，芽叶黄绿色，茸毛中；萼片5片，绿色，无茸毛，花冠3.5cm×2.8cm，花瓣6枚，质地中，白色，花瓣长宽1.9cm×1.4cm，雌雄蕊高比等高，子房有茸毛，花柱长1.2cm，柱头3裂，深裂。

图 478: 老曼娥1号古茶树

老曼娥 2 号古茶树

栽培种古茶树,普洱茶种(*C. assamica*),见图 479。勐海县布朗山乡班章村委会老曼娥,海拔 1250m。小乔木型,树姿半开张,长势强,分枝稀,嫩枝有茸毛,树高 7.9m,树幅 6.6m×5.7m,基部干围 110cm,最低分枝高 0.2m;大叶,平均叶片长宽 13.8cm×5.4cm,最大叶片长宽为 16.5cm×5.9cm,叶长椭圆形,叶色绿,叶基楔形,叶身内折,叶尖渐尖,叶面微隆起,叶齿锯齿形,叶缘微波,叶质硬,叶脉 9 对,最多 11 对,叶背主脉茸毛少。芽叶黄绿色,茸毛中;萼片 5 片,绿色,无茸毛,花冠 4.6cm×3.2cm,花瓣 7 枚,质地中,白色,花瓣长宽 1.7cm×1.9cm,雌雄蕊高比等高,子房有茸毛,花柱长 1.2cm,柱头 3 裂,中裂。一芽二叶的春茶蒸青样含水浸出物 57.52%,茶多酚 41.78%,氨基酸 2.23%,咖啡碱 3.85%,儿茶素总量 19.48%。

图 479:老曼娥 2 号古茶树

曼糯古茶树

栽培种古茶树,普洱茶种(*C. assamica*),见图 480。勐海县布朗山乡勐昂村曼糯小组,海拔 1317m。小乔木型,树姿半开张,长势强盛,分枝稀,嫩枝有茸毛,树高 8.2m,树幅 6.1m×5.8m,基部干围 182cm,最低分枝高 0.1m;大叶,平均叶片长宽 14.2cm×4.6cm,最大叶片长宽为 16.5cm×5.4cm,叶长椭圆形,叶色深绿,叶基楔形,叶身内折,叶尖渐尖,叶面隆起,叶齿锯齿形,叶缘微波,叶质硬,叶脉 12 对,最多 14 对,叶背主脉茸毛少,芽叶绿色,茸毛多;萼片 5 片,绿色,无茸毛,花冠 3.5cm×2.8cm,花瓣 6 枚,质地薄,白色,花瓣长宽 2.0cm×1.5cm,雌雄蕊高比等高,子房有茸毛,花柱长 1.1cm,柱头 3 裂,浅裂。一芽二叶的春茶蒸青样含水浸出物 55.21%,茶多酚 39.59%,氨基酸 2.97%,咖啡碱 3.68%,儿茶素总量 12.19%。

图 480:曼糯古茶树

图 481：曼新龙古茶树

曼新龙古茶树

栽培种古茶树，苦茶变种（*C. assamica* var. *kucha*），见图 481。位于勐海县布朗山乡曼新龙村民小组的村口，东经 100° 15′ 27″，北纬 21° 33′ 21″，海拔 1601m。大叶类，树型乔木，树姿直立，树高 6.45m，基部干围 1.2m，距地面 0.60m 处为最大干围，达 1.15m，树幅 5.4m×4.8m，最低分枝高 0.65m；芽叶色泽深绿，茸毛多，叶片平均长 18cm，叶片平均宽 7.1cm，叶脉 13 或 14 对，叶长椭圆，叶色深绿，叶面隆起，叶身稍内折，叶尖渐尖，叶基楔形，叶质厚、软，叶齿深、中、锐；花冠 2.9cm×2.7cm，花瓣 6 枚，柱头 3 裂，子房茸毛多。

曼囡老寨古茶树

栽培种古茶树，苦茶变种（*C. assamica* var. *kucha*），见图 482。勐海县布朗山乡曼囡村曼囡老寨，海拔 1044m。小乔木型，树姿半开张，长势强盛，分枝稀，嫩枝有茸毛，树高 5.7m，树幅 6.3m×4.8m，基部干围 130cm，最低分枝高 0.3m；特大叶，平均叶片长宽 15.8cm×6.2cm，最大叶片长宽为 18.3cm×6.8cm，叶长椭圆形，叶色绿，叶基楔形，叶身内折，叶尖渐尖，叶面微隆起，叶齿锯齿形，叶缘平，叶质柔软，叶脉 11 对，最多 13 对，叶背主脉茸毛少，芽叶黄绿色，茸毛中；萼片 5 片，绿色，无茸毛，花冠 3.8cm×3.8cm，花瓣 7 枚，质地薄，白色，花瓣长宽 2.3cm×1.8cm，雌雄蕊高比等高，子房有茸毛，花柱长 1.1cm，柱头 3 裂，浅裂。一芽二叶的春茶蒸青样含水浸出物 47.21%，茶多酚 35.21%，氨基酸 3.36%，咖啡碱 3.67%，儿茶素总量 16.10%。

图 482：曼囡老寨古茶树

图 483：吉良古茶树

吉良古茶树

栽培种古茶树，苦茶变种（*C. assamica var. kucha*），见图483。勐海县布朗山乡吉良小组，海拔1182m。小乔木型，树姿开张，长势强，分枝密，嫩枝有茸毛，树高5.5m，树幅4.7m×4.6m，基部干围130cm，根部分枝；特大叶，平均叶片长宽16.7cm×6.5cm，最大叶片长宽为19.3cm×7.1cm，叶长椭圆形，叶色绿，叶基近圆形，叶身内折，叶尖渐尖，叶面隆起，叶齿锯齿形，叶缘平，叶质柔软，叶脉11对，最多12对，叶背主脉茸毛少，芽叶黄绿色，茸毛少；萼片5片，绿色，无茸毛；花冠3.2cm×2.6cm，花瓣6枚，质地薄，白色，花瓣长宽2.1cm×1.9cm，雌雄蕊高比等高，子房有茸毛，花柱长1.2cm，柱头3裂，浅裂；果实纵横径3.0cm×2.1cm，鲜果皮厚2.5mm，果实肾形，种子肾形，种子纵横径1.8cm×1.7cm，种皮棕色。一芽二叶的春茶蒸青样含水浸出物54.80%，茶多酚43.75%，氨基酸3.09%，咖啡碱3.72%，儿茶素总量12.88%。

11. 勐海县西定哈尼族布朗族乡

西定哈尼族布朗族乡（以下简称西定乡）位于勐海县西部，地域面积615.49km²；下设11个村委会，有90个村民小组。

西定乡的古茶树资源比较丰富，是驰名中外的"巴达古茶树王"的故乡。已发现的古茶树有大理茶种（*C.taliensis*）的野生茶树居群和普洱茶种（*C. assamica*）的栽培种古茶树居群。野生古茶树居群主要分布在该乡巴达贺松大黑山的原始森林中；栽培种古茶树园主要分布在曼迈、章朗、曼皮、西定等4个村，面积约3377亩。代表性古茶树居群为巴达野生古茶树居群，代表性古茶树有章朗古茶树、曼迈古茶树园、曼帕勒古茶树、布朗西定古茶树等。

巴达野生古茶树居群

勐海县西定乡的巴达野生古茶树居群，位于勐海县西定乡曼瓦村委会的贺松大黑山，总分布面积为5km²，分布区域的海拔在1760m～2000m之间，属季风常绿阔叶林带，现已划为自然保护区。在大黑山核心区2km²的范围内，现存基部干围1.5m～3.3m的野生种古茶树16株，基部干围0.6m～0.8m的野生茶树分布密度为每公顷3～5株，树高0.8m以下的野生幼龄茶树随处可见。见图484。

图 484：巴达野生古茶树居群

巴达 1 号古茶树

野生种古茶树，大理茶种（*C. taliensis*），见图 485。位于勐海县西定乡曼瓦村委会的贺松大黑山中，东经 100° 06′ 34″，北纬 21° 49′ 45″，海拔 1910m。树型乔木，树姿直立，其主干直径为 1.03m，距地面 1m 左右紧密并生着粗壮的 4 枝一级分枝，其直径在 25cm~40cm 之间，树干有空洞，树高 15m 左右，树幅 8m×8m；叶椭圆形，叶长 14.7cm，叶宽 6.4cm，鳞片和芽叶均无茸毛，芽叶黄绿带紫色；花特大，花径 7.1cm，花瓣 12 瓣，子房多毛，柱头 5 裂。于 2013 年 5 月死亡，全树的遗存现被完好地保留在勐海县陈升茶业公司的古茶树博物馆内。

图 485：巴达 1 号古茶树

巴达 2 号古茶树

野生种古茶树，大理茶种（*C. taliensis*），见图 486。勐海县西定乡曼瓦村委会贺松小组，海拔 2017m。乔木型，树姿直立，长势强，分枝稀，嫩枝无茸毛，树高 13.2m，树幅 5.0m×3.5m，基部干围 220cm，最低分枝高 0.8m；大叶，平均叶片长宽 12.6cm×5.6cm，最大叶片长宽为 13.8cm×6.0cm，叶长椭圆形，叶色深绿，叶基楔形，叶身平，叶尖渐尖，叶面平，叶齿少锯齿形，叶缘微波，叶质中，叶脉 12 对，最多 14 对，叶背主脉无茸毛，芽叶紫绿色，无茸毛。一芽二叶的春茶蒸青样含水浸出物 54.89%，茶多酚 42.58%，氨基酸 3.35%，咖啡碱 3.88%，儿茶素总量 9.41%。

图 486：巴达 2 号古茶树

章朗古茶树

栽培种古茶树，普洱茶种（*C. assamica*），见图 487。勐海县西定乡章朗村委会中寨小组，海拔 1777m。小乔木型，树姿开张，长势强，分枝中，嫩枝有茸毛，树高 5.7m，树幅 6.5m×5.2m，基部干围 156cm，最低分枝高 1.7m；大叶，平均叶片长宽为 14.2cm×5.0cm，最大叶片长宽 16.1cm×5.2cm，叶椭圆形，叶色绿，叶基楔形，叶身平，叶尖渐尖，叶面隆起，叶齿锯齿形，叶缘平，叶质柔软，叶脉 10 对，最多 12 对，叶背主脉茸毛少，芽叶绿色，茸毛多；萼片 5 片，绿色，无茸毛，花冠 3.3cm×2.7cm，花瓣 6 枚，质地薄，白色，花瓣长宽 1.7cm×1.2cm；雌雄蕊高比等低，子房有茸毛，花柱长 0.9cm，柱头 3 裂，浅裂。果实纵横径 2.2cm×2.5cm，果实肾形，鲜果皮厚 3.1mm；种子纵横径 1.4cm×1.4cm，种子球形，种皮褐色。一芽二叶的春茶蒸青样含水浸出物 56.00%，茶多酚 42.89%，氨基酸 2.91%，咖啡碱 4.35%，儿茶素总量 11.91%。

图 487：章朗古茶树

（三）勐腊县

勐腊县位于西双版纳州的东南部，地处云南省最南端，地处东经 101°05′～101°50′，北纬 21°01′～22°23′之间，地域面积 7056.00km²；东面、南面被老挝半包，西南隅与缅甸隔澜沧江相望，西北紧靠景洪市，北面与普洱市的江城哈尼族彝族自治县相邻，国境线长达 740.8km（中老段 677.8km，中缅段 63km）；下辖 7 个镇 3 个乡（其中 2 个民族乡），即勐腊镇、勐捧镇、勐满镇、勐仑镇、尚勇镇、勐伴镇、关累镇、易武乡、象明彝族乡、瑶区瑶族乡，4 个农场（勐腊农场、勐棒农场、勐满农场、勐醒农场）；下设 6 个社区、52 个村委会。县人民政府驻勐腊镇。

勐腊县由于地处北回归线以南，属北热带湿润季风气候，其特点是热量丰富，夏无酷热，冬无严寒，降水充沛，旱雨两季分明。全县年平均温度在 21℃，年降雨量 1700mm 以上，年积温在 7500℃ 以上，境内海拔高度在 480m～2023m 之间。由于地处亚热带，气温、湿度、雨量充沛，土壤腐殖质大量积累，土壤风化深厚，勐腊到处长满植物，植物生长较强，是名副其实的植物王国。

勐腊县十分适宜茶树的种植和生长，茶树种植历史悠久，是"名重天下"的普洱茶的原产地，茶业是该县的重要传统产业。现存的古茶树主要分布在易武乡和象明彝族乡，总分布面积约 2.72 万亩，其中易武乡 17500 亩，象明乡 9721 亩。

1. 勐腊县易武乡

易武乡位于勐腊县北部，地处北纬 21°51′～22°05′，东经 101°21′～101°37′之间，地域面积 878.20km²；下设 6 个村委会，有 68 个自然村，73 个村民小组。

易武乡境内山谷相间、山高谷深、群山起伏、沟壑纵横、河道迂回曲折、水流切割，降雨量充沛，土地肥沃，气候独特，适宜各种经济作物，特别是云南"普洱大叶茶"的种植，全乡已有茶叶面积 41045 亩；古茶树资源丰富，总分布面积约 1.75 万亩，其中，易武村委会 5500 亩，麻黑村委会 9500 亩，曼腊村委会 1412 亩，曼乃村委会 1120 亩。古茶树的代表性茶园和植株有易武村古茶树园、麻黑村古茶树园、落水洞村古茶树居群、曼腊古茶树园、曼乃古茶树园等。

图 488：麻黑古茶树

麻黑古茶树

栽培种古茶树，普洱茶种（*C. assamica*），见图 488。勐腊县易武乡麻黑村委会麻黑二组，海拔1331m。小乔木型，树姿开张，长势强，分枝密，嫩枝有茸毛，树高4.7m，树幅 5.1m×3.5m，基部干围137cm，最低分枝高 0.1m；大叶，平均叶片长宽 12.4cm×4.8cm，最大叶片长宽为 14.0cm×4.3cm，叶长椭圆形，叶色绿，叶基楔形，叶身平，叶尖渐尖，叶面微隆起，叶齿锯齿形，叶缘微波，叶质柔软，叶脉 9 对，最多 12 对，叶背主脉茸毛少；芽叶紫绿色，茸毛中；萼片 5 片，绿色，无茸毛，花冠 3.6cm×3.2cm；花瓣 6 枚，质地薄，白色，花瓣长宽1.7cm×1.5cm，雌雄蕊高比低，子房有茸毛，花柱长 1.0cm，柱头 3 裂，中裂；果实三角形，鲜果径 3.0cm，果高 2.5cm，鲜果皮厚 3.0mm；种子球形，种子直径 1.5cm，种皮棕黑色。一芽二叶的春茶蒸青样含水浸出物 52.16%，茶多酚 36.36%，氨基酸 2.51%，咖啡碱4.15%，儿茶素总量 6.94%。

同庆河古茶树

栽培种古茶树，普洱茶种（*C. assamica*），见图 489。位于易武乡易武村委会洒代村民小组的同庆河傍，海拔为 910m。大叶类，乔木树型，树姿直立，长势较强，树高14.52m，树幅 3.0m×4.5m，最低分枝高 1m，分枝密度中，基部干围1.80m；叶片长 18.0cm、宽 5.7cm，叶形为长椭圆形，叶水平状着生，锯齿稀，叶色深绿，叶缘波状，叶身平，叶面平、叶尖尾尖，叶脉 16对，叶基楔形，叶质软；芽叶色泽绿，茸毛多，持嫩性强。适制红茶、绿茶、普洱茶。

图 489：同庆河古茶树

图 490：落水洞古茶树

落水洞古茶树

栽培种古茶树，德宏茶（*C. sinensis var. dehungensis*），见图490。位于勐腊县易武乡麻黑村委会落水洞村民小组公路边的山坡上，东经101°28′54″，北纬22°00′35″，海拔1463m。树型乔木，树姿直立，树高10.33m，树幅5.62m×5.10m，长势较强，基部干围1.32m；叶为椭圆形，叶色绿，叶基楔形，叶脉9对，叶身平，叶尖急尖，叶面隆起，叶波，叶质软，叶背主脉茸毛少，叶齿细锯齿，芽叶色泽绿，芽叶茸毛多；萼片5片，有毛，绿色，花瓣质地中，花冠直径5.01cm，花瓣5或6瓣，花瓣色泽白色，花柱长0.87cm，雌雄蕊高比低，花柱3裂。

张家湾古茶树

栽培种古茶树，普洱茶种（*C. assamica*），见图491。位于勐腊县易武乡曼腊村委会张家湾村民小组的古茶树园内，东经101°32′41″，北纬22°11′12″，海拔1436m。中叶类，小乔木型，树姿开张，分枝较密，嫩枝有茸毛，树高4.2m，树幅5.1m×4.2m，基部干围1.13m；叶形为长椭圆形，叶色深绿，叶基楔形，叶脉对数9对，叶身稍内折，叶尖急尖，叶面平，叶缘平，叶质硬，主脉茸毛少，叶齿稀浅锐；芽叶色泽绿，茸毛中。

图 491：张家湾古茶树

新寨古茶树

栽培种古茶树，普洱茶种（*C. assamica*），见图492。勐腊县易武乡曼乃村委会新寨小组，海拔1159m。小乔木型，树姿半开张，长势强，分枝稀，嫩枝有茸毛。树高4.2m，树幅4.2m×3.7m，基部干围120cm，最低分枝高0.4m；大叶，平均叶片长宽13.8cm×4.4cm，最大叶片长宽为17.6cm×4.8cm，叶长椭圆形，叶色绿，叶基楔形，叶身平，叶尖渐尖，叶面隆起，叶齿锯齿形，叶缘微波，叶质柔软，叶脉9对，最多12对，叶背主脉茸毛少，芽叶绿色，茸毛中；萼片5片、绿色、无茸毛，花冠3.3cm×3.2cm，花瓣6枚，质地薄，白色，花瓣长宽2.0cm×1.6cm，雌雄蕊高比等高，子房有茸毛，花柱长1.1cm，柱头3裂，浅裂；果实三角形，鲜果径2.5cm，果高2.2cm，鲜果皮厚2.4mm；种子球形，种子直径1.6cm，种皮棕黑色。

图492：新寨古茶树

一芽二叶的春茶蒸青样含水浸出物54.34%，茶多酚36.78%，氨基酸2.98%，咖啡碱4.28%，儿茶素总量11.29%。

2. 勐腊县象明彝族乡

象明彝族乡（以下简称象明乡）是西双版纳州唯一的彝族乡，位于勐腊县北部，地域面积1066.00km²；下设5个村委会，有60个自然村，60个村民小组。

象明乡年平均气温在17℃～19℃之间，降雨量在1500mm～1900mm之间，境内沟壑纵横，地广人稀，村寨分散，是古普洱茶山的重要区域之一。茶叶是象明乡的传统骨干产业；象明被称之为普洱茶的故乡，茶文化渊源流长，名扬海内外的清朝茶马古道从象明乡横穿而过，享誉天下的古六大茶山在象明境内就有四山，即倚邦、蛮砖、革登、莽之四大茶山。

象明乡古茶树的总分布面积约为9721亩，其中倚邦村委会2950亩，曼庄村委会2931亩，曼林村委会2224亩，安乐村委会1616亩。古茶树的代表性茶园植株有倚邦古茶园、曼庄村古茶树园、曼林古茶园等。

图 493：曼拱古茶树

曼拱古茶树

栽培种古茶树，茶种（*C.sinensis*），见图 493。位于勐腊县象明乡倚邦村委会曼拱第一村民小组的古茶树园中，生长地海拔 1510m。树型小乔木，中叶类，树姿半开张，树高 4.9m，树幅 3.6m×4.2m，长势强，分枝密，基部干围 0.75m，最低分枝高 30cm；叶片长 7.68cm、宽 2.98cm，叶形为椭园形，叶面平，叶身平、叶质软，叶色深绿，叶缘平，叶尖渐尖，叶齿浅密锐，叶直立状着生，叶基楔形，叶脉 6~8 对；芽叶色泽绿，茸毛多节间长，持嫩性强。

红花古茶树

栽培种古茶树，茶种（*C.sinensis*），见图 494 和图 495。位于勐腊县象明乡倚邦村委会古茶树园中，因其花色为红色，当地居民俗称为"红花古茶树"；东经 101° 20′ 31″，北纬 22° 13′ 51，海拔 1425m。树型小乔木，树姿半开张，分枝低，分枝密度较密；叶形为椭圆或长椭圆，叶片长 10.4cm、叶宽 4.7cm，叶片绿色，叶面微隆，叶缘微波，叶齿形态稀疏而浅，叶身稍内折，叶质中，叶基楔形，叶尖渐尖，叶脉对数 7 对，芽叶茸毛多；萼片呈紫红色，花瓣呈粉红色，花萼 5 片，花瓣 6 瓣，花冠 3.4cm×4.2cm，花柱 3 裂。萼片有茸毛，花柄无茸毛，花瓣质地中，子房茸毛多。该古茶树的独特之处是花萼呈紫红色，花瓣呈粉红色。

图 494：红花古茶树

图 495：红花古茶树的花

曼庄古茶树

栽培种古茶树，普洱茶种（*C. assamica*），见图 496。位于勐腊县象明乡曼庄古茶树园内，东经 101° 20′ 31″，北纬 22° 5′ 10″，海拔 1070m。大叶类，乔木型，树姿半开张，分枝密度中，嫩枝多茸毛，最低分枝高 5cm，树高 8.4m，树幅 5.4m×5.8m，基部干围为 0.67m；叶片长 14.3cm、宽 4.9cm，叶为长椭圆形，叶色绿色，叶基楔形，叶脉对数 9 对，叶身稍背卷，叶尖渐尖，稍隆起，平，叶质硬，叶背主脉茸毛多，叶齿密浅锐，芽叶色泽绿，芽叶茸特毛多；萼片数 5，萼片有毛，萼片绿色；花瓣质地中，花冠 4.1cm×3.6cm，花瓣 5 瓣，花瓣色泽白色，花柱 3 裂，子房有毛。

图 496：曼庄古茶树

曼林古茶树

栽培种古茶树，普洱茶种（*C. assamica*），见图 497。位于勐腊县象明乡曼林村委会古茶树园中，东经 101° 18′ 19″，北纬 22° 1′ 57″，海拔 1229m。大叶类；乔木型，树姿半开张，分枝密度中，嫩枝有茸毛，最低分枝高 0.5m，树高 5m，树幅 5.4m×4.3m，基部干围 0.95m；叶片长 12.5cm、叶宽 5.2cm，叶为长椭圆形，叶色绿色，叶基楔形，叶脉对数 10 对，叶身稍背卷，叶尖渐尖，稍隆起，平，叶质硬，叶背主脉茸毛多，叶齿密浅锐，芽叶色泽绿，芽叶茸毛多；萼片数 5，萼片有毛，萼片绿色；花瓣质地中，花冠 4.1cm×3.6cm，花瓣 5 瓣，花瓣色泽白色，花柱长 1.12cm，花柱 3 裂，子房有毛。

图 497：曼林古茶树

图 498：革登古茶树

革登古茶树

栽培种古茶树，普洱茶种（C. assamica），见图 498。位于勐腊县象明乡安乐村委会革登山村民小组古茶树园中，东经 101° 13′ 22″，北纬 22° 6′ 53″，海拔 1360m。大叶类，树型乔木，树姿直立，树高 6.3m，树幅 5.6m×5.4m，基部干围 1.00m；分枝稀，叶片长 12.4cm、叶宽 4.4cm，叶形为椭园形，叶面平，叶身平、叶质软，叶色深绿，叶缘平，叶尖钝尖，叶齿深锐中，叶基楔形，叶脉 8 对；芽叶色泽绿，嫩茎淡紫，茸毛多。适制红茶、绿茶、普洱茶。

安乐古茶树

栽培种古茶树，普洱茶种（C. assamica），见图 499。勐腊县象明镇安乐村委会安乐小组，海拔 1381m。乔木型，树姿直立，长势强。分枝稀，嫩枝有茸毛，树高 16m，树幅 4.8m×3.2m，基部干围 102cm，最低分枝高 10m；中叶，平均叶片长宽 11.5cm×4.6cm，最大叶片长宽为 13.8cm×4.7cm，叶长椭圆形，叶色绿，叶基楔形，叶身内折，叶尖渐尖，叶面微隆起，叶齿锯齿形，叶缘微波，叶质柔软，叶脉 9 对，最多 12 对，叶背主脉茸毛少；芽叶绿色，茸毛多。一芽二叶的春茶蒸青样含水浸出物 52.59%，茶多酚 37.03%，氨基酸 3.72%，咖啡碱 4.57%，儿茶素总量 8.40%。

图 499：安乐古茶树

第九章　大理州篇

一、大理州古茶树资源概述

　　云南省大理白族自治州（以下简称"大理州"）地处云南省中部偏西，位于东经98°52′~101°03′，北纬24°41′~26°42′之间，全州土地总面积29459km²；东邻楚雄州，南靠普洱市、临沧市，西与保山市、怒江州相连，北接丽江市，是滇西六州市（丽江、迪庆、保山、德宏、怒江、临沧）的交通枢纽，也是中国通往东南亚的重要门户；辖大理市和祥云、弥渡、宾川、永平、云龙、洱源、鹤庆、剑川8个县以及漾濞彝族自治县、巍山彝族回族自治县、南涧彝族自治县3个少数民族自治县。州人民政府驻大理市下关镇。

　　大理州地处云贵高原与横断山脉结合部，地势西北高，东南低；地貌复杂多样，点苍山以西为高山峡谷区，点苍山以东、祥云县以西为中山陡坡地形；境内最低海拔730m，最高海拔4295m，属低纬高原区。在低纬高海拔地理条件综合影响下，形成了低纬高原季风气候特点：西南季风明显，干雨季分明，冬干夏湿，冬无严寒，夏无酷暑；温度年较差小，日较差大；雨热同季，干冷同季；光温不同季，冬春季节光照多，夏秋季光照少；立体气候明显，区域差异大，气候变化复杂多样，寒温热三带并有，干湿类型共存。由于地形地貌复杂，海拔高差悬殊，气候垂直差异显著，气温随海拔高度增高而降低。河谷热，坝区暖，山区凉，高山寒。

　　大理州的茶叶主产区在该州的无量山一带和澜沧江两岸，以及大理市的苍山脚下和弥渡县。据记载，早在南昭、大理时期，感通寺的僧侣已开始栽茶、制茶。据徐弘祖所载，明时感通寺茶树生长于感通寺外宕山松竹崖林间，为三四丈高的大乔木，枝叶很像桂花树。在农历3月13日那天，有许多和尚爬梯上树采茶，采下的鲜叶先以锅炒，后以日晒，与西双版纳州茶农上世纪五十年代制滇青毛茶的方法相同。如今，当地白族的"三道茶"文化正以其神奇的魅力，独特的韵味，隽永的哲理吸引着海内外游客。据大理州农业部门统计的数据，2012年，大理州的茶叶种植面积为20.47万亩，全州茶叶总产量6154吨，总产值53650.6万元，涉及的种茶农户为3.5万户，人口约14.78万人。

　　大理州古茶树资源主要分布于南涧县的无量山镇、碧溪乡回龙山、宝华镇梅树村、小湾东镇、大理镇苍山、下关镇感通寺，以及永平县的杉阳镇和水泄乡等。许多古茶树还散生在村寨周围的山地中，如南涧县宝华镇无量村委会阿葩新村大茶树、南涧县无量山镇新政村委会的木板箐大茶树、南涧县无量山镇的小古德大茶树、南涧县碧溪乡的斯须乐大茶树、弥渡县的大核桃箐古茶树等。古茶树资源分布总面积约8200亩，其中大理市1500亩，弥渡县1000亩，南涧县3200亩，永平县2500亩。另外，在大理州境内澜沧江沿岸的原始森林中，也杂生着不少古茶树，由于山高谷深，人迹罕至，无路可循，至今没有考察。

根据中山大学张宏达教授对山茶属的分类系统（1998年），大理州境内分布的古茶树资源有大理茶（*C. taliensis*）、普洱茶（*C. assamica*）及秃房茶种（*C. gymnogyna*）等3个茶种。

二、大理州古茶树代表性植株

（一）大理市

大理市位于中国云南省西北部，横断山脉南端，是大理白族自治州的政治、经济、文化中心，是集全国历史文化名城、优秀旅游城市、国家级自然保护区为一体的滇西中心城市，自古以来就是连接滇西八地州和通往东南亚的交通要冲及物资集散地。地处东经99°58′~100°27′，北纬25°25′~25°58′之间，是一个依山傍水的高原盆地；市境东西横距46.3km，南北纵距59.3km；土地总面积1815km²，山地面积占70%、水域面积占15%、坝区面积占15%。辖10镇1个民族乡（下关镇、大理镇、凤仪镇、喜洲镇、海东镇、挖色镇、湾桥镇、银桥镇、双廊镇、上关镇，太邑彝族乡）、1个省级经济开发区、1个省级旅游度假区；有111个村委会，501个自然村，1175个村民小组。市人民政府驻下关镇。

大理市的茶树种植主要集中在大理镇、凤仪镇、银桥镇和下关镇。2012年，全市茶叶种植面积3500亩，茶叶产量5151.8吨；茶叶的农业产值732万元，工业产值20077万元（含下关茶厂产值）；现有精制茶厂1个，初精合一茶厂2个，茶叶初制所15个；涉茶农户300户、人口约1000人，茶农从茶叶中获得的人均年收入约1200元。

大理市的现存古茶树分布在大理苍山山麓一带。目前，在该市下关镇的感通寺附近发现一些古茶树的遗存。

大理市下关镇

下关镇位于大理市南部，是大理州、市政府所在地，地域面积193.00km²；下设26个社区、15个村委会，有56个自然村，123个村民小组。

下关镇农业已属典型的市郊型农业，全镇经济收入多样化，各种产业多元化，现有茶园面积已经不多。茶树的种植主要在其境内苍山2300m左右一带的区域。古茶树为单株散生，零星分布，多为野生种古茶树，以感通寺的"感通茶"和"单大人茶"最为著名。代表性植株有感通寺古茶树、单大人古茶树等。

感通寺1号古茶树

野生种古茶树，当地称"感通茶"，大理茶种（*C. taliensis*），见图500。位于大理市苍山感通寺的寺院内，东经100°18′47.9″，北纬25°06′38.8″，海拔2300m。树型为小乔木，树高5.8m，树幅4.31m×3.84m，基部干围0.26m，树姿直立，分枝较稀疏，嫩枝无茸毛；叶片长15.1cm、宽6.9cm，叶片绿色无茸毛，有光泽，叶椭圆形，叶基楔形，叶尖渐尖，锯齿明显，叶面平，叶质较软，叶脉无茸毛，叶脉9～11对；花瓣白色无茸毛、质地薄、9枚，萼片5片，柱头5裂，子房5室，子房茸毛多。

图 500：感通寺 1 号古茶树

感通寺2号古茶树

野生种古茶树，当地称"感通茶"，大理茶种（*C. taliensis*），见图501。位于大理市苍山感通寺寺院内，东经100°18′48″，北纬25°06′38.8″，海拔2300m。树型为小乔木，树姿半开张，树高3.3m，树幅4.12m×3.35m，基部干围0.23m，树姿半开张，分枝较稀疏；叶片为大叶，叶片长13.1cm、宽6.8cm，叶片深绿色无茸毛，有光泽，叶形卵形，叶基近圆形，叶尖钝尖，锯齿浅，叶面平或背卷，角质层特厚，叶质硬，叶脉茸毛少，叶脉8或9对；花瓣白色无茸毛、质地薄、9～12枚，萼片5片，柱头4或5裂，子房5室，子房有茸毛。

图 501：感通寺 2 号古茶树

图502：感通寺3号古茶树

感通寺3号古茶树

野生种古茶树，当地称"感通茶"，大理茶种（*C. taliensis*），见图502。位于大理市苍山感通寺寺院外的森林中，东经100° 19′ 14″，北纬25° 05′ 41″，海拔2302m。树型小乔木，树姿直立，分枝稀疏，树高3.8m，树幅2.11m×3.22m，基部干围0.45m；叶片长15.1cm、宽6.9cm，叶片绿色无茸毛，有光泽，叶椭圆形，叶基楔形，叶尖渐尖，锯齿明显，叶面平或微隆，叶色深绿色，叶片无茸毛，有光泽，叶尖渐尖，锯齿明显，角质层厚，叶质较硬脆，叶缘为平，叶背无茸毛，主脉无茸毛，顶芽和幼枝均无茸毛，叶质较软；花大质厚，花瓣白色、9～12枚，苞片2或3个，萼片5片，柱头5裂，子房5室有茸毛；果皮较厚，种皮粗糙，褐色或黑褐色，种子近球圆形。

单大人1号古茶树

野生种古茶树，大理茶种（*C. taliensis*），见图503。位于大理市下关镇苍山脚荷花村委会单大人村民小组，东经100° 10′ 49″，北纬25° 36′ 39″，海拔2409m；树型小乔木，树姿半开张，树高5m，树幅3.73m×4.25m，基部干围2.25m，最低分枝高0.30m，树势强壮，枝叶繁茂，芽叶紫绿色，无茸毛；叶长宽13.2cm×6.1cm，叶形长椭圆，叶面平，叶身平、稍内折，叶缘平，叶齿少锯齿，叶尖渐尖，叶基楔形，叶色黄绿，叶质中，叶脉11对，叶柄无茸毛，主脉、叶背无茸毛；花冠4.32cm×4.68cm，花瓣11枚，花瓣无茸毛，柱头5裂，子房茸毛多，萼片5片，萼片无茸毛，花瓣白色，花梗无茸毛，花瓣质地中。

图503：单大人1号古茶树

图 504：单大人 2 号古茶树

单大人 3 号古茶树

野生种古茶树，大理茶种（*C. taliensis*），见图 505。位于大理市下关镇苍山脚荷花村单大人村民小组，东经 100° 10′ 42″，北纬 25° 36′ 30″，海拔 2407m。树型乔木，树姿直立，树高 9.5m，树幅 3.8m×4.4m，基部干围 0.95m，最低分枝高度 0.45m；芽叶紫绿色，无茸毛，叶长宽 13.5cm×6.5cm，叶形长椭圆，叶面平，叶身平、稍内折，叶缘平，叶齿少锯齿，叶尖渐尖，叶基楔形，叶色绿色，叶质中，叶脉 10 对，叶柄无茸毛，主脉、叶背无茸毛；花冠 4.42cm×4.18cm，花瓣 10 枚、无茸毛，柱头 5 裂，子房茸毛多，萼片 5 片，萼片无茸毛，花瓣白色，花梗无茸毛，花瓣质地厚。

单大人 2 号古茶树

野生种古茶树，大理茶种（*C. taliensis*），见图 504。位于大理市下关镇苍山脚荷花村委会单大人寨村民小组，东经 100° 10′ 48″，北纬 25° 36′ 40″，海拔 2410m。树型小乔木，树姿直立，树高 7.5m，树幅 4.0m×4.2m，基部干围 1.65m，最低分枝高 0.40m，树势强壮，枝叶繁茂；芽叶紫绿色，无茸毛，叶长宽 13.5cm×6.5cm，叶形长椭圆，叶面平，叶身平、稍内折，叶缘平，叶齿少锯齿，叶尖渐尖，叶基楔形，叶色绿色，叶质中，叶脉 9 对，叶柄无茸毛，主脉、叶背无茸毛；花冠 4.42cm×4.18cm，花瓣 10 枚、无茸毛，柱头 5 裂，子房茸毛多，萼片 5 片，萼片无茸毛，花瓣白色，花梗无茸毛，花瓣质地中。

图 505：单大人 3 号古茶树

（二）弥渡县

弥渡县地处云南高原西部、大理州东南部，位于东经100°19″~100°47″，北纬24°47″~35°32′之间。东与祥云县、南华县接壤，南与景东县、南涧县毗邻，西靠巍山县，北连大理市；土地总面积1523.43km²；辖5镇3乡（即弥城镇、红岩镇、新街镇、寅街镇、苴力镇、密祉乡、德苴乡、牛街彝族乡），共有89个村委会，1056个自然村。县人民政府驻弥城镇。

弥渡县属中亚热带季风气候区，冬无严寒，夏无酷暑，气候温和，没有明显的四季之分，只有干季，雨季之别。四季温差小，昼夜温差大，全县年平均气温13.1℃~19.2℃，有"天气浑如三月里，风花不断四时春"的美誉；由于光照充足、土壤肥沃、自然条件好、物产丰饶，自古以来就有"滇西粮仓"和"蔬菜王国"的美称。

茶叶曾是弥渡县重要的农业经济作物，弥渡县现有的茶园已不是很多，茶树仅在部分山区有零星种植，主要用于生产绿茶。弥渡县的古茶树资源主要集中在牛街彝族乡荣华村委会的大核桃箐村，约有1000亩。

弥渡县牛街彝族乡

牛街彝族乡（以下简称牛街乡）位于弥渡县南部，地域面积264.00km²；下设11个村委会，有296个自然村，145个村民小组。

牛街乡的古茶树资源主要分布在荣华村委会的大核桃箐村，数量有1000多株，其中普洱茶种800余株，大理茶种200余株；多生长在地埂边和农宅的房前屋后，为零星分布，保存状况良好。代表性植株有大核桃箐1号古茶树、大核桃箐2号古茶树、大核桃箐3号古茶树、大核桃箐4号古茶树等。

大核桃箐1号古茶树

栽培种古茶树，普洱茶种（*C. assamica*），见图506。位于弥渡县牛街乡荣华村委会大核桃箐村民小组，东经100°42′35.3″，北纬24°48′14″，海拔2201m。树型小乔木，树姿半开张，树高4.7m，树幅6.4m×6.8m，基部干围1.32m，长势较强；叶型长椭圆，叶面微隆起，叶身平，叶缘微隆，叶尖钝尖，叶基楔形，叶色绿，叶质中，叶脉13对，叶梗茸毛少，主脉茸毛中，叶背茸毛中；芽叶色泽黄绿。

图506：大核桃箐1号古茶树

大核桃箐 2 号古茶树

栽培种古茶树，普洱茶种（*C. assami-ca*），见图 507。位于弥渡县牛街乡荣华村委会大核桃箐村民小组，东经 100° 42′ 35.4″，北纬 24° 48′ 14″，海拔 2201m。树型小乔木，树姿半开张，树高 3.7m，树幅 2.65m×3.06m，基部干围 1.90m；叶型椭圆，叶面平，叶身平，叶缘微隆，叶尖急尖，叶基楔形，叶色绿，叶质中，叶脉 13 对，叶梗无茸毛，主脉无茸毛，叶背无茸毛，芽叶色泽紫绿。

图 507：大核桃箐 2 号古茶树

大核桃箐3号古茶树

野生种古茶树，大理茶种（*C. tali-ensis*），见图508。位于弥渡县牛街乡荣华村委会大核桃箐村民小组，东经100°42′35.5″，北纬24°48′14″，海拔2202m。树型小乔木，树姿半开张，树高8.85m，树幅6.8m×5.9m，地面分枝，长势较强；叶型椭圆形，叶面微隆起，叶身平，叶缘微隆，叶尖急尖，叶基楔形，叶色绿，叶质中，叶脉11对，叶梗无茸毛，主脉无茸毛，叶背无茸毛，芽叶色泽紫绿。

图508：大核桃箐3号古茶树

图509：大核桃箐4号古茶树

大核桃箐4号古茶树

野生种古茶树，大理茶种（*C. taliensis*），见图509。位于弥渡县牛街彝族乡荣华村委会大核桃箐村民小组，东经100°42′28″，北纬24°48′09″，海拔2202m。树型乔木，树姿直立，树高6.4m，树幅4.1m×4.3m，基部干围1.90m，长势较强；叶型椭圆形，叶面微隆起，叶身平，叶缘微隆，叶尖圆尖，叶基楔形，叶色绿，叶质中，叶脉11对，叶梗无茸毛，主脉无茸毛，叶背无茸毛，芽叶色泽紫绿。

（三）南涧彝族自治县

南涧彝族自治县（以下简称"南涧县"）位于大理州南部，地处澜沧江中游和哀牢山之首，为无量山脉北端；地处东经 100° 06′ ~ 100° 41′，北纬 24° 39′ ~ 25° 10′ 之间，地域面积 1802.00km²；东与弥渡县接壤，南与景东县毗邻，西南与云县以澜沧江为界，西至黑惠江与凤庆县隔水相望，北与巍山县相连，下辖 5 镇 3 乡（南涧镇、宝华镇、无量山镇、小湾东镇、公郎镇；碧溪乡、乐秋乡、拥翠乡），有 1 个社区、79 个村委会，有 1133 个自然村，1606 个村民小组。县人民政府驻南涧镇。

南涧县属低纬山地季风气候，年均气温 12℃ ~ 19.1℃，年均降水量 200mm ~ 1400mm，是云南最早种茶和饮茶的地区之一。因地处澜沧江中游和哀牢山山脉，山区常多云雾；"高山云雾出好茶"，复杂多样的地质地貌条件，境内保存完整的国家级"无量山自然保护区"原始森林植被，造就了南涧县发展茶叶生产的极佳环境。

南涧县的古茶树资源比较丰富，现其境内的"无量山国家级自然保护区"原始森林中及周边村寨仍然散生着一些野生种、过渡型和栽培种古茶树，主要分布在宝华镇、公郎镇、小湾东镇、无量山镇、碧溪乡、拥翠乡等乡镇，分布面积约 3200 亩。其中最具代表性的为"大箐—杨梅树""山花""回龙山"三大古茶树居群。

1. 南涧县宝华镇

宝华镇位于南涧县中部偏东，地处横断山脉和无量山脉接合部，属礼社江和把边江分水岭，介于东经 100° 23′ ~ 100° 37′，北纬 24° 47′ ~ 24° 58′ 之间，地域面积 215.00km²；下设 10 个村委会，有 151 个自然村，258 个村民小组。

宝华镇境内山谷沟壑纵横交错，最高海拔巴苴山 2693m，最低海拔石洞寺河谷地 1730m。属于干湿季分明，四季明显，雨热同期的低纬亚热带山地季风气候。该镇现存的古茶树主要分布于无量村委会的大箐、杨梅树村民小组，分布面积 500 亩，数量大约有 1000 株。代表性植株有杨梅树 1 号古茶树、大箐 1 号古茶树等。

图 510：杨梅树 1 号古茶树

杨梅树 1 号古茶树

栽培种古茶树，普洱茶种（*C. assamica*），见图 510。位于南涧县宝华镇杨梅树村委会，东经 100°26′57.4″，北纬 24°50′43.4″，海拔 1941m。树型为小乔木，树姿半开张，树高 3.7m，树幅 5.62m×5.71m，基部干围 0.79m；芽叶茸毛多，叶形椭圆，叶色绿色，叶面平、微隆，叶身内折、稍内折，叶缘平，叶齿少锯齿，叶尖渐尖，叶基楔形，叶质中，叶脉对数 8 或 9 对，叶柄茸毛少，主脉茸毛多，叶背茸毛中；花瓣 7 枚，无茸毛，柱头 3 裂，子房茸毛少。

杨梅树 2 号古茶树

栽培种古茶树，普洱茶种（*C. assamica*），见图 511。位于南涧县宝华镇杨梅树村委会，东经 100°26′59.5″，北纬 24°50′32.8″，海拔 1964m。树型为小乔木，树姿半开张，分枝密，树高 8.65m，树幅 7.65m×8.10m，基部干围 0.97m，最低分枝高 0.5m；芽叶茸毛多，叶形椭圆，叶色绿色，叶面平、微隆，叶身内折、稍内折，叶缘平，叶齿锯齿形，叶尖渐尖，叶基楔形，叶质中，叶脉对数 9 对，叶柄茸毛少，主脉茸毛多，叶背茸毛多；花瓣 6 瓣，无茸毛，柱头 3 裂，子房茸毛多。

图 511：杨梅树 2 号古茶树

大箐 1 号古茶树

栽培种古茶树，普洱茶种（C. assamica），见图 512。位于南涧县宝华镇无量村委会大箐村民小组，东经 100° 26′ 49.8″，北纬 24° 50′ 45.5″，海拔 1949m。树型为小乔木，树姿半开张，分枝密，树高 5.07m，树幅 3.34m×3.84m，基部干围 0.76m；芽叶茸毛多，叶形为椭圆形、长椭圆形，叶色绿色，叶面平、微隆，叶身内折、稍内折，叶缘微波，叶齿锯齿形，叶尖钝尖，叶基楔形，叶质中，叶脉对数 7 对，叶柄茸毛少，主脉茸毛中，叶背茸毛中；花瓣 6 或 7 瓣，无茸毛，柱头 3 裂，子房茸毛多。

图 512：大箐 1 号古茶树

大箐 2 号古茶树

栽培种古茶树，普洱茶种（C. assamica），见图 513。位于南涧县宝华镇无量村委会大箐村民小组，东经 100° 26′ 34.7″，北纬 24° 50′ 44.7″，海拔 1993m。树型为小乔木，树姿半开张，分枝密，树高 8.7m，树幅 3.34m×3.84m，基部干围 0.81m；芽叶茸毛多，叶形为椭圆形、长椭圆形，叶色绿色、深绿色，叶面平、微隆，叶身内折、稍内折，叶缘微波，叶齿锯齿形，叶尖钝尖，叶基楔形，叶质中，叶脉对数 8 或 9 对，叶柄茸毛少，主脉茸毛中，叶背茸毛中；花瓣 6 或 7 瓣，无茸毛，柱头 3 裂，子房茸毛多。

图 513：大箐 2 号古茶树

2. 南涧县公郎镇

公郎镇地处南涧县西南部，地域面积291.00km²；下设14个村委会。

公郎镇目前发现的古茶树已有数百株，主要分布在龙平、新合、金山、官地、中山、底么、凤岭等村委会的部分自然村中，大都为栽培种古茶树，呈零星分布，多生长在农户的房前屋后或承包地的地埂边。代表性植株有斯须乐古茶树、茶花树古茶树和子宜乐古茶树等。

斯须乐1号古茶树

栽培种古茶树，秃房茶种（*C. gymnogyna*），见图514。位于南涧县公郎镇龙平村委会斯须乐村民小组，东经110° 06′ 65.4″，北纬24° 50′ 36.0″，海拔1996m。土壤为黑壤土，树型小乔木，树姿半开张，树高8.7m，树幅7.4m×7.2m，基部干围1.3m，最低分枝高0.45m，树势强；叶形椭圆，叶面平，叶身平，叶缘平，叶齿稀浅钝，叶尖钝尖、渐尖，叶质软，叶脉9对；花瓣7或8瓣，柱头3裂，子房无茸毛，萼片5片，萼片无茸毛，花瓣色泽白带微绿，花梗无茸毛，花瓣质地薄。

图514：斯须乐1号古茶树

图 515：斯须乐 2 号古茶树

斯须乐 2 号古茶树

栽培种古茶树，秃房茶种（*C. gymno-gyna*），见图515。位于南涧县公朗镇龙平村委会斯须乐村民小组，东经 100° 16′ 46.6″，北纬 24° 50′ 17.4″，海拔 1981m。土壤为黑壤土，树型为小乔木，树姿半开张，树高 8.42m，树幅 6.71m×5.02m，最大基围 1.04m，最低分枝高 0.50m；叶形披针形，叶面微隆起，叶身平，叶缘微波，叶尖钝尖、渐尖，叶质软，叶脉 10 对，叶梗、主脉、叶背茸毛少，芽叶色泽黄绿；花瓣 7 或 8 瓣，柱头 3 裂，子房无茸毛，萼片 5 片，萼片无茸毛，花瓣色泽白带微绿，花梗无茸毛，花瓣质地薄。该树目前长势较强。

四家村 1 号古茶树

栽培种古茶树，普洱茶种（*C. assamica*），见图 516。位于南涧县公郎镇龙平村委会杨梅林四家村村民小组，东经 100° 16′ 43.9″，北纬 24° 48′ 59.8″，海拔 1916m。树型小乔木，树姿半开张，树高 4.31m，树幅 5.42m×5.73m，基部干围 1.42m，最低分枝高 0.30m；叶形为椭圆形，叶面微隆起，叶身内折，叶缘微波，叶尖钝尖，叶基楔形，叶色绿，叶质中，叶脉 9 对，叶梗茸毛中，主脉茸毛中，叶背茸毛多，芽叶色泽黄绿。该树目前长势较强。

图 516：四家村 1 号古茶树

四家村 2 号古茶树

栽培种古茶树，普洱茶种（*C. assamica*），见图 517。位于南涧县公郎镇龙平村委会杨梅林四家村村民小组，东经 100° 16′ 43.9″，北纬 24° 48′ 59.8″，海拔 1916m。树型小乔木，树姿半开张，树高 4.72m，树幅 4.91m×4.63m，基部干围 1.10m，最低分枝高 0.30m；叶形为披针形，叶面微隆起，叶身平，叶缘微波，叶尖钝尖，叶基楔形，叶色绿，叶质中，叶脉 11 对，叶梗茸毛中，主脉茸毛中，叶背茸毛多，芽叶色泽黄绿。该树目前长势较强。

图 517：四家村 2 号古茶树

洒马路 1 号古茶树

栽培种古茶树，普洱茶种（*C. assamica*），见图 518。位于南涧县公郎镇龙平村委会洒马路村，海拔 1927m，东经 100° 17′ 29.3″，北纬 24° 48′ 52.5″。树型小乔木，树姿半开张，树高 7.15m，树幅 7.03m×5.12m，基部干围 1.50m，最低分枝高 0.80m；叶形为披针形，叶面微隆起，叶身稍背卷，叶缘微波，叶尖钝尖，叶基近圆形，叶色绿，叶质中，叶脉 11 对，叶梗茸毛中，主脉茸毛中，叶背茸毛中，芽叶色泽黄绿。该树目前长势较强。

图 518：洒马路 1 号古茶树

洒马路2号古茶树

栽培种古茶树，普洱茶种（*C. assamica*），见图519。位于南涧县公郎镇龙平村委会洒马路村民小组，东经100°17′29.3″，北纬24°48′52.5″，海拔1927m。树型为小乔木，树姿半开张，树高3.92m，树幅5.41m×4.63m，基部干围0.82m，最低分枝高0.4m；叶形为椭圆形，叶面微隆起，叶身平，叶缘微波，叶尖急尖，叶基近圆形，叶色绿，叶质中，叶脉10对，叶梗、主脉、叶背茸毛均多，芽叶色泽黄绿。该树目前长势较强。

图519：洒马路2号古茶树

茶花树1号古茶树

栽培种古茶树，普洱茶种（*C. assamica*），见图520。位于南涧县公郎镇官地村委会茶花树小水井村民小组，东经100°29′31.4″，北纬24°44′35.4″，海拔1935m。树型小乔木，树姿半开张，树高6.15m，树幅6.72m×6.02m，基部干围1.34m，最低分枝高0.05m；叶形为长椭圆形，叶面隆起，叶身平，叶缘微波，叶尖急尖、尾尖，叶基楔形，叶色绿，叶质中，叶脉10对，叶梗茸毛少，主脉茸毛中，叶背茸毛中，芽叶色泽黄绿。该树目前长势较强。

图520：茶花树1号古茶树

图 521：茶花树 2 号古茶树

茶花树 2 号古茶树

栽培种古茶树，普洱茶种（*C. as-samica*），见图 521。位于南涧县公郎镇官地村委会茶花树小水井村民小组，东经 100°29′30.2″，北纬 24°44′32.9″，海拔 1972m。树型小乔木，树姿半开张，树高 7.13m，树幅 5.62m×5.61m，基部干围 1.70m，最低分枝高 0.5m；叶形为椭圆形，叶面隆起，叶身平，叶缘微波，叶尖急尖，叶基楔形，叶色绿，叶质中，叶脉 9 对，叶梗茸毛多，主脉茸毛中，叶背茸毛中，芽叶色泽黄绿。该树目前长势较强。

砚碗水 1 号古茶树

栽培种古茶树，普洱茶种（*C. as-samica*），见图 522。位于南涧县公郎镇金山村委会砚碗水小村村民小组，东经 100°18′06.7″，北纬 24°48′10.9″，海拔 1936m。树型小乔木，树姿半开张，树高 6.22m，树幅 6.02m×6.03m，基部干围 1.10m，最低分枝高 0.21m；叶形为披针形，叶面微隆起，叶身平，叶缘微波，叶尖圆尖，叶基近圆形，叶色绿，叶质中，叶脉 10 对，叶梗、主脉、叶背茸毛多，芽叶色泽黄绿。该树目前长势较强。

图 522：砚碗水 1 号古茶树

图 523：砚碗水 2 号古茶树

砚碗水 2 号古茶树

栽培种古茶树，普洱茶种（*C. assamica*），见图 523。位于南涧县公郎镇金山村委会砚碗水小村村民小组，东经 100° 18′ 05.1″，北纬 24° 48′ 11.6″，海拔 1938m。树型小乔木，树姿半开张，树高 7.85m，树幅 5.63m×5.32m，基部干围 1.02m，最低分枝高 0.35m；叶形为椭圆形，叶面微隆起，叶身平，叶缘隆，叶尖急尖，叶基近圆形，叶色绿，叶质中，叶脉 11 对，叶梗茸毛中，主脉茸毛中，叶背茸毛中，芽叶色泽黄绿。该树目前长势较强。

砚碗水 3 号古茶树

栽培种古茶树，普洱茶种（*C. as-samica*），见图 524。位于南涧县公郎镇金山村委会砚碗水小村村民小组，东经 100° 18′ 07.4″，北纬 24° 48′ 12.5″，海拔 1926m。树型小乔木，树姿半开张，树高 7.75m，树幅 4.32m×4.63m，基部干围 0.90m，最低分枝高 0.40m；叶形为长椭圆形，叶面隆起，叶身平，叶缘隆，叶尖钝尖，叶基楔形，叶色绿，叶质中，叶脉 9 对，叶梗、主脉、叶背茸毛多，芽叶色泽黄绿。该树目前长势较强。

图 524：砚碗水 3 号古茶树

图 525：子宜乐 1 号古茶树

子宜乐 1 号古茶树

栽培种古茶树，普洱茶种（*C. as-samica*），见图 525。位于南涧县公郎镇新合村委会子宜乐村民小组，东经100° 23′ 32.9″，北纬 24° 48′ 48.4″，海拔 2120m；树型小乔木，树姿半开张，树高 3.85m，树幅 4.05m×4.08m，基部干围 0.93m，最低分枝高 0.50m；叶形为长椭圆形，叶面微隆起，叶身平，叶缘隆，叶尖钝尖，叶基近圆形，叶色绿，叶质中，叶脉 12 对，叶梗茸毛多，主脉茸毛中，叶背茸毛多，芽叶色泽黄绿。该树目前长势较强。

子宜乐 2 号古茶树

栽培种古茶树，普洱茶种（*C. assa-mica*），见图 526。位于南涧县公郎镇新合村委会子宜乐村民小组，东经100° 23′ 41.9″，北纬 24° 48′ 43.4″，海拔 2119m。树型为小乔木，树姿半开张，树高 5.70m，树幅 4.03m×4.32m，基部干围 1.14m，最低分枝高 1.40m；叶形为椭圆形，叶面隆起，叶内折，叶缘隆，叶尖圆尖，叶基近圆形，叶色绿，叶质中，叶脉 10 对，叶梗茸毛中，主脉茸毛少，叶背茸毛中，芽叶色泽黄绿。该树目前长势较强。

图 526：子宜乐 2 号古茶树

子宜乐 3 号古茶树

栽培种古茶树，普洱茶种（*C. assamica*），见图 527。位于南涧县公郎镇新合村委会子宜乐村民小组，东经 100° 23′ 41.9″，北纬 24° 48′ 43.4″，海拔 2118m。树型小乔木，树姿半开张，树高 6.50m，树幅 6.82m×6.43m，基部干围 1.56m；叶形为长椭圆形，叶面微隆起，叶内折，叶缘隆，叶尖急尖，叶基近圆形，叶色绿，叶质中，叶脉 11 对，叶梗茸毛多，主脉茸毛多，叶背茸毛多，芽叶色泽黄绿。该树目前长势较强。

图 527：子宜乐 3 号古茶树

3. 南涧县小湾东镇

小湾东镇位于南涧县西南部，地处东经 100° 06′ ~ 100° 17′，北纬 24° 39′ ~ 24° 51′，地域面积 204.00km²；下设 7 个村委会，有 81 个自然村，168 个村民小组。

小湾东镇是一个山区农业镇，为南涧县茶叶的主要产区。该镇现存的古茶树数量有数百株，分布面积约 500 亩。主要分布于龙门村委会、龙街村委会的部分自然村，多为栽培种古茶树，呈零星分布状态，大多因管理不善，毁坏严重。代表性植株有龙华古茶树、马扎福地古茶树等。

图 528: 龙华 1 号古茶树

龙华 1 号古茶树

栽培种古茶树，普洱茶种（*C. as-samica*），见图 528。位于南涧县小湾东镇龙门村委会龙华第三村民小组，东经 100°10′50.7″，北纬 24°47′03.3″，海拔 1978m。树型为小乔木，树姿半开张，树高 6.50m，树幅 5.10m×5.03m，基部干围 1.44m，最低分枝高 0.80m；叶形为椭圆形，叶面微隆起，叶身平，叶缘微波，叶尖钝尖，叶基近圆形，叶色绿，叶质中，叶脉 9~11 对，叶梗茸毛少，主脉茸毛少，叶背茸毛少，芽叶色泽黄绿。该树遭严重砍伐，毁坏严重。

龙华 2 号古茶树

栽培种古茶树，普洱茶种（*C. as-samica*），见图 529。位于南涧县小湾东镇龙门村委会龙华第三村民小组，东经 100°10′56.0″，北纬 24°47′02.3″，海拔 2021m。树型为小乔木，树姿半开张，树高 6.20m，树幅 5.43m×4.32m，基部干围 1.46m，最低分枝高 0.70m；叶形为椭圆形，叶面隆起，叶身平、稍背卷，叶缘微波，叶尖钝尖，叶基近圆形，叶色绿，叶质中，叶脉 11 对，叶梗、主脉、叶背茸毛少。芽叶色泽黄绿。该树目前长势较强。

图 529: 龙华 2 号古茶树

图 530：龙华 3 号古茶树

龙华 3 号古茶树

栽培种古茶树，普洱茶种（*C. assamica*），见图 530。位于南涧县小湾东镇龙门村委会龙华第三村民小组，东经 100°10′57.0″，北纬 24°47′1.7″，海拔 2022m。树型为小乔木，树姿半开张，树高 6.35m，树幅 5.02m×4.61m，基部干围 1.11m，最低分枝高 0.4m；叶形为长椭圆形，叶面微隆起，叶身平，叶缘微波，叶尖钝尖，叶基近圆形，叶色绿，叶质中，叶脉 11 对，叶梗茸毛中，主脉茸毛少，叶背茸毛中，芽叶色泽黄绿。该树目前长势较强。

龙华 4 号古茶树

栽培种古茶树，普洱茶种（*C. assamica*），见图 531。位于南涧县小湾东镇龙门村委会龙华第三村民小组，东经 100°10′52.4″，北纬 24°47′1.3″，海拔 2018m。树型为小乔木，树姿半开张，树高 5.33m，树幅 4.62m×4.71m，基部干围 1.10m，最低分枝高 0.24m；叶形为长椭圆形，叶面平，叶身平，叶缘微波，叶尖渐尖，叶基近圆形，叶色绿，叶质中，叶脉 11 对，叶梗、主脉、叶背茸毛少，芽叶色泽黄绿。该树目前长势较强。

图 531：龙华 4 号古茶树

图 532：老家库古茶树

老家库古茶树

栽培种古茶树，普洱茶种（*C. assamica*），见图 532。位于南涧县小湾东镇岔江村委会老家库村民小组，东经 100°09′22.7"，北纬 24°45′06.8"，海拔 1876m。树型为小乔木，树姿半开张，树高 4.85m，树幅 4.02m×3.63m，基部干围 0.87m，最低分枝高 0.75m；叶形为长椭圆形，叶面微隆起，叶身平，叶缘微波，叶尖圆尖，叶基楔形，叶色绿，叶质中，叶脉 14 对，叶梗、主脉、叶背茸毛少，芽叶色泽黄绿。该树目前长势较弱。

老君殿 1 号古茶树

栽培种古茶树，普洱茶种（*C. assamica*），见图 533。位于南涧县小湾东镇龙街村委会老君殿村民小组，东经 100°12′06.0"，北纬 24°49′41.9"，海拔 1876m。树型为小乔木，树姿半开张，树高 4.86m，树幅 3.32×4.03m，基部干围 0.80m，最低分枝高 1.1m；叶形为椭圆形，叶面微隆起，叶身平，叶缘隆，叶尖圆尖，叶基楔形，叶色绿，叶质中，叶脉 13 对，叶梗、主脉、叶背茸毛少，芽叶色泽黄绿。该树目前长势较强。

图 533：老君殿 1 号古茶树

图 534：老君殿 2 号古茶树

老君殿 2 号古茶树

栽培种古茶树，普洱茶种（*C. assamica*），见图 534。位于南涧县小湾东镇龙街村委会老君殿村民小组，东经 100° 12′ 06.0″，北纬 24° 49′ 41.9″，海拔 1876m。树型为小乔木，树姿半开张，树高 3.97m，树幅 2.93m×3.32m，基部干围 0.78m；叶形为长椭圆形，叶面微隆起，叶身平，叶缘微波，叶尖钝尖，叶基楔形，叶色绿，叶质中，叶脉 13 对，叶梗、主脉、叶背茸毛少，芽叶色泽黄绿。该树目前长势较强。

马扎福地 1 号古茶树

栽培种古茶树，普洱茶种（*C. assamica*），见图 535。位于南涧县小湾东镇龙街村委会马扎福地村民小组，东经 100° 14′ 22.3″，北纬 24° 51′ 21.0″，海拔 2281m。树型为小乔木，树姿半开张，树高 7.95m，树幅 7.63m×5.72m，基部干围 1.20m，最低分枝高 0.50m；叶形为椭圆形，叶面微隆起，叶身平，叶缘隆，叶尖钝尖，叶基楔形，叶色绿，叶质中，叶脉 12 对，叶梗茸毛少，主脉茸毛多，叶背茸毛少。芽叶色泽黄绿，采制绿茶。该树目前长势较弱。

图 535：马扎福地 1 号古茶树

4. 南涧县无量山镇

无量山镇位于南涧县东南部，地处哀牢山和无量山中部，介于东经 100° 28′ ~ 100° 41′，北纬 24° 42′ ~ 24° 56′ 之间，地域面积 252.00km²；下设 13 个村委会，有 222 个自然村，290 个村民小组。

无量山镇茶树栽培历史悠久，早在唐朝就有当地的"摆衣茶""古德茶"等茶史记载，素有"茶乡"之称。茶叶一直是该镇的重要支柱产业。无量山镇现存的古茶树数量有数千株，总分布面积约 2000 亩。主要分布在古德、新政、德安、可保、光明、保台等村委会的部分自然村中，多为栽培种古茶树。其中，新政村委会的木板箐自然村和德安村委会的山花自然村中，野生种和栽培种古茶树共同存在。古茶树最为集中地是德安村委会，其多个自然村中均存有古茶树；数量最多的是山花古茶树居群，古茶树的数量约有 938 株，但一些古茶树已被砍去顶部，毁坏严重。代表性植株有古德村委会的小古德古茶树、箐脑古茶树，德安村委会的丫口古茶树、大椿树古茶树等。

小古德 1 号古茶树

杂交种古茶树，其种名有待进一步考证，见图 536。位于南涧县无量山镇小古德村委会，东经 100°34′10″，北纬 24°43′47″，海拔 2024m。树型小乔木，树姿半开张，树高 10.4m，树幅 9.9m×9.0m，最大基围 2.0m，最低分枝高 1.0m，树势强壮，枝叶繁茂，芽叶茸毛多；叶长宽为 12.24cm×4.5cm，叶形椭圆，叶面平、微隆，叶身平、稍内折，叶缘平，叶齿少锯齿，叶尖渐尖，叶基楔形，叶色深绿，叶质中，叶脉 12 对，叶柄茸毛中，主脉茸毛多，叶背茸毛中；花冠直径 4.62cm×4.61cm，花瓣7 瓣，花瓣无茸毛，柱头 3 或 5裂，子房茸毛少或多，萼片 5 片，萼片无茸毛，花瓣色泽白、微绿，花梗茸毛无，花瓣质地中。

图 536：小古德 1 号古茶树

小古德 2 号古茶树

栽培种古茶树，普洱茶种（*C. assamica*），见图537。位于南涧县无量山镇小古德村委会，东经 100°34′10″，北纬 24°43′47″，海拔 2024m。土壤类型黑色壤土，树型乔木，树姿直立，树高 7.0m，树幅 5.2m×5.1m，最大基围 1.1m，最低分枝高 1.7m，长势强；叶长宽为 13.28cm×4.28cm，叶形长椭圆，叶面平，叶身平，叶缘微波、平，叶尖渐尖、尾尖，叶基楔形，叶色深绿有光泽，叶质中，叶脉 13 对，叶柄茸毛中，主脉茸毛中，叶背茸毛中；花冠直径 4.28cm×4.08cm，花瓣 6 瓣，花瓣无茸毛，柱头 3 或 4 裂，子房茸毛多，萼片 4 或 5 片，萼片无茸毛，花瓣色泽白、微绿，花梗无茸毛，花瓣质地薄。

图 537：小古德 2 号古茶树

箐脑 1 号古茶树

栽培种古茶树，普洱茶种（*C. assamica*），见图538。位于南涧县无量山镇德安村委会箐脑村民小组，东经 100°32′06.5″，北纬 24°46′22.1″，海拔 1723m。树型小乔木，树姿半开张，树高 6.87m，树幅 5.40m×4.06m，基部干围 1.00m，最低分枝高 0.41m；叶形为长椭圆形，叶面隆起，叶身平，叶缘微波，叶尖渐尖、尾尖，叶基楔形，叶色深绿，叶质中，叶脉 8 对，叶梗茸毛少，主脉茸毛中，叶背茸毛中，芽叶色泽黄绿。该树目前长势较强。

图 538：箐脑 1 号古茶树

图 539：箐脑 2 号古茶树

箐脑 2 号古茶树

栽培种古茶树，普洱茶种（*C. assamica*），见图 539。位于南涧县无量山镇德安村委会箐脑村民小组，东经 100° 32′ 06.6″，北纬 24° 46′ 22.0″，海拔 1722m。树型小乔木，树姿半开张，树高 5.86m，树幅 5.23m×4.65m，基部干围 1.00m，最低分枝高 0.42m；叶形为长椭圆形，叶面隆起，叶身平，叶缘微波，叶尖渐尖、尾尖，叶基近圆形，叶色深绿，叶质中，叶脉 11 对，叶梗茸毛少，主脉、叶背多茸毛，芽叶色泽黄绿。该树目前长势较强。

箐脑 3 号古茶树

栽培种古茶树，普洱茶种（*C. assamica*），见图 540。位于南涧县无量山镇德安村委会箐脑村民小组，东经 100° 32′ 03.7″，北纬 24° 46′ 10.8″，海拔 1757m。树型小乔木，树姿半开张，树高 6.42m，树幅 5.33m×4.72m，基部干围 1.07m，最低分枝高 0.43m；叶形为长椭圆形，叶面隆起，叶身平，叶缘微波，叶尖渐尖、尾尖，叶基楔形，叶色深绿，叶质中，叶脉 10 对，叶梗茸毛少，主脉茸毛中，叶背茸毛中，芽叶色泽黄绿。该树目前长势中等。

图 540：箐脑 3 号古茶树

图 541：丫口 1 号古茶树

丫口 1 号古茶树

野生种古茶树，大理茶种（*C. taliensis*），见图 541。位于南涧县无量山镇德安村委会丫口村民小组，东经 100° 32′ 13.3″，北纬 24° 45′ 43.5″，海拔 1836m。树型小乔木，树姿半开张，树高 9.05m，树幅 5.20m×5.00m，基部干围 2.60m，最低分枝高 0.45m；叶形为长椭圆形，叶面隆起，叶身平，叶缘微波，叶尖渐尖、尾尖，叶基楔形，叶色深绿，叶质中，叶脉 10 对，叶梗茸毛少，主脉茸毛中，叶背茸毛中，芽叶色泽紫绿。该树目前长势较强。

丫口 2 号古茶树

野生种古茶树，大理茶种（*C. taliensis*），见图 542。位于南涧县无量山镇德安村委会丫口村民小组，东经 100° 32′ 13.3″，北纬 24° 45′ 43.5″，海拔 1836m。树型小乔木，树姿半开张，树高 9.05m，树幅 5.21m×5.05m，基部干围 1.80m，最低分枝高 0.05m；叶形为长椭圆形，叶面隆起，叶身平，叶缘微波，叶尖渐尖、尾尖，叶基楔形，叶色深绿，叶质中，叶脉 10 对，叶梗茸毛少，主脉茸毛中，叶背茸毛中，芽叶色泽紫绿。该树目前长势较强。

图 542：丫口 2 号古茶树

大椿树1号古茶树

栽培种古茶树，普洱茶种（*C. assamica*），见图543。位于南涧县无量山镇安德村委会大春树村民小组，东经100° 31′ 39.1″，北纬24° 44′ 14.1″，海拔2125m。树型小乔木，树姿半开张，树高7.42m，树幅5.61m×5.43m，基部干围1.24m，最低分枝高0.46m；叶形为长椭圆形，叶面隆起，叶身平，叶缘微波，叶尖钝尖、尾尖，叶基楔形，叶色深绿，叶质中，叶脉11对，叶梗茸毛少，主脉茸毛中，叶背茸毛中，芽叶色泽黄绿。该树目前长势较强。

图543：大椿树1号古茶树

大椿树2号古茶树

栽培种古茶树，普洱茶种（*C. assamica*），见图544。位于南涧县无量山镇德安村委会大春树村民小组，东经100° 31′ 11.4″，北纬24° 44′ 24.7″，海拔2122m。树型小乔木，树姿半开张，树高4.32m，树幅3.95m×3.52m，基部干围0.91m，最低分枝高0.62m；叶形为长椭圆形，叶面隆起，叶身平，叶缘微波，叶尖钝尖、尾尖，叶基楔形，叶色深绿，叶质中，叶脉10对，叶梗茸毛少，主脉茸毛中，叶背茸毛中，芽叶色泽黄绿。该树目前长势较强。

图544：大椿树2号古茶树

图 545：核桃林 1 号古茶树

核桃林 1 号古茶树

栽培种古茶树，普洱茶种（C. assamica），见图 545。位于南涧县无量山镇德安村委会核桃林村民小组，东经 100° 31′ 41.8″，北纬 24° 46′ 40.5″，海拔 1860m。树型小乔木，树姿半开张，树高 4.93m，树幅 3.46m×4.02m，基部干围 0.90m，最低分枝高 0.32m；叶形长椭圆形，叶面隆起，叶身平，叶缘微波，叶尖钝尖、尾尖，叶基楔形，叶色绿色，叶质中，叶脉 10 对，叶梗茸毛少，主脉茸毛中，叶背茸毛中，芽叶色泽黄绿。该树目前长势较强。

干海子 1 号古茶树

栽培种古茶树，普洱茶种（C. assamica），见图 546。位于南涧县无量山镇保台村委会干海子村民小组，东经 100° 32′ 1.6″，北纬 24° 51′ 0.0″，海拔 2227m。树型小乔木，树姿半开张，树高 4.13m，树幅 6.21m×6.22m，基部干围 1.21m，最低分枝高 0.35m；叶形为椭圆形，叶面隆起，叶身平，叶缘微波，叶尖钝尖、尾尖，叶基楔形，叶色深绿，叶质中，叶脉 11 对，叶梗茸毛少，主脉茸毛中，叶背茸毛中，芽叶色泽黄绿。该树目前长势较强。

图 546：干海子 1 号古茶树

图547：干海子2号古茶树

干海子2号古茶树

栽培种古茶树，普洱茶种（*C. assamica*），见图547。位于南涧县无量山镇保台村委会干海子村民小组，东经100° 32′ 01.6″，北纬24° 51′ 00.0″，海拔2227m。树型小乔木，树姿半开张，树高7.15m，树幅5.32m×4.34m，基部干围1.10m，最低分枝0.70m。叶形为披针形，叶面隆起，叶身平，叶缘微波，叶尖钝尖、尾尖，叶基楔形，叶色深绿，叶质中，叶脉10对，叶梗茸毛少，主脉茸毛中，叶背茸毛中。芽叶色泽黄绿，采制绿茶。该树目前长势中等。

足栖么1号古茶树

栽培种古茶树，普洱茶种（*C. assamica*），见图548。位于南涧县无量山镇可保村委会足栖么村民小组，东经100° 37′ 11.7″，北纬24° 32′ 04.9″，海拔2127m。树型小乔木，树姿半开张，树高3.55m，树幅4.41m×4.42m，基部干围0.80m。叶形为椭圆形，叶面隆起，叶身平，叶缘微波，叶尖钝尖、尾尖，叶基楔形，叶色深绿，叶质中，叶脉10对，叶梗茸毛少，主脉茸毛中，叶背茸毛中，芽叶色泽黄绿。该树目前长势较强.

图548：足栖么1号古茶树

图 549：木板箐 1 号古茶树

木板箐 1 号古茶树

野生种古茶树，大理茶种（*C. taliensis*），见图 549。位于南涧县无量山镇新政村委会木板箐村民小组，东经 100° 33′ 14.0″，北纬 24° 43′ 50.1″，海拔 2046m。树型为小乔木，树姿半开张，树高 6.21m，树幅 5.51m×5.62m，基部干围 1.67m；叶形为长椭圆形，叶面平，叶身稍背卷，叶缘微波，叶尖渐尖，叶基楔形，叶色绿，叶质中，叶梗无茸毛，主脉、叶背无茸毛，芽叶色泽紫绿。该树目前长势较强。

木板箐 2 号古茶树

栽培种古茶树，普洱茶种（*C. assamica*），见图 550。位于南涧县无量山乡新政村委会木板箐村民小组，东经 100° 33′ 14.4″，北纬 24° 43′ 48.6″，海拔 2082m。树型为小乔木，树姿半开张，树高 5.75m，树幅 5.42m×4.71m，基部干围 1.70m；叶形为披针形，叶面微隆起，叶身平，叶缘波，叶尖急尖，叶基楔形，叶色黄绿，叶质中，叶脉 10 对，叶梗茸毛中，主脉茸毛多，叶背茸毛中，芽叶色泽黄绿。该树目前长势较强。

图 550：木板箐 2 号古茶树

图 551：栏杆箐野生种古茶树

栏杆箐野生种古茶树

野生种古茶树，大理茶种（*C. ta-liensis*），见图 551。位于南涧县无量山镇新政村委会木板箐村民小组后山的国家级自然保护区原始森林中，东经 100° 32′ 03.2″，北纬 24° 43′ 15.0″，海拔 2151m。树型为小乔木，树姿直立，树高 10.0m，基部干围 1.66m；叶形为披针形，叶面平，叶身平，叶缘微波，叶尖钝尖，叶基楔形，叶色绿，叶质中，叶梗无茸毛，主脉、叶背无茸毛，芽叶色泽紫绿。该树已遭严重砍伐，目前仅剩主干。

山花 1 号古茶树

栽培种古茶树，普洱茶种（*C. ass-amica*），见图 552。位于南涧县无量山镇安德村委会山花村民小组，东经 100° 31′ 14″，北纬 24° 45′ 35″，海拔 1958m。树型为小乔木，树姿半开张，树高 5.5m，树幅 3.72m×4.15m，基部干围 1.35m，长势较强；叶形椭圆，叶面隆起，叶身平，叶缘微波，叶尖渐尖、尾尖，叶基楔形，叶色绿，叶质中，叶脉 9 对，叶柄茸毛少，主脉茸毛中，叶背茸毛中；花冠 3.18cm×3.08cm，花瓣 6 瓣，花瓣无茸毛，柱头 3 裂，子房茸毛多，萼片 5 片，萼片无茸毛，花瓣色泽白、微绿，花梗无茸毛，花瓣质地薄。

图 552：山花 1 号古茶树

图 553：山花 2 号古茶树

山花 2 号古茶树

野生种古茶树，大理茶种（*C. taliensis*），见图 553。位于南涧县无量山镇安德村委会山花村民小组，东经 100°31′13.7″，北纬 24°45′34.9″，海拔 1958m。树型为乔木，树姿直立，树高 6.2m，树幅 2.71m×3.42m，基部干围 0.76m，长势较强；叶形椭圆，叶面平，叶身平，叶缘微波，叶尖渐尖、尾尖，叶基楔形，叶色绿，叶质中，叶脉 8 对，叶柄无茸毛，主脉、叶背无茸毛；柱头 5 裂，子房茸毛多，萼片 5 片，萼片无茸毛，花瓣色泽白、微绿，花梗无茸毛，花瓣质地薄。

山花 3 号古茶树

栽培种古茶树，普洱茶种（*C. assamica*），见图 554。位于南涧县无量山镇安德村委会山花村民小组，东经 100°31′20″，北纬 24°45′38″，海拔 1920m。树型为小乔木，树姿半开张，树高 6.2m，树幅 6.0m×4.8m，基部干围 1.2m，长势中；叶形椭圆，叶面隆起，叶身平，叶缘微波，叶尖渐尖、尾尖，叶基楔形，叶色绿，叶质中，叶脉 9 对，叶柄茸毛少，主脉茸毛中，叶背茸毛中；花冠 3.28cm×3.11cm，花瓣 6 瓣，花瓣无茸毛，柱头 3 裂，子房茸毛多，萼片 5 片，萼片无茸毛，花瓣色泽白、微绿，花梗无茸毛，花瓣质地薄。

图 554：山花 3 号古茶树

5. 南涧县拥翠乡

拥翠乡位于南涧县境中部，地处东经 100° 27′ ~ 100° 28′，北纬 24° 51′ ~ 25° 01′ 之间，地域面积 118.00km²；下设 7 个村委会，有 86 个自然村，126 个村民小组。

茶业是拥翠乡的重要产业。在该乡安立村委会境内无量山自然保护区的原始森林中，有不少野生茶树驯化栽培的历史遗迹。目前发现的古茶树有 100 余株，总分布面积约 200 亩。主要分布在龙凤村委会的部分自然村，多为栽培种古茶树，零星分布于村寨的房前屋后或承包地埂边。代表性植株有大麦地古茶树、新民小村古茶树、新地基古茶树等。

大麦地古茶树

栽培种古茶树，普洱茶种（*C. assamica*），见图 555。位于南涧县拥翠乡龙凤村委会大麦地村民小组，东经 100° 20′ 33.0″，北纬 24° 56′ 09.5″，海拔 2020m。树型为小乔木，树姿半开张，树高 6.77m，树幅 5.93m × 5.52m，基部干围 0.98m，最低分枝高 0.60m；叶形为长椭圆形，叶面微隆起，叶身平，叶缘微波，叶尖钝尖，叶基近圆形，叶色绿，叶质中，叶脉 13 对，叶梗茸毛少，主脉、叶背茸毛少，芽叶色泽黄绿。

图 555：大麦地古茶树

新民小村古茶树

栽培种古茶树，普洱茶种（*C. assamica*），见图556。位于南涧县拥翠乡龙凤村委会新民小村村民小组，东经100°20′24.1″，北纬24°55′01.9″，海拔2128m。树型为小乔木，树姿半开张，树高4.43m，树幅4.51m×4.32m，基部有3个分枝，最大分枝干围0.60m；叶形为长椭圆形，叶面微隆起，叶身平，叶缘微波，叶尖钝尖，叶基楔形，叶色绿，叶质硬，叶脉12对，叶梗、主脉、叶背茸毛少，芽叶色泽黄绿。

图556：新民小村古茶树

6. 南涧县碧溪乡

碧溪乡位于南涧县城西南部，地处东经100°10′～100°20′，北纬24°50′～24°58′之间，地域面积125.00 km²；下设8个村委会，有98个自然村，140个村民小组。

碧溪乡的古茶树资源主要分布于该乡的回龙山村委会，数量约300～500株，总分布面积约500亩。单株散生，零星分布，大多生长于田埂地头，少数生长于农户住宅的房前屋后，植株长势中等，保护得较好。代表性植株为回龙山古茶树等。

图 557：回龙山 1 号古茶树

回龙山 1 号古茶树

栽培种古茶树，普洱茶种（*C. ass-amica*），见图 557。位于南涧县碧溪乡回龙山村委会，东经 100° 17′ 22.8″，北纬 24° 55′ 04.3″，海拔 2091m。树型为小乔木，树姿半开张，树高 6.7m，树幅 5.4m×5.0m，基部干围 1.80m，长势较强；叶形为椭圆形、长椭圆形，叶面隆起，叶身背卷，叶缘微波，叶尖渐尖，叶基楔形，叶色绿，叶质中，叶脉 9 或 10 对，叶柄茸毛中，主脉茸毛多，叶背茸毛多，花冠 3.22×3.18cm，花瓣 6 瓣，花瓣无茸毛，柱头 3 裂，子房茸毛多，萼片 5 片，萼片无茸毛，花瓣色泽白、微绿，花梗无茸毛，花瓣质地薄。

回龙山 2 号古茶树

栽培种古茶树，普洱茶种（*C. ass-amica*），见图 558。位于南涧县碧溪乡回龙山村委会，东经 100° 17′ 23.6″，北纬 24° 55′ 05.3″，海拔 2124m。树型为小乔木，树姿半开张，树高 5.8m，树幅 5.8m×4.7m，基部干围 1.0m，长势较强；叶形为椭圆形、长椭圆形，叶面隆起，叶身背卷，叶缘微波，叶尖渐尖、尾尖，叶基楔形，叶色绿，叶质中，叶脉 8 或 9 对，叶柄茸毛中，主脉茸毛多，叶背茸毛多；花冠 3.02cm×3.22cm，花瓣 6 瓣，花瓣无茸毛，柱头 3 裂，子房茸毛多，萼片 5 片，萼片无茸毛，花瓣色泽白、微绿，花梗无茸毛，花瓣质地薄。

图 558：回龙山 2 号古茶树

回龙山 3 号古茶树

栽培种古茶树，普洱茶种（*C. ass-amica*），见图 559。位于南涧县碧溪乡回龙山村委会，东经 100° 17′ 23.7″，北纬 24° 55′ 05.3″，海拔 2124m。树型为小乔木，树姿半开张，树高 4.2m，树幅 4.1m×3.9m，基部干围 1.1m，最低分枝高 0.8m，长势较强；叶形为椭圆形、长椭圆形，叶面隆起，叶身背卷，叶缘微波，叶尖渐尖、尾尖，叶基楔形，叶色绿，叶质中，叶脉 9 对，叶柄无茸毛，主脉茸毛少，叶背茸毛多；花冠 3.55cm×3.48cm，花瓣 6 瓣，花瓣无茸毛，柱头 3 裂，子房茸毛多，萼片 5 片，萼片无茸毛，花瓣色泽白、微绿，花梗无茸毛，花瓣质地薄。

图 559：回龙山 3 号古茶树

回龙山 4 号古茶树

栽培种古茶树，普洱茶种（*C. ass-amica*），见图 560。位于南涧县碧溪乡回龙山村委会，东经 100° 17′ 23.2″，北纬 24° 55′ 04.7″，海拔 2102m。树型为小乔木，树姿半开张，树高 4.3m，树幅 4.3m×4.1m，基部干围 0.8m，最低分枝高 0.3m，长势较强；叶形为椭圆形、长椭圆形，叶面隆起，叶身背卷，叶缘微波，叶尖渐尖、尾尖，叶基楔形，叶色绿，叶质中，叶脉 8~10 对，叶柄无茸毛，主脉茸毛少，叶背茸毛少；花冠 3.45cm×4.28cm，花瓣 6 瓣，花瓣无茸毛，柱头 3 裂，子房茸毛多，萼片 5 片，萼片无茸毛，花瓣色泽白、微绿，花梗无茸毛，花瓣质地薄。

图 560：回龙山 4 号古茶树

图 561：回龙山 5 号古茶树

回龙山 5 号古茶树

栽培种古茶树，普洱茶种（C. assamica），见图 561。位于南涧县碧溪乡回龙山村委会，东经 100° 17′ 23″，北纬 24° 55′ 05″，海拔 2095m。树型为小乔木，树姿半开张，树高 3.4m，树幅 3.2m×3.8m，基部干围 1.0m，最低分枝高 0.1m，长势较强；叶形为椭圆形、长椭圆形，叶面隆起，叶身背卷，叶缘微波，叶尖渐尖、尾尖，叶基楔形，叶色绿，叶质中，叶脉 9 或 10 对，叶柄无茸毛，主脉茸毛少，叶背茸毛少；花冠 3.15cm×4.33cm，花瓣 6 或 7 瓣，花瓣无茸毛，柱头 3 或 4 裂，子房茸毛多，萼片 5 片，萼片无茸毛，花瓣色泽白、微绿。

回龙山 6 号古茶树

栽培种古茶树，普洱茶种（C. assamica），见图 562。位于南涧县碧溪乡回龙山村委会，东经 100° 17′ 08″，北纬 24° 55′ 07″，海拔 2055m。树型小乔木，树姿半开张，树高 7.9m，树幅 6.02m×6.10m，基部干围 1.40m，最低分枝高 0.60m，长势较强；叶形为椭圆形、长椭圆形，叶面隆起，叶身背卷，叶缘微波，叶尖渐尖、尾尖，叶基楔形，叶色绿，叶质中，叶脉 9 或 10 对，叶柄无茸毛，主脉茸毛少，叶背茸毛少；花冠 3.45cm×3.83cm，花瓣 6 瓣，花瓣无茸毛，柱头 3 裂，子房茸毛多，萼片 5 片，萼片无茸毛，花瓣色泽白、微绿，花梗无茸毛，花瓣质地薄。

图 562：回龙山 6 号古茶树

图 563：回龙山 7 号古茶树

回龙山 7 号古茶树

栽培种古茶树，普洱茶种（C. assa-mica），见图 563。位于南涧县碧溪乡回龙山村委会，东经 100° 17′ 12″，北纬 24° 55′ 10″，海拔 2065m。树型为小乔木，树姿半开张，树高 4.6m，树幅 3.12m×4.45m，基部干围 1.14m，最低分枝高 0.38m，长势弱；叶形为椭圆形、长椭圆形，叶面隆起，叶身背卷，叶缘微波，叶尖渐尖、尾尖，叶基楔形，叶色绿，叶质中，叶脉 9 对，叶柄无茸毛，主脉茸毛少，叶背茸毛少；花冠 3.45cm×3.83cm，花瓣 6 瓣，花瓣无茸毛，柱头 3 裂，子房茸毛多，萼片 5 片，萼片无茸毛，花瓣色泽白、微绿，花梗无茸毛，花瓣质地薄。

回龙山 8 号古茶树

栽培种古茶树，普洱茶种（C. ass-amica），见图 564。位于南涧县碧溪乡回龙山村委会，东经 100° 17′ 14″，北纬 24° 55′ 10″，海拔 2065m。树型小乔木，树姿半开张，树高 6.2m，树幅 4.72m×4.94m，基部干围 1.20m，最低分枝高 0.40m，长势弱；叶形为椭圆形、长椭圆形，叶面隆起，叶身背卷，叶缘微波，叶尖渐尖、尾尖，叶基楔形，叶色绿，叶质中，叶脉 9 对，叶柄无茸毛，主脉茸毛少，叶背茸毛少；花冠 3.25cm×3.13cm，花瓣 6 瓣，花瓣无茸毛，柱头 3 裂，子房茸毛多，萼片 5 片，萼片无茸毛，花瓣色泽白、微绿，花梗无茸毛，花瓣质地薄。

图 564：回龙山 8 号古茶树

云南省古茶树资源概况

（四）永平县

永平县位于大理州西部，地处东经 99° 17′ ~ 99° 56′，北纬 25° 03′ ~ 25° 45′ 之间。东邻漾濞彝族自治县和巍山彝族回族自治县，南接保山市的昌宁县，西隔澜沧江与保山市相望，北与云龙县山水相连。东西最大横距 64.5km，南北最大纵距 77km，总面积 2884km²。全县辖 3 镇 4 乡（博南镇、杉阳镇、龙街镇、龙门乡、厂街彝族乡、水泄彝族乡、北斗彝族乡）；设有 72 个村委会、1 个社区；有个 1543 个自然村，1230 个村民小组。县政府驻博南镇。

永平县地处云岭山脉分支博南山和云台山之间，地势西北高，东南低。境内山峦重叠，河川纵横。银江河为县内主要河流，由西北向东南纵贯县境，最后注入澜沧江。过境河流有澜沧江、顺濞河。银江河之东、顺濞河之西是云台山；银江河之西、澜沧江之东是博南山；形成三河夹两山，高山、河流、坝子纵横交错的独特地形。永平县属北亚热带季风气候区，立体气候较为明显。年平均气温 15.9℃，最高气温 31.5℃，最低气温 − 2.4℃；年霜期 103 天，年日照 2062.8 小时，年降雨量 678.6mm。

永平县茶叶生产的历史悠久，属云南大叶种栽培和普洱茶加工适宜区域，是大理州茶叶生产的主要县之一。永平县的古茶树资源主要分布在杉阳镇、水泄乡和厂街乡等，目前发现的约 5000 株，总分布面积约 2500 亩。

1. 永平县杉阳镇

杉阳镇位于永平县西南部，澜沧江的东岸。下设 13 个村委会，有 252 个村民小组。

杉阳镇保留下来的古茶树现在已经不多。杉阳镇的古茶树皆为零星分布，集中连片的尚未发现。金光寺地域分布着大约 70 株，永国寺约 60 株，金河村委会约 200 株。代表性植株有金光寺古茶树等。

金光寺 1 号古茶树

野生种古茶树，大理茶种（*C. taliensis*），见图 565。位于永平县杉阳镇松坡村委会金光寺围墙外山坡，东经 99° 31′ 55.65″，北纬 25° 11′ 57.89″，海拔 2588.8m。树型乔木，树姿直立，分枝中，树高 16m，树幅 6.05m×6.52m，基部干围 1.30m；芽叶无茸毛，叶为长椭圆形，叶色绿色，叶面平、微隆，叶身稍内折，叶缘微波，叶齿锯齿形，叶尖渐尖，叶基楔形，叶质中，叶脉 8 或 9 对。

图 565：金光寺 1 号古茶树

图 566：金光寺 2 号古茶树

金光寺 2 号古茶树

野生种古茶树，大理茶种（*C. tali-ensis*），见图 566。位于永平县杉阳镇松坡村委会金光寺的围墙外，东经 99°31′55.25″，北纬 25°11′54.35″，海拔 2528m。树型小乔木，树姿直立，分枝中，树高 8.0m，树幅 3.54m×2.43m，基部干围 1.00m；芽叶无茸毛，叶为长椭圆形，叶色绿色，叶面平、微隆，叶身稍内折，叶缘微波，叶齿锯齿形，叶尖渐尖，叶基楔形，叶质中，叶脉 11 对。

金光寺 3 号古茶树

野生种古茶树，大理茶种（*C. taliensis*），见图 567。位于永平县杉阳镇松坡村金光寺的围墙外，东经 99°31′55.26″，北纬 25°11′54.35″，海拔 2529m。树型为小乔木，树姿直立，分枝中，树高 7.0m，树幅 3.75m×4.45m，基部干围 1.30m；芽叶无茸毛，叶为长椭圆形，叶色绿色，叶面平、微隆，叶身稍内折，叶缘微波，叶齿锯齿形，叶尖渐尖，叶基楔形，叶质中，叶脉 10 对。

图 567：金光寺 3 号古茶树

图 568：金光寺 4 号古茶树

金光寺 4 号古茶树

野生种古茶树，大理茶种（*C. tali-ensis*），见图 568。位于永平县杉阳镇松坡村金光寺围墙外山坡，东经 99° 32′ 15.35″，北纬 25° 14′ 54.25″，海拔 2530m。树型为小乔木，树姿直立，分枝中，树高 9.0m，树幅 3.12m×2.45m，基部干围 0.67m；芽叶无茸毛，叶形为长椭圆形，叶色绿色，叶面平、微隆，叶身稍内折，叶缘微波，叶齿锯齿形，叶尖渐尖，叶基楔形，叶质中，叶脉 8 对。

金光寺 5 号古茶树

野生种古茶树，大理茶种（*C. taliensis*），见图 569。位于永平县杉阳镇松坡村金光寺围墙外山坡，东经 99° 30′ 10.35 ″，北纬 25° 12′ 34.25″，海拔 2524m。树型为小乔木，树姿直立，分枝中，树高 6.0m，树幅 3.75m×3.22m，基部干围 0.72m；芽叶无茸毛，叶形为长椭圆形，叶色绿色，叶面平、微隆，叶身稍内折，叶缘微波，叶齿锯齿形，叶尖渐尖，叶基楔形，叶质中，叶脉 11 对。

图 569：金光寺 5 号古茶树

金光寺 6 号古茶树

野生种古茶树，大理茶种（*C. taliensis*），见图 570。位于永平县杉阳镇松坡村金光寺围墙外山坡，东经 99° 31′ 15.25″，北纬 25° 10′ 44.25″，海拔 2533m。树型为乔木，树姿直立，分枝中，树高 8.5m，树幅 3.13m×3.45m，基部干围 0.97m；芽叶无茸毛，叶形为长椭圆形，叶色绿色，叶面平、微隆，叶身稍内折，叶缘微波，叶齿锯齿形，叶尖渐尖，叶基楔形，叶质中，叶脉 12 对。

图 570：金光寺 6 号古茶树

2. 永平县水泄彝族乡

水泄彝族乡位于永平县南部，地域面积 396.00km²；下设 9 个村委会，有 79 个自然村，116 个村民小组。

水泄彝族乡现存的古茶树主要分布在瓦厂村委会和狮子窝村委会，约有 2700 株；另外，阿林村委会约有 200 株。古茶树多为单株散生，零星分布于村寨周围山地的地埂边，每年当地村民都采摘鲜叶加工绿茶。代表性植株有狮子窝 1 号古茶树、瓦厂村 1 号古茶树、伟龙 1 号古茶树等。

图 571：狮子窝 1 号古茶树

狮子窝 1 号古茶树

野生种古茶树，大理茶种（*C. taliensis*），见图 571。位于永平县水泄乡狮子窝村委会马拉羊村民小组，东经 99° 36′ 21.41″，北纬 25° 59′ 5315″，海拔 1966m。树型为小乔木，树姿半开张，分枝密，树高 7.0m，树幅 5.0m×4.5m，基部干围 2.0m；芽叶无茸毛，叶形为长椭圆形，叶色深绿色，叶面平、微隆，叶身内折，叶缘平，叶齿锯齿形，叶尖渐尖，叶基楔形，叶质中，叶脉 10 对。

狮子窝 2 号古茶树

野生种古茶树，大理茶种（*C. taliensis*），见图 572。位于永平县水泄乡狮子窝村委会马拉羊村民小组，东经 99° 36′ 21.41″，北纬 25° 59′ 53.15″，海拔 1966m。树型为小乔木，树姿半开张，分枝密，树高 8.0m，树幅 3.73m×3.96m，基部干围 1.95m；芽叶无茸毛，叶形为长椭圆形，叶色深绿色，叶面平、微隆，叶身内折，叶缘平，叶齿锯齿形，叶尖渐尖，叶基楔形，叶质中，叶脉 9 或 10 对。

图 572：狮子窝 2 号古茶树

图 573：狮子窝 3 号古茶树

狮子窝 3 号古茶树

栽培种古茶树，普洱茶种（*C. ass-amica*），见图 573。位于永平县水泄乡狮子窝村委会马拉羊村民小组，东经 99° 36′ 22.55″，北纬 25° 59′ 53.61″，海拔 1964m。树型小乔木，树姿半开张，分枝密，树高 7.1m，树幅 6.11m×6.63m，基部干围 1.80m；芽叶多茸毛，叶形为长椭圆形，叶色深绿色，叶面平、微隆，叶身内折，叶缘平，叶齿锯齿形，叶尖渐尖，叶基楔形，叶质中，叶脉 8 对。

瓦厂村 1 号古茶树

野生种古茶树，大理茶种（*C. taliensis*），见图 574。位于永平县水泄乡瓦厂村委会大旧寨村民小组，东经 99° 38′ 44.65″，北纬 25° 07′ 06.05″，海拔 2086m。树型为小乔木，树姿半开张，分枝密，树高 11.2m，树幅 5.25m×6.22m，基部干围 3.30m；芽叶无茸毛，叶形为长椭圆形，叶色深绿色，叶面平、微隆，叶身内折，叶缘平，叶齿锯齿形，叶尖渐尖，叶基楔形，叶质中，叶脉 10 对。

图 574：瓦厂村 1 号古茶树

图 575: 瓦厂村 2 号古茶树

瓦厂村 2 号古茶树

野生种古茶树，大理茶种（*C. taliensis*），见图 575。位于永平县水泄乡瓦厂村委会大旧寨村民小组，东经 99° 38′ 44.69″，北纬 25° 07′ 05.84″，海拔 2090m。树型为小乔木，树姿半开张，分枝密，树高 8.5m，树幅 4.34m×3.26m，基部干围 2.90m；芽叶无茸毛，叶形为长椭圆形，叶色深绿色，叶面平、微隆，叶身内折，叶缘平，叶齿锯齿形，叶尖渐尖，叶基楔形，叶质中，叶脉 11 对。

伟龙 1 号古茶树

野生种古茶树，大理茶种（*C. taliensis*），见图 576。位于永平县水泄乡瓦厂村委会大旧寨伟龙村民小组，东经 99° 37′ 41.65″，北纬 25° 06′ 17.15″，海拔 2084m。树型为乔木，树姿半开张，分枝密，树高 12.2m，树幅 6.22m×6.84m，基部干围 3.10m；芽叶无茸毛，叶形为长椭圆形，叶色深绿色，叶面平、微隆，叶身内折，叶缘平，叶齿锯齿形，叶尖渐尖，叶基楔形，叶质中，叶脉 10 对。

图 576: 伟龙 1 号古茶树

图 577: 伟龙 2 号古茶树

伟龙 2 号古茶树

野生种古茶树，大理茶种（*C. ta-liensis*），见图 577。位于永平县水泄乡瓦产村大旧寨伟龙村民小组，东经 99° 30′ 19.65″，北纬 25° 04′ 12.15″，海拔 2081m。树型小乔木，树姿半开张，分枝密，树高 10.5m，树幅 6.53m×5.85m，基部干围 2.30m；芽叶无茸毛，叶形为长椭圆形，叶色深绿色，叶面平、微隆，叶身内折，叶缘平，叶齿锯齿形，叶尖渐尖，叶基楔形，叶质中，叶脉 11 对。

伟龙 3 号古茶树

野生种古茶树，大理茶种（*C. taliensis*），见图 578。位于永平县水泄乡瓦产村大旧寨伟龙村民小组，东经 99° 29′ 10.15″，北纬 25° 06′ 12.05″，海拔 2082m。树型为小乔木，树姿半开张，分枝密，树高 9.5m，树幅 4.51m×5.24m，基部干围 2.60m；芽叶无茸毛，叶形为长椭圆形，叶色深绿色，叶面平、微隆，叶身内折，叶缘平，叶齿锯齿形，叶尖渐尖，叶基楔形，叶质中，叶脉 10 对。

图 578: 伟龙 3 号古茶树

第十章　德宏州篇

一、德宏州古茶树资源概述

云南省德宏傣族景颇族自治州（以下简称德宏州）是云南省下辖的 8 个少数民族自治州之一，地处云南省西部，位于东经 97° 31′ ~ 98° 43′ 和北纬 23° 50′ ~ 25° 20′ 之间，东西最大横距 122km，南北最大纵距 170km，地域总面积 11526km²；东和东北与保山市的龙陵县、腾冲县相邻，南、西和西北三面都被缅甸包围，全州的国境线长达 503.8km。德宏州辖 2 市 3 县（芒市、瑞丽市，梁河县、盈江县、陇川县）；下设 50 个乡镇，1 个街道办事处，有 370 个村委会，3759 个村民小组。州人民政府驻芒市的芒市镇。

德宏州地处云贵高原西部横断山脉的南延部分，高黎贡山的西部山脉延伸入德宏境内形成东北高而陡峻、西南低而宽缓的切割山原地貌。境内海拔范围 210m ~ 3404.6m。全州紧靠北回归线附近，所处纬度低，东北面的高黎贡山挡住西伯利亚南下的干冷气流入境，入夏有印度洋的暖湿气流沿西南倾斜的山地迎风坡上升，形成丰沛的自然降水，加之低纬度高原地带太阳入射角度大，空气透明度好，是全国的光照高质区之一；其特殊的地理位置和地形地貌形成了德宏得天独厚的立体多样气候，形成北热带、南亚热带、中亚热带和北亚热带西部气候类型。特点是冬无严寒，夏无酷暑；雨量充沛，干湿分明；其年降雨量在 1400mm ~ 1700mm，年温差小，日温差大，日照充足，霜日少，年平均气温 18.4℃ ~ 20℃；无霜期年平均 280 天；年日照 2281 ~ 2453 小时；年积温 6400 ~ 7300℃。

德宏州是云南省较早种茶、用茶的区域，至今所属的各市县都保存有一定数量的古茶树，但分布较零散，总分布面积约 85840 亩；其中，野生种古茶树居群的分布面积约 47520 亩，栽培种古茶树的分布面积约 38320 亩。

根据中山大学张宏达教授对山茶属的分类系统（1998 年），德宏州境内分布的古茶树资源有大理茶（*C. taliensis*）、德宏茶（*C. dehungensis*）、拟细萼茶（*C. parvisepaloides*）、普洱茶（*C. assamica*）及茶（*C. sinensis*）共 5 个种。

二、德宏州古茶树代表性植株

（一）芒市

芒市地处德宏州东南部，位于东经 98°01′～98°44′ 和北纬 24°05′～24°39′ 之间；南北距约 62km，东西距约 71km，地域总面积 2987km²；东部、东北部与保山市的龙陵县相邻，西南接瑞丽市的畹町经济开发区和瑞丽市，西、西北连陇川县、梁河县，南与缅甸交界，国境线长 68.23km；2013 年，芒市辖 5 镇 6 乡 1 个街道（芒市镇、风平镇、勐戛镇、芒海镇、遮放镇、三台山德昂族乡、江东乡、轩岗乡、中山乡、西山乡、五岔路乡、勐焕街道）；下设 80 个村委会、13 个社区、2 个农场，有 976 个村民小组。市人民政府驻勐焕街道。

芒市地处低纬度高原，太阳辐射较强，立体气候明显，年均气温 19.5℃，年均降水量 1660.3mm，年蒸发量 1723mm，年日照时数 2352 小时，无霜期 301 天，平均相对湿度 80%。气候具有夏长冬短、日照长、年温差小、日温差大、干湿季分明、雨量充沛等特点，属南亚热带季风气候类型。

芒市有 800 多年的种茶历史，茶树被当地的德昂族人视为"始祖"，现存的古茶树资源大多是由德昂族种植、传承下来的，在德昂族的居住地至今大都保存有野生种古茶树和栽培种古茶树。芒市现存的古茶树，主要分布于芒市江东乡的河边寨村委会、花拉厂村委会，勐戛镇的三角岩村委会、中山乡的黄家寨村委会、芒市镇中东村委会的一碗水村民小组等地；野生种古茶树主要分布于国有林中，芒市的野生种古茶树居群多生长于海拔 1800m 以上的森林和次生林中，呈零星状分布；代表性居群共 5 个，总分布面积约 17300 亩。代表性植株有江东古茶树、官寨古茶树、三角岩古茶树、回贤古茶树、一碗水古茶树等。

1. 芒市芒市镇

芒市镇位于芒市的北部，是德宏州和芒市两级政府所在地，地域面积 359km²，下辖 8 个社区居民委员会，10 个村民委员会（4 个坝区村委会，6 个山区村委会），有 491 个居民小组、171 个村民小组。

芒市镇的古茶树主要分布在回贤村民委员会的半坡村民小组，中东村民委员会的一碗水村村民小组；古茶树多为单株散生，植株高大，但数量已经很少。代表性植株有回贤村古茶树、一碗水古茶树等。

图 579：回贤村古茶树

回贤村古茶树

栽培种古茶树，普洱茶种（*C. assamica*），见图 579。位于芒市芒市镇回贤村委会半坡村，东经 98°41′14.1″，北纬 24°24′24.6″，海拔 1940m。树型乔木，大叶类，树姿开张，分枝密，树高 7.5m，树幅 8.0m×7.5m，基部干围 1.63m，最低分枝高 30cm；叶片长宽 16.6cm×5.4cm，叶形长椭圆形，叶色黄绿，叶基楔形，叶脉 9 或 10 对，叶身稍背卷，叶尖钝尖，叶面隆起，叶缘波，叶质硬，叶柄、主脉、叶背茸毛较少，叶齿深疏，芽叶黄绿色，芽叶茸毛中；萼片 5 片、绿色、无茸毛，花柄、花瓣无茸毛，花冠 4.7cm×3.2cm，花瓣 7 枚、白色、质地薄，花柱 3 裂，花柱裂位低，子房有茸毛。长势较强，病虫害少，已采摘利用，并由其附近的一家农户常年管护。

一碗水 1 号古茶树

野生种古茶树，大理茶种（*C. taliensis*），见图 580。位于芒市芒市镇中东村民委员会一碗水村民小组，东经 98°40′27″，北纬 24°26′53″，海拔 1748m。树型乔木，大叶类，树姿半开张，分枝密，树高 7.6m，基围 1.3m，最大分枝粗 1.36m，最低分枝高 40cm；叶片长宽 11.8cm×4.5cm，叶形椭圆形，叶色绿，叶基楔形，叶脉 7 或 8 对，叶身平，叶尖渐尖，叶面平，叶缘平，叶质硬，叶柄、主脉、叶背无茸毛，叶齿疏深，芽叶黄绿色，芽叶无茸毛；萼片 5 片、紫红、边缘睫毛，花柄、花瓣无茸毛，花冠 4.8cm×5.1cm，花瓣 7 枚、白色、质地薄，花柱 4 裂，花柱裂位高，子房有茸毛。长势较强，尚未采摘利用。

图 580：一碗水 1 号古茶树

云南省古茶树资源概况

图 581：一碗水 2 号古茶树

一碗水 2 号古茶树

野生种古茶树，大理茶种（*C. tali-ensis*），见图 581。位于芒市芒市镇中东村民委员会一碗水村民小组，东经 98°40′21″，北纬 24°26′37″，海拔 1768m。树型乔木，大叶类，树姿半开张，分枝密，树高 7.6m，树幅 5.3m×7.4m，基部干围 1.3m，最低分枝高 30cm；叶片长宽 12.4cm×4.6cm，叶形椭圆形，中叶类，叶色绿，叶基楔形，叶脉 8 或 9 对，叶身平，叶尖渐尖，叶面平，叶缘平，叶质硬，叶柄、主脉、叶背无茸毛，叶齿疏深，芽叶黄绿色、无茸毛；萼片 5 片、紫红、边缘睫毛，花柄、花瓣无茸毛，花冠 4.1cm×4.6cm，花瓣 7 枚、白色、质地厚，花柱 4 裂，花柱裂位高，子房有茸毛。长势较强，寄生植物较多，尚未采摘利用。

一碗水 3 号古茶树

野生种古茶树，大理茶种（*C. tali-ensis*），见图 582。位于芒市芒市镇中东村民委员会一碗水村民小组，东经 98°40′38″，北纬 24°26′50″，海拔 1747m。树型乔木，大叶类，树姿半开张，分枝密，树高 6.5m，树幅 5.6m×4.5m，基部干围 2.7m，最大分枝粗 1.6m；叶片长宽 11.4cm×4.3cm，叶形椭圆形，叶色绿，叶基楔形，叶脉 8 或 9 对，叶身平，叶尖渐尖，叶面平，叶缘平，叶质硬，叶柄、主脉、叶背无茸毛，叶齿疏深，芽叶黄绿色、无茸毛；萼片 5 片、紫红、边缘睫毛，花柄、花瓣无茸毛，花冠 4.8cm×5.6cm，花瓣 7 枚、白色、质地厚，花柱 4 裂，花柱裂位高，子房有茸毛。长势较强，有寄生植物，尚未采摘利用。

图 582：一碗水 3 号古茶树

一碗水 4 号古茶树

野生种古茶树，大理茶种（*C. taliensis*），见图 583。位于芒市芒市镇中东村民委员会一碗水村民小组，东经 98°40′21″，北纬 24°26′37″，海拔 1745m。树型乔木，中叶类，树姿半开张，分枝稀，树高 6.5m，树幅 5.6m×4.5m，基部干围 1.6m；叶片长宽10.4cm×5.3cm，叶形椭圆形，叶色绿，叶基楔形，叶脉 8 或 9 对，叶身平，叶尖渐尖，叶面平，叶缘平，叶质硬，叶柄、主脉、叶背无茸毛，叶齿疏深，芽叶黄绿色、无茸毛；萼片 5 片、紫红、边缘睫毛，花柄、花瓣无茸毛，花冠 4.5cm×4.6cm，花瓣 7 枚、白色、质地厚，花柱 4 裂，花柱裂位高，子房有茸毛。长势较强，尚未采摘利用。

图 583：一碗水 4 号古茶树

2. 芒市勐戛镇

勐戛镇位于芒市南部，地处东经 98°30′38″～98°38′45″，北纬 24°07′30″～24°24′24″之间，地域面积 389km²；下设 9 个村民委员会，有 67 个自然村，108 个村民小组。

勐戛镇现存的古茶树资源较少，主要分布在勐戛镇三角岩村委会的三角岩村民小组。

图584：三角岩村1号古茶树

三角岩村1号古茶树

栽培种古茶树，普洱茶种（*C. assamica*），见图584。位于芒市勐戛镇三角岩村委会的三角岩村，东经98°25′02″，北纬24°13′39″，海拔1670m。树型小乔木，大叶类，树姿开张，分枝密，嫩枝有茸毛，树高8.8m，树幅7.8m×8.1m，基部干围2.5m；叶片长宽10.1cm×3.5cm，叶形长椭圆形，叶色绿，叶基楔形，叶脉6或7对，叶尖钝尖，叶面平，叶缘平，叶质软，叶柄、主脉、叶背有茸毛，叶齿稀，芽叶黄绿色、多茸毛；萼片5片、绿色、有茸毛，花柄、花瓣无茸毛，花冠2.2cm×2.4cm，花瓣6枚、白色、质地厚，花柱3裂，花柱裂位高，子房有茸毛。长势较强，已采摘利用。

三角岩村2号古茶树

栽培种古茶树，普洱茶种（*C. assamica*），见图585。位于芒市勐戛镇三角岩村委会的三角岩村，东经98°25′59″，北纬24°13′36″，海拔1690m。树型小乔木，大叶类，树姿半开张，分枝密，嫩枝有茸毛，树高6.9m，树幅3.95m×4.20m，基部干围0.95m；叶片长宽7.5cm×3.4cm，叶形长椭圆形，叶色绿，叶基楔形，叶脉6对，叶身内折，叶尖钝尖，叶面平，叶缘平，叶质软，叶柄、主脉、叶背有茸毛，叶齿疏中，芽叶黄绿色、多茸毛；萼片5片、绿色、有茸毛，花柄、花瓣无茸毛，花冠4.4cm×3.8cm，花瓣6枚、白色、质地厚，花柱3裂，花柱裂位高，子房有茸毛。长势较好，已采摘利用。

图585：三角岩村2号古茶树

三角岩村 3 号古茶树

栽培种古茶树，普洱茶种（*C. assamica*），见图 586。位于芒市勐戛镇三角岩村委会的三角岩村，东经 98° 25′ 59″，北纬 24° 13′ 36″，海拔 1700m。树型小乔木，大叶类，树姿半开张，分枝稀，嫩枝有茸毛，树高 5m，树幅 2.8m×3.1m，基部干围 0.64m；叶片长宽 14.8cm×5.3cm，叶形长椭圆形，叶色黄绿，叶基楔形，叶脉 8～11 对，叶身稍背卷，叶尖渐尖，叶面微隆起，叶缘微波，叶质软，叶柄、主脉、叶背有茸毛，叶齿疏中，芽叶黄绿色、多茸毛；萼片 5 片、绿色、有茸毛，花柄、花瓣无茸毛，花冠 3.8cm×3.5cm，花瓣 7 枚、白色、质地厚，花柱 3 裂，花柱裂位高，子房有茸毛。长势较好，已采摘利用。

图 586：三角岩村 3 号古茶树

三角岩村 4 号古茶树

栽培种古茶树，普洱茶种（*C. assamica*），见图 587。位于芒市勐戛镇三角岩村委会的三角岩村，东经 98° 25′ 59″，北纬 24° 13′ 33″，海拔 1700m。树型小乔木，大叶类，树姿半开张，分枝密，嫩枝有茸毛，树高 5.5m，基部干围 1.65m，树幅 5.45m×5.80m；叶片长宽 14.4cm×4.2cm，叶形长椭圆形，叶色黄绿，叶基楔形，叶脉 8～11 对，叶身稍背卷，叶尖渐尖，叶面微隆起，叶缘微波，叶质软，叶柄、主脉、叶背有茸毛，叶齿疏中，芽叶黄绿色、多茸毛；萼片 5 片、绿色、有茸毛，花柄、花瓣无茸毛，花冠 4.3cm×3.7cm，花瓣 6 枚、白色、质地厚，花柱 3 裂，花柱裂位高，子房有茸毛。长势较好，已采摘利用。

图 587：三角岩村 4 号古茶树

三角岩村 5 号古茶树

栽培种古茶树，普洱茶种（*C. assamica*），见图 588。位于芒市勐戛镇三角岩村委会的三角岩村，东经 98° 25′ 07″，北纬 24° 13′ 34″，海拔 1690m。树型小乔木，大叶类，树姿半开张，分枝稀，嫩枝有茸毛，树高 5.2m，树幅 2.5m×4.8m，基部干围 0.59m；叶片长宽 16.4cm×4.8cm，叶形长椭圆形，叶色黄绿，叶基楔形，叶脉 8~10 对，叶身平，叶尖渐尖，叶面平，叶缘平，叶质硬，叶柄、主脉、叶背有茸毛，叶齿疏中，芽叶黄绿色、多茸毛；萼片 5 片、绿色、有茸毛，花柄、花瓣无茸毛，花冠 4.8cm×3.7cm，花瓣 7 枚、白色、质地厚，花柱 3 或 4 裂，花柱裂位高，子房有茸毛。长势较强，已采摘利用。

图 588：三角岩村 5 号古茶树

3. 芒市江东乡

江东乡位于芒市西北部，地域面积 220km²；下设 8 个村民委员会，有 54 个自然村，110 个村民小组。

江东乡是芒市乃至德宏州茶树种植最多的乡镇之一，现存古茶树已经不多，主要分布于江东仙人洞村委会、花拉厂村委会。代表性植株有著名的江东 1 号古茶树等。

江东 1 号古茶树

栽培种古茶树，普洱茶种（*C. assamica*），见图 589。位于芒市江东乡仙人洞村委会河边寨村民小组，东经 98° 24′ 55，北纬 24° 32′ 16″，海拔 1759m。树型乔木，大叶类，树姿半开张，分枝稀，树高 10.7m，树幅 5.8m×5.2m，基部干围 2.6m；叶片长宽 12.4cm×4.8cm，叶形长椭圆形，叶色绿，叶基楔形，叶脉 8 或 9 对，叶身稍背卷，叶尖渐尖，叶面平，叶缘平，叶质柔软，叶柄、主脉、叶背无茸毛，叶齿为锯齿形，芽叶黄绿色、少茸毛；萼片 5 片、绿色、无毛，花柄、花瓣无茸毛，花冠 4.1cm×4.8cm，花瓣 5 枚、白色、质地厚，花柱 4 裂，花柱裂位低，子房有茸毛。生长于农户住宅的旁边，受到常年管护，长势较强。已采摘利用。

图 589：江东 1 号古茶树

江东 2 号古茶树

栽培种古茶树，普洱茶种（*C. assamica*），见图 590。位于芒市江东乡花拉厂村委会第 2 村民小组，东经 98° 24′ 14″，北纬 24° 32′ 84″，海拔 1777m。树型小乔木，中叶类，树姿开张，分枝密，树高 9.5m，树幅 5.6m×4.8m，基部干围 2.1m；叶片长宽 13.5cm×4.3cm，叶形长椭圆形，叶色绿，叶基楔形，叶脉 7 或 8 对，叶身稍背卷，叶尖渐尖，叶面平，叶缘平，叶质柔软，叶柄、主脉、叶背无茸毛，叶齿为锯齿形，芽叶黄绿色、多茸毛。长势较强，已采摘利用。

图 590：江东 2 号古茶树

江东 3 号古茶树

栽培种古茶树，普洱茶种（*C. assamica*），见图 591。位于芒市江东乡仙人洞村委会河边寨村民小组，东经 98° 24′ 59″，北纬 24° 32′ 14″，海拔 1791m。树型小乔木，大叶类，树姿半开张，分枝稀，树高 3.0m，树幅 1.6m×2.5m，基部干围 1.56m；叶片长宽 16.4cm×5.2cm，叶形长椭圆形，叶色绿，叶基楔形，叶脉 10 对，叶身稍背卷，叶尖渐尖，叶面微隆起，叶缘微波，叶质柔软，叶柄、主脉、叶背有茸毛，叶齿为锯齿形，芽叶黄绿色、

图 591：江东 3 号古茶树

多茸毛；萼片 5 片、绿色、无毛，花柄、花瓣无茸毛，花冠 3.8cm×4.5cm，花瓣 5 枚、白色、质地厚，花柱 3 裂，花柱裂位低，子房有茸毛。生长于村旁山地的地埂边，长势较强，管护较好，已采摘利用。

江东 4 号古茶树

栽培种古茶树，普洱茶种（*C. assamica*），见图 592。位于芒市江东乡花拉厂村委会第二村民小组，东经 98° 24′ 20″，北纬 24° 32′ 01″，海拔 1828m。树型小乔木，大叶类，树姿半开张，分枝密，树高 6.5m，树幅 5.6m×5.4m，基部干围 1.65m；叶片长宽 16.4cm×5.2cm，叶形长椭圆形，叶色绿，叶基楔形，叶脉 10 对，叶身稍背卷，叶尖渐尖，叶面微隆起，叶缘微波，叶质柔软，叶柄、主脉、叶背有茸毛，叶齿为锯齿形，芽叶黄绿色、多茸毛；萼片 5 片、绿色、无毛，花柄、花瓣无

图 592：江东 4 号古茶树

茸毛，花冠 4.0cm×4.2cm，花瓣 6 枚、白色、质地厚，花柱 3 裂，花柱裂位低，子房有茸毛；生长于山地、田埂地头，长势较强，已采摘利用。

4. 芒市中山乡

芒市中山乡位于芒市东南部，地处北纬 24° 05′ ~ 24° 09′，东经 98° 11′ ~ 98° 44′之间，地域面积 278km²；下设 5 个村委会，有 49 个自然村，58 个村民小组。

中山乡现存的古茶树资源分布面积约 5300 亩，主要分布于中山乡户撒、赛岗黑河一带，中山乡黄家寨村委会官寨村也有少量分布，面积约 20 亩。代表性植株有官寨村古茶树等。

官寨村古茶树

栽培种古茶树，普洱茶种（*C. assamica*），见图 593。位于芒市中山乡黄家寨村委会官寨村，东经 98° 32′ 44″，北纬 24° 12′ 51″，海拔 1638m。树型小乔木，大叶类，树姿半开张，分枝密，树高 3.5m，树幅 4.5m×4.8m，基部干围 0.99m；叶片长宽 17.1cm×5.5cm，叶形长椭圆形，叶色黄绿，叶基楔形，叶脉 7 或 8 对，叶身稍背卷，叶尖渐尖，叶面平，叶缘平，叶质硬，叶柄、主脉、叶背有茸毛，叶齿疏深，芽叶黄绿色、多茸毛；萼片 5 片、绿色、无毛，花柄、花瓣无茸毛，花冠直径 3.8cm×3.2cm，花瓣 7 枚、白色、质地厚，花柱 3 裂，花柱裂位低，子房有茸毛。长势较强，已采摘利用。

图 593：官寨村古茶树

（二）瑞丽市

瑞丽市是中国西南最大的内陆口岸，地处德宏州南部，位于东径 97° 31′ ~ 98° 01′ 和北纬 23° 51′ ~ 24° 11′ 之间，地域面积 1020km²；东南、西南、西北均与缅甸相接，国境线长 169.8km，瑞丽市辖 3 镇 3 乡（勐卯镇、畹町镇、弄岛镇、姐相乡、户育乡、勐秀乡），2 个开发区（姐告边境贸易区和畹町经济开发区），下设 11 个社区（瑞丰、目瑙、勐龙沙、友谊、麓川、兴安、卯相、国门、民主街、和平国防街、建设路），29 个村委会，有 283 个自然村，229 个村民小组。市人民政府驻勐卯镇。

瑞丽市地处横断山脉高黎贡山余脉向南延伸的部分，地势西北高东南低；属南亚热带季风性气候，气候温和，雨量丰沛，气温年较差小，日较差大，全年分旱雨两季，基本无霜，年平均气温 21℃，年降水量 1394.8mm，年平均日照 2330 小时。

瑞丽市尚存的古茶树主要分布在弄岛镇和户育乡的山区，总分布面积约 2100 亩。

1. 瑞丽市弄岛镇

弄岛镇是国家级口岸瑞丽市的前沿，地处瑞丽市南部，地处东经 97° 42′ 55″ ~ 97° 31′ 38″，北纬 23° 50′ 35″ ~ 23° 59′ 27″ 之间，地域面积 99.00km²。下设 4 个村委会，有 32 个村民小组。

弄岛镇现存的古茶树资源较少，分布面积约 600 亩，代表性古茶树有弄岛 1 号古茶树和弄岛 2 号古茶树。由于长年无人管理，长势较差。

图 594：弄岛 1 号古茶树

弄岛 1 号古茶树

栽培种古茶树，普洱茶种（*C. assamica*），见图 594。位于瑞丽市弄岛乡等嘎村委会等嘎村的老寨子，东经 97°34′58″，北纬 23°56′32″，海拔 1189m。树型乔木，大叶类，树姿直立，树高 5.6m，树幅 4.1m×4.6m，分枝稀，最低分枝高 0.25m，基部干围 1.17m；叶片长宽 14.8cm×5.3cm，叶形椭圆形，叶色绿，叶基楔形，叶脉 8 对，叶身稍背卷，叶尖渐尖，叶面微隆起，叶缘波，叶质柔软，叶柄、主脉、叶背有茸毛，叶齿中，芽叶绿色、多茸毛；萼片 5 片、绿色、无毛，花柄、花瓣无茸毛，花冠 4.7cm×5.3cm，花瓣 7 枚、白色、质地厚，花柱 3 裂，花柱裂位低，子房有茸毛。长势弱，有寄生植物，树干有空洞。无采摘利用，亦无人管理。

弄岛 2 号古茶树

栽培种古茶树，普洱茶种（*C. assamica*），见图 595。位于瑞丽市弄岛乡等嘎村委会等嘎村的老寨子，东经 97°34′57″，北纬 23°56′33″，海拔 1191m。树型乔木，大叶类，树姿直立，树高 6.0m，树幅 4.1m×2.7m，分枝稀，最低分枝高 0.3m，基部干围 1.8m；叶片长宽 12.8cm×5.4cm，叶形长椭圆形，叶色绿，叶基楔形，叶脉 11 对，叶身内折，叶尖渐尖，叶面微隆起，叶缘波，叶质柔软，叶柄、主脉、叶背有茸毛，叶齿中中，芽叶绿色、多茸毛；萼片 5 片、绿色、无毛，花柄、花瓣无茸毛，花冠 4.1cm×3.8cm，花瓣 6 枚、白色、质地厚，花柱 3 裂，花柱裂位低，子房有茸毛。长势弱，主枝已死亡，有寄生植物，树干有空洞。无采摘利用，亦无人管理。

图 595：弄岛 2 号古茶树

2. 瑞丽市户育乡

户育乡位于瑞丽市西部，地处东经97°34′50″～97°48′48″，北纬23°54′47″～24°03′52″之间，地域面积204.00km²；下设4个村委会，有30个村民小组。

户育乡的古茶树资源主要分布在芒海村委会，约1500亩，大多生长在村寨周围的森林之中。大部分古茶树因村寨的搬迁，已无人管理，常被人砍顶打杈后采摘鲜叶，遭到严重破坏，长势很弱，面临着消失灭绝的危险。现存的代表性植株为芒海1号古茶树等。

图596：芒海1号古茶树

芒海1号古茶树

野生种古茶树，大理茶种（*C. taliensis*），见图596。位于瑞丽市户育乡芒海村委会，东经97°42′05″，北纬24°00′20″，海拔1416m。树型小乔木，大叶类，树姿直立，分枝稀，树高7.8m，树幅5.2m×4.8m，基部干围1.46m；叶片长宽14.6cm×5.2cm，叶形椭圆形，叶色绿，叶基楔形，叶脉7或8对，叶身平，叶尖渐尖，叶面平，叶缘平，叶质硬，叶柄、主脉、叶背无茸毛，叶齿为少锯齿形，芽叶紫绿色、无茸毛；萼片5片、紫红、边缘睫毛，花柄、花瓣无茸毛，花冠5.8cm×7.4cm，花瓣11枚、白色、质地厚，花柱4或5裂，花柱裂位深，子房有茸毛。常遭砍伐性采摘，损坏较严重，长势弱。

图 597：芒海 2 号古茶树

芒海 2 号古茶树

野生种古茶树，大理茶种（*C. taliensis*），见图 597。位于瑞丽市户育乡芒海村委会，东经 97° 42′ 02″，北纬 24° 00′ 29″，海拔 1434m。树型乔木，大叶类，树姿直立，分枝稀，树高 8.2m，树幅 6.3m×4.8m，基部干围 1.2m；叶片长宽 13.4cm×5.4cm，叶形椭圆形，大叶类，叶色绿，叶基楔形，叶脉 7 或 8 对，叶身平，叶尖渐尖，叶面平，叶缘平，叶质硬，叶柄、主脉、叶背无茸毛，叶齿疏深，芽叶紫绿色、无茸毛；萼片 5 片、紫红、边缘睫毛，花柄、花瓣无茸毛，花冠 5.4cm×5.4cm，花瓣 10 枚、白色、质地厚，花柱 5 裂，花柱裂位深，子房有茸毛。长势较强盛，但已遭砍伐式采摘。

芒海 3 号古茶树

栽培种古茶树，普洱茶种（*C. assamica*），见图 598。位于瑞丽市户育乡芒海村委会，东经 97° 42′ 02″，北纬 24° 00′ 11″，海拔 1446m。树型乔木，树姿直立，大叶类，分枝稀，树高 11.6m，树幅 7.2m×7.7m，最低分枝高 1.4m，基部干围 0.82m；叶片长宽 15.4cm×6.4cm，叶形椭圆形，叶色绿，叶基楔形，叶脉 8 或 9 对，叶身稍背卷，叶尖渐尖，叶面微隆起，叶缘平，叶质柔软，叶柄、主脉、叶背无茸毛，叶齿疏中，芽叶绿色、多茸毛；萼片 5 片、绿色、无毛，花柄、花瓣无茸毛，花冠 3.4cm×4.4cm，花瓣 4 枚、白色、质地厚，花柱 3 裂，花柱裂位深，子房有茸毛。长势较强盛。

图 598：芒海 3 号古茶树

芒海 4 号古茶树

野生种古茶树，大理茶种（*C. taliensis*），见图 599。位于瑞丽市户育乡芒海村委会，东经 97° 42′ 16″，北纬 24° 00′ 28″，海拔 1454m。树型乔木，大叶类，树姿直立，分枝稀，树高 10m，树幅 6.3m×8.6m，基部干围 1.6m；叶片长宽 11.4cm×5.4cm，叶形椭圆形，叶色绿，叶基楔形，叶脉 7 或 8 对，叶身平，叶尖渐尖，叶面平，叶缘平，叶质硬，叶柄、主脉、叶背无茸毛，叶齿疏深，芽叶紫绿色、无茸毛；萼片 5 片、紫红、边缘睫毛，花柄、花瓣无茸毛，花冠 5.8cm×5.4cm，花瓣 10 枚、白色、质地厚，花柱 5 裂，花柱裂位深，子房有茸毛。长势较强。

图 599：芒海 4 号古茶树

（三）梁河县

梁河县位于德宏州东北部，地处云南省西部横断山脉西南端、高黎贡山西麓坡阶地中的峡谷地带，地处东经 98° 06′～98° 31′ 和北纬 24° 31′～24° 58′ 之间，南北纵距 49km，东西最大横距 45km，地域面积 1159km²；东北与保山市的腾冲县接壤，东南与保山市的龙陵县交界，南与德宏州的芒市和陇川县毗连，西与德宏州盈江县为邻；下辖 3 镇 6 乡（其中 2 个民族乡），即遮岛镇、芒东镇、勐养镇、平山乡、小厂乡、大厂乡、九保阿昌族乡、囊宋阿昌族乡、河西乡，下设 4 个社区，62 个村委会，有 397 个自然村，674 个村民小组。县人民政府驻遮岛镇。

梁河县地处横断山脉西南端、高黎贡山西麓坡阶地中的峡谷地带，属南亚热带季风气候，四季不分明，雨量充沛，冬季寒冷天数少，春夏秋季时间长。年均气温 18.3℃，最热月平均气温为 23℃，最冷月平均气温为 11℃；极端最高气温 33.7℃，极端最低气温 0.9℃。年均日照时数 2385.5 小时，年均降雨量 1436.7mm。立体气候明显，森林植被好，适宜多种植物生长。

梁河县的种茶历史悠久，至今仍保留着大量古茶树资源。古茶树主要分布于梁河县东门部的"东山梁子"山脉和西部平山乡的"横梁子"山脉，分布特点为"大分散，小集中"，分布地段从东北到西南，包括龙塘山、横梁子、大台子、小河头、周家箐、铓鼓山、张家寨、荷花塘、陡坡、小寨等区域；为野生种古茶树，伴生于常绿阔叶林、灌木丛等次生植被中。

1. 梁河县芒东镇

芒东镇位于梁河县西部，地域面积为 237.80km²；下设 13 个村委会，有 78 个自然村，132 个村民小组。

芒东镇气候属于亚热带季风气候，四季分明，干湿季节明显，平均气温 13.3℃，年降雨量 1242mm ~ 1490mm，平均海拔 1600m，地形以山区丘陵、河谷为主，森林面积 123292 亩，覆盖率 32.84%，有多种经济林木。

芒东乡现有的古茶树多为野生种古茶树，总分布面积约 1600 亩，主要分布在芒东乡小寨子村委会第 1 村民小组。古茶树植株高大，较少采摘。代表性植株有芒东野生种古茶树等。

芒东野生种古茶树

野生种古茶树，大理茶种（*C. taliensis*），见图 600。位于梁河县芒东乡小寨子村委会第一村民小组，东经 98° 31′ 60″，北纬 24° 68′ 60″，海拔 2094m。树型乔木，大叶类，树姿直立，分枝稀，嫩枝无茸毛，树高 18m，树幅 4.5m×5.1m，最低分枝高 20cm，基部干围 2.35m；叶片长宽 11.4cm×5.7cm，叶形长椭圆形，叶色绿，叶基楔形，叶脉 8 ~ 10 对，叶身内折，叶尖渐尖，叶面微隆起，叶缘平，叶质硬，叶柄、主脉、叶背无茸毛，叶齿稀；萼片数 5 片，萼片无毛，绿色，花瓣枝地薄，花冠 4.4cm×4.8cm，花瓣 14 枚，花柱 5 裂。长势较强。尚未采摘利用。

图 600：芒东野生种古茶树

2. 梁河县平山乡

平山乡位于梁河县东北部，地域面积 125.84km²；下设 6 个村委会，有 50 个自然村，79 个村民小组。

平山乡现存古茶树的总分布面积约 600 亩，主要分布在平山乡勐蚌村委会的三河街村民小组、核桃林村委会的横梁子村民小组，多为栽培种古茶树。代表性植株有平山 1 号古茶树、平山 2 号古茶树、平山 3 号古茶树等。

图 601：平山 1 号古茶树

平山 1 号古茶树

栽培种古茶树，普洱茶种（C. assa-mica），见图 601。位于梁河县平山乡勐蚌村委会三河街村，东经 98°38′43″，北纬 24°59′47″，海拔 1783m。树型小乔木，大叶类，树姿半开张，分枝密，树高 8.7m，树幅 6.4m×7.6m，基部干围 1.5m，最低分枝高 54cm；叶片长宽 15.2cm×6.1cm，叶形长椭圆形，叶色绿，叶基楔形，叶脉 10 或 11 对，叶身平，叶尖渐尖，叶面微隆起，叶缘微波，叶质柔软，叶柄、主脉、叶背茸毛多，叶齿稀，芽叶黄绿色，芽叶茸毛多。长势较强。

平山 2 号古茶树

栽培种古茶树，普洱茶种（C. ass-amica），见图 602。位于梁河县平山乡核桃林村委会横梁子村，东经 98°38′43″，北纬 24°59′47″，海拔 1990m。树型小乔木，大叶类，树姿开张，分枝密，树高 5.4m，树幅 7.5m×6.5m，基部干围 1.5m，最低分枝高 54cm；叶片长宽 12.3cm×4.4cm，叶形长椭圆形，叶色绿，叶基楔形，叶脉 8～10 对，叶身平，叶尖渐尖，叶面微隆起，叶缘微波，叶质柔软，叶柄、主脉、叶背茸毛多，叶齿稀，芽叶黄绿色，芽叶茸毛多。长势较强。

图 602：平山 2 号古茶树

平山 3 号古茶树

栽培种古茶树，普洱茶种（*C. assamica*），见图 603。位于梁河县平山乡核桃林村委会横梁子村，东经 98° 54′ 90″，北纬 24° 88′ 70″，海拔 1990m。树型为小乔木，大叶类，树姿开张，分枝密，树高 5.2m，树幅 4.9m×8.1m，基部干围 1.1m，最低分枝高 25cm；叶片长宽 14.6cm×6.8cm，叶形长椭圆形，叶色绿，叶基楔形，叶脉 10 对，叶身平，叶尖渐尖，叶面微隆起，叶缘微波，叶质柔软，叶柄、主脉、叶背茸毛多，叶齿疏中，芽叶黄绿色，芽叶茸毛多。长势较强。

图 603：平山 3 号古茶树

3. 梁河县小厂乡

小厂乡位于梁河县城东部，地域面积 56.3km²，下设 5 个村委会，有 23 个自然村，46 个村民小组。

小厂乡现存古茶树的总分布面积约 800 亩，主要分布在黑脑子村民小组和小厂村民小组。代表性植株有小厂野生种古茶树等。

图 604：小厂野生种古茶树

小厂野生种古茶树

野生种古茶树，大理茶种（*C. taliensis*），见图 604。位于梁河县小厂乡小厂村委会黑脑子村民小组，东经 98° 41′ 50″，北纬 24° 78′ 50″，海拔 1986m。树型乔木，大叶类，树姿半开张，分枝稀，嫩枝无茸毛，树高 9.1m，树幅 4.5m×5.0m，最低分枝高 155cm，基部干围 1.33m；叶片长宽 14.4cm×5.3cm，叶形长椭圆形，叶色绿，叶基楔形，叶脉 9~11 对，叶身内折，叶尖渐尖，叶面微隆起，叶缘平，叶质硬，叶柄、主脉、叶背无茸毛，叶齿疏深。长势较强。

4. 梁河县大厂乡

大厂乡位于梁河县城东部，介于东经 98°20′~98°11′，北纬 24°42′~24°48′之间，地域面积 39.56km²；下设 5 个村委会，有 22 个自然村，54 个村民小组。

大厂乡海拔在 1400m~2100m 之间，属亚热带季风性气候。夏秋季节多云雾，全年无霜期 325.3 天，年降水量 1400mm~1700mm，年平均气 15.2℃，森林覆盖率为 60.1%，适宜茶叶、草果、核桃等经济作物生长。

大厂乡现存的古茶树多为野生种古茶树，总分布面积约 400 亩。代表性植株为现存于赵老地村委会荷花村民小组的大厂野生种古茶树等。

大厂野生种古茶树

野生种古茶树，大理茶种（*C. taliensis*），见图 605。位于梁河县大厂乡赵老地村委会荷花村，坐标为东经 98°33′80″，北纬 24°74′90″，海拔 2105m。树型乔木，大叶类，树姿半开张，分枝稀，嫩枝无茸毛，树高 12m，树幅 5.6m×5.0m，最低分值高 26cm，基部干围 1.33m；叶片长宽 13cm×5.2cm，叶形长椭圆形，叶色绿，叶基楔形，叶脉 10 或 11 对，叶身内折，叶尖渐尖，叶面微隆起，叶缘平，叶质硬，叶柄、主脉、叶背无茸毛，叶齿较稀。长势较强。

图 605：大厂野生种古茶树

第十章 德宏州篇

5. 梁河县九保阿昌族乡

九保阿昌族乡位于梁河县中部，地域面积 161.20km²；下设 6 个村委会，有 39 个自然村，7 个村民小组。

梁河县九保镇的古茶树资源主要分布于九保安乐村民委员会的从干村民小组。现存的古茶树植株已经很少，仅在个别田埂地头可以见到，因采摘利用较少，现存植株尚较强。其代表性植株为九保乡安乐村委会从干村民小组的野生种古茶树和栽培种古茶树等。

421

从干村野生种古茶树

野生种古茶树，大理茶种（*C. tali-ensis*），见图606。位于梁河县九保乡安乐村委会从干村民小组，东经98°14′26″，北纬24°50′44″，海拔1656m。树型小乔木，大叶类，树姿半开张，分枝稀，嫩枝无茸毛，树高4.8m，树幅6m×4m，基部干围2.8m；叶片长宽14.1cm×5.7cm，叶形长椭圆形，叶色绿，叶基楔形，叶脉8~10对，叶身内折，叶尖渐尖，叶面微隆起，叶缘平，叶质硬，叶柄、主脉、叶背无茸毛，叶齿为少锯齿形。长势较强。

图606：从干村野生种古茶树

从干村栽培种古茶树

栽培种古茶树，普洱茶种（*C. assa-mica*），见图607。位于梁河县九保乡安乐村委会从干村民小组，东经98°38′43″，北纬24°59′47″，海拔1635.4m。树型小乔木，大叶类，树姿半开张，分枝稀，树高6.3m，树幅6.2m×5.4m，基部干围1.2m，最低分枝高53cm；叶片长宽13.2cm×5.6cm，叶形长椭圆形，叶色绿，叶基楔形，叶脉8对，叶身稍背卷，叶尖渐尖，叶面微隆起，叶缘微波，叶质柔软，叶柄、主脉、叶背茸毛多，叶齿疏中，芽叶黄绿色，芽叶茸毛多；萼片5片、绿色、无茸毛，花柄、花瓣无茸毛，花冠3.5cm×2.3cm，花瓣6枚、白色，花柱3裂，花柱裂位低，子房有茸毛。长势较强。

图607：从干村栽培种古茶树

（四）盈江县

盈江县地处德宏州西北部，位于东经 97° 31′ ~ 98° 16′，北纬 24° 24′ ~ 25° 20′ 之间，地域面积 4429km²，为德宏州地域面积最大的县；其东北面与保山市腾冲县接壤，东南面与梁河县接壤，南面与陇川县接壤，西面、西北、西南面与缅甸为界，国境线长 214.6km；辖 8 镇 7 乡（其中 1 个民族乡），1 个地方国营农场，下设 6 社区，97 个村委会，有 1148 个村民小组。县人民政府驻平原镇。

盈江县现存的古茶树主要分布在苏典傈僳族乡、勐弄乡、卡场镇、昔马镇、油松岭乡、芒章乡、支那乡，总分布面积约 15520 亩。其中苏典傈僳族乡 6000 亩，勐弄乡 3500 亩，卡场镇 2500 亩，昔马镇 1500 亩，油松岭乡 750 亩，支那乡 620 亩，芒章乡 450 亩，铜壁关乡 200 亩。

1. 盈江县太平镇

太平镇位于盈江县西南部，东经 97° 42′ 29″ ~ 97° 54′ 12″，北纬 24° 36′ 16″ ~ 24° 46′ 03″之间，地域面积 456.22km²；下设 11 个村委会，有 97 个自然村，109 个村民小组。

太平镇境内植物生长茂盛，资源丰富，但现存的古茶树已经不多，主要分布在太平镇卡牙村委会小吴若村民小组。代表性植株为太平野生种古茶树等。

太平野生种古茶树

野生种古茶树，大理茶种（*C. taliensis*），见图 608。位于盈江县太平镇卡牙村委会小吴若村民小组，东经 97° 07′ 10″，北纬 24° 42′ 48″，海拔 2022m。树型乔木，大叶类，树姿直立，分枝稀，嫩枝无茸毛，树高 20m，树幅 5.6m × 5.5m，基部干围 2.1m；叶片长宽 14cm × 4.5cm，叶形长椭圆形，叶色绿，叶基楔形，叶脉 12 对，叶身内折，叶尖渐尖，叶面微隆起，叶缘平，叶质硬，叶柄、主脉、叶背无茸毛，叶齿稀。长势较强。

图 608：太平野生种古茶树

2. 盈江县芒章乡

芒章乡位于盈江县城东北部，地域面积 309.66km²；下设 6 个村委会，有 41 个自然村，58 个村民小组。

芒章乡现存的古茶树分布面积约 450 亩，主要分布于银河村委会木瓜塘村民小组，生长于茶地、荒山和森林中，多为单株散生。代表性植株有芒章野生种古茶树、银河野生种古茶树等。

图 609：芒章野生种古茶树

芒章野生种古茶树

野生种古茶树，大理茶种（*C. tali-ensis*），见图 609。位于盈江县芒章乡银河村委会的木瓜塘村民小组，东经 98°13′07″，北纬 24°55′41″，海拔 2042m。树型乔木大叶类，，树姿直立，分枝稀，嫩枝无茸毛，树高 6.5m，树幅 1.7m×2.1m，基部干围 1.93m；叶片长宽 16.2cm×8.3cm，叶形长椭圆形，叶色绿，叶基楔形，叶脉 7 对，叶身内折，叶尖渐尖，叶面微隆起，叶缘平，叶质硬，叶柄、主脉、叶背无茸毛，叶齿稀。长势较强。

银河野生种古茶树

野生种古茶树，大理茶种（*C. taliensis*），见图 610。位于盈江县芒章乡银河村委会木瓜塘村民小组，东经 98°12′21″，北纬 24°56′44″，海拔 1939m。树型小乔木，大叶类，树姿半开张，分枝稀，嫩枝无茸毛，树高 4.5m，树幅 4.5m×3m，基部干围 1.93m；叶片长宽 12.5cm×5.3cm，叶形长椭圆形，叶色绿，叶基楔形，叶脉 10 对，叶身内折，叶尖渐尖，叶面微隆起，叶缘平，叶质硬，叶柄、主脉、叶背无茸毛，叶齿稀；萼片 5 片，萼片茸毛无，萼片色泽绿，花瓣质地薄，花冠 5.5cm×4.9cm，花瓣 13 枚，花瓣白色，花柱 5 裂，花柱裂位浅，子房茸毛多。长势较强。

图 610：银河野生种古茶树

3. 盈江县苏典傈僳族乡

苏典傈僳族乡（以下简称苏典乡）地处盈江县西北部，地域面积 514.12km²；下设 4 个村委会，有 35 个自然村，35 个村民小组。

苏典乡多为高山峡谷、平地较少；最高海拔 2800m，最低海拔 640m，海拔相差 2160m，当地气候独特，属明显的寡日、低温、多雨、半年雨水半年霜的高山峡谷气候，但当地的自然原始生态环境保护得较好，森林资源十分丰富。

苏典乡现存的古茶树以野生种古茶树居多，总分布面积约 6000 亩。代表性植株为苏典 1 号野生种古茶树、苏典 2 号野生种古茶树、苏典 3 号野生种古茶树等。

图 611：苏典 1 号野生种古茶树

苏典 1 号野生种古茶树

野生种古茶树，大理茶种（*C. taliensis*），见图 611。位于盈江县苏典乡劈石村委会劈石村，东经 98° 07′ 10″，北纬 25° 17′ 43″，海拔 1768m。树型乔木，大叶类，树姿直立，分枝稀，嫩枝无茸毛，树高 13m，树幅 5.4m×4.5m，基部分枝高 22cm，基部干围 1.96m；叶片长宽 11.3cm×4.2cm，叶形长椭圆形，叶色绿，叶基楔形，叶脉 9 对，叶身内折，叶尖渐尖，叶面平，叶缘平，叶质硬，叶柄、主脉、叶背无茸毛，叶齿稀，芽叶黄绿色、无茸毛。长势较强，已采摘利用。

图 612：苏典 2 号野生种古茶树

苏典 3 号野生种古茶树

野生种古茶树，大理茶种（*C. tali-ensis*），见图 613。位于盈江县苏典乡劈石村委会劈石村，东经 98° 07′ 12″，北纬 25° 17′ 45″，海拔 1780m，树型乔木，大叶类，树姿半开张，分枝稀，嫩枝无茸毛，树高 8.0m，树幅 5.1m×4.6m，基部干围 2.3m；叶片长宽 11.1cm×4.8cm，叶形长椭圆形，叶色绿，叶基楔形，叶脉 10 对，叶身平，叶尖渐尖，叶面平，叶缘平，叶质硬，叶柄、主脉、叶背无茸毛，叶齿稀。长势较强。

苏典 2 号野生种古茶树

野生种古茶树，大理茶种（*C. tali-ensis*），见图 612。位于盈江县苏典乡劈石村委会劈石村，东经 98° 07′ 11″，北纬 25° 17′ 48″，海拔 1768m。树型乔木，大叶类，树姿直立，分枝稀，嫩枝无茸毛，树高 8.3m，树幅 5.7m×4.5m，基部干围 1.52m，最低分枝高 55cm；叶片长宽 12.3cm×5.7cm，叶形长椭圆形，叶色绿，叶基楔形，叶脉 9 或 10 对，叶身平，叶尖渐尖，叶面平，叶缘平，叶质硬，叶柄、主脉、叶背无茸毛，叶齿稀，芽叶黄绿色、无茸毛。长势较强。

图 613：苏典 3 号野生种古茶树

4. 盈江县勐弄乡

勐弄乡地处盈江县西北部，位于东经 97° 47′ 26″ ~ 98° 0′ 42″和北纬 24° 49′ 55″ ~ 25° 2′ 39″之间，地域面积 193.52km²；下设 3 个村委会，有 22 个自然村，52 个村民小组。

勐弄乡山脉交错，河谷丘陵纵横，相对海拔 1760m，年平均气温 13.2℃ ~ 15℃，年平均降雨量 2200mm ~ 2500mm，霜期 150 天；全年气候湿润，森林覆盖率较高，生物种类繁多，最适宜茶叶、核桃、板栗等经济林木的生长。当地出产的高山云雾茶，品质极其优良。勐弄乡现存古茶树的总分布面积约 3500 亩，主要分布于勐弄乡勐弄村委会龙门寨村民小组，多为野生种古茶树。代表性植株有勐弄村野生种古茶树等。

勐弄村古茶树

野生种古茶树，大理茶种（*C. taliensis*），见图 614。位于盈江县勐弄乡勐弄村委会龙门寨，东经 98° 07′ 10″，北纬 25° 17′ 43.1″，海拔 1422m。树型乔木，大叶类，树姿直立，分枝稀，嫩枝无茸毛，树高 4.0m，树幅 1.9m×2.0m，基部干围 1.85m；叶片长宽 13.3cm×5.1cm，叶形长椭圆形，叶色绿，叶基楔形，叶脉 8 ~ 12 对，叶身内折，叶尖渐尖，叶面微隆起，叶缘平，叶质硬，叶柄、主脉、叶背无茸毛，叶齿稀，长势较强。

图 614：勐弄村古茶树

（五）陇川县

陇川县位于德宏州的西南部，是中国西南边陲的最前端，地域面积 1931.00km²，东邻芒市，南连瑞丽市，北接梁河县、盈江县，西与缅甸毗邻，国境线长 50.899km；下辖 4 个镇（章凤镇、城子镇、景罕镇和陇把镇）、5 个乡（护国乡、王子树乡、清平乡、勐约乡和户撒阿昌族乡）和 1 个农场（陇川农场）；设有 5 个社区，68 个村委会。县人民政府驻章凤镇。

陇川县地貌属中低山宽谷地区域，地势东北高，西南低，境内海拔 780m～2618m，海拔相对高差 1838m，山地气候明显，垂直分布上有明显的立体气候，山川为东北—西南走向；气候属南亚热带季风气候，雨量充沛，日照充足，干湿季明显、四季不分明，昼夜温差大、常年无霜冻，年平均气温 18.9℃，极端最低温 –2.9℃，最高温 35.7℃，≥10℃的年活动积温 6789℃，全年日照时数 2284.4 小时，年均无霜期 296 天。年均降雨量 1709.4mm，多集中于 5～10 月，相对湿度为 80%。

陇川县有着悠久的种茶历史，古茶树资源主要分布于王子树梁子、护国梁子、赵家寨梁子、曼面山梁子，以及护国乡下寨村委会、景罕镇曼软村委会，清平乡赵家寨村委会、王子树乡老官寨村委会、陇把镇吕良村委会等地，总分布面积约 10200 亩。

1. 陇川县景罕镇

景罕镇位于陇川县南半部，为陇川坝区腹地的中心地段，地处东经 97°52′～97°53′，北纬 24°15′～24°16′之间，地域面积 250.40km²；下设 8 个村委会，有 100 个自然村，129 个村民小组。

景罕镇属亚热带季风气候，全年气候温和湿润，山区森林资源丰富。现存古茶树的总分布约 800 亩，主要分布于景罕镇曼面村委会曼面老寨村委会，既有野生种古茶树，又有栽培种古茶树，但均遭砍断式采摘，损坏十分严重。代表性植株有曼面老寨 1 号古茶树、曼面老寨 2 号古茶树、曼面 1 号野生种古茶树、曼面 2 号野生种古茶树等。

图 615：曼面老寨 1 号古茶树

曼面老寨 1 号古茶树

栽培种古茶树，普洱茶种（*C. assamica*），见图615。位于陇川县景罕镇曼面村委会曼面寨的老寨子，老曼软寨与曼面寨的交界处，东经98° 56′ 15″，北纬24° 10′ 34″，海拔1982m；树型乔木，大叶类，树姿开张，分枝密，嫩枝有茸毛，树高7.5m，树幅8.3m×8.4m，基部干围2.2m；叶形如柳，被当地人称之为"柳叶种"，叶片长宽13.5cm×3.8cm，叶形长椭圆形，叶色绿，叶基楔形，叶脉6或7对，叶身平，叶尖钝尖，叶面平，叶缘平，叶质硬，叶柄、主脉、叶背有茸毛，叶齿稀，芽叶紫绿色、有茸毛；萼片5片、紫红、无茸毛，花柄、花瓣无茸毛，花冠2.2cm×2.4cm，花瓣9枚、白色、质地厚，花柱3裂，花柱裂位高，子房有茸毛。已采摘利用。

曼面老寨 2 号古茶树

栽培种古茶树，普洱茶种（*C. assamica*），见图616。当地称曼面大叶茶。位于陇川县景罕镇曼面村委会曼面寨的老寨子，东经98° 55′ 57″，北纬24° 10′ 29″，海拔1953m。树型小乔木，大叶类，树姿开张，分枝密，嫩枝有茸毛，树高4.2m，树幅5.5m×4.6m，基部干围2.3m；叶片长宽16.4cm×6.3cm，叶形椭圆形，叶色绿，叶基楔形，叶脉7或8对，叶身平，叶尖钝尖，叶面平，叶缘平，叶质软，叶柄、主脉、叶背有茸毛，叶齿稀，芽叶黄绿色、多茸毛；萼片5片、绿色、有茸毛，花柄、花瓣无茸毛，花冠4.8cm×5.3cm，花瓣6枚、白色、质地厚，花柱3裂，花柱裂位浅，子房有茸毛。已采摘利用。

图 616：曼面老寨 2 号古茶树

曼面 1 号古茶树

野生种古茶树，大理茶种（*C. taliensis*），见图 617。位于陇川县景罕镇曼面村委会曼面老寨，东经 97° 56′ 11″，北纬 24° 10′ 34″，海拔 1989m。树型乔木，树姿直立，分枝稀，树高 7.9m，树幅 6.3m×5.6m，基部干围 2.3m；叶片长宽 14.7cm×5.5cm，叶形椭圆形，大叶类，叶色绿，叶基楔形，叶脉 9 对，叶身平，叶尖渐尖，叶面平，叶缘平，叶质硬，叶柄、主脉、叶背无茸毛，叶齿稀，芽叶紫绿色、无茸毛；萼片 5 片、紫红、边缘睫毛，花柄、花瓣无茸毛，花冠 5.8cm×5.4cm，花瓣 10 枚、白色、质地厚，花柱 5 裂，花柱裂位深，子房有茸毛。长势较强。

图 617：曼面 1 号古茶树

曼面 2 号古茶树

野生种古茶树，大理茶种（*C. taliensis*），见图 618。位于陇川县景罕镇曼面村委会曼面老寨，东经 97° 56′ 31″，北纬 24° 10′ 49″，海拔 1967m。树型乔木，大叶类，树姿直立，分枝稀，树高 10.2m，树幅 6.3×5.6m，基部干围 1.8m；叶片长宽 14.8cm×5.5cm，叶形椭圆形，叶色绿，叶基楔形，叶脉 10 或 11 对，叶身平，叶尖渐尖，叶面平，叶缘平，叶质硬，叶柄、主脉、叶背无茸毛，叶齿稀，芽叶紫绿色、无茸毛；萼片 5 片、紫红、边缘睫毛，花柄、花瓣无茸毛，花冠 4.8cm×5.7cm，花瓣 11 枚、白色、质地厚，花柱 5 裂，花柱裂位深，子房有茸毛。长势较强。

图 618：曼面 2 号古茶树

2. 陇川县王子树乡

王子树乡位于陇川县东北部，地域面积 262km²；下辖 9 个村委会，有 92 个村民小组。

王子树乡现存古茶树的总分布面积约 3000 亩，主要分布在该乡王子树村委会小牛上寨村委会和邦东村委会的邦东国有林之中。代表性植株有王子树 1 号古茶树、王子树 2 号古茶树、邦东古茶树等。

图 619：王子树 1 号古茶树

王子树 2 号古茶树

　　野生种古茶树，大理茶种（*C. tali-ensis*），见图 620。位于陇川县王子树乡王子树村委会牛上寨村民小组，东经 98°06′23″，北纬 24°28′03″，海拔 1985m。树型乔木，大叶类，树姿半开张，分枝稀，树高 16m，树幅 6.3m×5.6m，基部干围 1.9m；叶片长宽 15.7cm×5.3cm，叶形椭圆形，叶色绿，叶基楔形，叶脉 10 或 11 对，叶身平，叶尖渐尖，叶面平，叶缘平，叶质硬，叶柄、主脉、叶背无茸毛，叶齿稀，芽叶紫绿色、无茸毛；萼片 5 片、紫红、边缘毛，花柄、花瓣无茸毛，花冠 5.8cm×5.4cm，花瓣 11 枚、白色、质地厚，花柱 5 裂，花柱裂位深，子房有茸毛。保护处于自流状态，常遭砍伐式采摘，长势趋弱。

王子树 1 号古茶树

　　野生种古茶树，大理茶种（*C. tali-ensis*），见图 619。位于陇川县王子树乡王子树村委会小牛上寨村民小组，东经 98°06′24″，北纬 24°28′04″，海拔 1989m。树型乔木，大叶类，树姿半开张，分枝稀，树高 14m，树幅 4.3m×3.8m，基部干围 2.4m；叶片长宽 15.8cm×4.5cm，叶形椭圆形，叶色绿，叶基楔形，叶脉 9 或 10 对，叶身平，叶尖渐尖，叶面平，叶缘平，叶质硬，叶柄、主脉、叶背无茸毛，叶齿稀，芽叶紫绿色、无茸毛；萼片 5 片、紫红、边缘睫毛，花柄、花瓣无茸毛，花冠 5.0cm×5.2cm，花瓣 10 枚、白色、质地厚，花柱 5 裂，花柱裂位深，子房有茸毛。保护处于自流状态，常遭砍伐式采摘，长势趋弱。

图 620：王子树 2 号古茶树

图 621：邦东古茶树

邦东古茶树

野生种古茶树，大理茶种（*C. taliensis*），见图621。位于陇川县王子树乡邦东村委会邦东国有林中，东经98° 10′ 55″，北纬24° 28′ 41″，海拔2029m。树型乔木，大叶类，树姿直立，分枝稀，树高19m，树幅3.5m×5.0m，基部干围2.6m；叶片长宽14.7m×4.9cm，叶形椭圆形，叶色绿，叶基楔形，叶脉10或11对，叶身平，叶尖渐尖，叶面平，叶缘平，叶质硬，叶柄、主脉、叶背无茸毛，叶齿稀，芽叶紫绿色、无茸毛；萼片5片、紫红、边缘睫毛，花柄、花瓣无茸毛，花冠5.3×5.4cm，花瓣12枚、白色、质地厚，花柱5裂，花柱裂位深，子房有茸毛。保护处于自流状态，常遭砍伐式采摘，长势趋弱。

参考文献

1. 戴陆园，刘旭，黄兴奇. 云南特有少数民族的农业生物资源及其传统文化知识［M］. 北京：科学出版社，2013.

2. WIGHT W. nomenclature and classification of tea plant［J］. nature，1959，183（4677）：1726 – 1728.

3. 王平盛，虞富莲. 中国野生大茶树的地理分布、多样性及其利用价值［J］. 2002，22（2）：105 – 10.

4. 陈兴琰. 茶树原产地——云南［M］. 昆明：云南人民出版社，1994.

5. 黄桂枢. 中国普洱茶文化研究［M］. 昆明：云南科技出版社，1994.

6.《中国茶树品种志》编写委员会. 中国茶树品种志［M］. 上海：上海科学技术出版社，2001.

7. 杨春荣，祁海. 世界野生茶树王之乡——镇沅［M］. 昆明：云南美术出版社，2006.

8. 临沧市凤庆县人民政府. 地球上最大的茶树［M］. 昆明：云南民族出版社，2006.

9. 詹英佩. 中国普洱茶古六大茶山［M］. 昆明：云南美术出版社，2008.

10. 张顺高. 中国云南普洱茶古茶山·茶文化［M］. 昆明：云南科技出版社，2005.

11. 黄兴奇，云南作物种质资源（食用菌、桑树、烟草、茶叶篇）. 昆明：云南科学技术出版社.

12. 徐亚和. 云南名木古树茶［M］. 昆明：云南科技出版社.

13. 中国科学院中国植物志编辑委员会. 中国植物志（第49卷，第三分册）［M］. 北京：科学出版社，1998.

14. 陈亮，虞富莲，杨亚军. 茶树种质资源与遗传改良［M］. 北京：中国农业科学技术出版社，2006.

15. 汪云刚，梁名志，王家金. 云南古茶树资源保护与利用研究［M］. 昆明：云南科技出版社，2012.

16. 梁名志，田易萍. 云南茶树品种志［M］. 昆明：云南科技出版社，2012.

17. 云南省民政厅，云南省行政区划与地名学会：2013 年《云南省行政区划简册》。

附录：建议重点保护的古茶树一览表

表1：建议重点保护的保山市古茶树一览表

序号	古茶树名称	生长地点	学名	保护价值	生长状况
隆阳区					
1	德昂寨 1 号古茶树	隆阳区潞江镇芒彦村委会的德昂寨旧址，东经 98°48′，北纬 24°54′，海拔 1982m	*C. taliensis*	为当地野生种古茶树代表植株	生长较强
2	德昂寨 2 号古茶树	隆阳区潞江镇芒彦村委会的德昂寨旧址，东经 98°48′，北纬 24°54′，海拔 1992m	*C. taliensis*	为当地野生种古茶树代表植株	生长较强
3	德昂寨 3 号古茶树	隆阳区潞江镇芒彦村委会的德昂寨旧址，东经 98°48′，北纬 24°54′，海拔 1989m	*C. taliensis*	为当地野生种古茶树代表植株	生长较强
4	赧亢古茶树	隆阳区潞江镇赧亢村委会高黎贡山长臂猿自然保护区，东经 98°46′1″，北纬 24°50′12″，海拔 2236m	*C. taliensis*	为当地野生种古茶树代表植株	生长较强
5	水源古茶树	隆阳区瓦房彝族苗族乡水源村	*C. taliensis*	为当地野生种古茶树代表植株	长势弱
6	小班古茶树	隆阳区芒宽乡芒合村委会小班林区	*C. taliensis*	为当地野生种古茶树代表植株	长势弱
施甸县					
7	李山村 1 号古茶树群	施甸县太平镇李山村委会下西山村民小组，村民杨朝光家的承包地内，东经 99°08′04″，北纬 24°88′04″，海拔 1916m	*C. assamica*	为当地栽培种古茶树代表植株	生长较强
8	李山村 2 号古茶树	施甸县太平镇李山村委会下西山村民小组，村民杨绍富家的宅院内，东经 99°07′83″，北纬 24°88′19″，海拔 1882.50m	*C. assamica*	为当地栽培种古茶树代表植株	生长较强
9	大尖山古茶树	施甸县姚关镇大尖山里畿茶厂茶地，东经 99°38′19″，北纬 25°17′42″，海拔 1677.20m	*C. assamica*	为当地栽培种古茶树代表植株	长势一般

序号	古茶树名称	生长地点	学名	保护价值	生长状况
		腾冲市			
10	猴桥村1号古茶树	腾冲市猴桥镇茶林河村委会，东经98°07′10″，北纬25°17′43″，海拔1998m	*C. taliensis*	为当地野生种古茶树代表植株	生长较强
11	猴桥村2号古茶树	腾冲市猴桥镇茶林河村委会，东经98°07′12″，北纬25°17′42″，海拔2034m	*C. taliensis*	为当地野生种古茶树代表植株	生长较强
12	淀元1号古茶树	腾冲市芒棒镇赵营村委会淀元村，东经98°38′44.8″，北纬24°59′29″，海拔1768m	*C. assamica*	地方品种，品质优良	生长较强
13	淀元2号古茶树	腾冲市芒棒镇赵营村委会淀元村，东经98°38′43″，北纬24°59′47″，海拔1737m	*C. assamica*	地方品种，品质优良	生长较强
14	劳家山古茶树	腾冲市芒棒镇赵营村委会赵营村劳家山，东经98°38′47″，北纬24°59′55″，海拔1774m	*C. assamica*	地方品种，品质优良	生长较强
15	文家塘1号古茶树	腾冲市芒棒镇上营村委会文家塘村，东经98°38′34″，北纬25°00′41″，海拔1841m	*C. assamica*	地方品种，品质优良	生长较强
16	文家塘2号古茶树	腾冲市芒棒镇上营村委会文家塘村，东经98°38′33″，北纬25°00′40″，海拔1841m	*C. assamica*	地方品种，品质优良	生长较强
17	文家塘3号古茶树	腾冲市芒棒镇上营村委会文家塘村，东经98°38′14″，北纬25°00′23″，海拔1860m	*C. assamica*	地方品种，品质优良	生长较强
18	文家塘4号古茶树	腾冲市芒棒镇上营村委会文家塘村，东经98°38′36″，北纬25°00′42″，海拔1840m	*C. assamica*	地方品种，品质优良	生长较强
19	大折浪古茶树	腾冲市蒲川乡坝外村大折浪	*C. taliensis*	为当地野生种古茶树代表植株	生长较强
20	小坪谷古茶树	腾冲市蒲川乡坝外村小寨子小坪谷	*C. taliensis*	为当地野生种古茶树代表植株	生长较强
21	茅草地1号古茶树	腾冲市蒲川乡茅草地村委会站岗房村，东经98°32′42″，北纬24°45′56″，海拔1931m	*C. assamica*	地方品种，品质优良	生长较强
22	茅草地2号古茶树	腾冲市蒲川乡茅草地村委会第二村民小组，东经98°32′46″，北纬24°45′48″，海拔1904m	*C. assamica*	地方品种，品质优良	生长较强
23	坝外古茶树	腾冲市蒲川乡坝外村委会小寨子村，东经98°34′32″，北纬24°39′57″，海拔1692m	*C. assamica*	地方品种，品质优良	生长较强
24	龙塘古茶树	腾冲市团田乡后库村委会龙塘村，东经98°35′28″，北纬24°38′36″，海拔1710m	*C. assamica*	地方品种，品质优良	生长较强
25	丙弄古茶树	腾冲市团田乡丙弄村委会丙弄村，东经98°36′21″，北纬24°42′44″，海拔1591m	*C. assamica*	地方品种，品质优良	生长较强

序号	古茶树名称	生长地点	学名	保护价值	生长状况
26	后库1号古茶树	腾冲市团田乡后库村委会的地边，海拔1580m	*C. assamica*	为当地栽培种古茶树代表植株	生长较强
27	后库2号古茶树	腾冲市团田乡后库村委会上寨第二村民小组，海拔1660m	*C. assamica*	为当地栽培种古茶树代表植株	生长较强
28	团田古茶树	腾冲市团田乡后库龙塘村（海拔1640m）	*C. assamica*	为当地栽培种古茶树代表植株	生长较强
29	小田坝古茶树	腾冲市新华乡龙井山小田坝村，海拔1730m	*C. assamica*	为当地栽培种古茶树代表植株	生长较强
龙陵县					
30	龙塘古茶树	龙陵县龙山镇龙塘村水井洼，海拔2008m	*C. taliensis*	为当地野生种古茶树代表植株	生长较强
31	镇北张家寨古茶树	龙陵县镇安镇北村委会张家寨，东经98°48′21″，北纬24°42′58″，海拔1809m	*C. taliensis*	为当地野生种古茶树代表植株	生长较强
32	赵家寨古茶树	龙陵县镇安镇淘金河村委会赵家寨，东经98°53′23″，北纬24°39′16″，海拔2198m	*C. taliensis*	为当地野生种古茶树代表植株	生长较强
33	东门古茶树	龙陵县镇安镇东门村	*C. taliensis*	为当地野生种古茶树代表植株	生长较强
34	邦迈古茶树	龙陵县镇安镇邦迈村	*C. taliensis*	为当地野生种古茶树代表植株	生长较强
35	小田坝1号古茶树	龙陵县镇安镇小田坝村大坪子第三村民小组，海拔1920m	*C. taliensis*	为当地野生种古茶树代表植株	生长较强
36	小田坝2号古茶树	龙陵县镇安镇小田坝村大坪子第二村民小组，海拔1870m	*C. taliensis*	为当地野生种古茶树代表植株	生长较强
37	龙江古茶树	龙陵县龙江乡硝塘村委会黄家寨（海拔1890m）	*C. taliensis*	为当地野生种古茶树代表植株	生长较强
38	黑水河古茶树	龙陵县镇安镇八〇八黑水河村民小组。海拔1970m	*C. assamica*	为当地栽培种古茶树代表植株	生长较强
39	硝塘古茶树	龙陵县龙江乡硝塘村委会高楼子村民小组，东经98°44′58″，北纬24°44′48″，海拔2140m	*C. taliensis*	为当地野生种古茶树代表植株	生长较强
40	坡头村1号古茶树	龙陵县碧寨乡坡头村	*C. taliensis*	为当地野生种古茶树代表植株	长势弱

序号	古茶树名称	生长地点	学名	保护价值	生长状况
41	坡头村 2 号古茶树	龙陵县碧寨乡坡头村	C. taliensis	为当地野生种古茶树代表植株	长势弱
42	半坡古茶树	龙陵县碧寨乡半坡村	C. taliensis	为当地野生种古茶树代表植株	生长较强
43	菜籽地古茶树	龙陵县龙新乡菜籽地村	C. taliensis	为当地野生种古茶树代表植株	生长较强
44	象达古茶树	龙陵县象达乡团坡寨村。东经 98°50′13″，北纬 24°28′8″，海拔 2167m	C. taliensis	为当地野生种古茶树代表植株	生长较强
45	安乐古茶树	龙陵县平达乡安乐村上寨，东经 98°53′45″，北纬 24°16′37″，海拔 2008m	C. taliensis	为当地野生种古茶树代表植株	长势弱
昌宁县					
46	新华村 1 号古茶树	昌宁县田园镇新华村委会石佛山小组，东经 99°34′，北纬 24°51′，海拔 2140m	C. taliensis	为当地野生种古茶树代表植株	生长较强
47	新华村 2 号古茶树	昌宁县田园镇新华村委会石佛山小组，东经 99°34′，北纬 24°51′，海拔 2152m	C. taliensis	为当地野生种古茶树代表植株	生长较强
48	沿江村 1 号古茶树	昌宁县漭水镇沿江村委会茶山河翁家承包地埂边，东经 99°36′59″，北纬 24°58′29″，海拔 2359m	C. taliensis	为当地野生种古茶树代表植株	生长较强
49	沿江村 2 号古茶树	昌宁县漭水镇沿江村委会茶山河翁家房屋前，东经 99°36′56″，北纬 24°58′27″，海拔 2381m	C. taliensis	为当地野生种古茶树代表植株	生长较强
50	沿江村 3 号古茶树	昌宁县漭水镇沿江村委会茶山河保家凹子，东经 99°36′56″，北纬 24°58′41″，海拔 2385m	C. taliensis	为当地野生种古茶树代表植株	生长较强
51	沿江村 4 号古茶树	昌宁县漭水镇沿江村委会茶山河保家凹子，东经 99°36′52″，北纬 24°58′42″，海拔 2314m	C. taliensis	为当地野生种古茶树代表植株	生长较强
52	沿江村 5 号古茶树	昌宁县漭水镇沿江村委会茶山河村唐家河边，东经 99°40′，北纬 24°57′，海拔 2170m	C. taliensis	为当地野生种古茶树代表植株	生长较强
53	沿江村 6 号古茶树	昌宁县漭水镇沿江村委会羊圈坡，东经 99°39′，北纬 24°59′，海拔 2340m	C. taliensis	为当地野生种古茶树代表植株	生长较强

序号	古茶树名称	生长地点	学名	保护价值	生长状况
54	碓房箐古茶树	昌宁县漭水镇漭水村委会碓房箐	C. assamica	为当地栽培种古茶树代表植株	生长较强
55	漭水村1号古茶树	昌宁县漭水镇漭水村委会黄家寨农户杨文红家承包地边，东经99°41′3″，北纬24°54′45″，海拔1873m	C. assamica	该树是国家级地方群体良种	生长较强
56	漭水村2号古茶树	昌宁县漭水镇漭水村委会黄家寨农户杨文红家的承包地边，东经99°41′4″，北纬24°54′13″，海拔1860m	C. assamica	为当地栽培种古茶树代表植株	生长较强
57	漭水村3号古茶树	昌宁县漭水镇漭水村委会黄家寨农户杨文红家承包地边，东经99°41′10″，北纬24°54′46″，海拔1861m	C. assamica	为当地栽培种古茶树代表植株	生长较强
58	漭水村4号古茶树	昌宁县漭水镇漭水村委会黄家寨农户杨文红家的承包地边，东经99°41′12″，北纬24°54′46″，海拔1850m	C. assamica	为当地栽培种古茶树代表植株	生长较强
59	联席村1号古茶树	昌宁县温泉乡联席村委会芭蕉林村民小组李伦家的承包地边，东经99°46′53″，北纬24°45′3″，海拔1953m	C. taliensis	为当地野生种古茶树代表植株	生长较强
60	联席村2号古茶树	昌宁县温泉乡联席村委会芭蕉林村民小组李伦家的承包地边，东经99°46′56″，北纬24°45′2″，海拔2134m.	C. taliensis	为当地野生种古茶树代表植株	生长较强
61	联席村3号古茶树	昌宁县温泉乡联席村委会芭蕉林村民小组李坤家的承包地边，东经99°46′，北纬24°45′，海拔2078m	C. taliensis	为当地野生种古茶树代表植株	生长较强
62	联席村4号古茶树	温泉乡联席村委会芭蕉林村民小组农户李坤家的承包地边，东经99°46′，北纬24°45′，海拔2078m	C. taliensis	为当地野生种古茶树代表植株	生长较强
63	联席村5号古茶树	昌宁县温泉乡联席村委会芭蕉林村，东经99°46′59″，北纬24°45′1″，海拔2105m	C. taliensis	为当地野生种古茶树代表植株	生长较强
64	联席村6号古茶树	昌宁县温泉乡联席村委会芭蕉林村民小组杨凤江家的承包地边，东经99°47′4″，北纬24°45′，海拔2082m	C. assamica	地方品种，品质优良	生长较强

序号	古茶树名称	生长地点	学名	保护价值	生长状况
65	联席村 7 号古茶树	昌宁县温泉乡联席村委会芭蕉林组李德存家的承包地边，东经 99°46′57″，北纬 24°45′，海拔 2133m	*C. taliensis*	为当地野生种古茶树代表植株	生长较强
66	联席村 8 号古茶树	昌宁县温泉乡联席村委会芭蕉林村，东经 99°47′1″，北纬 24°44′44″，海拔 2086m	*C. assamica*	为当地栽培种古茶树代表植株	生长较强
67	联席村 9 号古茶树	昌宁县温泉乡联席村委会破石头村民小组，东经 99°41′，北纬 24°42′，海拔 2026m	*C. assamica*	为当地栽培种古茶树代表植株	生长较强
68	联席村 10 号古茶树	昌宁县温泉乡联席村委会团山村民小组农户赵忠孝家的承包地边，东经 99°47′19″，北纬 24°44′1″，海拔 2044m	*C. assamica*	为当地栽培种古茶树代表植株	生长较强
69	翁堵古茶树	昌宁县翁堵乡立木山村委会	*C. taliensis*	为当地野生种古茶树代表植株	生长较强

表 2：建议重点保护的普洱市古茶树一览表

序号	古茶树名称	生长地点	学名	保护价值	生长状况
思茅区					
1	老荒田古茶树	思茅区思茅镇老荒田村 19 号，东经 100°58′24″，北纬 22°35′30″，海拔 1320m	*C. assamica*	栽培种古茶树代表性植株，品质优良	长势较强
2	把边寨古茶树	思茅区倚象镇鱼塘村委会的菜阳河自然保护区内，东经 101°10′30″，北纬 22°35′24″，海拔 1445m	*C. assamica*	栽培种古茶树代表性植株，品质优良	长势较弱
3	柳树箐古茶树	思茅区倚象镇下寨村委会柳树箐村民小组的苦竹山，东经 100°02′6″，北纬 22°46′06″，海拔 1541m	*C. assamica*	栽培种古茶树代表性植株，品质优良	长势较强
4	上茨竹林古茶树	思茅区思茅港镇茨竹林村委会上茨竹林村民小组，东经 100°29′12″，北纬 22°41′36″，海拔 1594m	*C. assamica*	栽培种古茶树代表性植株，品质优良	长势较弱

序号	古茶树名称	生长地点	学名	保护价值	生长状况
宁洱县					
5	困鹿山野生种古茶树	宁洱县宁洱镇宽宏村委会的困鹿山，东经101°05′12″，北纬23°14′12″，海拔2050m	*C. taliensis*	野生种古茶树代表性植株	长势较强
6	困鹿山栽培古茶树	宁洱县宁洱镇宽宏村委会困鹿山，东经101°04′24″，北纬23°15′00″，海拔1640m	*C. assamica*	栽培种古茶树代表性植株，品质优良	长势较强
7	困鹿山细叶古茶树	宁洱县宁洱镇宽宏村委会困鹿山，东经101°04′24″，北纬23°15′00″，海拔1630m	*C. sinensis* var. *pubilimba*	栽培种古茶树代表性植株，品质优良	长势较强
8	清真寺古茶树	宁洱县宁洱镇裕和村委会回民村民小组清真寺，东经101°02′00″，北纬23°04′00″，海拔1320m	*C. assamica*	栽培种古茶树代表性植株，品质优良	长势较强
9	新寨古茶树	宁洱县磨黑镇新寨村委会，东经101°07′30″，北纬23°10′18″，海拔1490m	*C. assamica*	栽培种古茶树代表性植株，品质优良	长势较弱
10	扎罗山古茶树	宁洱县磨黑镇团结村委会扎罗山村民小组，东经101°06′06″，北纬23°14′18″，海拔1670m	*C. assamica*	栽培种古茶树代表性植株，品质优良	长势较强
11	干坝子大山古茶树	宁洱县梅子镇永胜村委会干坝子大山村民小组，东经101°01′24″，北纬23°34′24″，海拔2460m	*C. taliensis*	野生种古茶树代表性植株	长势较强
12	罗东山野生种古茶树	宁洱县梅子镇永胜村委会罗东山村民小组，东经101°2′24″，北纬23°31′24″，海拔2370m	*C. taliensis*	野生种古茶树代表性植株	长势较强
13	下岔河古茶树	宁洱县黎明乡岔河村委会下岔河村民小组，东经101°27′00″，北纬22°43′24″，海拔1370m	*C. assamica*	栽培种古茶树代表性植株，品质优良	长势较弱
14	丙龙山古茶树	宁洱县德安乡兰庆村委会丙龙山村民小组，东经101°04′12″，北纬23°24′24″，海拔2150m	*C. taliensis*	野生种古茶树代表性植株	长势较强

序号	古茶树名称	生长地点	学名	保护价值	生长状况
墨江县					
15	牛角尖山古茶树	墨江县联珠镇马路村委会牛角尖山,东经101°41′12″,北纬23°39′24″,海拔2180m	*C. taliensis*	野生种古茶树代表性植株	长势较强
16	箭场山古茶树	墨江县联珠镇碧溪村箭场山村民小组,东经101°41′12″,北纬23°30′12″,海拔1460m	*C. assamica*	栽培种古茶树代表性植株,品质优良	长势较强
17	羊神庙古茶树	墨江县鱼塘乡景平村委会的羊神庙山东经101°25′6″,北纬23°10′,海拔2090m	*C. taliensis*	野生种古茶树代表性植株	长势较强
18	芦山野生种古茶树	墨江县芦山村委会阿八丫口村民小组,东经101°42′,北纬23°10′30″,海拔1910m	*C. taliensis*	野生种古茶树代表性植株	长势偏弱
19	山星街古茶树	墨江县雅邑镇芦山村委会山星街村民小组,东经101°41′12″,北纬23°10′24″,海拔1960m	*C. taliensis*	野生种古茶树代表性植株	长势偏弱
20	打稗子场古茶树	墨江县雅邑镇芦山村委会打稗子场村民小组,东经101°41′18″,北纬23°11′18″,海拔1840m	*C. assamica*	栽培种古茶树代表性植株,品质优良	长势偏弱
21	老朱寨古茶树	墨江县坝溜镇老朱寨村委会,东经101°50′18″,北纬23°03′36″,海拔1750m	*C. assamica*	栽培种古茶树代表性植株,品质优良	长势较强
22	羊八寨古茶树	墨江县坝溜镇联珠村委会羊八寨村民小组,东经101°53′,北纬23°02′,海拔1630m	*C. assamica*	栽培种古茶树代表性植株,品质优良	长势偏弱
23	大平掌古茶树	墨江景星镇新华村委会大平掌村民小组,东经101°21′,北纬23°32′18″,海拔1900m	*C. assamica*	栽培种古茶树代表性植株,品质优良	长势较强
24	李冲小操场古茶树	墨江县景星镇景星村委会李冲村民小组,东经101°21′18″,北纬23°28′30″,海拔1870m	*C. assamica*	栽培种古茶树代表性植株,品质优良	长势较弱
25	大山古茶树	墨江县景星镇景星村委会李冲村民小组,东经101°21′24″,北纬23°29′12″,海拔1916m	*C. sinensis* var. *pubilimba*	栽培种古茶树代表性植株,品质优良	长势较弱

序号	古茶树名称	生长地点	学名	保护价值	生长状况
26	三康地古茶树	墨江景星镇景星村委会李冲村民小组的三康地，东经101°21′24″，北纬23°28′6″，海拔1820m	*C. assamica*	栽培种古茶树代表性植株，品质优良	长势较强
27	迷帝古茶树	墨江县新抚镇界牌村委会的迷帝茶场，东经101°23′18″，北纬23°38′18″，海拔1360m	*C. assamica*	栽培种古茶树代表性植株，品质优良	长势较弱
28	老围村古茶树	墨江县团田镇老围村委会蜜蜂沟村民小组，东经101°13′6″，北纬23°52′30″，海拔1910m	*C. sinensis* var. *pubilimba*	栽培种古茶树代表性植株，品质优良	长势偏弱
景东县						
29	秧草塘1号古茶树	景东县锦屏镇磨腊村委会秧草塘村民小组，东经100°42′54″，北纬24°26′24″，海拔2406m	*C. taliensis*	野生种古茶树代表性植株	长势较强
30	秧草塘2号古茶树	景东县锦屏镇磨腊村委会秧草塘村民小组，东经100°42′54″，北纬24°26′24″，海拔2420m	*C. taliensis*	野生种古茶树代表性植株	长势较强
31	凹路箐古茶树	景东县锦屏镇龙树村委会曼状村民小组的凹路箐，东经100°39′6″，北纬24°31′42″，海拔2400m	*C. taliensis*	野生种古茶树代表性植株	长势较强
32	温卜古茶树	景东县锦屏镇温卜村委会大泥塘村民小组，东经100°43′30″，北纬24°26′18″，海拔2580m	*C. taliensis*	野生种古茶树代表性植株	长势较强
33	泡竹箐古茶树	景东县景屏镇新明村委会泡竹箐村民小组，东经100°42′30″，北纬24°24′6″，海拔2500m	*C. taliensis*	野生种古茶树代表性植株	长势较强
34	凹路箐奇形古茶树	景东县锦屏镇龙树村委会曼状村民小组的凹路箐，东经100°39′6″，北纬24°31′48″，海拔2470m	*C. taliensis*	野生种古茶树代表性植株	长势较强
35	菜户古茶树	景东县景屏镇菜户村委会迤菜户村民小组，东经100°41′30″，北纬24°31′24″，海拔1780m	*C. assamica*	栽培种古茶树代表性植株，品质优良	长势较弱

序号	古茶树名称	生长地点	学名	保护价值	生长状况
36	长地山古茶树	景东县文井镇丙必村委会长地山村民小组，东经 100°50′6″，北纬 24°21′18″，海拔 1920m	*C. sinensis* var. *pubilimba*	栽培种古茶树代表性植株，品质优良	长势较强
37	滴水箐古茶树	景东县漫湾镇安召村委会滴水箐村民小组的吃水干沟，东经 100°30′30″，北纬 24°44′，海拔 2282m	*C. taliensis*	野生种古茶树代表性植株	长势较强
38	温竹古茶树	景东漫湾镇温竹村委会八一村民小组，东经 100°31′36″，北纬 24°40′30″，海拔 1946m	*C. assamica*	栽培种古茶树代表性植株，品质优良	长势较强
39	岔河古茶树	景东县漫湾镇漫湾村委会岔河村民小组，东经 100°31′42″，北纬 24°39′，海拔 1717m	*C. assamica*	栽培种古茶树代表性植株，品质优良	长势较强
40	一碗水古茶树	景东县大朝山东镇苍文村委会一碗水村民小组，东经 100°40′18″，北纬 24°5′18″，海拔 2090m	*C. assamica*	栽培种古茶树代表性植株，品质优良	长势较强
41	长发古茶树	景东县大朝山东镇长发村委会，东经 100°25′30″，北纬 24°2′18″，海拔 1847m	*C. assamica*	栽培种古茶树代表性植株，品质优良	长势较强
42	石婆婆山古茶树	景东县花山镇芦山村委会的石婆婆山，东经 101°14′6″北纬 24°17′42″，海拔 2400m	*C. taliensis*	野生种古茶树代表性植株	长势较强
43	大石房古茶树	景东县花山镇芦山村委会大石房村民小组，东经 101°14′，北纬 24°18′42″，海拔 2450m	*C. taliensis*	野生种古茶树代表性植株	长势偏弱
44	背爹箐古茶树	景东县花山镇芦山村委会的背爹箐，东经 101°12′18″，北纬 24°16′24″，海拔 1980m	*C. assamica*	栽培种古茶树代表性植株，品质优良	长势较强
45	花山古茶树	景东县花山镇文岔村委会上村村民小组，东经 101°11′18″，北纬 24°14′48″，海拔 1860m	–	过渡型古茶树代表性植株，品质优良	长势较强
46	芦山古茶树	景东县花山镇芦山村委会外芦山村民小组，东经 101°12′6″，北纬 24°17′12″，海拔 2090m	–	过渡型古茶树代表性植株，品质优良	长势较强

序号	古茶树名称	生长地点	学名	保护价值	生长状况
47	营盘古茶树	景东县花山镇营盘村委会看牛场，东经101°4′36″，北纬24°18′6″，海拔1310m	–	过渡型古茶树代表性植株，品质优良	长势较强
48	灵官庙古茶树	景东县大街乡气力村委会灵官庙村民小组，东经 101°6′42″，北纬 24°23′30″，海拔1940m	–	过渡型古茶树代表性植株，品质优良	长势较强
49	芹河古茶树	景东县安定镇芹河村委会山背后村民小组，东经 100°41′06″，北纬 24°46′24″，海拔2180m	*C. taliensis*	野生种古茶树代表性植株	长势偏弱
50	石头窝古茶树	景东县安定镇青云箐村委会平掌村民小组石头窝，东经100°40′18″，北纬24°47′36″，海拔2490m	*C. taliensis*	野生种古茶树代表性植株	长势偏弱
51	民福古茶树	景东县安定镇民福村委会上村村民小组，东经 100°37′36″，北纬 24°40′30″，海拔2000m	*C. sinensis* var. *pubilimba*	栽培种古茶树代表性植株，品质优良	长势较强
52	花椒村古茶树	景东县安定镇河底下村委会花椒村村民小组，东经100°35′30″，北纬24°39′18″，海拔1970m	*C. assamica*	栽培种古茶树代表性植株，品质优良	长势偏弱
53	丫口古茶树	景东县太忠镇大柏村委会的丫口寨村民小组农户王家新的承包地内，东经101°0′6″，北纬24°23′30″，海拔1940m	*C. taliensis*	野生种古茶树代表性植株，品质优良	长势较强
54	外松山古茶树	景东县太忠镇大柏村委会外松山村民小组农户李学羊的承包地内，东经101°0′36″，北纬24°28′48″，海拔2090m	*C. taliensis*	野生种古茶树代表性植株	长势较强
55	黄风箐古茶树	景东县太忠镇麦地村委会黄风箐村民小组农户白为昌的承包地内，东经101°00′18″，北纬24°27′48″，海拔2000m	–	过渡型古茶树代表性植株，品质优良	长势较强
56	公平古茶树	景东县景福镇公平村委会平掌村民小组，东经 100°38′54″，北纬 24°24′18″，海拔1945m	*C. taliesis*	栽培种古茶树代表性植株，品质优良	长势较强

序号	古茶树名称	生长地点	学名	保护价值	生长状况
57	槽子头古茶树	景东县景福镇岔河村委会对门村民小组的槽子头,东经100°43′18″,北纬24°19′18″,海拔2495m	*C. taliensis*	野生种古茶树代表性植株	长势较强
58	勐令古茶树	景东县景福镇勐令村委会大村子村民小组,东经100°43′54″,北纬24°15′54″,海拔1922m	*C. taliesis*	野生种古茶树代表性植株	长势偏弱
59	金鸡林古茶树	景东县景福镇金鸡林村委会三家村民小组,东经100°35′12″,北纬24°22′24″,海拔1869m	*C. assamica*	栽培种古茶树代表性植株,品质优良	长势偏弱
60	凤冠山1号古茶树	景东县景福镇岔河村委会凤冠山村民小组,东经100°40′24″,北纬24°20′36″,海拔1860m	–	过渡型古茶树代表性植株,品质优良	长势较强
61	凤冠山2号古茶树	景东县景福镇岔河村委会凤冠山村民小组,东经100°40′24″,北纬24°20′36″,海拔1880m	–	过渡型古茶树代表性植株,品质优良	长势较强
62	瓦泥古茶树	景东县龙街乡和哨村委会瓦泥村民小组,东经100°52′,北纬24°43′6″,海拔2150m	*C. assamica*	栽培种古茶树代表性植株,品质优良	长势偏弱
63	荃麻林古茶树	景东县龙街乡多依树村委会荃麻林村民小组,东经100°57′,北纬24°38′36″,海拔2260m	*C. assamica*	栽培种古茶树代表性植株,品质优良	长势较强
64	小看马古茶树	景东县龙街乡垭口村委会小看马村民小组,东经100°57′30″,北纬24°35′6″,海拔2110m	–	过渡型古茶树代表性植株,品质优良	长势较强
65	谢家古茶树	景东县龙街乡和哨村委会谢家村民小组,东经100°52′,北纬24°43′6″,海拔2100m	–	过渡型古茶树代表性植株,品质优良	长势偏弱
66	丁帕古茶树	景东县林街乡丁帕村委会二道河村民小组,东经100°37′36″,北纬24°25′42″,海拔1993m	*C. taliensis*	野生种古茶树代表性植株	长势偏弱

序号	古茶树名称	生长地点	学名	保护价值	生长状况
67	清河古茶树	景东县林街乡清河村委会南骂村民小组，东经 100°36′42″，北纬 24°31′12″，海拔 1870m	–	过渡型古茶树代表性植株，品质优良	长势较强
68	大卢山古茶树	景东县林街乡岩头村委会箐门口村民小组的大卢山，东经 100°39′，北纬 24°29′48″，海拔 2474m	C. taliensis	野生种古茶树代表性植株	长势较强
69	箐门口古茶树	景东县林街乡岩头村委会箐门口村民小组，东经 101°6′18″，北纬 24°23′48″，海拔 2090m	C. taliensis	野生种古茶树代表性植株	长势较强
70	箐门口坝古茶树	景东县林街乡岩头村委会箐门口村民小组，东经 100°37′30″，北纬 24°29′18″，海拔 1874m	–	过渡型古茶树代表性植株，品质优良	长势较强
景谷县					
71	刚榨地古茶树	景谷县永平镇团结村委会刚榨地村民小组，东经 100°22′12″，北纬 23°29′24″，海拔 1090m	C. sinensis var. pubilimba	栽培种古茶树代表性植株，品质优良	长势较强
72	大平掌古茶树	景谷县永平镇团结村委会大平掌村民小组，东经 100°22′18″，北纬 23°29′24″，海拔 1090m	C. assamica	栽培种古茶树代表性植株，品质优良	长势偏弱
73	徐家村古茶树	景谷县永平镇钟山村委会徐家村民小组，东经 100°50′36″，北纬 23°32′30″，海拔 1470m	C. taliensis	野生种古茶树代表性植株	长势较强
74	谢家地古茶树	景谷县永平镇新本上村委会谢家地村民小组，东经 100°22′12″，北纬 23°31′30″，海拔 1730m	C. sinensis var. pubilimba	栽培种古茶树代表性植株，品质优良	长势较强
75	大水缸 1 号古茶树	景谷正兴镇黄草坝村委会大水缸村民小组，东经 101°00′12″，北纬 23°31′24″，海拔 2220m	C. taliensis	野生种古茶树代表性植株	长势偏弱
76	大水缸 2 号古茶树	景谷县正兴镇黄草坝村委会大水缸村民小组，东经 101°00′13″，北纬 23°31′24″，海拔 2220m	C. taliensis	野生种古茶树代表性植株	长势较强

序号	古茶树名称	生长地点	学名	保护价值	生长状况
77	黄草坝外寨古茶树	景谷县正兴镇黄草坝村委会外寨村民小组，东经 100°59′12″，北纬 23°30′6″，海拔 1800m	*C. assamica*	栽培种古茶树代表性植株，品质优良	长势较弱
78	黄草坝大寨古茶树	景谷县正兴镇黄草坝村委会大寨村民小组，东经 100°59′13″，北纬 23°30′6″，海拔 1730m	*C. assamica*	栽培种古茶树代表性植株，品质优良	长势偏弱
79	黄草坝洼子古茶树	景谷县正兴镇黄草坝村委会洼子村民小组，东经 100°48′18″，北纬 23°32′12″，海拔 1550m	*C. sinensis* var. *pubilimba*	栽培种古茶树代表性植株，品质优良	长势较强
80	秧塔大白茶树	景谷县民乐镇大村村委会秧塔村民小组，东经 100°34′18″，北纬 23°9′36″，海拔 1740m	*C. sinensis* var. *pubilimba*	栽培种古茶树代表性植株，品质优良	长势较强
81	洞洞箐口古茶树	景谷县景谷乡文山村委会洞洞箐口，东经 100°43′30″，北纬 23°42′6″，海拔 2010m	*C. taliensis*	野生种古茶树代表性植株	长势偏弱
82	苦竹山古茶树	景谷县景谷乡文山村委会苦竹山村民小组，东经 100°40′18″，北纬 23°23′12″，海拔 1940m	*C. sinensis* var. *pubilimba*	栽培种古茶树代表性植株，品质优良	长势较强
83	石戴帽古茶树	景谷县半坡乡安海村委会石戴帽村民小组，东经 100°7′24″，北纬 23°13′6″，海拔 1910m	*C. sinensis* var. *pubilimba*	栽培种古茶树代表性植株，品质优良	长势较强
84	黄家寨 1 号古茶树	景谷县半坡乡半坡村委会黄家寨村民小组，东经 100°09′12″，北纬 23°10′24″，海拔 1740m	*C. sinensis* var. *pubilimba*	栽培种古茶树代表性植株，品质优良	长势偏弱
85	黄家寨红芽古茶树	景谷县半坡乡半坡村委会黄家寨村民小组农户杨开和家的承包地内，东经 100°09′12″，北纬 23°10′24″，海拔 1730m	*C. sinensis* var. *pubilimba*	栽培种古茶树代表性植株，品质优良	长势较强
86	曼竜山野茶树	景谷县益智乡益智村委会曼竜山村民小组，东经 100°43′6″，北纬 23°43′6″，海拔 1970m	*C. taliensis*	野生种古茶树代表性植株	主干已被砍伐，长势偏弱

序号	古茶树名称	生长地点	学名	保护价值	生长状况
\multicolumn6 镇沅县					
87	老茶塘古茶树	镇沅县恩乐镇平掌村委会羊圈山村民小组，东经 100°57′30″，北纬 23°44′，海拔 1840m	*C. taliensis*	野生种古茶树代表性植株	长势较强
88	打水箐头古茶树	镇沅县恩乐镇五一村委会打水箐头村民小组，东经 100°56′36″，北纬 23°59′，海拔 2146m	*C. taliensis*	野生种古茶树代表性植株	长势较强
89	文立古茶树	镇沅县按板镇文立村委会黄桑树村民小组，东经 100°42′12″，北纬 23°47′48″，海拔 2057m	*C. sinensis* var. *pubilimba*	栽培种古茶树代表性植株，品质优良	长势较强
90	文麦地古茶树	镇沅县者东镇文麦地村委会下拉波村民小组，东经 101°23′18″，北纬 24°1′6″，海拔 1810m	*C. assamica*	栽培种古茶树代表性植株，品质优良	长势较强
91	老马邓古茶树	镇沅县者东镇马邓村委会大村村民小组，东经 101°24′12″，北纬 23°59′24″，海拔 1760m	*C. assamica*	栽培种古茶代表性植株，品质优良	长势较强
92	大茶房古茶树	镇沅县九甲镇果吉村委会大茶房山小组，东经 101°17′30″，北纬 24°13′30″，海拔 2510m	*C. taliensis*	野生种古茶树代表性植株	长势较强
93	千家寨古茶树	镇沅县九甲镇和平村委会千家寨上坝村民小组，东经 101°14′，北纬 24°24′42″，海拔 2450m	*C. taliensis*	野生种古茶树代表性植株	长势较强
94	三台古茶树	镇沅县九甲镇三台村委会领干村民小组，东经 101°12′24″，北纬 24°13′24″，海拔 1770m	*C. assamica*	栽培种古茶树代表性植株，品质优良	长势较强
95	河头古茶树	镇沅县振太镇文帕村委会河头村民小组，东经 100°43′30″，北纬 23°52′24″，海拔 2082m	–	过渡型古茶树代表性植株，品质优良	长势较弱
96	台头村古茶树	镇沅县振太镇台头村委会后山村民小组，东经 100°34′18″，北纬 23°54′24″，海拔 1937m	*C. assamica*	栽培种古茶树代表性植株，品质优良	长势较弱

序号	古茶树名称	生长地点	学名	保护价值	生长状况
97	山街古茶树	镇沅县振太镇山街村委会外村村民小组，东经 100°36′24″，北纬 24°1′6″，海拔 1857m	C. assamica	栽培种古茶树代表性植株，品质优良	长势偏弱
98	文和古茶树	镇沅县振太镇文索村委会文和村民小组，东经 100°34′18″，北纬 23°59′18″，海拔 2050m	C. assamica	栽培种古茶树代表性植株，品质优良	长势较弱
99	蓬藤箐头古茶树	镇沅县和平镇麻洋村委会马鹿塘村民小组，东经 101°30′24″，北纬 23°56′06″，海拔 2510m	C. taliensis	野生种古茶树代表性植株	长势偏弱
100	田坝古茶树	镇沅县田坝乡田坝村委会坡头山，东经 101°0′30″，北纬 23°40′30″，海拔 1925m	C. assamica	栽培种古茶树代表性植株，品质优良	长势较强
江城县					
101	大蛇箐古茶树	江城县勐烈镇大新村委会的大蛇箐，东经 101°51′30″，北纬 22°34′12″，海拔 1200m	C. assamica	栽培种古茶树代表性植株，品质优良	长势较强
102	普家村古茶树	江城县国庆乡洛捷村委会普家村民小组，东经 101°50′24″，北纬 22°36′18″，海拔 1207m	C. assamica	栽培种古茶树代表性植株，品质优良	长势弱
103	芭蕉林箐古茶树	江城县曲水镇拉珠村芭蕉林箐，东经 101°53′18″，北纬 22°36′24″，海拔 1430m	C. dehungensis	栽培种古茶树代表性植株，品质优良	长势较强
104	拉马冲大尖山古茶树	江城县曲水镇拉珠村委会拉马冲村民小组的大尖山，东经 101°53′18″，北纬 22°36′30″，海拔 1143m	C. assamica	栽培种古茶树代表性植株，品质优良	长势较强
105	田房古茶树	江城县国庆乡田房村委会田房村民小组，东经 101°53′18″，北纬 22°36′30″，海拔 1143m	C. assamica	栽培种古茶树代表性植株，品质优良	长势偏弱
106	山神庙古茶树	江城县国庆乡田房村委会的山神庙，东经 101°53′30″，北纬 22°37′6″，海拔 1100m	C. assamica	栽培种古茶树代表性植株，品质优良	长势较弱

序号	古茶树名称	生长地点	学名	保护价值	生长状况
107	梁子寨古茶树	江城县嘉禾乡联合村委会梁子寨村民小组，东经 102°34′30″，北纬 22°37′30″，海拔 1827m	*C. taliensis*	野生种古茶树代表性植株	长势较强
		孟连县			
108	南雅古茶树	孟连县娜允镇南雅村委会，东经 99°31′12″，北纬 22°25′48″，海拔 1702m	*C. taliensis*	野生种古茶树代表性植株	长势偏弱
109	景吭古茶树	孟连县娜允镇景吭村委会，东经 99°39′，北纬 22°20′42″，海拔 1072m	*C. assamica*	栽培种古茶树代表性植株，品质优良	长势较强
110	腊福 1 号古茶树	孟连县勐马镇腊福村委会，东经 99°22′18″，北纬 22°06′24″，海拔 2514m	*C. taliensis*	野生种古茶树代表性植株	长势较强
111	腊福 2 号古茶树	孟连县勐马镇腊福村委会，东经 99°22′6″，北纬 22°06′30″，海拔 2509m	*C. taliensis*	野生种古茶树代表性植株	长势较强
112	东乃古茶树	孟连县勐马镇东乃村委会，东经 99°21′36″，北纬 22°06′54″，海拔 2449m	*C. assamica*	栽培种古茶树代表性植株，品质优良	长势较强
113	芒信古茶树	孟连县芒信镇芒信村委会，东经 99°32′24″，北纬 22°11′24″，海拔 1370m	*C. assamica*	栽培种古茶树代表性植株，品质优良	长势偏弱
114	糯东古茶树	孟连县公信乡糯东村委会，东经 99°22′12″，北纬 22°19′6″，海拔 1591m	*C. assamica*	栽培种古茶树代表性植株，品质优良	长势较弱
		澜沧县			
115	看马山古茶树	澜沧县勐朗镇看马山村委会大寨村民小组，东经 100°07′12″，北纬 22°26′18″，海拔 2130m	*C. taliensis*	野生种古茶树代表性植株	长势较强
116	南洼古茶树	澜沧县上允镇南洼村委会下河边村民小组，东经 99°50′24″，北纬 20°59′6″，海拔 1520m	*C. assamica*	栽培种古茶树代表性植株，品质优良	长势偏弱
117	芒洪古茶树	澜沧县惠民镇芒景村委会芒洪寨村民小组，东经 100°0′30″，北纬 22°08′24″，海拔 1350m	*C. assamica*	栽培种古茶树代表性植株，品质优良	长势较强

序号	古茶树名称	生长地点	学名	保护价值	生长状况
118	芒景上寨 1 号古茶树	澜沧县惠民镇芒景村委会芒景上寨村民小组，东经 100°01′34″，北纬 22°09′13″，海拔 1488m	*C. assamica*	栽培种古茶树代表性植株，品质优良	长势较强
119	景迈大寨 1 号古茶树	澜沧县惠民镇景迈村委会景迈大寨村民小组，东经 100°01′48″，北纬 22°12′38″，海拔 1515m	*C. assamica*	栽培种古茶树代表性植株，品质优良	长势较强
120	景迈大寨 2 号古茶树	澜沧县惠民镇景迈村委会景迈大寨村民小组，东经 100°01′50″，北纬 22°12′36″，海拔 1515m	*C. assamica*	栽培种古茶树代表性植株，品质优良	长势较强
121	糯干 1 号古茶树	澜沧县惠民镇景迈村委会糯干村民小组，东经 100°00′37″，北纬 22°13′08″，海拔 1469m	*C. assamica*	栽培种古茶树代表性植株，品质优良	长势较强
122	勐本 1 号古茶树	澜沧县惠民镇景迈村委会勐本村民小组，东经 100°01′15″，北纬 22°12′02″，海拔 1438m	*C. assamica*	栽培种古茶树代表性植株，品质优良	长势较强
123	景迈村大平掌 1 号古茶树	澜沧县惠民镇景迈村委会景迈村民小组大平掌，东经 100°00′37″，北纬 22°11′55″，海拔 1597m	*C. assamica*	栽培种古茶树代表性植株，品质优良	长势较强
124	景迈村大平掌 2 号古茶树	澜沧县惠民镇景迈村委会景迈村民小组大平掌，东经 100°00′38″，北纬 22°11′55″，海拔 1624m	*C. assamica*	栽培种古茶树代表性植株，品质优良	长势较强
125	景迈村大平掌 3 号古茶树	澜沧县惠民镇景迈村委会景迈村民小组大平掌，东经 100°01′15″，北纬 22°12′03″，海拔 1579m	*C. assamica*	栽培种古茶树代表性植株，品质优良	长势较强
126	芒埂 1 号古茶树	澜沧县惠民镇景迈村委会芒埂村民小组，东经 100°03′17″，北纬 22°12′37″，海拔 1199m	*C. assamica*	栽培种古茶树代表性植株，品质优良	长势较强
127	油榨房古茶树	澜沧县大山乡油榨房村委会上老董村民小组，东经 100°32′，北纬 23°00′18″，海拔 1860m	*C. assamica*	栽培种古茶树代表性植株，品质优良	长势偏弱

序号	古茶树名称	生长地点	学名	保护价值	生长状况
128	龙塘古茶树	澜沧县南岭乡勐炳村委会龙塘村民小组，东经 99°55′12″，北纬 22°49′24″，海拔 1890m	*C. assamica*	栽培种古茶树代表性植株，品质优良	长势较强
129	音同古茶树	澜沧县拉巴乡音同村委会新音同村民小组，东经 99°34′6″，北纬 22°33′12″，海拔 1940m	*C. sinensis* var. *pubilimba*	野生种古茶树代表性植株	长势较弱
130	战马坡古茶树	澜沧县竹塘乡战马坡村委会夏拉早国村民小组，东经 99°40′12″，北纬 22°53′42″，海拔 2260m	*C. taliensis*	野生种古茶树代表性植株	长势较强
131	老缅寨古茶树	澜沧县竹塘乡东主村委会老缅寨村民小组，东经 99°51′24″，北纬 20°39′12″，海拔 1630m	*C. dehungensis*	栽培种古茶树代表性植株，品质优良	长势较强
132	莫乃古茶树	澜沧县竹塘乡莫乃村委会小广扎村民小组，东经 99°49′18″，北纬 22°40′24″，海拔 1520m	*C. assamica*	栽培种古茶树代表性植株，品质优良	长势较强
133	茨竹河古茶树	澜沧县竹塘乡茨竹河村委会达的村民小组，东经 99°43′24″，北纬 22°46′30，海拔 2050m	*C. assamica*	栽培种古茶树代表性植株，品质优良	长势较强
134	赛罕古茶树	澜沧县富帮乡赛罕村委会山心村民小组，东经 99°52′30″，北纬 22°51′36″，海拔 2220m	*C. taliensis*	野生种古茶树代表性植株	长势较强
135	帮奈古茶树	澜沧县富帮乡帮奈村委会大寨村民小组，东经 99°49′6″，北纬 22°55′36″，海拔 1760m	*C. assamica*	栽培种古茶树代表性植株，品质优良	长势较强
136	糯波大箐古茶树	澜沧县安康乡糯波村委会大箐，东经 99°38′24″，北纬 23°12′，海拔 1900m	*C. assamica*	栽培种古茶树代表性植株，品质优良	长势较强
137	佛房古茶树	澜沧县安康乡南栅村委会佛房寨村民小组，东经 99°42′18″，北纬 23°09′6″，海拔 1890m	–	过渡型古茶树代表性植株，品质优良	长势较强

序号	古茶树名称	生长地点	学名	保护价值	生长状况
138	芒大寨古茶树	澜沧县文东乡小寨村委会芒大寨村民小组，东经 99°53′12″，北纬 23°11′00″，海拔 1970m	*C. assamica*	栽培种古茶树代表性植株，品质优良	长势较强
139	小寨古茶树	澜沧县文东乡小寨村委会，东经 99°53′24″，北纬 23°10′12″，海拔 1940m	*C. sinensis* var. *pubilimba*	栽培种古茶树代表性植株，品质优良	长势较强
140	新寨大山茶 1 号古茶树	澜沧县富东乡邦崴村委会新寨村民小组，东经 99°56′6″，北纬 23°07′18″，海拔 1930m	*C. taliensis*	野生种古茶树代表性植株	长势较强
141	新寨大山茶 2 号古茶树	澜沧县富东乡邦崴村委会新寨村民小组，东经 99°56′6″，北纬 23°07′18″，海拔 1900m	*C. taliensis*	野生种古茶树代表性植株	长势较强
142	富东大平掌古茶树	澜沧县富东乡小坝村委会大平掌村民小组，东经 99°58′18″，北纬 23°11′12″，海拔 1730m	*C. assamica*	栽培种古茶树代表性植株，品质优良	长势较强
143	岔路古茶树	澜沧县富东乡邦崴村委会梁子村民小组，东经 99°56′18″，北纬 23°07′24″，海拔 2030m	–	过渡型古茶树代表性植株，品质优良	长势偏弱
144	邦崴古茶树	澜沧县富东乡邦崴村新寨小组，东经 99°56′6″，北纬 23°7′18″，海拔 1900m	–	过渡型古茶树代表性植株，品质优良	长势强
145	南六古茶树	澜沧县木戛乡南六村委会，东经 99°40′18″，北纬 23°01′，海拔 1850m	*C. talliensis*	野生种古茶树代表性植株	长势偏弱
146	大拉巴古茶树	澜沧县木戛乡拉巴村委会大拉巴村民小组，东经 99°35′24″，北纬 23°04′12″，海拔 1820m	*C. assamica*	栽培种古茶树代表性植株，品质优良	长势偏弱
147	大尖山古茶树	澜沧县发展河乡营盘村委会的大尖山脚村民小组，东经 100°18′36″，北纬 22°27′6″，海拔 2250m	*C. taliensis*	野生种古茶树代表性植株	长势偏弱
148	营盘草坝古茶树	澜沧县发展河乡发展河村委会排坡营村民小组，东经 100°01′，北纬 22°23′30″，海拔 2150m	*C. taliensis*	野生种古茶树代表性植株	长势偏弱

序号	古茶树名称	生长地点	学名	保护价值	生长状况
149	南丙古茶树	澜沧县发展河乡发展河村委会南丙村民小组，东经 100°9′6″，北纬 22°21′6″，海拔 1470m	*C. sinensis* var. *assamica*	栽培种古茶树代表性植株，品质优良	长势较强
		西盟县			
150	班母野生种古茶树 1 号	西盟县勐梭镇班母村委会富母乃村民小组后山，东经 99°35′6″，北纬 22°34′24″，海拔 1860m	*C. taliensis*	野生种古茶树代表性植株	长势较弱
151	班母栽培种古茶树 1 号	西盟县勐梭镇班母村委会富母乃村民小组后山，东经 99°39′12″，北纬 22°37′18″，海拔 1400m	*C. assamica*	栽培种古茶树代表性植株，品质优良	长势偏弱
152	勐卡古茶树	西盟县勐卡镇城子水库边，东经 99°26′36″，北纬 22°44′12″，海拔 2083m	*C. taliensis*	野生种古茶树代表性植株	长势偏弱
153	大黑山腊古茶树	西盟县勐卡镇马散村委会大黑山腊村民小组，东经 99°26′24″，北纬 22°47′6″，海拔 2170m	*C. taliensis*	野生种古茶树代表性植株	长势较弱
154	野牛山古茶树	西盟县力所乡南亢村委会怕科村民小组，东经 99°27′6″，北纬 22°41′，海拔 1810m	*C. taliensis*	野生种古茶树代表性植株	长势较强
155	怕科古茶树	西盟县力所乡南亢村委会怕科村民小组，东经 99°27′12″，北纬 22°41′24″，海拔 1640m	*C. assamica*	栽培种古茶树代表性植株，品质优良	长势偏弱

表 3：建议重点保护的临沧市古茶树一览表

序号	古茶树名称	生长地点	学名	保护价值	生长状况
		临翔区			
1	多依村 1 号古茶树	临翔区南美乡多依村，东经 99°90′08″，北纬 23°92′26″，海拔 2417m	*C. taliensis*	为当地野生种古茶树代表性植株	长势一般
2	多依村 2 号古茶树	临翔区南美乡多依村，东经 99°90′11″，北纬 23°92′28″，海拔 2409m	*C. taliensis*	为当地野生种古茶树代表性植株	长势一般
3	多依村 3 号古茶树	临翔区南美乡多依村，东经 99°89′99″，北纬 23°91′80″，海拔 2442m	*C. taliensis*	为当地野生种古茶树代表性植株	长势一般

序号	古茶树名称	生长地点	学名	保护价值	生长状况
4	坡脚村 1 号古茶树	临翔区南美乡坡脚村，东经 99°91′89″，北纬 23°80′51″，海拔 1639m	*C. assamica*	栽培种古茶树代表性植株，品质优良	长势较强
5	坡脚村 2 号古茶树	临翔区南美乡坡脚村，东经 99°91′99″，北纬 23°80′51″，海拔 1643m	*C. assamica*	栽培种古茶树代表性植株，品质优良	长势较强
6	李家村 1 号古茶树	临翔区邦东乡李家村，东经 100°35′42″，北纬 23°94′00″，海拔 1673m	*C. assamica*	栽培种古茶树代表性植株，品质优良	长势较强
7	李家村 2 号古茶树	临翔区邦东乡李家村，东经 100°35′42″，北纬 23°94′00″，海拔 1684m	*C. assamica*	栽培种古茶树代表性植株，品质优良	长势较强
8	李家村 3 号古茶树	临翔区邦东乡李家村，东经 100°35′55″，北纬 23°94′00″，海拔 1666m	*C. assamica*	栽培种古茶树代表性植株，品质优良	长势较强
9	昔归村 1 号古茶树	临翔区邦东乡昔归村，东经 100°40′67″，北纬 23°92′33″，海拔 978m	*C. assamica*	栽培种古茶树代表性植株，品质优良	长势较强
10	昔归村 2 号古茶树	临翔区邦东乡昔归村，东经 100°40′54″，北纬 23°92′30″，海拔 986m	*C. assamica*	栽培种古茶树代表性植株，品质优良	长势较强
11	曼岗村 1 号古茶树	临翔区邦东乡曼岗村	*C. taliensis*	为当地野生种古茶树代表植株	长势较强
凤庆县					
12	永新 1 号古茶树	凤庆县鲁史镇永新村龙竹山，海拔 2030m	*C. assamica*	栽培种古茶树代表性植株，品质优良	长势较强
13	白岩古茶树	凤庆县鲁史镇团结村白岩山，海拔 2072m	*C. assamica*	栽培种古茶树代表性植株，品质优良	长势较强

序号	古茶树名称	生长地点	学名	保护价值	生长状况
14	龙竹山古茶树	凤庆县鲁史镇团结村龙竹山，海拔 2018m	C. assamica	栽培种古茶树代表性植株，品质优良	长势较强
15	大尖山古茶树	凤庆县鲁史镇团结村大尖山，海拔 2045m	C. assamica	栽培种古茶树代表性植株，品质优良	长势较强
16	香竹箐 1 号古茶树	凤庆县小湾镇锦绣村香竹箐，东经 100°04′53″，北纬 24°35′51″，海拔 2109m	C. taliensis	为目前在临沧市发现的最粗大、生长最较强、年代最久远的野生种古茶树	长势较强
17	岔河村 1 号古茶树	凤庆县大寺乡岔河村，东经 99°48′32″，北纬 24°42′15″，海拔 2068m	C. assamica	栽培种古茶树代表性植株，品质优良	长势较强
18	锦绣村 1 号古茶树	凤庆县小湾镇锦绣村，东经 100°41′32″，北纬 24°36′37″，海拔 2109m	C. assamica	栽培种古茶树代表性植株，品质优良	长势较强
19	锦绣村 2 号古茶树	凤庆县小湾镇锦绣村，东经 100°41′33″，北纬 24°36′31″，海拔 2109m	C. assamica	栽培种古茶树代表性植株，品质优良	长势较强
20	平和村汤家 1 号古茶树	凤庆县大寺乡平和村，海拔 2130m	C. assamica	栽培种古茶树代表性植株，品质优良	长势较强
21	星源村古茶树	凤庆县腰街乡星源村，海拔 2010m	C. assamica	栽培种古茶树代表性植株，品质优良	长势较强
22	羊山古茶树	凤庆县大寺乡岔河村羊山，海拔 2080m	C. assamica	栽培种古茶树代表性植株，品质优良	长势较强
23	甲山古茶树	凤庆县小湾镇锦秀村甲山，海拔 2170m	C. assamica	栽培种古茶树代表性植株，品质优良	长势较强

序号	古茶树名称	生长地点	学名	保护价值	生长状况
24	红卫组古茶树	凤庆县小湾镇锦秀村红卫组，海拔2190m	*C. assamica*	栽培种古茶树代表性植株，品质优良	长势较强
25	桂花村古茶树	凤庆县小湾镇桂花村，海拔2060m	*C. assamica*	栽培种古茶树代表性植株，品质优良	长势较强
26	箐中古茶树	凤庆县小湾镇桂花村箐中，海拔2065m	*C. assamica*	栽培种古茶树代表性植株，品质优良	长势较强
27	梅竹村古茶树	凤庆县小湾镇梅竹村，海拔2050m	*C. assamica*	栽培种古茶树代表性植株，品质优良	长势较强
28	鼎兴村古茶树	凤庆县洛党镇鼎兴村，海拔1970m	*C. assamica*	栽培种古茶树代表性植株，品质优良	长势较强
29	四十八道河古茶树	凤庆县洛党镇新峰村四十八道河，海拔2350m	*C. assamica*	栽培种古茶树代表性植株，品质优良	长势较强
30	柏木村古茶树	凤庆县三岔河乡柏木村，海拔1947m	*C. assamica*	栽培种古茶树代表性植株，品质优良	长势较强
31	新华水源古茶树	凤庆县新华乡水源村，海拔1760m	*C. assamica*	栽培种古茶树代表性植株，品质优良	长势较强
云县					
32	黄竹箐古茶树	云县爱华镇黄竹箐，海拔1950m	–	为当地古茶树的代表性植株	长势较强
33	独木村1号古茶树	云县爱华镇独木村，东经100°16′21″，北纬23°39′38″，海拔2013m	*C. assamica*	栽培种古茶树代表性植株，品质优良	长势较强

序号	古茶树名称	生长地点	学名	保护价值	生长状况
34	白莺山 1 号古茶树	云县白莺山古茶树园	–	为当地二嘎子茶代表性植株，品种优良	长势较强
35	白莺山 2 号古茶树	云县白莺山古茶树园	*C. taliensis*	为当地本山茶代表性植株，品种优良	长势较强
36	白莺山 3 号古茶树	云县白莺山古茶树园	*C. sinensis*	为当地红芽子茶代表植株，品种优良	长势较强
37	白莺山 4 号古茶树	云县白莺山古茶树园	*C. sinensis*	为当地柳叶茶代表性植株，品种优良	长势较强
38	温速村 1 号古茶树	云县忙怀乡温速村，东经 100°24′30″，北纬 24°30′31″，海拔 2138m	*C. assamica*	栽培种古茶树代表性植株，品质优良	长势较强
39	糯伍村 1 号古茶树	云县大朝山西镇菖蒲塘村委会糯伍村民小组，东经 100°36′11″，北纬 23°12′38″，海拔 1653m	*C. assamica*	栽培种古茶树代表性植株，品质优良	长势较强
40	纸山箐村 1 号古茶树	云县大朝山西镇纸山箐村，东经 100°18′24″，北纬 23°02′18″，海拔 1919m	*C. assamica*	栽培种古茶树代表性植株，品质优良	长势较强
41	昔元村 1 号古茶树	云县大朝山西镇昔元村，东经 100°19′22″，北纬 23°04′11″，海拔 1808m	*C. assamica*	栽培种古茶树代表性植株，品质优良	长势较强
42	灰窑村 1 号古茶树	云县幸福镇灰窑村，地理坐标为北纬 24°15′，东经 99°52′，海拔 2400m	–	为当地古茶树的代表性植株	长势较强
43	灰窑村 2 号古茶树	云县幸福镇灰窑村，地理坐标为北纬 24°15′，东经 99°52′，海拔 2363m	–	为当地古茶树的代表性植株	长势较强
44	哨街村古茶树	云县茂兰镇哨街村，海拔 1880m	–	为当地古茶树的代表性植株	长势较强

序号	古茶树名称	生长地点	学名	保护价值	生长状况
45	黄皮寨 1 号古茶树	永德县德党镇明朗牛火塘村水头黄皮寨，东经 99°13′04″，北纬 24°50′11″，海拔 2169m	C. taliensis	为当地古茶树的代表性植株	长势中等
46	黄皮寨 2 号古茶树	永德县德党镇明朗牛火塘村水头黄皮寨，东经 99°13′24″，北纬 24°50′50″，海拔 2169m	C. taliensis	为当地古茶树的代表性植株	已遭砍伐性采摘，长势中等
47	黄皮寨 3 号古茶树	永德县德党镇明朗牛火塘村水头黄皮寨，东经 99°13′41″，北纬 24°50′30″，海拔 2169m	C. taliensis	为当地古茶树的代表性植株	已遭砍伐性采摘，长势中等
48	黄皮寨 4 号古茶树	永德县德党镇明朗牛火塘村水头黄皮寨，东经 99°13′24″，北纬 24°50′30″，海拔 2169m	C. taliensis	为当地古茶树的代表性植株	已遭砍伐性采摘，长势中等
49	牛火塘村 1 号古茶树	永德县德党镇牛火塘村，东经 99°13′46″，北纬 23°50′40″，海拔 2187m	C. taliensis	为当地古茶树的代表性植株	长势较强
50	牛火塘村 2 号古茶树	永德县德党镇牛火塘村，东经 99°13′56″，北纬 23°50′40″，海拔 2187m	C. taliensis	为当地古茶树的代表性植株	长势较强
51	棠梨山 1 号古茶树	永德县勐板乡两沟水后山，东经 99°13′01″，北纬 24°02′13″，海拔 2290m	C. taliensis	为当地古茶树的代表性植株	已遭砍伐性采摘，长势中等
52	棠梨山 2 号古茶树	永德县勐板乡两沟水后山，东经 99°13′18″，北纬 24°02′45″，海拔 2291m	C. taliensis	为当地古茶树的代表性植株	已遭砍伐性采摘，长势中等
53	棠梨山 3 号古茶树	永德县勐板乡两沟水后山，东经 99°13′19″，北纬 24°02′25″，海拔 2454m	C. taliensis	为当地古茶树的代表性植株	已遭砍伐性采摘，长势中等

序号	古茶树名称	生长地点	学名	保护价值	生长状况
54	棠梨山 4 号古茶树	永德县勐板乡两沟水后山，东经 99°03′31″，北纬 24°02′21″，海拔 2500m	C. taliensis	为当地古茶树的代表性植株	已遭砍伐性采摘，长势中等
55	棠梨山 5 号古茶树	永德县勐板乡两沟水后山，东经 99°13′35″，北纬 24°02′21″，海拔 2500m	C. taliensis	为当地古茶树的代表性植株	已砍伐采摘，长势中等
56	永德大雪山 1 号古茶树	永德县大雪山自然保护区，东经 99°13′56″，北纬 23°50′40″，海拔 2387m	C. taliensis	为当地古茶树的代表性植株	长势一般
57	永德大雪山 2 号古茶树	永德县大雪山自然保护区穆家平掌，东经 99°37′84″，北纬 24°09′03″，海拔 2405m	C. taliensis	为当地古茶树的代表性植株	已遭砍伐性采摘，长势中等
58	永德大雪山 3 号古茶树	永德县大雪山自然保护区穆家平掌，东经 99°37′84″，北纬 24°09′03″，海拔 2405m	C. taliensis	为当地古茶树的代表性植株	已遭砍伐性采摘，长势中等
59	永德大雪山 4 号古茶树	永德县大雪山自然保护区四十八道河南岸，东经 99°37′85″，北纬 24°08′77″，海拔 2373m	C. taliensis	为当地古茶树的代表性植株	已遭砍伐性采摘，长势中等
60	永德大雪山 5 号古茶树	永德县大雪山自然保护区四十八道河水蕨蕨洼，东经 99°37′62″，北纬 24°08′12″，海拔 2361m	C. taliensis	为当地古茶树的代表性植株	已遭砍伐性采摘，长势中等
61	永德大雪山 6 号古茶树	永德县大雪山自然保护区四十八道河水蕨蕨洼，东经 99°37′62″，北纬 24°08′12″，海拔 2361m	C. taliensis	为当地古茶树的代表性植株	已遭砍伐性采摘，长势中等

序号	古茶树名称	生长地点	学名	保护价值	生长状况
62	永德大雪山 7 号古茶树	永德县大雪山自然保护区四十八道河前麻林沟，东经99°37′62″，北纬24°08′12″，海拔2361m	C. taliensis	为当地古茶树的代表性植株	已遭砍伐性采摘，长势中等
63	永德大雪山 8 号古茶树	永德县大雪山自然保护区四十八道河前麻林沟，东经99°37′62″，北纬24°08′12″，海拔2361m	C. taliensis	为当地古茶树的代表性植株	已遭砍伐性采摘，长势中等
64	永德大雪山 9 号古茶树	永德县大雪山自然保护区四十八道河中胶厂，东经99°37′57″，北纬24°08′12″，海拔2406m	C. taliensis	为当地古茶树的代表性植株	已遭砍伐性采摘，长势中等
65	永德大雪山 10 号古茶树	永德县大雪山自然保护区四十八道河中胶厂，东经99°37′57″，北纬24°08′12，海拔2460m	C. taliensis	为当地古茶树的代表性植株	已遭砍伐性采摘，长势中等
66	永德大雪山 11 号古茶树	永德县大雪山自然保护区四十八道河中胶厂，东经99°37′57″，北纬24°08′12″，海拔2460m	C. taliensis	为当地古茶树的代表性植株	已遭砍伐性采摘，长势中等
67	永德大雪山 12 号古茶树	永德县大雪山自然保护区四十八道河中胶厂，东经99°37′96″，北纬24°07′50″，海拔2459m	C. taliensis	为当地古茶树的代表性植株	已遭砍伐性采摘，长势中等
68	岩岸山 1 号古茶树	永德县鸣凤山乡岩岸村，东经99°11′27″，北纬23°55′44″，海拔2011m	C. assamica	地方品种、优异资源	长势较强
镇康县					
69	背荫山 17 号古茶树	镇康县凤尾乡大坝村，东经99°01′65″，北纬23°56′13″，海拔1508m	C. taliensis	为当地古茶树的代表性植株	长势较强
70	包包寨 1 号古茶树	镇康县勐棒乡包包寨村，东经98°52′45″，北纬24°04′31″，海拔1627m	C. assamica	地方品种、优异资源	长势较强

序号	古茶树名称	生长地点	学名	保护价值	生长状况
71	岔路寨 1 号古茶树	镇康县忙丙乡岔路寨，海拔 1622m	*C. taliensis*	地方品种、优秀资源	长势较强
72	岔路寨 2 号古茶树	镇康县忙丙乡岔路寨，海拔 1422m	*C. assamica*	地方品种、优秀资源	长势较强
73	岔路寨 3 号古茶树	镇康县忙丙乡岔路寨，海拔 1445m	*C. assamica*	地方品种、优异资源	长势较强
74	岔路寨 4 号古茶树	镇康县忙丙乡岔路寨，海拔 1448m	*C. assamica*	地方品种、优异资源	长势较强
75	岔路寨 15 号古茶树	镇康县芒丙乡岔路寨村，东经 99°08′00″，北纬 23°55′45″，海拔 1970m	*C. irrawadiensis*	为当地古茶树的代表性植株	长势较强
76	绿荫塘 12 号古茶树	镇康县木场乡绿荫塘村，东经 99°05′23″，北纬 23°51′38″，海拔 2100m	*C. taliensis*	为当地古茶树的代表性植株	长势较强
双江县					
77	勐库大雪山 1 号古茶树	双江县勐库大雪山，东经 99°47′79″，北纬 23°41′79″，海拔 2700m	*C. taliensis*	目前发现海拔最高，当地最具代表性的野生种古茶树	长势较强
78	勐库大雪山 +1 号古茶树	双江县勐库大雪山，东经 99°47′68″，北纬 23°41′88″，海拔 2748m	*C. taliensis*	当地最具代表性野生种古茶树	长势较强
79	勐库大雪山 2 号古茶树	双江县勐库大雪山，海拔 2748m	*C. taliensis*	当地最具代表性野生种古茶树	长势较强
80	勐库大雪山 3 号古茶树	双江县勐库大雪山，东经 99°09′16″，北纬 23°41′88″，海拔 2600m	*C. henryand*	连体生长的野生种古茶树（分别为大理茶种与蒙自山茶种）	长势较强
81	冰岛村 1 号古茶树	双江县勐库镇冰岛村，东经 99°09′14″，北纬 23°78′52″，海拔 1688*m*	*C. assamica*	地方品种、优异资源	长势较强
82	冰岛村 2 号古茶树	双江县勐库镇冰岛村，东经 99°01′60″，北纬 23°78′59″，海拔 1703m	*C. assamica*	地方品种、优异资源	长势较强
83	冰岛村 3 号古茶树	双江县勐库镇冰岛村，东经 99°09′28″，北纬 23°78′45″，海拔 1663m	*C. assamica*	地方品种、优异资源	长势较强

序号	古茶树名称	生长地点	学名	保护价值	生长状况
84	坝糯 1 号古茶树	双江县勐镇坝糯村委会八村民小组，东经 99°94′45″，北纬 23°66′95″，海拔 1951m	C. assamica	地方品种、优异资源	长势较强
85	坝糯 2 号古茶树	双江县勐库乡坝糯村委会八村民小组，东经 99°56′40″，北纬 23°40′10″，海拔 1951m	C. assamica	栽培种古茶树代表性植株	长势较强
86	那赛村 1 号古茶树	双江县勐库镇那赛村，东经 99°97′65″，北纬 23°63′44″，海拔 1746m	C. assamica	栽培种古茶树代表性植株	长势较强
87	小户赛村 1 号古茶树	双江县勐库镇公弄村委会小户赛村民小组，东经 99°49′23″，北纬 23°40′21″，海拔 1701m	C. assamica	栽培种古茶树代表性植株	长势较强
88	小户赛村 2 号古茶树	双江县勐库镇公弄村，东经 99°82′67°，北纬 23.67′42°，海拔 1682m	C. assamica	栽培种古茶树代表性植株	长势较强
89	小户赛村 3 号古茶树	双江县勐库镇公弄村委会小户赛村民小组，东经 99°49′35″，北纬 23°40′28″，海拔 1693m	C. assamica	栽培种古茶树代表性植株	长势较强
90	邦木村 1 号古茶树	双江县沙河乡邦木村，东经 99°77′18″，北纬 23°57′23″，海拔 1741m	C. assamica	地方品种、优异资源	长势较强
91	邦木村 2 号古茶树	双江县沙河乡邦木村，东经 99°77′18″，北纬 23°57′23″，海拔 1727m	C. assamica	地方品种、优异资源	长势较强
耿马县					
92	大青山 1 号古茶树	耿马县大青山，海拔 2251m	C. taliensis	为当地野生种古茶树的代表性植株	长势较强
93	大浪坝 1 号古茶树	耿马县芒洪乡大浪坝，海拔 2051m	C. taliensis	为当地野生种古茶树的代表性植株	长势较强
94	大兴 1 号古茶树	耿马县大兴乡，海拔 2251m	C. taliensis	为当地野生种古茶树的代表性植株	长势较强
95	户南村 1 号古茶树	耿马县户南村，东经 99°22′08″，北纬 23°27′56″，海拔 1685m	C. assamica	为当地古茶树的代表性植株	长势较强

序号	古茶树名称	生长地点	学名	保护价值	生长状况
		沧源县			
96	贺岭1号古茶树	沧源县单甲乡贺岭村，东经99°21′37″，北纬23°10′19″，海拔2201m	*C. taliensis*	为当地古茶树的代表植株	长势较强
97	贺岭2号古茶树	沧源县单甲乡贺岭村，东经99°19′38″，北纬23°12′21″，海拔1662m	*C. irrawadiensis*	滇缅茶代表植株	长势较强
98	大黑山1号古茶树	沧源县单甲乡大黑山，海拔2295m	*C. atrothea*	为当地古茶树代表植株	长势较强
99	怕拍1号古茶树	沧源县糯良乡怕拍村，东经99°37′28″，北纬23°12′38″，海拔2013m	*C. taliensis*	为当地古茶树代表植株	长势较强
100	怕拍2号古茶树	沧源县糯良乡怕拍村，东经99°37′16″，北纬23°31′26″，海拔1999m	*C. taliensis*	为当地古茶树代表植株	长势较强
101	怕拍3号古茶树	沧源县糯良乡怕拍村，东经99°22′16″，北纬23°18′36″，海拔1952m	*C. irrawadiensis*	为当地古茶树代表植株	长势较强
102	怕拍5号古茶树	沧源县糯良乡怕拍村，东经99°22′23″，北纬23°18′58″，海拔1941m	*C. assamica*	为当地古茶树代表植株	长势较强

表4：建议重点保护的楚雄州古茶树一览表

序号	古茶树名称	生长地点	学名	保护价值	生长状况
		楚雄市			
1	大冷山古茶树	楚雄市西舍路镇朵苴村委会大冷山干沟坡，东经101°05′50.67″，北纬24°56′8.4″，海拔2311m	*C. crassicolumna*	当地古茶树代表性植株	长势较强
2	鹦歌水井1号古茶树	楚雄市西舍路镇达诺村委会鹦歌水井村民小组农户罗存国家的住房后，在住房西边约10m处，东经101°02′25.92″，北纬24°43′04.8″，海拔2311m	*C. atrothea*	当地古茶树代表性植株	长势较强
3	鹦歌水井2号古茶树	楚雄市西舍路镇达诺村委会鹦歌水井村民小组进村车路边梯地的地埂上，东经100°02′38.36″，北纬24°43′08.4″，海拔2128.3m	*C. atrothea*	当地古茶树代表性植株	长势较强

序号	古茶树名称	生长地点	学名	保护价值	生长状况
4	鹦歌水井 3 号古茶树	楚雄市西舍路镇达诺村委会鹦歌水井进村车路边梯地的地埂上，东经 100°02′38.49″，北纬 24°43′10.19″，海拔 2126.1m	*C. assamica*	当地古茶树代表性植株	长势较强
5	羊厩房 1 号古茶树	楚雄市西舍路镇安乐甸村委会羊厩房村民小组农户鲁发旺家住宅边，东经 101°02′12.74″，北纬 24°43′38.19″，海拔 2112.2m	*C. atrothea*	当地古茶树代表性植株	长势较强
6	羊厩房 2 号古茶树	楚雄市西舍路镇安乐甸村委会羊厩房村民小组农户李开崇家住宅边，东经 101°02′18.31″，北纬 24°43′11.49″，海拔 2102.6m	*C. atrothea*	当地古茶树代表性植株	长势较强
7	羊厩房 3 号古茶树	楚雄市西舍路镇安乐甸村委会羊厩房村民小组农户鲁发正家住宅边，东经 101°02′10.96″，北纬 24°43′42.22″，海拔 2100.3m	*C. atrothea*	当地古茶树代表性植株	长势较强
8	羊厩房 4 号古茶树	楚雄市西舍路镇安乐甸村委会羊厩房村民小组农户鲁发军家的承包地内，东经 101°02′13.27″，北纬 24°43′42.29″，海拔 2098.3m	*C. atrothea*	当地古茶树代表性植株	长势较强
9	鲁大村 1 号古茶树	楚雄市西舍路镇汪家场村委会鲁大村村民小组村东 50m 处，海拔 2075m	*C. atrothea*	当地古茶树代表性植株	长势较强
10	朵苴村 1 号古茶树	楚雄市西舍路镇朵苴村委会朵苴新村村民小组朵苴村西南 3.5km 处，海拔 1850m	—	当地古茶树代表性植株	长势较强
11	祭龙村古茶树	楚雄市西舍路镇祭龙村委会村委会东南约 100m 处，海拔 2000m	*C. assamica*	当地古茶树代表性植株	长势较强
双柏县					
12	上龙树村古茶树	双柏县鄂嘉镇义隆村委会上龙树村民小组的农户李富全家的菜地边，东经 101°17′43″，北纬 24°23′03″，海拔 1654m	*C. assamica*	当地古茶树代表性植株	长势较强
13	茶树村古茶树	双柏县鄂嘉镇老厂村委会茶树村村民小组，东经 101°11′41″，北纬 24°23′37.5″，海拔 2398m	*C. taliensis*	当地古茶树代表性植株	长势较强

序号	古茶树名称	生长地点	学名	保护价值	生长状况
14	梁子村 1 号古茶树	双柏县鄂嘉镇老厂村委会梁子村民小组农户李有才承包地的地埂边，东经 101°13′04″，北纬 24°24′42.9″，海拔 1965m	*C. atrothea*	当地古茶树代表性植株	长势较强
15	梁子村 2 号古茶树	双柏县鄂嘉镇老厂村委会梁子村村民小组农户李有才等承包地新植核桃林的地埂边，东经 101°13′04″，北纬 24°24′43.8″，海拔 1951m	*C. atrothea*	当地古茶树代表性植株	长势较强
16	榨房村 1 号古茶树	双柏县鄂嘉镇大红山榨房村中东北 10m 处，东经 101°09′06″，北纬 24°30′12.6″，海拔 2000m	*C. irrawadiensis*	当地古茶树代表性植株	长势较强
17	上村古茶树	双柏县鄂嘉镇义隆村委会上村村民小组农户李天云家承包地的地埂边该村后西北 10m 处，东经 101°13′43″，北纬 24°23′03″，海拔 1450m	*C. sinensis*	当地古茶树代表性植株	长势较强
18	竹林山古茶树	双柏县鄂嘉镇旧丈村委会竹林山村民小组农户赵文魁家承包地，海拔 1900m	*C. yunkiangica*	当地古茶树代表性植株	长势较强
19	大丫口古茶树	双柏县鄂嘉镇旧麻旺村委会大丫口村民小组，海拔 1760m	*C. amanglaensis*	当地古茶树代表性植株	长势较强
南华县					
20	丁家村 1 号古茶树	南华县马街镇车威村委会丁家村村民小组，东经 100°55′38.3″，北纬 24°47′43.3″，海拔 1652m	*C. assamica*	当地古茶树代表性植株	长势较强
21	丁家村 2 号古茶树	南华县马街镇威车村委会丁家村，东经 100°55′36.3″，北纬 24°47′44.0″，海拔 1652m	*C. assamica*	当地古茶树代表性植株	长势较强
22	兴榨房 1 号古茶树	南华县马街镇威车村委会兴榨房村村民小组，东经 100°55′16.6″，北纬 24°47′34.9″，海拔 1785m	*C. atrothea*	当地古茶树代表性植株	长势较强
23	兴榨房 2 号古茶树	南华县马街镇威车村委会兴榨房村村民小组，东经 100°55′14.2″，北纬 24°47′36.5″，海拔 1772m	*C. atrothea*	当地古茶树代表性植株	长势较强

序号	古茶树名称	生长地点	学名	保护价值	生长状况
24	兴榨房 3 号古茶树	南华县马街镇威车村委会新榨房村民小组农户董永福住房后，海拔 1780m	*C. atrothea*	当地古茶树代表性植株	长势较强
25	上村 1 号古茶树	南华县兔街镇干龙潭村委会现驻地旁，东经 100°50′50.9″，北纬 24°45′49.2″，海拔 2088m	*C. atrothea*	当地古茶树代表性植株	长势较强
26	上村 2 号古茶树	南华县兔街镇干龙潭村委会现驻地旁，东经 100°50′59.1″，北纬 24°46′03.6″，海拔 2108m	*C. atrothea*	当地古茶树代表性植株	长势较强
27	上村 3 号古茶树	南华县兔街镇干龙潭村委上村村民小组，东经 100°50′59.1″，北纬 24°46′04.6″，海拔 2118m	*C. atrothea*	当地古茶树代表性植株	长势较强
28	上村 4 号古茶树	南华县兔街镇干龙潭村委上村村民小组，东经 100°50′59.9″，北纬 24°46′03.6″，海拔 2108m	*C. atrothea*	当地古茶树代表性植株	长势较强
29	上村 5 号古茶树	南华县兔街镇干龙潭村委上村村民小组，东经 100°50′58.1″，北纬 24°46′03.9″，海拔 2110m	*C. atrothea*	当地古茶树代表性植株	长势较强
30	上村 6 号古茶树	南华县兔街镇干龙潭村委上村村民小组，东经 100°51′00.9″，北纬 24°46′05.9″，海拔 2150m	*C. yunkiangica*	当地古茶树代表性植株	长势较强
31	上村 7 号古茶树	南华县兔街镇干龙潭村委上村村民小组，东经 10°50′58.7″，北纬 24°46′06.6″，海拔 2155m	*C. atrothea*	当地古茶树代表性植株	长势较强
32	下村 1 号古茶树	南华县兔街镇干龙潭村委下村村民小组，东经 100°51′04.6″，北纬 24°46′01.9″，海拔 2090m	*C. atrothea*	当地古茶树代表性植株	长势较强
33	下村 2 号古茶树	南华县兔街镇干龙潭村委下村村民小组，东经 100°51′00.9″，北纬 24°46′03.4″，海拔 2088m	*C. assamica*	当地古茶树代表性植株	长势较强

序号	古茶树名称	生长地点	学名	保护价值	生长状况
34	下村3号古茶树	南华县兔街镇干龙潭村委下村村民小组，东经100°51′00.8″，北纬24°46′03.7″，海拔2088m	*C. assamica*	当地古茶树代表性植株	长势较强
35	领干村古茶树	兔街镇干龙潭村委会领干村村民小组，东经100°50′29.8″，北纬24°45′35.3″，海拔2116m	*C. assamica*	当地古茶树代表性植株	长势较强
36	梅子箐1号古茶树	南华县兔街镇兔街村委会梅子箐村民小组，东经100°47′23.9″，北纬24°47′34.0″，海拔1826m	*C. assamica*	当地古茶树代表性植株	长势较强
37	梅子箐2号古茶树	南华县兔街镇兔街村委会梅子箐村民小组，东经100°47′23.9″，北纬24°47′35.0″，海拔1836m	*C. assamica*	当地古茶树代表性植株	长势较强

表5：建议重点保护的红河州古茶树一览表

序号	古茶树名称	生长地点	学名	保护价值	生长状况
建水县					
1	普家箐1号古茶树	建水县普雄乡纸厂村委会普家箐，东经103°01′88.57″，北纬23°26′49.78″，海拔2221m	*C. taliensis*	当地古茶树代表性植株	长势较强
2	普家箐2号古茶树	建水县普雄乡纸厂村委会普家箐，东经103°01′44.07″，北纬23°26′49.86″，海拔2213.4m	*C. taliensis*	当地古茶树代表性植株	长势较强
3	普家箐3号古茶树	建水县普雄乡纸厂村委会普家箐，东经103°01′43.91″，北纬23°26′49.98″，海拔2217.6m	*C. taliensis*	当地古茶树代表性植株	长势较强
4	普家箐4号古茶树	建水县普雄乡纸厂村委会普家箐，东经103°01′49.08″，北纬23°26′54.09″，海拔2277.9m	*C. taliensis*	当地古茶树代表性植株	长势较强

序号	古茶树名称	生长地点	学名	保护价值	生长状况
5	普雄1号古茶树	建水县普雄乡纸厂村委会大丫巴山箐	*C. taliensis*	当地古茶树代表性植株	长势较强
6	普雄2号古茶树	建水县普雄乡纸厂村委会大丫巴山箐	*C. taliensis*	当地古茶树代表性植株	长势较强
		元阳县			
7	多依树1号古茶树	新街镇多依树村委会，东经102°47′30.7″，北纬23°05′18.3″，海拔1926m	*C. crassocolumna*	当地古茶树代表性植株	长势较强
8	多依树2号古茶树	新街镇多依树村委会，东经102°47′34.1″，北纬23°05′18.4″，海拔1948m	*C. crassocolumna*	当地古茶树代表性植株	长势较强
9	多依树3号古茶树	新街镇多依树村委会，东经102°46′10.8″，北纬23°06′20.9″，海拔1892m	*C. crassocolumna*	当地古茶树代表性植株	长势较强
		红河县			
10	尼美1号古茶树	乐育乡尼美村委会，东经102°18′22.3″，北纬23°17′49.7″，海拔1923m	*C. taliensis*	当地古茶树代表性植株	长势较强
11	尼美2号古茶树	乐育乡尼美村，东经102°18′21.4″，北纬23°17′45.7″，海拔1927m	*C. crassicolumna*	当地古茶树代表性植株	长势较强
12	尼美3号古茶树	乐育乡尼美村，东经102°18′21.4″，北纬23°17′45.6″，海拔1928m	*C. crassicolumna*	当地古茶树代表性植株	长势较强
13	尼美4号古茶树	乐育乡尼美村，东经102°18′22″，北纬23°17′43.1″，海拔1924m	*C. rotundata*	当地古茶树代表性植株	长势较强
		绿春县			
14	阿偎那1号古茶树	大兴镇牛洪村委会阿偎那村民小组的水源林中，东经102°44′，北纬22°06′，海拔2162m	*C. crassicolumna*	当地古茶树代表性植株	长势较强
15	阿偎那2号古茶树	大兴镇牛洪村委会阿偎那村民小组的水源林中，东经102°45′，北纬22°06′，海拔2163m	*C. crassicolumna*	当地古茶树代表性植株	长势较强
16	阿谷古茶树	牛孔乡阿谷村委会	*C. assamica*	当地古茶树代表性植株	长势较强

序号	古茶树名称	生长地点	学名	保护价值	生长状况
17	骑马坝古茶树	骑马坝乡的黄连山自然保护区	*C. crassicolumna*	当地古茶树代表性植株	长势较强
18	玛玉村 1 号古茶树	骑马坝乡玛玉村委会，东经 102°22′02″，北纬 22°07′10″，海拔 1673m	*C. sinensis* var. *publimba*	当地古茶树代表性植株	长势较强
19	玛玉村 2 号古茶树	骑马坝乡玛玉村委会，东经 102°22′32″，北纬 22°07′11″，海拔 1404m	*C. sinensis* var. *publimba*	当地古茶树代表性植株	长势一般
20	龙碧古茶树	大水沟乡龙碧村委会	*C. sinensis* var. *publimba*	当地古茶树代表性植株	长势一般
屏边县					
21	大围山 1 号古茶树	屏边县大围山自然保护区原始森林外围的公路边，东经 103°41′6.54″，北纬 22°56′49.8″，海拔 1639m	*C. sinensis* var. *publimba*	当地古茶树代表性植株	长势较强
22	大围山 2 号古茶树	屏边县大围山原始森林中，东经 103°41′46.32″，北纬 22°54′24.06″，海拔 2100m	*C. crassicolumna*	当地古茶树代表性植株	长势较强
23	大围山 3 号古茶树	屏边县大围山原始森林中，东经 103°41′46.32″，北纬 22°54′24.36″，海拔 2071m	*C. crassicolumna*	当地古茶树代表性植株	长势较强
24	大围山 4 号古茶树	屏边县大围山宾馆左侧约 30m，东经 103°41′41.04″，北纬 22°54′26.2″，海拔 2060m	*C. crassicolumna*	当地古茶树代表性植株	长势较强
金平县					
25	金河 1 号古茶树	金河镇永平村委会的后山自然保护区	*C. haaniensis*	当地古茶树代表性植株	长势较强
26	铜厂 1 号古茶树	铜厂乡铜厂村委会哈尼上寨村民小组，东经 103°05′，北纬 22°50′，海拔 1409m	*C. sinensis* var. *kucha*	当地古茶树代表性植株	长势较强
27	铜厂 2 号古茶树	铜厂乡铜厂村委会龙口村民小组，东经 103°02′，北纬 22°50′，海拔 1664m	*C. sinensis* var. *kucha*	当地古茶树代表性植株	长势较强
28	马鞍底 1 号古茶树	马鞍底乡地西北村委会的鸡窝寨村民小组，东经 103°33′，北纬 22°39′，海拔 1311m	*C. assamica*	当地古茶树代表性植株	长势较强

序号	古茶树名称	生长地点	学名	保护价值	生长状况
29	马鞍底 2 号古茶树	马鞍底乡地西北村委会鸡窝寨村民小组，东经 103°33′，北纬 22°39′，海拔 1362m	C. assamica	当地古茶树代表性植株	长势较强
30	马鞍底 3 号古茶树	马鞍底乡地西北村委会八底寨村民小组，东经 103°33′，北纬 22°39′，海拔 1290m	C. assamica	当地古茶树代表性植株	长势较强

表 6：建议重点保护的文山州古茶树一览表

序号	古茶树名称	生长地点	学名	保护价值	生长状况
		文山市			
1	小街 1 号古茶树	文山市小街镇老君山村委会二河沟村民小组臭水沟，东经 103°05′45″，北纬度 23°01′38″，海拔 1692m	C. crassicolumna	为当地古茶树代表性植株	长势较强
2	小街 2 号古茶树	文山市小街镇老君山村委会二河沟村民小组臭水沟，东经 103°05′34″，北纬 23°01′21″，海拔 1697m	C. crassicolumna	为当地古茶树代表性植株	长势较强
3	新街 1 号古茶树	文山市新街乡新街村委会大冲箐村民小组，东经 103°59′51″，北纬 23°09′59″，海拔 1929m	C. crassicolumna	为当地古茶树代表性植株	长势较强
4	新街 2 号古茶树	文山市新街乡新街村委会大冲箐村民小组，东经 103°59′54″，北纬 23°10′02″，海拔 1871.80m	C. crassicolumna	为当地古茶树代表性植株	长势较强
5	新街 3 号古茶树	文山市新街乡新街村委会大冲箐村民小组，东经 103°59′567″，北纬 23°10′02″，海拔 1881.80m	C. crassicolumna	为当地古茶树代表性植株	长势较强
6	高笕槽 1 号古茶树	文山市坝心乡高笕槽村委会陈家寨村民小组对门山箐脚的老火地，东经 103°58′35″，北纬 23°20′48″，海拔 2034m	C. crassicolumna	为当地古茶树代表性植株	长势一般
7	高笕槽 2 号古茶树	文山市坝心乡高笕槽村委会陈家寨村民小组对门的山箐之中，东经 103°59′36″，北纬 23°20′44″，海拔 2046m	C. crassicolumna	为当地古茶树代表性植株	长势一般

序号	古茶树名称	生长地点	学名	保护价值	生长状况
8	高笕槽 3 号古茶树	文山市坝心乡高笕槽村委会陈家寨村民小组对门的山箐之中，东经103°58′38″、北纬23°20′42″，海拔2090m	*C. crassicolumna*	为当地古茶树代表性植株	长势一般
9	坝心 1 号古茶树	文山市坝心乡陡舍坡村委会多依树村民小组大杨梅树地山箐中的半坡，东经103°10′28″，北纬23°03′22″，海拔2106m	*C. crassicolumna*	为当地古茶树代表性植株	长势较强
10	坝心 2 号古茶树	文山市坝心乡陡舍坡村委会多依树村民小组大杨梅树地山箐中的凹子边，东经103°10′31″，北纬23°03′21″，海拔2256m	*C. crassicolumna*	为当地古茶树代表性植株	长势较强
11	坝心 3 号古茶树	文山市坝心乡陡舍坡村委会多依树村民小组大杨梅树地山箐中的凹子偏坡，东经103°10′31″，北纬23°03′28.0″，海拔2252.7m	*C. crassicolumna*	为当地古茶树代表性植株	长势较强
12	坝心 4 号古茶树	文山市坝心乡陡舍坡村委会多依树村民小组大杨梅树地山箐的凹子中，东经103°10′31″，北纬23°03′28″，海拔2252.7m	*C. crassicolumna*	为当地古茶树代表性植株	长势较强
13	栅子门大箐古茶树	文山市坝心乡陡舍坡村委会栅子门大箐，东经103°98′44.28″，北纬23°33′02.40″，海拔1981.80m	*C. crassicolumna*	为当地古茶树代表性植株	长势一般
西畴县					
14	猴子冲 1 号古茶树	西畴县兴街镇龙坪村委会猴子冲村民小组进村公路的坎上，东经104°35′50″，北纬23°18′48″，海拔1192m	*C. assamica*	为当地古茶树代表性植株	长势较强
15	猴子冲 2 号古茶树	西畴县兴街镇龙坪村委会猴子冲村民小组进村公路的坎上，东经104°35′51″，北纬23°18′48″，海拔1198m	*C. assamica*	为当地古茶树代表性植株	长势较强

序号	古茶树名称	生长地点	学名	保护价值	生长状况
16	猴子冲 3 号古茶树	西畴县兴街镇龙坪村委会猴子冲村民小组进村公路坎下的地埂边，东经 104°36′51″，北纬 23°18′49″，海拔 1195m	*C. kwangsiensis*	为当地古茶树代表性植株	长势较强
17	香坪山 1 号古茶树	西畴县莲花塘乡香坪山村委会香坪山村民小组进村公路坎上坡地的地埂上，东经 104° 27′ 18″，北纬 23° 18′ 3″，海拔 1388m	*C. kwangsiensis*	为当地古茶树代表性植株	长势衰弱
18	香坪山 2 号古茶树	西畴县莲花塘乡香坪山村委会香坪山村民小组进村公路坎上坡地的凹地边，东经 104° 27′ 21″，北纬 23° 18′ 4″，海拔 1380m	*C. assamica*	为当地古茶树代表性植株	长势较强
19	香坪山 3 号古茶树	西畴县莲花塘乡香坪山村委会香坪山村民小组进村公路坎上坡地的凹地边，东经 104° 27′ 20″，北纬 23° 18′ 4″，海拔 1380m	*C. kwangsiensis*	为当地古茶树代表性植株	长势较强
20	上新寨古茶树	西畴县法斗乡坪寨村委会上新寨村民小组，东经 104° 44′ 5.07″，北纬 23° 18′ 6.45″，海拔 1302m	*C. sinensis* var. *pubilimba*	为当地白毛茶变种古茶树代表性植株	长势较强
21	大田古茶树	西畴县法斗乡坪寨村委会大田村民小组，东经 104°44′67.44″，北纬 23°19′12.66″，海拔 1397m	*C. assamica*	为当地古茶树代表性植株	长势较强
22	街上古茶树	西畴县法斗乡坪寨村委会街上村民小组，东经 104° 43′，北纬 23° 19′，海拔 1396.4m	*C. assamica*	为当地古茶树代表性植株	长势一般
23	纸厂古茶树	西畴县法斗乡坪寨村委会街上村民小组，东经 104°44′，北纬 23°28′，海拔 1420m	*C. assamica*	为当地古茶树代表性植株	长势较强
麻栗坡县					
24	坝子村 1 号古茶树	麻栗坡县猛洞乡坝子村委会上垮土村民小组茶园，东经 104°46′37″，北纬 22°55′42″，海拔 1004m	*C. sinensis* var. *pubilimba*	白毛茶变种代表性植株	长势一般

序号	古茶树名称	生长地点	学名	保护价值	生长状况
25	坝子村 2 号古茶树	麻栗坡县猛洞乡坝子村委会上垮土村民小组的茶园，东经 104°46′58.9″，北纬 22°56′46.3″，海拔 1115m	*C. assamica*	阿萨姆变种代表性植株	长势较强
26	坝子村 3 号古茶树	麻栗坡县猛洞乡坝子村委会上垮土村民小组茶园，东经 104°46′31.4″，北纬 22°56′14.7″，海拔 1120m	*C. sinensis* var. *pubilimba*	白毛茶变种代表性植株	长势一般
27	铜塔 1 号古茶树	麻栗坡县猛洞乡铜塔村委会茶园，东经 104°46′53.8″，北纬 22°57′01.6″，海拔 823m	*C. assamica*	为当地古茶树代表性植株	长势偏弱
28	铜塔 2 号古茶树	麻栗坡县猛洞乡铜塔村委会茶园，东经 104°46′53.8″，北纬 22°57′01.6″，海拔 823m	*C. assamica*	为当地古茶树代表性植株	长势一般
29	铜塔 3 号古茶树	麻栗坡县猛洞乡铜塔村委会茶园，东经 104°46′51.2″，北纬 22°57′11.5″，海拔 820m	*C. assamica*	为当地古茶树代表性植株	长势一般
30	铜塔 4 号古茶树	麻栗坡县猛洞乡铜塔村委会茶园，东经 104°46′51.2″，北纬 22°57′11.5″，海拔 820m	*C. assamica*	为当地古茶树代表性植株	长势一般
31	下金厂 1 号古茶树	下金厂乡中寨村委会水沙坝村民小组山箐下部茶林中，东经 104°47′50.7″，北纬 23°10′35.9″，海拔 1838m	*C. tachangensis*	大厂茶种代表性植株	长势较强
32	下金厂 2 号古茶树	麻栗坡县下金厂乡中寨村委会水沙坝村民小组的山箐中，东经 104°47′20.7″，北纬 23°11′31.9″，海拔 1832m	*C. tachangensis*	大厂茶种代表性植株	长势较强
马关县					
33	篾厂古茶树	马关县篾厂乡大吉厂村委会，东经 104°02′19″，北纬 22°95′05″，海拔 1822m	*C. crassicolumna*	当地古茶树代表性植株	长势较强
34	古林箐 1 号古茶树	马关县古林箐乡卡上村委会白崖子村民小组，东经 103°98′57″，北纬 22°83′94″，海拔 1720m	*C. makuanica*	马关茶代表性植株	长势较强

序号	古茶树名称	生长地点	学名	保护价值	生长状况
35	古林箐 2 号古茶树	马关县古林箐乡卡上村委会白崖子村民小组,东经 103°98′57″,北纬 22°83′94″,海拔 1780m	*C. makuanica*	马关茶代表性植株	长势较强
广南县					
36	那忠古茶树	广南县莲城镇赛京村委会那忠村民小组,东经 104°53′09.38″,北纬 23°08′32.71″,海拔 1328m	*C. sinensis* var. *pubilimba*	广南白毛茶代表性植株	树势已日渐衰弱
37	九龙山 1 号古茶树	广南县者兔乡西北 12km 处的九龙山原始森林中,东经 104°45′14″,北纬 24°13′14″,海拔 1860m	*C. kwangnanica*	广南茶种代表性植株	长势一般
38	九龙山 2 号古茶树	广南县者兔乡西北 12km 处的九龙山原始森林中,东经 104°45′12″,北纬 24°13′16″,海拔 1858m	*C. kwangnanica*	广南茶种代表性植株	长势一般
39	九龙山 3 号古茶	广南县者兔乡西北 12km 处的九龙山原始森林中,东经 104°45′13″,北纬 24°13′16″,海拔 1860m	*C. kwangnanica*	广南茶种代表性植株	长势一般
40	九龙山 4 号古茶树	广南县者兔乡西北 12km 处的九龙山原始森林中,东经 104°45′13″,北纬 24°13′16″,海拔 1855m	*C. kwangnanica*	广南茶种代表性植株	长势一般
41	九龙山 6 号古茶树	广南县者兔乡西北 12km 处的九龙山原始森林中,东经 104°45′13.98″,北纬 24°13′16.98″,海拔 1928m	*C. kwangnanica*	广南茶种代表性植株	长势一般
42	未四 1 号古茶树	广南县者兔乡未四村委会奎那家村民小组的原始森林中,东经 104°42′12″,北纬 24°17′23″,海拔 1650m	*C. kwangnanica*	广南茶种代表性植株	长势一般
43	那拉 1 号古茶树	广南县者兔乡那拉下寨村委会,东经 104°40′17″,北纬 24°11′24″,海拔 1650m	*C. sinensis* var. *pubilimba*	广南白毛茶代表性植株	长势一般
44	拖同 1 号古茶树	广南县者兔乡拖同村委会,东经 104°46′14″,北纬 24°13′00″	*C. crassicolumna*	当地古茶树代表性植株	长势一般

476

序号	古茶树名称	生长地点	学名	保护价值	生长状况
45	板内古茶树	广南县者兔乡革佣村委会板内村民小组，东经104°47′22″，北纬24°12′30″，海拔1536m	*C. kwangnanica*	广南茶种代表性植株	长势一般
46	羊窝大山3号古茶树	广南县底圩乡大箐脚村委会的森林内，东经104°47′71″，北纬24°12′32″，海拔1763m	*C. crassicolumna*	当地古茶树代表性植株	长势一般
47	羊窝大山4号古茶树	广南县底圩乡大箐脚村委会的森林内，东经104°47′72″，北纬24°12′33″，海拔1769m	*C. crassicolumna*	当地古茶树代表性植株	长势一般
48	羊窝大山5号古茶树	广南县底圩乡大箐脚村委会的森林内，东经104°47′72″，北纬24°12′32″，海拔1772m	*C. crassicolumna*	当地古茶树代表性植株	长势一般

表7：建议重点保护的西双版纳州古茶树一览表

序号	古茶树名称	生长地点	学名	保护价值	生长状况
景洪市					
1	啊麻1号古茶树	景洪市嘎洒镇纳版村委会啊麻村民小组，东经100°40′34″，北纬22°11′08″，海拔829.8m	*C. assamica*	栽培种古茶树	长势较强
2	啊麻2号古茶树	景洪市嘎洒镇纳版村委会啊麻村民小组，东经100°40′34″，北纬22°11′08″，海拔831.5m	*C. assamica*	栽培种古茶树	长势较强
3	曼加坡坎古茶树	景洪市勐龙镇勐宋村委会曼加坡坎村民小组，东经100°31′04″，北纬21°29′41″，海拔1501m	*C. assamica*	栽培种古茶树	长势较强
4	青蛙池古茶树	勐龙镇勐宋村委会曼家坡村民小组坎后山的青蛙池，东经100°31′，北纬21°28′，海拔1615m	*C. assamica* var. *kucha*	栽培种古茶树	长势较强
5	大寨古茶树	景洪市勐龙镇勐宋村委会大寨村民小组，东经100°30′56″，北纬21°29′33″，海拔1625m	*C. assamica*	栽培种古茶树	长势较强

序号	古茶树名称	生长地点	学名	保护价值	生长状况
6	曼伞老寨古茶树	景洪市勐龙镇曼伞村委会曼伞老寨村民小组，海拔1317m	*C. assamica*	栽培种古茶树	长势较强
7	曼加干边古茶树	景洪市勐龙镇勐宋村委会曼加干边村民小组，海拔1679m	*C. assamica*	栽培种古茶树	长势较强
8	怕冷古茶树	景洪市勐龙镇邦飘村委会怕冷三队村民小组，海拔1312m	*C. assamica*	栽培种古茶树	长势较强
9	曼播中寨古茶树	景洪市勐龙镇卢拉村委会曼播中寨村民小组，海拔1015m	*C. assamica*	栽培种古茶树	长势较强
10	南盆老寨古茶树	景洪市勐龙镇南盆村委会南盆老寨，海拔1422m	*C. assamica*	栽培种古茶树	长势较强
11	拉沙1号古茶树	景洪市景哈乡戈牛村委会拉沙村民小组，海拔1300m	*C. assamica* var. *kucha*	栽培种古茶树	长势较强
12	弯角山古茶树	景洪市景纳乡弯角山村委会弯角山村民小组水井箐，海拔1223m	*C. assamica*	栽培种古茶树	长势较强
13	昆罕大寨古茶树	景洪市大渡岗乡荒坝村委会昆罕大寨村民小组，海拔1311m	*C. assamica*	栽培种古茶树	长势较强
14	科联古茶树	景洪市勐旺乡补远村委会科联村，东经101°19′16″，北纬22°25′00″，海拔1230m	*C. sinensis*	栽培种古茶树	长势较强
15	坝卡古茶树	景洪市基诺山乡亚诺村委会坝卡小组，海拔1180.8m	*C. assamica*	栽培种古茶树	长势较强
16	司土老寨古茶树	景洪市基诺山乡司土村委会司土老寨，海拔1158.3m	*C. assamica*	栽培种古茶树	长势较强
17	洛特老寨古茶树	景洪市基诺山乡洛特村委会洛特老寨村民小组，海拔1219m	*C. assamica*	栽培种古茶树	长势较强
18	巴飘老寨古茶树	景洪市基诺山乡新司土村委会巴飘村民小组，海拔911.6m	*C. assamica*	栽培种古茶树	长势较强
勐海县					
19	曼打贺古茶树	勐海县勐海镇曼镇村委会曼打贺，海拔1173m	*C. assamica*	栽培种古茶树	长势较强
20	曼夕古茶树	勐海县打洛镇曼夕村委会古茶树园	*C. assamica*	当地古茶树代表性植株	长势较强

序号	古茶树名称	生长地点	学名	保护价值	生长状况
21	南列老寨古茶树	勐海县勐遮镇南楞村委会南列老寨，海拔1440m	C. assamica	当地古茶树代表性植株	长势较强
22	曼弄老寨古茶树	勐海县勐混镇贺开村委会曼弄老寨	C. assamica	当地古茶树代表性植株	长势较强
23	曼弄新寨古茶树	勐海县勐混镇贺开村委会曼弄新寨，海拔1756m	C. assamica	当地古茶树代表性植株	长势较强
24	曼迈古茶树	勐海县勐混镇贺开村委会曼迈小组，海拔1732m	C. assamica	当地古茶树代表性植株	长势较强
25	邦盆老寨古茶树	勐海县勐混镇贺开村委会邦盆老寨，海拔1790m	C. assamica	当地古茶树代表性植株	长势较强
26	广别老寨古茶树	勐海县勐混镇曼蚌村委会广别老寨，海拔1790m	C. assamica	当地古茶树代表性植株	长势较强
27	双关黑叶茶	勐海县勐满镇关双村委会关双小组，海拔1401m	C. assamica	当地古茶树代表性植株	长势较强
28	贺建古茶树	勐海县勐阿镇贺建村委会贺建小组，海拔1482m	C. assamica	当地古茶树代表性植株	长势较强
29	滑竹梁子1号古茶树	勐海县勐宋乡蚌龙村委会滑竹梁子，海拔2363m	C. taliensis	当地古茶树代表性植株	长势较强
30	曼西良古茶树	勐海县勐宋乡大安村委会曼西良，海拔1818m	C. assamica	当地古茶树代表性植株	长势较强
31	南本老寨1号古茶树	勐海县勐宋乡三迈村委会南本老寨，海拔1805m	C. assamica	当地古茶树代表性植株	长势较强
32	南本老寨2号古茶树	勐海县勐宋乡三迈村委会南本老寨，东经100°37′18″，北纬22°3′19″，海拔1948m	C. assamica	当地古茶树代表性植株	长势较强
33	保塘旧寨1号古茶树	勐海县勐宋乡蚌龙村委会保塘旧寨，海拔1944m	C. assamica	当地古茶树代表性植株	长势较弱
34	保塘旧寨2号古茶树	勐海县勐宋乡蚌龙村委会保塘旧寨，海拔1910m	C. assamica	当地古茶树代表性植株	长势较强
35	纳卡古茶树	勐海县勐宋乡曼吕村委会纳卡村，东经100°33′24″，北纬22°11′39″，海拔1678m	C. assamica	当地古茶树代表性植株	长势较强

序号	古茶树名称	生长地点	学名	保护价值	生长状况
36	曼糯古茶树	勐海县勐往村委会曼糯大寨村民小组,东经100°25′01″,北纬22°24′36″,海拔1272m	*C. assamica*	当地古茶树代表性植株	长势较强
37	南糯山2号古茶树	勐海县格朗和乡南糯山村委会半坡老寨,东经100°36′21″,北纬21°56′4″,海拔1612m	*C. assamica*	当地古茶树代表性植株	长势较强
38	雷达山古茶树	勐海县格朗和乡帕真村委会雷达山,海拔2087m	*C. taliensis*	当地野生种古茶树代表性植株	长势较强
39	帕沙古茶树	勐海县格朗和乡帕沙村委会中一小组,海拔1693m	*C. assamica*	当地古茶树代表性植株	长势较强
40	老班章古茶树	勐海县布朗山乡班章村委会老班章小组,海拔1805m	*C. assamica*	当地古茶树代表性植株	长势较强
41	新班章古茶树	勐海县布朗山乡班章村委会新班章寨村,东经100°28′45″,北纬21°42′56″,海拔1760m	*C. assamica*	当地古茶树代表性植株	长势较强
42	老曼娥1号古茶树	勐海县布朗山乡班章村委会坝卡囡,海拔1765m	*C. assamica*	当地古茶树代表性植株	长势较强
43	老曼娥2号古茶树	勐海县布朗山乡班章村委会老曼娥,海拔1250m	*C. assamica*	当地古茶树代表性植株	长势较强
44	曼糯古茶树	勐海县布朗山乡勐昂村曼糯小组,海拔1317m	*C. assamica*	当地古茶树代表性植株	长势较强
45	曼新龙古茶树	勐海县布朗山乡曼新龙村民小组的村,东经100°15′27″,北纬21°33′21″,海拔1601m	*C. assamica* var. *kucha*	当地古茶树代表性植株	长势较强
46	曼囡老寨古茶树	勐海县布朗山乡曼囡村曼囡老寨,海拔1044m	*C. assamica* var. *kucha*	当地古茶树代表性植株	长势较强
47	吉良古茶树	勐海县布朗山乡吉良小组,海拔1182m	*C. assamica* var. *kucha*	当地古茶树代表性植株	长势较强
48	巴达2号古茶树	勐海县西定乡曼瓦村委会贺松小组,海拔2017m	*C. taliensis*	当地古茶树代表性植株	长势较强
49	章朗古茶树	勐海县西定乡章朗村委会中寨小组,海拔1777m	*C. assamica*	当地古茶树代表性植株	长势较强

序号	古茶树名称	生长地点	学名	保护价值	生长状况
		勐腊县			
50	麻黑古茶树	勐腊县易武乡麻黑村委会麻黑二组，海拔1331m	*C. assamica*	当地古茶树代表性植株	长势较强
51	同庆河古茶树	易武乡易武村委会洒代村民小组的同庆河旁，海拔为910m	*C. assamica*	当地古茶树代表性植株	长势较强
52	落水洞古茶树	勐腊县易武乡麻黑村委会落水洞村民小组公路边的山坡上，东经101°28′54″，北纬22°00′35″，海拔1463m	*C. sinensis* var. *dehungensis*	当地古茶树代表性植株	长势较强
53	张家湾古茶树	勐腊县易武乡曼腊村委会张家湾村，东经101°32′41″，北纬22°11′12″，海拔1436m	*C. assamica*	当地古茶树代表性植株	长势较强
54	新寨古茶树	勐腊县易武乡曼乃村委会新寨小组，海拔1159m	*C. assamica*	当地古茶树代表性植株	长势较强
55	曼拱古茶树	勐腊县象明乡倚邦村委会曼拱第一村民小组的古茶树园中，海拔1510m	*C. sinensis*	当地古茶树代表性植株	长势较强
56	红花古茶树	勐腊县象明乡倚邦村委会古茶树园中，东经101°20′31″，北纬22°13′51，海拔1425m	*C. sinensis*	当地古茶树代表性植株	长势较强
57	曼庄古茶树	勐腊县象明乡曼庄，东经101°20′31″，北纬22°5′10″，海拔1070m	*C. assamica*	当地古茶树代表性植株	长势较强
58	曼林古茶树	勐腊县象明乡曼林村，东经101°18′19″，北纬22°1′57″，海拔1229m	*C. assamica*	当地古茶树代表性植株	长势较强
59	革登古茶树	勐腊县象明乡安乐村委会革登山，东经101°13′22″，北纬22°6′53″，海拔1360m	*C. assamica*	当地古茶树代表性植株	长势较强
60	安乐古茶树	勐腊县象明乡安乐村委会安乐小组，海拔1381m	*C. assamica*	当地古茶树代表性植株	长势较强

序号	古茶树名称	生长地点	学名	保护价值	生长状况
大理市					
1	感通寺 1 号古茶树	大理苍山感通寺的寺院内，东经 100°18′47.9″，北纬 25°06′38.3″，海拔 2300m	*C. taliensis*	为当地古茶树代表植株	长势较强
2	感通寺 2 号古茶树	大理市苍山感通寺的寺院内，东经 100°18′48″，北纬 25°06′38.3″，海拔 2300m	*C. taliensis*	为当地古茶树代表植株	长势较强
3	感通寺 3 号古茶树	大理苍山感通寺寺院外的森林中，东经 100°19′14″，北纬 25°05′41″，海拔 2302m	*C. taliensis*	为当地古茶树代表植株	长势较强
4	单大人 1 号古茶树	大理市下关镇苍山脚荷花村委会单大人村民小组，东经 100°10′49″，北纬 25°36′39″，海拔 2409m	*C. taliensis*	为当地古茶树代表植株	长势较强
5	单大人 2 号古茶树	大理市下关镇苍山脚荷花村委会单大人寨村民小组，东经 100°10′48″，北纬 25°36′40″，海拔 2410m	*C. taliensis*	为当地古茶树代表植株	长势较强
6	单大人 3 号古茶树	下关镇苍山脚荷花村委会单大人村民小组，东经 100°10′42″，北纬 25°36′30″，海拔 2407m	*C. taliensis*	为当地古茶树代表植株	长势较强
弥渡县					
7	大核桃箐 1 号古茶树	弥渡县牛街乡荣华村委会大核桃箐村民小组，东经 100°42′35.3″，北纬 24°48′14″，海拔 2201m	*C. assamica*	为当地野生种古茶树代表植株	长势较强
8	大核桃箐 2 号古茶树	弥渡县牛街乡荣华村委会大核桃箐村民小组，东经 100°42′35.4″，北纬 24°48′14″，海拔 2201m	*C. taliensis*	为当地野生种古茶树代表植株	长势较弱
9	大核桃箐 3 号古茶树	弥渡县牛街乡荣华村委会大核桃箐村民小组，东经 100°42′35.5″，北纬 24°48′14″，海拔 2202m	*C. taliensis*	为当地野生种古茶树代表植株	长势较强

序号	古茶树名称	生长地点	学名	保护价值	生长状况
10	大核桃箐4号古茶树	弥渡县牛街彝族乡荣华村委会大核桃箐村民小组，东经100°42′28″，北纬24°48′09″，海拔2202m	C. taliensis	为当地野生种古茶树代表植株	长势较强
		永平县			
11	金光寺1号古茶树	永平县杉阳镇松坡村委会金光寺围墙外小路边，东经99°31′55.65″，北纬25°11′57.89″，海拔2588.8m	C. taliensis	为当地栽培种古茶树代表植株	长势较强
12	金光寺2号古茶树	永平县杉阳镇松坡村委会金光寺围墙外，东经99°31′55.25″，北纬25°11′54.35″，海拔2528m	C. taliensis	为当地栽培种古茶树代表植株	长势较强
13	金光寺3号古茶树	永平县杉阳镇松坡村委会金光寺围墙外，东经99°31′55.26″，北纬25°11′54.35″，海拔2529m	C. taliensis	为当地栽培种古茶树代表植株	长势较强
14	金光寺4号古茶树	永平县杉阳镇松坡村委会金光寺围墙外山坡，东经99°32′15.35″，北纬25°14′54.25″，海拔2530m	C. taliensis	为当地栽培种古茶树代表植株	长势较强
15	金光寺5号古茶树	永平县杉阳镇松坡村委会金光寺围墙外山坡，东经99°30′10.35″，北纬25°12′34.25″，海拔2524m	C. taliensis	为当地栽培种古茶树代表植株	长势较强
16	金光寺6号古茶树	永平县杉阳镇松坡村委会金光寺围墙外山坡，东经99°31′15.25″，北纬25°10′44.25″，海拔2533m	C. taliensis	为当地栽培种古茶树代表植株	长势较强
17	狮子窝1号古茶树	永平县水泄乡狮子窝村委会马拉羊村民小组，东经99°36′21.41″，北纬25°59′53.15″，海拔1965.9m	C. taliensis	为当地栽培种古茶树代表植株	长势较强
18	狮子窝2号古茶树	永平县水泄乡狮子窝村委会马拉羊村民小组，东经99°36′21.41″，北纬25°59′53.15″，海拔1965.9m	C. taliensis	为当地栽培种古茶树代表植株	长势较强
19	狮子窝3号古茶树	永平县水泄乡狮子窝村委会马拉羊村民小组，东经99°36′21.55″，北纬25°59′52.61″，海拔1963.5m	C. assamica	为当地栽培种古茶树代表植株	长势较强

序号	古茶树名称	生长地点	学名	保护价值	生长状况
20	瓦厂村 1 号古茶树	永平县水泄乡瓦厂村委会大旧寨村民小组，东经 99°38′43.65″，北纬 25°07′06.05″，海拔 2085.8m	*C. taliensis*	为当地栽培种古茶树代表植株	长势较强
21	瓦厂村 2 号古茶树	永平县水泄乡瓦厂村委会大旧寨村民小组，东经 99°38′43.69″，北纬 25°07′05.84″，海拔 2089.8m	*C. taliensis*	为当地栽培种古茶树代表植株	长势较强
22	伟龙 1 号古茶树	永平县水泄乡瓦厂村委会伟龙村民小组，东经 99°37′40.65″，北纬 25°06′17.15″，海拔 2084m	*C. taliensis*	为当地栽培种古茶树代表植株	长势较强
23	伟龙 2 号古茶树	永平县水泄乡瓦产村委会伟龙村民小组，东经 99°30′18.65″，北纬 25°04′12.15″，海拔 2081m	*C. taliensis*	为当地栽培种古茶树代表植株	长势较强
24	伟龙 3 号古茶树	永平县水泄乡瓦产村委会伟龙村民小组，东经 99°29′10.15″北纬 25°06′12.05″，海拔 2082m	*C. taliensis*	为当地栽培种古茶树代表植株	长势较强
南涧县					
25	龙华 1 号古茶树	南涧县小湾东镇龙门村委会龙华第三村民小组，东经 100°10′50.7″，北纬 24°47′03.3″，海拔 1978m	*C. assamica*	为当地栽培种古茶树代表植株	长势衰弱
26	龙华 2 号古茶树	南涧县小湾东镇龙门村委会龙华第三村民小组，东经 100°10′56.0″，北纬 24°47′02.3″，海拔 2021m	*C. assamica*	为当地栽培种古茶树代表植株	长势较强
27	龙华 3 号古茶树	南涧县小湾东镇龙门村委会龙华第三村民小组，东经 100°10′57.0″，北纬 24°47′01.7″，海拔 2022m	*C. assamica*	为当地栽培种古茶树代表植株	长势较强
28	龙华 4 号古茶树	南涧县小湾东镇龙门村委会龙华第三村民小组，东经 100°10′52.4″，北纬 24°47′01.3″，海拔 2018m	*C. assamica*	为当地栽培种古茶树代表植株	长势较强
29	老家库古茶树	南涧县小湾东镇岔江村委会老家库村民小组，东经 100°09′22.7″，北纬 24°45′06.8″，海拔 1876m	*C. assamica*	为当地栽培种古茶树代表植株	长势较弱

序号	古茶树名称	生长地点	学名	保护价值	生长状况
30	老君殿 1 号古茶树	南涧县小湾东镇龙街村委会老君殿村民小组，东经 100°12′06.0″，北纬 24°49′41.9″，海拔 1876m	*C. assamica*	为当地栽培种古茶树代表植株	长势较强
31	老君殿 2 号古茶树	南涧县小湾东镇龙街村委会老君殿村民小组，东经 100°12′06.0″，北纬 24°49′41.9″，海拔 1876m	*C. assamica*	为当地栽培种古茶树代表植株	长势较强
32	马扎福地 1 号古茶树	南涧县小湾东镇龙街村委会马扎福地村民小组，东经 100°14′22.3″，北纬 24°51′21.0″，海拔 2281m	*C. assamica*	为当地栽培种古茶树代表植株	长势较弱
33	杨梅树 1 号古茶树	南涧县宝华镇杨梅树村委会，东经 100°26′57.4″，北纬 24°50′43.4″，海拔 1941m	*C. assamica*	为当地栽培种古茶树代表植株	长势较强
34	杨梅树 2 号古茶树	南涧县宝华镇杨梅树村委会，东经 100°26′59.5″，北纬 24°50′32.8″，海拔 1964m	*C. assamica*	为当地栽培种古茶树代表植株	长势较强
35	大箐 1 号古茶树	南涧县宝华镇无量村委会大箐村民小组，东经 100°26′49.8″，北纬 24°50′45.5″，海拔 1949m	*C. assamica*	为当地栽培种古茶树代表植株	长势较强
36	大箐 2 号古茶树	南涧县宝华镇无量村委会大箐村民小组，东经 100°26′34.7″，北纬 24°50′44.7″，海拔 1993m	*C. assamica*	为当地栽培种古茶树代表植株	长势较强
37	斯须乐 1 号古茶树	南涧县公朗镇龙平村委会斯须乐村民小组，东经 110°6′65.4″，北纬 24°50′36″，海拔 1996m	*C. gymnogyna*	属秃房茶种的古茶树已经为数不多	长势较强
38	斯须乐 2 号古茶树	南涧县公朗镇龙平村委会斯须乐村民小组，东经 100°16′46.6″，北纬 24°50′17.4″，海拔 1981m	*C. gymnogyna*	属秃房茶种的古茶树已经为数不多	长势较强
39	四家村 1 号古茶树	南涧县公郎镇龙平村委会杨梅林四家村村民小组，东经 100°16′43.9″，北纬 24°48′59.8″，海拔 1916m	*C. assamica*	为当地栽培种古茶树代表植株	长势较强
40	四家村 2 号古茶树	南涧县公郎镇龙平村委会杨梅林四家村村民小组，东经 100°16′43.9″，北纬 24°48′59.8″，海拔 1916m	*C. assamica*	为当地栽培种古茶树代表植株	长势较强

序号	古茶树名称	生长地点	学名	保护价值	生长状况
41	洒马路 1 号古茶树	南涧县公郎镇龙平村委会洒马路村民小组，东经 100° 17′29.3″，北纬 24° 48′52.5″，海拔 1927m	C. assamica	为当地栽培种古茶树代表植株	长势较强
42	洒马路 2 号古茶树	南涧县公郎镇龙平村委会洒马路村民小组，东经 100° 17′29.3″，北纬 24° 48′52.5″，海拔 1927m	C. assamica	为当地栽培种古茶树代表植株	长势较强
43	茶花树 1 号古茶树	南涧县公郎镇官地村委会茶花树小水井村民小组，东经 100°29′31.4″，北纬 24°44′35.4″，海拔 1935m	C. assamica	为当地栽培种古茶树代表植株	长势较强
44	茶花树 2 号古茶树	南涧县公郎镇官地村委会茶花树小水井村民小组，东经 100°29′30.2″，北纬 24°44′32.9″，海拔 1972m	C. assamica	为当地栽培种古茶树代表植株	长势较强
45	砚碗水 1 号古茶树	南涧县公郎镇金山村委会砚碗水小村村民小组，东经 100°18′06.7″，北纬 24°48′10.9″，海拔 1936m	C. assamica	为当地栽培种古茶树代表植株	长势较强
46	砚碗水 2 号古茶树	南涧县公郎镇金山村委会砚碗水小村村民小组，东经 100°18′05.1″，北纬 24°48′11.6″，海拔 1938m	C. assamica	为当地栽培种古茶树代表植株	长势较强
47	砚碗水 3 号古茶树	南涧县公郎镇金山村委会砚碗水小村村民小组，东经 100°18′07.4″，北纬 24°48′12.5″，海拔 1926m	C. assamica	为当地栽培种古茶树代表植株	长势较强
48	子宜乐 1 号古茶树	南涧县公郎镇新合村委会子宜乐村民小组，东经 100° 23′32.9″，北纬 24° 48′48.4″，海拔 2120m	C. assamica	为当地栽培种古茶树代表植株	长势较强
49	子宜乐 2 号古茶树	南涧县公郎镇新合村委会子宜乐村民小组，东经 100° 23′41.9″，北纬 24° 48′43.4″，海拔 2119m	C. assamica	为当地栽培种古茶树代表植株	长势较强
50	子宜乐 3 号古茶树	南涧县公郎镇新合村委会子宜乐村民小组，东经 100° 23′41.9″，北纬 24° 48′43.4″，海拔 2118m	C. assamica	为当地栽培种古茶树代表植株	长势较强
51	小古德 1 号古茶树	南涧县无量山镇小古德村委会，东经 100° 34′10″，北纬 24° 43′47″，海拔 2024m	形态特异，种名有待进一步考证	南涧县目前发现的最大古茶树	长势较强

序号	古茶树名称	生长地点	学名	保护价值	生长状况
52	小古德 2 号古茶树	南涧县无量山镇小古德村委会，东经 100° 34′ 10″，北纬 24° 43′ 47″，海拔 2024m	C. assamica	为当地栽培种古茶树代表植株	长势较强
53	箐脑 1 号古茶树	南涧县无量山镇德安村委会箐脑村民小组，东经 100° 32′ 06.5″，北纬 24° 46′ 22.1″，海拔 1723m	C. assamica	为当地栽培种古茶树代表植株	长势较强
54	箐脑 2 号古茶树	南涧县无量山镇德安村委会箐脑村民小组，东经 100° 32′ 06.6″，北纬 24° 46′ 22.0″，海拔 1722m	C. assamica	为当地栽培种古茶树代表植株	长势较强
55	箐脑 3 号古茶树	南涧县无量山镇德安村委会箐脑村民小组，东经 100° 32′ 03.7″，北纬 24° 46′ 10.8″，海拔 1757m	C. assamica	为当地栽培种古茶树代表植株	长势中等
56	丫口 1 号古茶树	南涧县无量山镇德安村委会丫口村民小组，东经 100° 32′ 13.3″，北纬 24° 45′ 43.5″，海拔 1836m	C. taliensis	为当地栽培种古茶树代表植株	长势较强
57	丫口 2 号古茶树	南涧县无量山镇德安村委会丫口村民小组，东经 100° 32′ 13.3″，北纬 24° 45′ 43.5″，海拔 1836m	C. taliensis	为当地栽培种古茶树代表植株	长势较强
58	大椿树 1 号古茶树	南涧县无量山镇安德村委会大春树村民小组，东经 100° 31′ 39.1″，北纬 24° 44′ 14.1″，海拔 2125m	C. assamica	为当地栽培种古茶树代表植株	长势较强
59	大椿树 2 号古茶树	南涧县无量山镇德安村委会大春树村民小组，东经 100° 31′ 11.4″，北纬 24° 44′ 24.7″，海拔 2122m，	C. assamica	为当地栽培种古茶树代表植株	长势较强
60	核桃林 1 号古茶树	南涧县无量山镇德安村委会核桃林村民小组，东经 100° 31′ 41.8″，北纬 24° 46′ 40.5″，海拔 1860m	C. assamica	为当地栽培种古茶树代表植株	长势较强
61	干海子 1 号古茶树	南涧县无量山镇保台村委会干海子村民小组，东经 100° 32′ 1.6″，北纬 24° 51′ 0.0″，海拔 2227m	C. assamica	为当地栽培种古茶树代表植株	长势较强
62	干海子 2 号古茶树	南涧县无量山镇保台村委会干海子村民小组，东经 100° 32′ 01.6″，北纬 24° 51′ 00.0，″，海拔 2227m	C. assamica	为当地栽培种古茶树代表植株	长势较强

序号	古茶树名称	生长地点	学名	保护价值	生长状况
63	足栖么1号古茶树	南涧县无量山镇可保村委会足栖么村民小组，东经100°37′11.7″，北纬24°32′04.9″，海拔2127m	*C. assamica*	为当地栽培种古茶树代表植株	长势较强
64	木板箐1号古茶树	南涧县无量山乡新政村委会木板箐村民小组，东经100°33′14.0″，北纬24°43′50.1″，海拔2046m	*C. taliensis*	为当地栽培种古茶树代表植株	长势较强
65	木板箐2号古茶树	南涧县无量山乡新政村委会木板箐村民小组，东经100°33′14.4″，北纬24°43′48.6″，海拔2082m	*C. assamica*	为当地栽培种古茶树代表植株	长势较强
66	栏杆箐野生种古茶树	南涧县无量山乡新政村委会木板箐村民小组后山的国家级自然保护区原始森林中，东经100°32′03.2″，北纬24°43′15.0″，海拔2151m	*C. taliensis*	为当地野生种古茶树代表植株	长势衰弱
67	山花1号古茶树	南涧县无量山镇安德村委会山花村民小组，东经100°31′14″，北纬24°45′35″，海拔1958m	*C. assamica*	为当地栽培种古茶树代表植株	长势较强
68	山花2号古茶树	南涧县无量山镇安德村委会山花村民小组，东经100°31′13.7″，北纬24°45′34.9″，海拔1958m	*C. taliensis*	为当地野生种古茶树代表植株	长势较强
69	山花3号古茶树	南涧县无量山镇安德村委会山花村民小组，东经100°31′20″，北纬24°45′38″，海拔1920m	*C. assamica*	为当地栽培种古茶树代表植株	长势较强
70	大麦地古茶树	南涧县拥翠乡龙凤村委会大麦地村民小组，东经100°20′33.0″，北纬24°56′09.5″，海拔2020m	*C. assamica*	为当地栽培种古茶树代表植株	长势较弱
71	新民小村古茶树	南涧县拥翠乡龙凤村委会新民小村村民小组，东经100°20′24.1″，北纬24°55′01.9″，海拔2128m	*C. assamica*	为当地栽培种古茶树代表植株	长势较弱
72	回龙山1号古茶树	南涧县碧溪乡回龙山村委会，东经100°17′22.8″，北纬24°55′04.3″，海拔2091m	*C. assamica*	为当地栽培种古茶树代表植株	长势较强

序号	古茶树名称	生长地点	学名	保护价值	生长状况
73	回龙山 2 号古茶树	南涧县碧溪乡回龙山村委会，东经100°17′23.6″，北纬 24° 55′ 05.3″，海拔2124m	C. assamica	为当地栽培种古茶树代表植株	长势较强
74	回龙山 3 号古茶树	南涧县碧溪乡回龙山村委会，东经100°17′23.7″，北纬24°55′05.3″，海拔2124m	C. assamica	为当地栽培种古茶树代表植株	长势较强
75	回龙山 4 号古茶树	南涧县碧溪乡回龙山村委会，东经100°17′ 23.2″，北纬 24° 55′ 04.7″，海拔2102m	C. assamica	为当地栽培种古茶树代表植株	长势较强
76	回龙山 5 号古茶树	南涧县碧溪乡回龙山村委会，东经100°17′ 23.2″，北纬 24° 55′ 04.7″，海拔2095m	C. assamica	为当地栽培种古茶树代表植株	长势较强
77	回龙山 6 号古茶树	南涧县碧溪乡回龙山村委会，东经100°17′ 08.1″，北纬 24° 55′ 06.9″，海拔2055m	C. assamica	为当地栽培种古茶树代表植株	长势较强
78	回龙山 7 号古茶树	南涧县碧溪乡回龙山村委会，东经100°17′ 12.1″，北纬 24° 55′ 09.8″，海拔2065m，	C. assamica	为当地栽培种古茶树代表植株	长势弱
79	回龙山 8 号古茶树	南涧县碧溪乡回龙山村委会，东经100°17′ 14.0″，北纬 24° 55′ 10.4″，海拔2065m	C. assamica	为当地栽培种古茶树代表植株	长势弱

表9：建议重点保护的德宏州古茶树一览表

序号	古茶树名称	生长地点	学名	保护价值	生长状况
		芒市			
1	回贤村古茶树	芒市镇回贤村委会半坡村，东经98°41′14.1″，北纬24°24′24.6″，海拔1940m	C. assamica	为当地古茶树代表性植株	长势较强
2	一碗水 1 号古茶树	芒市镇中东村委会一碗水村民小组，东经 98° 40′ 27″，北纬 24° 26′ 53″，海拔1748m	C. taliensis	为当地野生种古茶树代表性植株	长势较强

序号	古茶树名称	生长地点	学名	保护价值	生长状况
3	一碗水 2 号古茶树	芒市镇中东村委会一碗水村民小组，东经 98°40′21″，北纬 24°26′39″，海拔 1768m	*C. taliensis*	为当地野生种古茶树代表性植株	长势较强
4	一碗水 3 号古茶树	芒市镇中东村委会一碗水村民小组，东经 98°40′38″，北纬 24°26′50″，海拔 1747m	*C. taliensis*	为当地野生种古茶树代表性植株	长势较强
5	一碗水 4 号古茶树	芒市镇中东村委会一碗水村民小组，东经 98°40′21″，北纬 24°26′37″，海拔 1745m	*C. taliensis*	为当地野生种古茶树代表性植株	长势较强
6	三角岩 1 号古茶树	芒市勐戛镇三角岩村委会三角岩村，东经 98°25′02″，北纬 24°13′39″，海拔 1670m	*C. assamica*	为当地古茶树代表性植株	长势较强
7	三角岩 2 号古茶树	芒市勐戛镇三角岩村委会三角岩村，东经 98°25′59″，北纬 24°13′36″，海拔 1690m	*C. assamica*	为当地古茶树代表性植株	长势较强
8	三角岩 3 号古茶树	芒市勐戛镇三角岩村委会三角岩村，东经 98°25′59″，北纬 24°13′38″，海拔 1700m	*C. assamica*	为当地古茶树代表性植株	长势较强
9	三角岩 4 号古茶树	芒市勐戛镇三角岩村委会三角岩村，东经 98°25′59″，北纬 24°13′33″，海拔 1720m	*C. assamica*	为当地古茶树代表性植株	长势较强
10	三角岩 5 号古茶树	芒市勐戛镇三角岩村委会三角岩村，东经 98°25′07″，北纬 24°13′34″，海拔 1690m	*C. assamica*	为当地古茶树代表性植株	长势较强
11	江东 1 号古茶树	芒市江东乡仙人洞村委会河边寨，东经 98°24′55″，北纬 24°32′16″，海拔 1759m	*C. assamica*	为当地古茶树代表性植株	长势较强
12	江东 2 号古茶树	芒市江东乡花拉厂村委会二组，东经 98°24′14″，北纬 24°32′84″，海拔 1777m	*C. dehungensis*	为当地古茶树代表性植株	长势较强
13	江东 3 号古茶树	芒市江东乡仙人洞村委会河边寨，东经 98°24′59″，北纬 24°32′14″，海拔 1791m	*C. assamica*	为当地古茶树代表性植株	长势较强

序号	古茶树名称	生长地点	学名	保护价值	生长状况
14	江东4号古茶树	芒市江东乡花拉厂村委会二组，东经98°24′20″，北纬24°32′01″，海拔1828m	*C. assamica*	为当地古茶树代表性植株	长势较强
瑞丽市					
15	弄岛1号古茶树	瑞丽市弄岛乡等嘎村委会等嘎村，东经97°34′58″，北纬23°56′32″，海拔1189m	*C. assamica*	为当地古茶树代表性植株	长势较强
16	弄岛2号古茶树	瑞丽市弄岛乡等嘎村委会等嘎村，东经97°34′57″，北纬23°56′33″，海拔1193m	*C. assamica*	为当地古茶树代表性植株	长势较弱
17	芒海2号古茶树	瑞丽市户育乡芒海村，东经97°42′02″，北纬24°00′28″，海拔1434m	*C. taliensis*	为当地古茶树代表性植株	长势较强
18	芒海3号古茶树	瑞丽市户育乡芒海村，东经97°42′02″，北纬24°00′11″，海拔1446m	*C. taliensis*	为当地古茶树代表性植株	长势较强
19	芒海4号古茶树	瑞丽市户育乡芒海村，东经97°42′16″，北纬24°00′28″，海拔1454m	*C. taliensis*	为当地古茶树代表性植株	长势较强
梁河县					
20	芒东野生种古茶树	梁河县芒东乡小寨子村委会1组村，东经98°31′60″，北纬24°68′60″，海拔2094m	*C. taliensis*	为当地野生种古茶树代表性植株	长势较强
21	平山1号古茶树	梁河县平山乡勐蚌村委会三河街村，东经98°38′43″，北纬24°59′47″，海拔1783m	*C. assamica*	为当地古茶树代表性植株	长势较强
22	平山2号古茶树	梁河县平山乡核桃林村委会横梁子村，东经98°38′43″，北纬24°59′47″，海拔1990m	*C. assamica*	为当地古茶树代表性植株	长势较强
23	平山3号古茶树	梁河县平山乡核桃林村委会横梁子村，东经98°54′90″，北纬24°88′70″，海拔1990m	*C. assamica*	为当地古茶树代表性植株	长势较强
24	小厂野生种古茶树	梁河县小厂乡小厂村委会黑脑子村，东经98°41′50″，北纬24°78′50″，海拔1986m	*C. taliensis*	为当地野生种古茶树代表性植株	长势较强

序号	古茶树名称	生长地点	学名	保护价值	生长状况
25	大厂野生种古茶树	梁河县大厂乡赵老地村委会荷花村，东经 98°33′80″，北纬 24°74′90″，海拔 2105m	C. taliensis	为当地野生种古茶树代表性植株	长势较强
26	从干野生种古茶树	梁河县九保镇安乐村委会从干村，东经 98°14′26″，北纬 24°50′44″，海拔 1656m	C. taliensis	为当地野生种古茶树代表性植株	长势较强
27	从干栽培种古茶树	梁河县九保镇安乐村委会从干村，东经 98°38′43″，北纬 24°59′47″，海拔 1635.4m	C. assamica	为当地古茶树代表性植株	长势较强
28	太平野生种古茶树	盈江县太平乡卡牙村委会小吴若村，东经 97°07′10″，北纬 24°42′48″，海拔 2022m	C. taliensis	为当地野生种古茶树代表性植株	长势较强
29	芒璋野生种古茶树	盈江县芒璋乡银河村委会木瓜塘村，东经 98°13′07″，北纬 24°55′41″，海拔 2042m	C. taliensis	为当地野生种古茶树代表性植株	长势较弱
30	银河野生种古茶树	盈江县芒璋乡银河村委会木瓜塘村，东经 98°12′21″，北纬 24°56′44″，海拔 1939m	C. taliensis	为当地野生种古茶树代表性植株	长势较弱
31	苏典1号野生种古茶树	盈江县苏典乡劈石村委会劈石村，东经 98°07′10″，北纬 25°17′43″，海拔 1768m	C. taliensis	为当地野生种古茶树代表性植株	长势较强
32	苏典2号野生种古茶树	盈江县苏典乡劈石村委会劈石村，东经 98°07′11″，北纬 25°17′48″，海拔 1768m	C. taliensis	为当地野生种古茶树代表植株	长势较强
33	苏典3号野生种古茶树	盈江县苏典乡劈石村委会劈石村，东经 98°07′12″，北纬 25°17′45″，海拔 1780m	C. taliensis	为当地野生种古茶树代表性植株	长势较强
陇川县					
34	曼面老寨1号古茶树	陇川县景罕镇曼面村委会曼面村的老寨子，东经 98°56′15″，北纬 24°10′34″，海拔 1982m	C. assamica	为当地古茶树代表性植株	长势较弱

序号	古茶树名称	生长地点	学名	保护价值	生长状况
35	曼面老寨 2 号古茶树	陇川县景罕镇曼面村委会曼面村的老寨子，东经 98°55′57″，北纬 24°10′29″，海拔 1953m	*C. assamica*	为当地古茶树代表性植株	长势较强
36	曼面 1 号野生种古茶树	陇川县景罕镇曼面村委会曼面村的老寨子，东经 97°56′11″，北纬 24°10′34″，海拔 1989m	*C. taliensis*	为当地野生种古茶树代表性植株	长势较弱
37	曼面 2 号野生种古茶树	陇川县景罕镇曼面村委会曼面村的老寨子，东经 97°56′31″，北纬 24°10′49″，海拔 1967m	*C. taliensis*	为当地野生种古茶树代表性植株	长势较强
38	王子树 1 号野生种古茶树	陇川县王子树乡王子树村委会小牛上寨，东经 98°06′24″，北纬 24°28′04″，海拔 1989m	*C. taliensis*	为当地野生种古茶树代表性植株	长势较弱
39	王子树 2 号野生种古茶树	陇川县王子树乡王子树村委会小牛上寨，东经 98°06′23″，北纬 24°28′03″，海拔 1985m	*C. taliensis*	为当地野生种古茶树代表性植株	长势较弱
40	邦东野生种古茶树	陇川县王子树乡邦东村委会邦东国有林中，东经 98°10′55″，北纬 24°28′41″，海拔 2029m	*C. taliensis*	为当地野生种古茶树代表性植株	长势较强

后　记

　　茶叶是中国的传统特色产业，在云南尤其是在广大茶区是农民最重要的一项经济收入来源。茶区群众在发展茶业的进程中，不断发现了许多珍稀的古茶树。为了弄清古茶树资源的状况，二十世纪五十年代以来，云南省的有关茶叶科研部门到有关州市，和当地的相关部门一起，对古茶树资源的情况做过了多次调查。但是，由于种种原因一直未能形成较为系统的全省古茶树情况资料；更为令人遗憾的是，随着年月的逝去，随着一些当年调查者工作的变动，不少珍贵的调查资料大量流失了。

　　2009年2月，云南省茶业协会换届后，为了加强古茶树资源的保护、研究、开发和利用工作，新一任领导班子决定，组织有关专家开展全省古茶树资源的图文建档工作，争取形成一套相对完整、系统、规范地反映云南省古茶树资源概况的图文资料。云南省茶业协会的这一想法，得到了云南省委、省政府领导和云南省财政厅、云南省农业厅、云南省农科院等部门领导的赞同和支持。为此，云南省茶业协会多次召开了专题会议，邀请省内茶树资源研究方面的专家，讨论和制定了开展云南省古茶树资源调查和建档工作的实施方案。

　　从2010年12月起至2013年11月止，云南省茶业协会每年冬春都组织专家组，先后到了云南省的西双版纳州、临沧市、保山市、德宏州、普洱市、大理州、文山州、楚雄州、红河州等9个现存古茶树资源较为富集的市、州，进行当地古茶树资料的收集、综合、整理代表性植株的现场勘查工作。工作中，专家组的成员与各州市、县区农业、茶业、林业等部门的专家们一起，按照《云南省古茶树资源调查及建档工作实施方案》的要求，认真收集当地古茶树的历史资料，查看了档案部门已有资料；采用了实地考察与走访当地群众相结合的方法，在当地乡镇有关领导和向导的带领下，翻山越岭，深入到古茶树分布的有关乡村，实地调查了相关古茶树居群的四址界限，大致面积，居群中古茶树的密度、郁闭度、大致的数量；对其中的代表性古茶树植株的种类、长势、土壤、地形，树高、基部围、冠幅、地理坐标、保护管理的历史和现状等情况作了现场记录，采集了其花、果、叶的标本，取得了大量的第一手资料。在这期间，分别撰写了以上9个州市的古茶树资源概况分册，印送给了省和当地的有关部门使用，同时征求了进一步修改完善的意见。2014年3月，云南省茶业协会组织了专门的编辑力量，进行了《云南省古茶树资源概况》一书的编写。经过近半年的认真工作，终于使一部较为全面、完整、规范、系统的云南省古茶树资源情况的综合资料得以问世。

《云南省古茶树资源概况》一书中所指的古茶树，是指现存的生长年代在100年以上的茶树，其中的一些是人工栽培后保留下来的，一些是原生态状态下生存的，为便于表述，前者在《云南省古茶树资源概况》一书中称之为"栽培种古茶树"，后者称之为"野生种古茶树"。至于如何分类更为科学和准确，还希望待有关专家研究后，在今后予以新的表达。作为一部基本资料性的书籍，《云南省古茶树资源概况》一书里就未引入分类方面的研究意见，对相关的不同意见也均不作说明和展开。鉴于现阶段对古茶树生长年代的测定还没有准确可靠的手段，各方面对古茶树代表性植株的生长年代多属推测并且众说纷纭，故《云南省古茶树资源概况》一书对所列入的古茶树代表性植株树龄的估算和不同说法也均未引入，请读者予以理解。《云南省古茶树资源概况》中代表性古茶树居群、古茶树园、古茶树代表性植株的名称，采用的皆为当地茶业部门所使用的通用称呼或是茶树生长地群众所使用的习惯性称呼，其中的一些数字编号，均为云南省茶业协会组织的专家组在实地调查中按调查先后顺序整理编排出的编号。《云南省古茶树资源概况》一书对云南省各市州、县市区、乡镇顺序的排列均采用了云南省民政厅、云南省行政区划与地名学会2013年6月公布的《云南省行政区划简册》所列的顺序，有关的地域面积等方面的数字，除特别注明外，均为2013年的《云南省行政区划简册》中公布的数字。

云南省茶业协会组织的专家组在保山市工作期间，得到了保山市人民政府时任副市长刘刚、保山市茶办、保山市茶业协会、保山市经济作物技术推广工作站、保山市林业局、保山市档案局，以及保山市所属的隆阳区、腾冲县、龙陵县、昌宁县、施甸县农业局、茶办、茶叶技术推广站（茶桑站）、林业局、野保办、档案局等部门的重视和支持；云南省茶业协会副秘书长、云南农业大学普洱茶学院教授蔡新，云南省茶业协会副秘书长李宗正、方可，云南省农科院茶叶研究所副所长何青元、助理研究员伍岗，中科院昆明植物所副教授杨雪飞、博士研究生郭梁、硕士研究生毕迎凤，保山市林业局副局长、高级工程师寸瑞红，保山市经济作物技术推广工作站站长推广研究员段学良、保山市经济作物技术推广工作站高级农艺师李继祥、保山市林业局推广站副站长杨晏平、保山市林业技术推广总站工程师禹永明，施甸县农业局茶桑站站长、高级农艺师杨国育，腾冲县人民政府副县长杨存宝、腾冲县茶办时任主任宝启凡、腾冲县农业局茶桑站站长周新孝、腾冲县茶叶技术服务中心主任李育林、腾冲县茶叶技术服务中心副主任李家龙、腾冲县林业局局长张维传、腾冲县林业局工程师段成波、腾冲县高黎贡山生态茶业有限责任公司总经理黄安东、腾冲县蒲川乡茶办主任张发达、腾冲县茶办驾驶员段定鉴、龙陵县农业局副局长王兴爵、龙陵县农业局副局长李转英、龙陵县农业局项目办负责人周朝平、龙陵县茶叶技术服务中心主任张维成、龙陵县茶叶技术服务中心尹可本、龙陵县镇安镇农技服务中心主任李国宝、云南省农科院茶叶研究所驾驶员张建平，中共隆阳区区委常委、区人民政府副区长何树林，隆阳区人大副主任陈德艾、隆阳区农业局局长杨学工、隆阳区农业局副书记王光生、隆阳区林业局局长李安顺、隆阳区林业局副局长段继进、隆阳区档案局局长黄芳、隆阳区档案局干部杨斌，隆阳区茶叶技术推广站站长、高级农艺师李发志，隆阳区林业局干部孟世良 、高黎贡山隆阳分局助理工程师祁文和，高黎贡山隆阳分局护林员蒙树生、许守押 ，保山市农业局驾驶员李嘉伟、隆阳区农业局驾驶员尹志军，隆阳区林业局驾驶员李俊、陈静、杜建林、钊思华，中共昌宁县委副书记李安、昌宁县人民政府副县长李如群、昌宁县农业局局长罗佳兴、昌宁县林业局局长郭子林、昌宁县农业局副局长侯希华、昌宁县农业局茶叶技术推广站站长、高级农艺师洪杰，昌宁县林业局野保办主任字汉成、昌宁县林业局高级工程师鲁定伟、昌宁县漭水镇镇长王世蕊、昌宁县漭水镇纪委书记张云华、昌宁县温泉乡纪委书记袁强、昌宁县温泉乡联席村支书李绍富、昌宁县漭水镇沿江村向导禹平，昌宁县农业局驾驶员杨咏、赵春荣，昌宁县林业局驾驶员戴绍忠、唐卫民等全程或部分地参与了对当地古茶树情况和代表性植株的实地调查。保山市茶叶产业办公室的谢金胜、杨旭同提供了保山市茶业情况的有关数据，保山市农业局副局长、茶办主任、茶业协会会长李其邦主持了对《云南省古茶树资源概况（保山市部分）》的审核。

专家组在普洱市工作期间，得到了普洱市茶业局局长李富林、副局长刘伦，普洱市农业局副局长张学农、云南省普洱茶树良种场场长杨柳霞的重视和支持，杨柳霞和云南省普洱茶树良种场遗传育种研究室主任农艺师王兴华、栽培植保研究室农艺师赵远艳参与了普洱市古茶树资料的查阅、收集、甄别、综合、整理、补充、编辑、重写文稿、地名和数据校核等工作，还参与了对当地古茶树情况和部分代表性植株的实地调查，普洱市茶业协会会长朱志安参与了资料综合、整理工作的讨论，普洱市农业局副局长张学农参与了有关图片的收集工作，普洱市茶业局局长李富林、副局长刘伦，云南省普洱茶树良种场场长杨柳霞组织和参与了对《云南省古茶树资源概况（普洱市部分）》的审核工作。

专家组在临沧市工作期间，得到了临沧市人大常委会时任主任查映伟、中共临沧市委时任副书记张泽军、临沧市人民政府时任副市长赵子杰，临沧市政府茶业产业办公室、临沧市林业局、临沧市档案局以及临沧市所辖 8 个县区农业局、茶办等部门的重视和支持，云南省茶业协会副秘书长李宗正、方可，云南省农科院茶叶研究所副所长副研究员何青元、原所长研究员王平盛、副研究员蒋会兵、副研究员李友勇，临沧市茶办副调研员李向东，临沧市茶科所副所长农艺师李国荣、高级工程师方林江、余宏，临沧市林业局高级工程师窦旭辉、穆太珍、赵振宇，凤庆县茶办、云县茶办、临翔区茶办、双江县茶办、镇康县茶办、永德县茶办、沧源县茶办、耿马县茶办的领导和茶叶技术人员，有关乡（镇）政府中分管茶业的副乡（镇）长和乡（镇）农技站（农业综合服务中心）分管茶叶技术推广的领导及有关技术人员等参与了对当地古茶树情况和代表性植株实地调查；临沧市茶叶产业办公室主任李文雄、副主任江红键主持了对《云南省古茶树资源概况（临沧市部分）》的审核，并对其中的人名、地名、古茶树园和代表性古茶树种植名作了校订，对有关文字、数据作了校正和补充。

专家组在楚雄彝族自治州（以下简称楚雄州）工作期间，得到了楚雄州茶桑站站长傅荣的重视和支持，云南省茶业协会副秘书长李宗正，云南省茶业协会副秘书长、云南农大教授蔡新，云南省农科院茶叶研究所原所长研究员王平盛、副研究员蒋会兵，楚雄州茶桑站副站长卜保国、农艺师慕正科、驾驶员杨同中，楚雄市农业局茶桑站站长张跃雄，楚雄市农业局茶桑站助理农艺师李雪莹、驾驶员兴东，楚雄市西舍路镇农业综合服务中心主任王建华、助理农艺师李贵明，西舍路镇政府办公室驾驶员谢斌，楚雄市哀牢山自然保护区管理局西舍路镇朵苴管理站站长龙存发、双柏县农业局副局长木迎春，双柏县农业局茶桑站站长高级农艺师李华荣、驾驶员尹久安，双柏县鄂家镇农业技术推广站中心主任尹久村、南华县经作站高级农艺师杨春茂、南华县兔街镇农科站技术员鲁顺明、南华县兔街镇干龙潭村护林员何正安、南华县马街镇农业技术推广中心技术员周万生，南华县马街镇威车村委会主任董明华、村委会副主任董宏中等参加了对当地古茶树情况和代表性植株的实地调查；楚雄州茶桑站站长傅荣、副站长卜保国同志，参与了《云南省古茶树资源概况（楚雄州部分）》的审核。

专家组在红河哈尼族彝族自治州（以下简称红河州）工作期间，得到了红河州农业局时任局长马国庆和红河州茶叶产业办公室的重视和支持，云南省茶业协会副秘书长李宗正，云南省茶业协会副秘书长、云南农大教授蔡新，云南省农科院茶叶研究所原所长研究员王平盛、副研究员蒋会兵，红河州农业局原局长马信林、建水县农业局生物产业办的农艺师许维东、建水县普雄乡农业技术推广站站长农艺师江勇明、建水县普雄乡水务站站长工程师孙伟，元阳县农业局副局长刘沂霖、元阳县农业局高级农艺师邹丽萍、红河县农业局副局长阮白章、红河县农业局经作站站长马伟荣、红河县经作站农艺师肖齐贵、红河县农业局驾驶员谢伟、绿春县茶叶技术推广站站长陆丽萍、绿春县农业局种植业股股长马福、绿春县茶叶技术推广站技术员李努优、绿春县骑马坝乡玛玉村委会主任李祖兴、绿春县骑马坝乡玛玉村委会古茶树树主中的农户朱光财、金平苗族瑶族傣族自治县（以下简称金平县）农业局副局长李联锋、金平县农业局经作站站长李福忠、金平县铜厂乡林业站站长王泫山，金平县铜厂乡的护林员盘正盟等参与了对当地古茶树情况和代表性植株实地调查；红河州农业局办公室主任秦树宏、红河州茶办主任何月波主持了《云南省古茶树资源概况（红河州部分）》的审核。

专家组在文山壮族苗族自治州（以下简称文山州）工作期间，得到了文山州人民政府时任副州长胡荣和文山州农业局的重视和支持，云南省茶业协会副秘书长李宗正，云南省茶业协会副秘书长、云南农大教授蔡新，云南省农科院茶叶研究所原所长研究员王平盛、副研究员蒋会兵，文山州农业局调研员王本忠、文山州农业局副调研员杨寿超、文山州农业局技术推广中心高级农艺师田春建，文山州经作站副站长高级农艺师刘佳业、农艺师马佳俊，文山州农技推广中心高级农艺师张廷宏，文山州农环站站长高级农艺师杨刚、助理农艺师周启金，文山市农环站站长刘超、副站长刘文波、高级农艺师黎贵英、农艺师肖再丽，西畴县农业局副局长唐玉坚、西畴县农环站站长李丹、西畴县农业局的吴佳锴、刘仕奎，麻栗坡县经作站的陶正芳、喻文华，马关县农科局仁聪林、广南县农科局纪委副书记韦仕广，广南县茶叶技术指导站站长何光耀、副站长梁大艳，广南县农环站站长韦书、高级农艺师李贵康，以上 5 县（市）中有关乡（镇）政府分管茶业的副乡（镇）长和乡（镇）农技站（农业综合服务中心）分管茶叶技术推广的领导及有关技术人员等参与了对当地古茶树情况和代表性植株的实地调查，文山州中低产田地改造办公室的范艺赢参与了有关资料的整理，文山州农业局副局长谭家灿和文山州农业局调研员王本忠主持了对《云南省古茶树资源概况（文山州部分）》的审核。

专家组在西双版纳傣族自治州（以下简称西双版纳州）工作期间，得到了西双版纳州人民政府时任副州长杨沙、云南省农科院茶叶研究所时任党委书记石照祥，西双版纳州农业局、西双版纳州烟草公司、勐海茶厂、勐海县农业局茶叶技术推广服务中心、勐腊县农业局经作站的重视、帮助和支持，云南省茶业协会会长黄炳生、副会长施天骏、副会长李万兴、副秘书长李宗正、蔡新、方可，云南省农科院茶叶研究所原所长研究员王平盛、副研究员蒋会兵、助理研究员陈红伟，西双版纳州茶业协会副会长曾云荣，勐海县农业局茶叶技术推广服务中心主任陈剑峰、技术员谭光荣，勐腊县农业局经作站站长刘忠平、技术员谢云桥，西双版纳州烟草公司驾驶员温广云、西双版纳州农业局驾驶员罗守忠，以及西双版纳州所辖县（市）农业局、有关乡（镇）政府分管茶业的副乡（镇）长和乡（镇）农技站（农业综合服务中心）分管茶业的领导和技术员参与了对当地古茶树情况和代表性植株的实地调查。

专家组在大理白族自治州（以下简称大理州）工作期间，得到了大理州农业局、大理州园艺工作站及大理市、南涧彝族自治县、永平县的农业局、茶叶生产办公室、茶叶工作站、园艺工作站，弥渡县大帅茶厂等单位的大力帮助和支持，云南省茶业协会副秘书长李宗正，云南省农科院茶叶研究所原所长研究员王平盛、副研究员蒋会兵，大理州园艺工作站副站长、高级农艺师李少峰、高级农艺师赵昆，大理州园艺工作站茶叶推广研究室主任农艺师黑利生、助理农艺师杨新明，永平县园艺站站长、农艺师陈国周，永平县园艺站副站长、高级农艺师王在安，永平县水泄乡农业综合服务中心主任李子军、永平县水泄乡农业综合服务中心高级农艺师张继光、永平县水泄乡狮子窝村委会党支部书记张万宏、永平县水泄乡瓦厂村护林员杨增智、南涧彝族自治县（以下简称南涧县）茶叶生产办公室主任杜应伟、南涧县茶叶工作站站长高级农艺师赵尹强、南涧县茶叶生产办公室的办公室主任施光武，南涧县茶叶工作站的高级农艺师刘志刚、农艺师饶炳友、农艺师李茜萍、农艺师李加凤、技师冯小林、助理农艺师朱建政、高级工段家祥，南涧县碧溪乡农业综合服务中心主任罗如彪、助理农艺师查剑明，南涧县无量山镇农业综合服务中心农业组的农艺师欧阳贵臣、高级工罗光文，南涧县宝华镇农业综合服务中心农业组的农艺师时贵华、南涧县公郎镇农业综合服务中心农业组的高级工王美珍、南涧县小湾东镇农业综合服务中心农业组的农艺师茶永政、中级工张家映，南涧县拥翠乡农业综合服务中心农业组的农艺师李春任、农艺师阿增寿等参与了对当地古茶树情况和代表性植株的实地调查；在南涧县无量山原始森林中进行古茶树的现场调查时，南涧县拥翠乡安立村委会对锅村民小组的村民李洪高、李美红担任了向导，南涧县农业局信息中心农艺师刘一强参与了调查后期工作中的部分图片整理，弥渡县大帅茶厂厂长李迎春给予了支持；大理州园艺工作站副站长、高级农艺师李少峰主持了对《云南省古茶树资源概况（大理州部分）》的审核。

专家组在德宏傣族景颇族自治州（以下简称德宏州）工作期间，得到了德宏州人民政府时任副州长板岩过，德宏州农业局、德宏州茶叶产业办公室、德宏州茶业协会、德宏州茶叶技术推广站、德宏州林业局、德宏州林科所、德宏州档案局，以及德宏州所属的芒市、瑞丽市、陇川县、盈江县、梁河县的农业局、茶叶产业办公室、茶叶技术推广站（经作站）、林业局、野保办、档案局的帮助和支持；云南省茶业协会副秘书长李宗正、宣传会展部部长曲滨，云南省农科院茶叶研究所原所长研究员王平盛、副研究员蒋会兵，德宏州茶叶技术推广站副站长杨世达、副站长文勤枢，德宏州（林业局）野生动物收容中心助理工程师寸德三，德宏州茶办农艺师杨定奇、方克熙，德宏州（林业局）林科所副所长张恩向，芒市农业局副局长杨占旭、芒市茶叶技术推广站站长李天喜，芒市茶叶技术推广站副站长章松芬、芒市茶叶技术推广站段华罡、张新润、张家良、李银梅，瑞丽市农业局副局长张静、瑞丽市农业局经作站站长吴瑞宏、瑞丽市农业局经作站副站长陈国斌、瑞丽市农业局经作站农艺师彭瑞云、陇川县农业局副局长李学平、陇川县茶叶技术推广站站长许有忠、陇川县茶叶技术推广站农艺师舒梅、盈江县农业局党委书记彭武全、盈江县茶叶技术推广站站长孙体助、盈江县农业局驾驶员王强、梁河县茶办主任陈祝仙、梁河茶叶技术推广站站长何声灿、梁河茶叶技术推广站驾驶员李开绍等参与了对当地古茶树情况和代表性植株实地调查；德宏州茶办主任、德宏州茶业协会会长周启昌，德宏州茶办副主任杨涛，德宏州茶叶技术推广站站长王东分别主持和参与了对《云南省古茶树资源概况（德宏州部分）》的审核。（注：以上所有人员的工作单位和职务、职称均为当年参与古茶树资源调查时的工作单位和职务、职称。）

对以上领导、部门和参与了《云南省古茶树资源概况》一书相关工作的所有同志，云南省茶业协会在此一并表示深切的感谢！

《云南省古茶树资源概况》是一本比较准确、完整的云南地方古茶树资料，也是一份集体工作和集体智慧的结晶，是一份团结协作、艰苦奋斗的产物。由于各方面条件的限制，还有少量的代表性古茶树园和代表性植株，调查组未能在调查期间到达现场进行实地勘查，一些资料还不够完备，留下了遗憾，但也为今后相关工作的开展留下了空间。人类对自然界的认识永远不会完结，在对古茶树资源的保护、开发、利用的科学研究工作中，还会有许多新的情况、新的知识需要人们去了解、探索、研究，使各方面的研究成果不断地完备和深化，内容得以更加充实和丰富。

由于专业水平的限制，《云南省古茶树资源概况》中的一些文字表述，难免有不当之处，望茶业界的同行们予以指正。

任何单位和个人对《云南省古茶树资源概况》进行复印和印制前均需得到云南省茶业协会的书面同意，引用本书资料须注明出处。

本书图片征集渠道广泛，如有作者未收到过稿酬，请及时和我们联系，我们将按相关规定支付。顺此，向所有图片作者表示诚挚的感谢。联系请发送短信至18987263438。